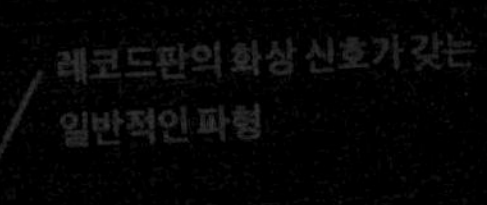
레코드판의 화상 신호가 갖는
일반적인 파형
I
II

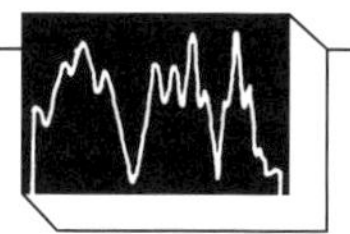

지구의 속삭임

MURMURS OF EARTH:
The Voyager Interstellar Record
by Carl Sagan

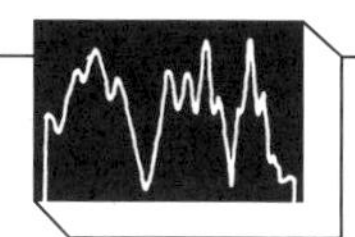

지구의 속삭임

칼 세이건

프랭크 도널드 드레이크 | 앤 드루얀
린다 살츠먼 세이건 | 존 롬버그 | 티머시 페리스

김명남 옮김

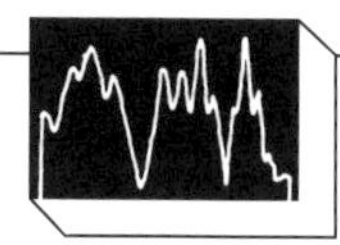

모든 세상과 모든 시대의 음악가들에게

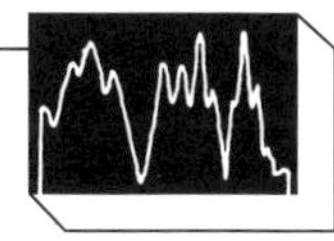

보이저 레코드판의 내용

· 사진 118장

· 베토벤 카바티나의 첫 두 마디

· 미국 대통령의 인사말

· 미국 상하원 의원들 명단

· 유엔 사무총장의 인사말

· 55가지 언어로 된 인사말

· 유엔 대표들의 인사말

· 고래의 인사말

· 지구의 소리들

· 음악

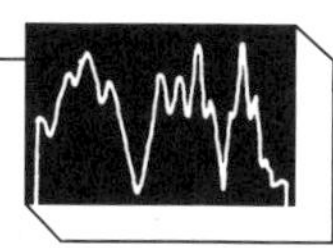

차례

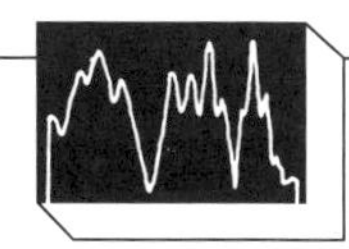

서문

1977년 8월 20일과 9월 5일, '보이저(Voyager)'라는 이름의 두 특별한 우주 탐사선이 우주로 발사되었다. 이 우주 탐사선들은 1979년부터 1986년까지 목성에서 천왕성에 이르는 외행성계를 자세히 조사하는 극적인 임무를 수행하도록 예정되어 있으며, 그 후에는 천천히 태양계를 벗어나서 지구가 우주에게 보내는 사절이 될 것이다. 두 보이저호에는 금박을 씌운 축음기용 구리 레코드판이 하나씩 부착되어 있다. 그것은 머나먼 미래의 어느 시간과 공간에 이 우주 탐사선들을 만날지도 모르는 외계 문명에게 우리가 보내는 메시지다. 각 레코드판에는 우리 행성과 인간과 문명의 모습을 담은 사진 118장, 90분 가까이 되는 세계 최고의 음악들, 지구와 그 생명의 진화를 표현한 소리 에세이 「지구의 소리들(The Sounds of Earth)」, 미국 대통령과 유엔 사무총장의 인사말을 비롯하여 약 60가지 언어로 말한 인사말(고래의 인사말도 있다.)이 담겨 있다. 이 책은 보이저 레코드판의 내용을 작성하는 일을 맡았던 사람들이 쓴 것으로, 우리가 왜 그 작업을 했는지, 레퍼토리를 어떻게 골랐는지, 레코드판에 정확히 어떤 내용이 들어 있는지를 기록했다.

1978년 2월

칼 세이건

프랭크 도널드 드레이크

앤 드루얀

티머시 페리스

존 롬버그

린다 살츠먼 세이건

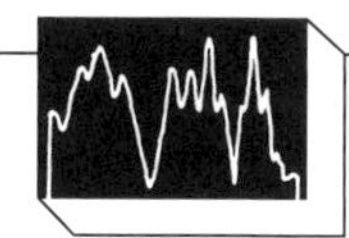

1

후대를 위하여

칼 세이건

나는 청동, 청금석, 설화 석고 …… 그리고 흰 석회암으로 기념비를 만들었고 ……
구운 점토판에 글씨를 새겼다…… 그리고 그것들을 기반(基盤)에 묻어 후대에 남겼다.

— 아시리아 왕 에사르하돈, 기원전 7세기

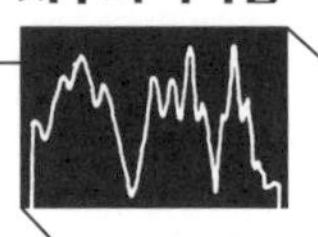

1939년 뉴욕 만국 박람회장에 세워졌던 트라일런(오른쪽)과 페리스피어(가운데).
존 그레고리(John Gregory)의 작품인 왼쪽 동상의 제목은 '평화의 네 가지 승리(Four Victories of Peace)'이다.

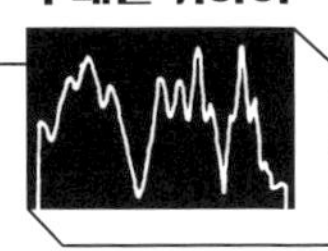

1939년 내 다섯 번째 생일 전에, 부모님이 나를 뉴욕 만국 박람회에 데려가 주셨다. 박람회는 경이로움으로 가득했다. 금속으로 된 공 두 개 사이에서 시퍼런 번개가 무시무시하게 타닥거렸다. 안내판에는 "빛을 듣고 소리를 보세요!"라고 적혀 있었는데, 빈말이 아니라 정말 그런 일이 가능했던 것이다. 나로서는 그 존재조차 알지 못하는 희한한 문화들과 머나먼 나라들을 소개하는 건물도 있었다. 만국 박람회장의 한가운데에는 트라일런(Trylon)과 페리스피어(Perisphere)가 있었다. 전자는 뾰족하게 솟은 탑이었고 후자는 구형의 건물이었는데, 그 건물 안에는 '내일의 세계(The World of Tomorrow)'라는 제목의 전시가 마련되어 있었다. 고가 경사로를 걸어 올라가면, 미래의 세상을 자세하게 묘사한 축소판 모형이 발밑에 펼쳐졌다. 우아한 공중 도로에 유선형 자동차가 가득했고, 행복해 보이는 사람들은 뭔지 몰라도 미래주의적인 업무에 의욕적으로 몰두한 듯했다. 일천한 경험과 작은 키 때문에 한계가 있었던 내 시각에서는 대체 어떤 종류의 일일지 가늠할 수조차 없었지만, 하나의 메시지만큼은 나도 확실히 이해할 수 있었다. 세상에는 우리와는 다른 문화들이 있으며 미래에는 지금과는 다른 세상이 존재하리라는 점이었다.

만국 박람회가 피력했던 미래에 대한 확신을 가장 극적으로 보여 준 예시는 타임캡슐이었다. 사람들은 그 용기에 1939년의 신문들, 책들, 그 밖의 갖가지 물건들을 담은 뒤에 '완전히 밀폐하여' 플러싱 메도 공원에 묻었다. 타임캡슐은 먼 훗날 언젠가 자동으로 열려서 내용물을 공개할 것이었다. 사람들은 왜 그런 걸 묻었을까? 왜냐하면 미래는 현재와는 다를 것이기 때문이다. 우리가 선조들의 시대를 궁금해하듯이, 미래의 후손들은 우리의 시대를 알고 싶어 할 것이다. 수 세기를 가로질러 후대를 끌어안는 이 몸짓에는 어딘가 우아하고 대단히 인간적인 면이 있다.

타임캡슐은 이전에도 이후에도 많았다. 센나케리브(Sennacherib)의 아들이었던 에사르하돈(Esarhaddon)은 강력한 장군이자 유능한 행정가였는데, 자신의 군사적 업적만이

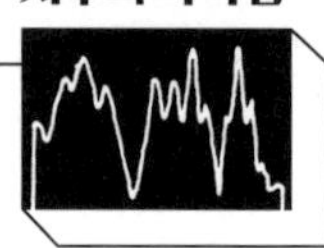

아니라 문명 전체를 미래에 전달하려는 생각을 의식적으로 품었기 때문에, 설형 문자를 새긴 석판들을 기념비나 건물 기반에 함께 묻었다. 에사르하돈은 아시리아, 바빌론, 이집트의 왕이었다. 그의 군사 원정은 아르메니아의 고산 지대에서 아라비아의 사막까지 망라했다. 그럼에도 불구하고 오늘날 그의 이름을 누구나 아는 것은 아니지만, 그가 남긴 유산은 기원전 7세기 중동 지역에 대한 우리의 지식에 적잖이 기여했다. 에사르하돈의 아들이자 후계자였던 아슈르바니팔(Assurbanipal)은, 아버지의 타임캡슐 전통에 영향을 받았던지, 까마득한 그 시절에 세상에 알려진 모든 지식을 망라한 석판들을 모아서 거대한 도서관을 세웠다. 아슈르바니팔 도서관이 남긴 지적 유산은 오늘날의 학자들에게 중요한 자원이다. 에사르하돈과 아슈르바니팔은 수백, 수천 년 동안 줄곧 또렷한 목소리로 후손들에게 말을 걸어 왔다. 스스로 가치 있는 일을 해냈다고 여기는 사람에게는 미래와 소통하고픈 욕구가 저항하기 힘든 유혹으로 와 닿는 법이며, 거의 모든 문화들이 실제로 그런 시도를 감행했다. 최선의 경우에 그것은 낙관적이고 거시적인 행위이다. 미래에 대한 큰 희망을 표현하는 행위이고, 후대의 인류 공동체에게 경험을 전달하는 행위이며, 우리 종의 기나긴 역사적 여정에서 바로 이 순간 우리의 행위가 얼마나 중요한지 깨닫게 만드는 행위이다.

이제 우주 시대가 도래했다. 우리는 에사르하돈이 상상했던 것보다 훨씬 더 긴 시간을 건너뛴 소통에 관심을 갖게 되었고, 더불어 먼 미래로 메시지를 전달할 수단도 갖게 되었다. 우리는 인류의 역사가 겨우 수백만 년에 지나지 않고 우리가 사는 행성의 나이도 고작해야 그 1000배에 지나지 않는다는 사실을 서서히 깨달았다. 현대 기술 문명의 역사는 그 인류 역사의 1만분의 1에 지나지 않는다. 우리에게 익숙한 오늘날의 세상이 존재한 시간은 우주의 시간 규모로 보자면 눈 깜박할 순간에 지나지 않는다. 우리의 시대는 최초의 시대도 최선의 시대도 아니다. 사건들은 숨 가쁜 속도로 벌어지고 있으며, 내일 무

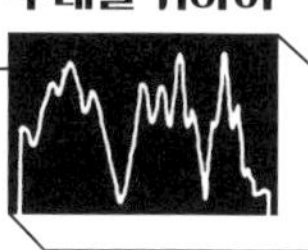

은 일이 벌어질지는 아무도 모른다. 현재의 문명이 작금에 맞닥뜨린 위기를 극복하고 탈바꿈할 수 있을지, 아니면 한두 세기 뒤에 우리가 제 손으로 기술 사회를 파괴하고 말지, 아무도 모른다. 그러나 둘 중 어느 경우라도 그것이 인간 종의 최후는 아닐 것이다.

세상에는 여전히 다른 사람들과 다른 문명들이 있을 것이고, 그들은 우리와는 다를 것이다. 우리 문명은 우리 선조들이 예측 불허의 역사적 대안들 중에서 하나의 길을 밟아 온 결과물이다. 먼 과거에 사건들이 조금이라도 다르게 펼쳐졌다면, 지금 우리가 자연스럽다고 여기고 소중하게 생각하는 주변 환경과 사고 과정은 지금과는 전혀 달랐을 수도 있다. 우리가 일상에서 느끼기에는 세상이 당연히 지금과 같은 방식이어야 할 것 같지만, 우리 문명의 세부적인 측면들은 사실 전혀 당연하지 않다. 과거에 일련의 사건들이 다르게 펼쳐짐으로써 지금과는 전혀 다른 문명이 탄생했을 가능성도 얼마든지 상상할 수 있다. 이를테면, 콘스탄티누스(Constantinus) 황제가 밀비우스 다리 전투(Battle at Pons Milvius) 이후 미트라교로 개종한 세상을 상상해 보자(미트라 신을 섬기는 밀교였던 미트라교는 실제로는 콘스탄티누스 황제가 밀비우스 다리 전투 이후 기독교를 공인한 뒤 급속히 쇠퇴했다. — 옮긴이). 이후 공인된 종교인 미트라교에 대한 지적 반란이 일어나서, 페르시아를 근거지로 삼은 르네상스가 펼쳐졌다고 상상해 보자. 그런 세상에서는 황소와 전갈이 지배적인 문화적 모티프가 되었을 것이다. 그런 문명의 사람들은 자신들의 문명을 완벽하게 정상적이고 합리적인 세상으로 여길 테고, 우리와 같은 문명은 한낱 역사적 몽상에 지나지 않는다고 여길 것이다. 이렇듯 문명의 세부적 측면에 역사적 결정론이 작용하지 않는다는 사실은, 달리 말해 그런 측면에 역사학자들만이 아니라 우리 문화의 속성을 이해하고자 하는 모든 사람들이 느끼는 독특한 가치가 있다는 뜻이다. 문명의 껍데기에 이런 특징이 있다는 점이야말로 우리가 다른 어떤 이유보다도 타임캡슐 사업에 공감하게 되는 중요한 이유일 것이다.

하지만 지구는 우리 별, 즉 태양을 무한히 돌고 도는 아홉 개가량의 작은 행성 중 하

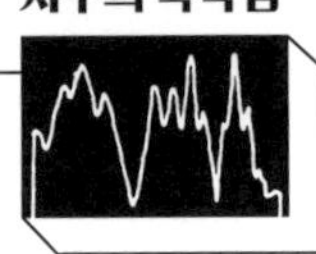

나일 뿐이다. 그 태양은 또 은하수라고 불리는 우리 은하, 즉 거대한 바람개비처럼 소용돌이치는 기체와 먼지와 별을 구성하는 2500억 개가량의 별 중 하나일 뿐이다. 그 은하수 또한 아마도 수천억 개에 달하는 다른 은하 중 하나일 뿐이다. 우리가 아직 세부적인 수준에서는 한심하리만치 무지하긴 해도, 지금까지 밝혀진 증거에 따르면 항성에는 흔히 행성이 딸려 있을지도 모른다. 그리고 지구에서 약 40억 년 전에 생명을 탄생시켰던 일련의 화학적 과정들은, 우주에 대단히 흔한 어떤 조건들만 갖춰진다면 비교적 쉽게 발생하는 현상일지도 모른다.

그래서 요즘은 많은 과학자가 무수히 많은 다른 행성들에서도 단순한 형태의 생명이 탄생했고, 그것들이 서서히 좀 더 복잡한 형태로 진화했고, 주변 환경을 조작할 줄 아는 약간의 지능과 능력을 지닌 생물로 발달했고, 그리하여 결국 기술 문명이 등장했을 가능성이 없지 않다고 생각한다. 물론 반드시 그럴 것이라는 얘기는 아니지만 말이다. 그런 행성의 생명체는 우리의 작은 행성인 지구에 거주하는 인간이나 여타 생명체들과는 깜짝 놀랄 만큼 다를 것이다. 진화는 역사와 마찬가지로 작고 예측 불가능하며 무수히 많은 단계들을 거쳐서 진행되고, 그중 어느 한 단계만 살짝 달라져도 이후 심대한 차이가 빚어진다. 어쩌면 다른 행성의 생명체는 사고 능력이 우리만큼 뛰어나거나 우리보다 나을지도 모른다. 우리보다 나은 시인, 기술자, 철학자일 수도 있다. 우리보다 우월한 도덕 기준이나 미적 기준을 갖고 있을 수도 있다. 그야 어쨌든 그들은 인간은 아닐 테고, 우리와는 조금도 비슷하지 않을 것이다. 비슷한 맥락에서, 그런 문명의 세부적 측면과 외면은 애초에 우리와는 전혀 다른 존재에 의해서 우리와는 전혀 다른 환경과 생활 양식을 지닌 낯선 행성에서 건설된 것이니, 스페이스 판타지(space fantasy)나 과학 소설에 등장하는 그 어떤 가정보다도 훨씬 더 기묘할 것이다.

그런데도 어떤 사람들은 우리가 그런 외계 문명의 대표와 소통할 수 있다고 — 어쩌

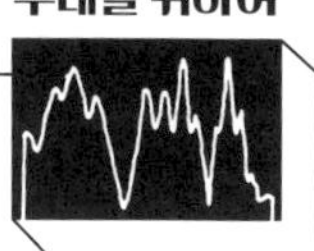

면 희망에 불과하겠으나 — 주장한다. 분명 그들도 우리와 똑같은 물리학, 화학, 천문학의 법칙들을 파악하고 있을 것이기 때문이다. 별의 조성과 스펙트럼 속성은 과학자들이 자연에 부과한 것이 아니다. 오히려 거꾸로다. 우리가 무시했다가는 큰코다치게 되는 외부의 현실이 엄연히 존재하며, 인간의 진화는 우리 머릿속의 이미지와 외부 세계의 현실을 차츰 일치시켜 온 과정이라고 말할 수 있다. 그러므로 서로 다른 행성에서 탄생한 서로 다른 종들의 지식과 학문은 출발점은 다르더라도 서서히 수렴할 수밖에 없을 것이다.

소통이 가능하다고 가정하자. 그렇다면 최초의 대화가 무슨 내용일지는 뻔하다. 그 대화는 두 문명이 틀림없이 공유하고 있을 법한 유일한 요소, 바로 과학에 관한 내용일 것이다. 어쩌면 두 문명은 서로의 음악이나 사회적 관습 따위에 관한 정보를 주고받는 데 더 흥미가 있을지도 모르지만, 어쨌거나 최초의 성공적인 대화는 과학에 관한 내용일 것이다.

그런 대화를 어떻게 시작할 수 있을까? 우주 탐사선은 아주 느리다. 달까지 가는 데는 보통 며칠이 걸리고, 가까운 행성까지는 몇 달이 걸리며, 외행성계(태양계를 크게 둘로 나누어 작은 바위 행성들이 있는 화성까지는 내행성계(inner solar system), 큰 기체 행성들이 있는 목성부터는 외행성계(outer solar system)라고 부른다. — 옮긴이)로 나가려면 몇 년이 걸린다. 태양계의 다른 행성들에 다른 문명이 있으리라고 기대하기는 어렵다. 꽤 낙관적으로 추정하더라도 가장 가까운 다른 문명까지 가는 데 몇 백 광년은 걸릴 것이다. 1광년은 9.5조 킬로미터 가까이 된다. 그러니 현재의 우주 탐사선이 가장 가까운 다른 별까지 가는 데는 최소한 수만 년이 걸릴 것이고, 가장 가까운 다른 문명이 있을 것으로 추정되는 곳까지 가는 데는 최소한 수천만 년이 걸릴 것이다.

그보다 훨씬 빠르고 믿음직한 성간 통신 수단은 빛의 속도로 달리는 전파를 써서 메시지를 주고받는 것이다. 현재의 전파 기술은 이 목적에 충분히 부합한다. 지구에서 가까

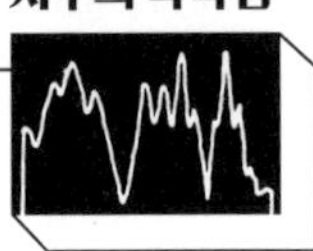

운 수백 개의 별들과 은하들에게 귀를 기울여 그곳에서 지적 생명체가 보낼지도 모르는 신호를 포착하려고 이미 여러 차례 시도해 봤는데, 긍정적인 결과는 아직 얻지 못했다. 별은 너무나 많고 그중 유력 후보를 가려낼 수 있는 단서는 너무나 적으니, 최초의 시도에서 성공하는 게 외려 놀라운 일일 것이다. 전파 망원경 몇 대를 최소 몇 십 년 동안 이 일에만 투입하여 장기적으로 시도해야 한다. 전파 천문학자들이 우주로 메시지를 보낸 적은 딱 한 번 있었다. 1974년 11월에 푸에르토리코의 아레시보(Arecibo) 대형 전파 망원경이 표면 보수를 마친 것을 기념하는 행사에서였는데, 그것은 사실 진지한 성간 통신 시도라기보다는 전파 기술이 우리에게 부여한 힘을 세상에 선보인 행위에 가까웠다. 이 일화는 프랭크 드레이크가 쓴 2장 「보이저 레코드판의 탄생 배경」에 더 자세히 설명되어 있다.

전파를 보내는 것과 받는 것은 아주 다른 일이다. 우리가 둘 다 할 줄 알게 된 것도 불과 얼마 전이었으니, 우리보다 기술이 조금이라도 뒤진 문명이라면 둘 다 할 줄 모를 것이다. 따라서 우주로 전파를 발신할 것으로 기대되는 문명은 우리처럼 어린 문명은 아닐 것이다. 우주 통신에 나선 문명의 기술은 우리보다 한참 앞서 있을 것이다. 게다가 별 사이의 거리는 막대하기 때문에, 다른 별의 행성에 있는 문명이 우리가 내보낸 신호를 듣고 답장을 보내기까지는 긴 시간 — 아마도 수백 년 — 이 걸릴 것이다. 성간 대화를 개시하는 현실적 수단으로는 전파도 우주 탐사선도 알맞지 않은 셈이다. 그 대신 우리는 다른 곳에서 오는 독백을 수신하는 데 집중해야 한다. 1차적 접근법으로 적당한 것은 좀 더 발전된 문명들이 우리를 향해서 보낸 전파 메시지가 있는지 찾아보는 것이다.

그렇지만 뭔가 메시지를 보내고 싶은 우리의 마음을 억제하기란 쉽지 않다. 우리가 쏘아 보낸 행성 간 우주선들은 대부분 탐사 목표가 되는 행성을 스쳐 지나간 뒤 태양을 공전하는 타원 궤도에 올라서 태양계의 인공 행성으로 남는다. 아니면 그 행성을 공전하게 되거나, 아예 그곳에 착륙한다. 그런데 또 가끔은 행성들이 탐사선을 가지고 당구를

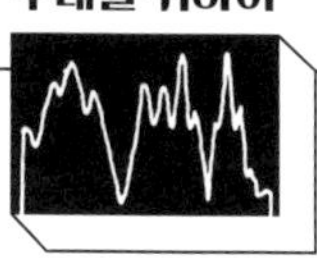

치는 것 같은 일이 벌어지기도 한다. 우주 탐사선이 행성의 중력을 이용하여 추가로 가속됨으로써 빠르게 궤도를 벗어나 더 먼 다른 세상으로 나아가는 것이다. 그런 비행에 나선 최초의 우주 탐사선이 목성 탐사를 목적으로 1972년과 1973년에 발사된 파이오니어(Pioneer) 10호와 11호였다. 파이오니어 11호는 목성을 지날 때 가속되어 1979년에는 토성에 다다를 것이다. 그런데 파이오니어 10호와 11호는 목성을 가깝게 지난다는 점 때문에 특이한 비행경로를 갖게 된다. 종국에는 태양계를 벗어날 궤적에 올라, 두 번 다시 돌이킬 수 없는 길을 떠나는 것이다. 파이오니어 10호와 11호는 인류가 내보낸 최초의 성간 우주선이다. 그런 우주선의 지구 대비 상대 속도는 보통 초속 약 10킬로미터이다. 따라서 6개월에 약 1천문단위(AU), 즉 지구와 태양의 거리만큼을 여행한다. 그런 우주선이 목성까지 가는 데는 2년 반이 걸리고, 토성까지는 5년, 해왕성까지는 15년, 명왕성까지는 20년, 캄캄한 외행성계에서 느릿느릿 태양을 도는 죽은 혜성 부스러기들의 벨트(오르트 구름을 말한다. — 옮긴이)까지 가는 데는 1만 년이 넘게 걸린다. 우주선은 그 후에야 별들의 영역으로 진입할 것이다.

파이오니어 10호와 11호의 전파 발신기는 명왕성 궤도에 닿기 한참 전부터 먹통이 될 것이다. 가까운 다른 별까지의 거리에 턱없이 못 미치는 지점이다. 두 우주 탐사선은 막막한 성간 공간에서 하염없이 떠돌 운명이다. 더 정확하게 말하자면, 최소한 영원히 **그럴 가능성이 있기는 하다.** 설령 우리 은하의 모든 별에 행성이 딸려 있더라도, 파이오니어 10호와 11호가 가령 향후 100억 년 안에 다른 행성계에 진입할 가능성은 대단히 작다. 별에서 별까지는 대단히 멀뿐더러 그 사이 공간은 텅 비어 있기 때문이다. 그것은 매디슨 스퀘어 가든(미국 뉴욕에 있는 실내 경기장 겸 공연장 — 옮긴이)의 벽에 풍선 20개를 붙인 뒤 캄캄하게 불을 끈 채 다트를 마구 던져서 맞히려는 것과 비슷하다. 물론 다트가 풍선을 터뜨릴 가능성이 **없지는 않지만**, 성공 확률은 어처구니없이 낮다.

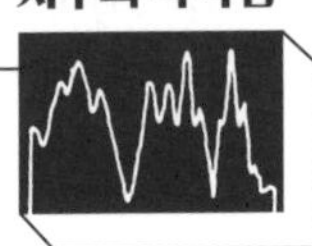

어쨌든 파이오니어 10호와 11호는 우리가 보낸 최초의 성간 우주선으로, 둘 다 우리의 메시지를 담고 있다. 두 우주선의 안테나 지지대에 세로 6인치(약 15센티미터), 가로 9인치(약 23센티미터)의 도금된 알루미늄 금속판이 붙어 있는데, 그 금속판에는 우리 문명의 시대와 위치를 과학 언어로 묘사한 그림이 새겨져 있다. 과학을 아는 사회라면 비록 우리 행성이나 거주자에 대한 사전 지식이 없더라도 그 언어를 이해할 수 있으리라는 게 우리의 바람이다. 금속판에는 인류의 두 대표가 우주에게 희망찬 인사를 보내는 모습도 함께 그려져 있다. 파이오니어 10호와 11호 금속판은 이 책의 저자 중 세 명이 맡아서 디자인했다. 이 이야기도 2장에서 더 자세히 나올 것이다.

1976년, 황동 덩어리로 핵이 제작되었으며 아주 높고 아주 둥근 궤도로 지구를 돌도록 설계된 작은 위성이 발사되었다. 겉에 붙은 부속들 때문에 꼭 거대한 골프공처럼 보이는 이 위성은 '레이저 지구 역학 위성(Laser Geodynamic Satellite)'의 앞글자를 따서 라지오스(LAGEOS)라고 불린다. 라지오스의 임무 중 하나는 지구 대륙판들의 움직임을 측정하는 것인데, 대륙판은 보통 100년에 약 2.5센티미터씩 몹시 느리게 이동한다. 그런 움직임을 정밀하게 측정하려면, 라지오스가 대단히 안정된 궤도에 머물러 있어야 한다. 위성의 핵을 황동으로 제작한 것이나 아주 높은 궤도로 쏘아 올린 것은 그 때문이다. 라지오스는 다른 위성들에 비해 태양 빛의 압력, 대기의 인력, 그 밖에도 위성의 궤도를 급속히 불안정하게 만드는 여러 요인들의 영향을 덜 받는 편이다. 여러 대륙에 위치한 레이저 발신기들이 매년 라지오스로 레이저를 쏜 뒤 라지오스에서 반사되어 돌아온 신호를 수신함으로써 발신기 간의 거리를 정밀하게 측정할 것이고, 그 거리는 시간이 흐름에 따라 차츰 변할 것이다.

라지오스가 지구 대기권으로 떨어져서 타 버리기까지 버틸 수 있는 수명은 약 800만 년으로 추정된다. 그것은 현재 존재하는 정보의 상당량, 심지어 라지오스 제작 시점과

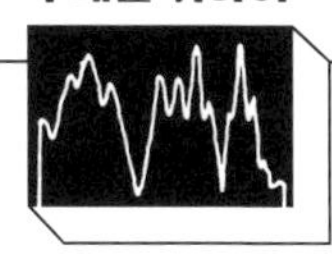

목적에 관한 정보마저도 소실될 수 있을 만큼 먼 미래다. 그 때문에 미국 국립 항공 우주국(NASA)은 내게 우리의 먼 후손에게 전할 일종의 인사말로서 라지오스에 부착할 작은 금속판을 디자인해 달라고 요청했다. 인사말의 내용은 대충 이렇다. "지금으로부터 수억 년 전에 지구의 대륙들은 맨 위 지도처럼 모두 붙어 있었다. 라지오스가 발사된 시점에는 지구의 모습이 가운데 지도와 같았다. 지금으로부터 800만 년 뒤에 라지오스가 지구로 돌아올 때는 대륙들의 모습이 맨 아래 지도와 같을 것으로 추정된다. 마음을 담아." 라지오스 금속판의 그림은 24쪽에 나와 있고, 더 자세한 정보는 '부록 A'에 실려 있다.

라지오스 금속판은 서기 8000000년을 위해서 지극히 제한된 정보만을 담은 타임캡슐이다. 모든 우주 탐사선의 메시지가 그렇듯이, 라지오스 금속판은 히치하이크(hitchhike)를 한 상태다. 원래 다른 목적으로 설계된 우주 탐사선에 금속판을 (거의 막판에 닥쳐서) 덧붙였다는 말이다. 어쨌든 라지오스 금속판은 우주 비행 시대가 도래하기 전에 시도된 어떤 타임캡슐보다도 훨씬 더 먼 미래를 지정하여 제작된 타임캡슐이다.

보이저 사업은 목성, 토성, 그 두 행성에 딸린 20개 남짓한 위성들, 그리고 토성의 아름다운 고리들을 최초로 가까운 거리에서 자세히 조사할 것이다. 한때 매리너 목성/토성(Mariner Jupiter/Saturn) 탐사선이라고 불렸던 두 우주선은 1977년 여름에 발사되었다. 목성계에 도착하는 시점은 1979년일 것이고, 토성계에 도착하는 시점은 1980년 내지 1981년일 것이다. 1981년에 토성 주변의 사정이 어떠냐에 따라 달라질 수도 있지만, 둘 중 하나는 더 나아가 천왕성계까지 탐사할 것이다. 파이오니어 10호와 11호처럼 두 보이저호는 태양계에서 가장 무거운 행성인 목성을 가깝게 스치면서 그 중력으로 가속되어 태양계 밖으로 내던져질 것이고, 결국에는 태양이나 태양에 가까운 다른 별들처럼 2억 5000만 년마다 한 번씩 우리 은하의 중심을 크게 돌 것이다. 사실상 언제까지나 영원히. 역시 파이오니어 10호와 11호 때처럼, 미래에 보이저호를 만날지도 모르는 외계 문명을 위해서

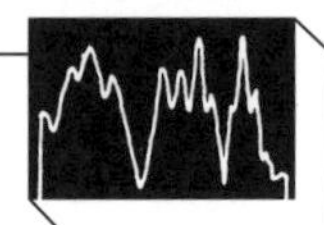

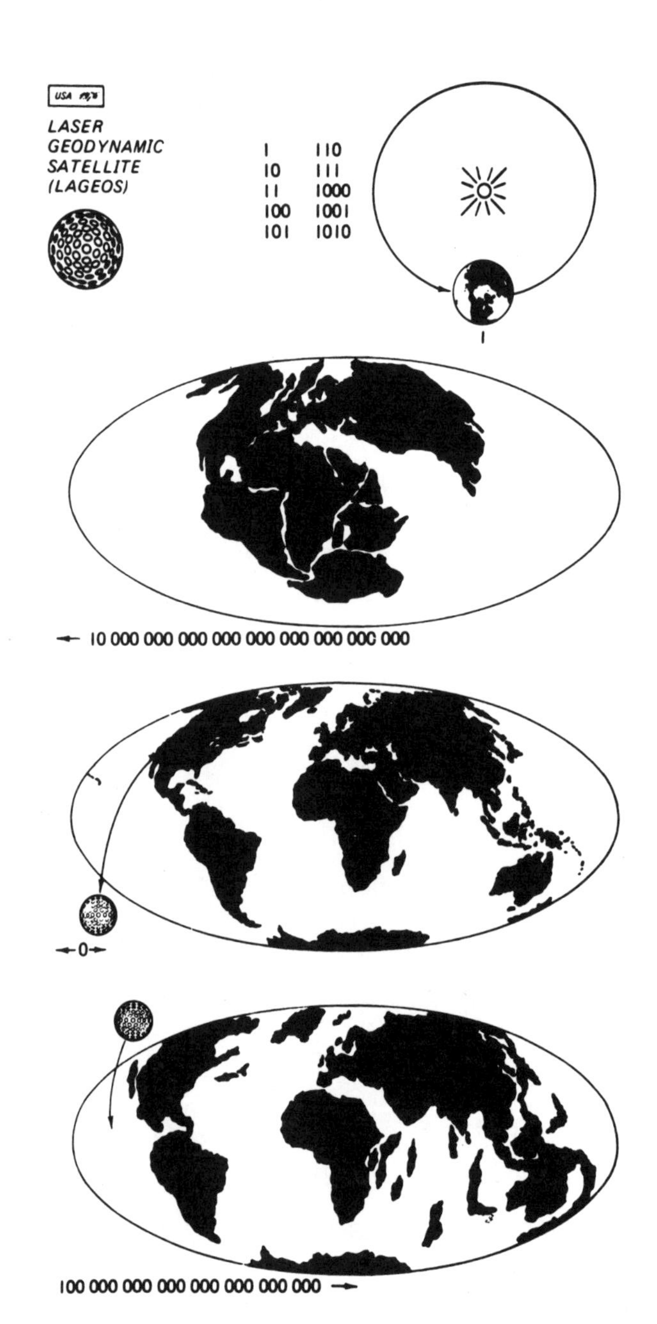

라지오스에 실린 금속판의 내용. 지금으로부터 800만 년 뒤에 지구에 거주할 이들을 위해서 칼 세이건이 작성했다.

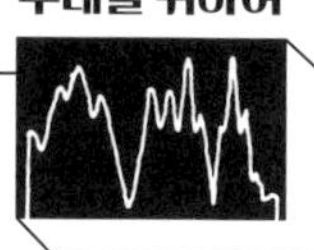

뭔가 메시지를 실어 두는 건 꽤 유쾌하고 희망찬 발상으로 보였다. 1976년 12월에 내가 바이킹호(Viking spacecraft)의 화성 탐사 작업과 관련된 일로 캘리포니아 주 패서디나에 있을 때, 보이저 사업 책임자인 존 카사니(John Casani)가 내게 두 보이저호에 실을 적당한 메시지를 작성하는 일을 맡아 달라고 부탁했다.

처음 든 생각은 파이오니어 10호와 11호의 금속판을 약간만 더 확장하자는 것이었다. 분자 생물학에 관한 정보, 가령 단백질과 핵산의 구조 같은 걸 좀 추가하면 될 것 같았다. 나는 메시지 내용을 조언해 줄 소규모 과학 자문단을 꾸렸다. 구성원은 매사추세츠 공과 대학(MIT)의 물리학 교수인 필립 모리슨(Philip Morrison), 코넬 대학의 국립 천문학 및 이온층 센터(National Astronomy and Ionosphere Center, NAIC)의 천문학 교수 겸 소장인 프랭크 드레이크, 하버드 대학의 천문학 교수인 A. G. W. 캐머런(A. G. W. Cameron), 소크 생물학 연구소(Salk Institute for Biological Research)의 레슬리 오글(Leslie Orgel), 휴렛패커드(Hewlett-Packard) 사의 연구 개발 담당 부사장인 버나드 M. 올리버(Bernard M. Oliver), 시카고 대학의 철학 및 사회사상 교수인 스티븐 툴민(Steven Toulmin)이었다. 과학 지식을 갖춘 일부 과학 소설 작가들은 이런 문제를 남들보다 더 오래 고민해 왔으므로, 나는 친구인 아이작 아시모프(Isaac Asimov), 아서 클라크(Arthur Clarke), 로버트 하인라인(Robert Heinlein)에게도 문의했다. 그 밖에도 과학자 몇 명에게 더 도움을 청했지만 다들 일정 때문에 여의치 않았다.

많은 자문 위원들은 외계 문명이 메시지를 받을 확률은 기껏해야 미미한 데 비해 지구의 거주자들이 메시지를 접할 확률은 100퍼센트라는 점을 강조했다. 메시지의 내용은 결국 사람들에게 알려질 것이었다. 사실은 이 책이 그렇게 만든 셈이다. 올리버가 말했듯이, "외계인이 단 한 명이라도 금속판을 볼 가능성은 극히 작지만, 지구인은 틀림없이 수십억 명이 보게 될 겁니다. 따라서 금속판의 진정한 기능은 인류의 기상에 호소하고 그것을 북돋는 것, 외계 지적 생명체와의 접촉을 인류가 반갑게 기대할 사건으로 여기게끔

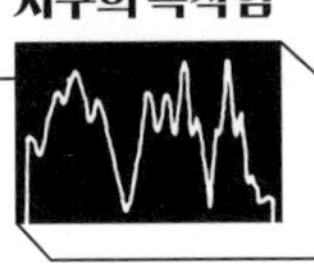

만드는 것입니다." 하인라인은 보이저호에 레이더 코너 반사경을 장착하자고 제안했다. 그러면 혹시 미래 세대가 내보낸 고속 우주 탐사선이 이 고대의 유물을 만날 경우 무심코 들이받는 대신 쉽게 발견할 수 있을 것이다. 클라크는 1977년 1월 3일에 스리랑카에서 나와 통화하면서 우리의 먼 후손에게 "나를 내버려 두세요. 내가 우주를 계속 항해하게 놔두세요."라고 말하는 메시지를 담자고 제안했다. 클라크가 그런 메시지를 제안한 것은 무엇보다도 우리 문명이 그 메시지를 읽을 정도로 오랫동안 존속하기를 바라는 마음을 표현한 뜻이었다.

캐머런은 금속판에 천연 우라늄을 입히자고 제안했다. 수신자는 우라늄 붕괴 생성물들을 보고서 우주 탐사선이 발사된 때로부터 흐른 시간을 대충 계산할 수 있을 것이다. 툴민은 모든 타임캡슐 메시지들이 인류를 묘사할 때 공동체로서의 중요성을 강조하지 않은 채 개인으로서만 표현하는 경향이 있다고 지적하며, 서로 협동하는 공동체로서의 인류를 표현한 내용을 담자고 촉구했다. 또 다른 과학자들은 우주 탐사선 자체가 인류의 기술과 물리 과학에 관한 정보를 암묵적으로나마 많이 담고 있는 셈이므로 명시적인 메시지는 다른 방향을 추구하는 게 좋겠다고 제안했다.

오글은 지구가 물로 덮인 행성임을 알리는 모종의 도해(diagram) — 물결무늬 같은 것 — 와 지구 생명의 분자적 기반을 알리는 내용을 담아야 한다고 생각했다. 우리가 이미 알고 있듯이, 물리학의 법칙들은 은하계 어디에서나 다 같다. 반면에 생명체를 구성하는 분자들의 종류는 장소에 따라서 지구와는 딴판일 수도 있다. 우리의 핵산과 단백질에 관한 정보는 메시지를 수신하는 문명에게 대단히 값진 자료일 수도 있다. 과학이 아닌 다른 분야의 정보를 보내자고 제안한 자문 위원도 많았다. 필립 모리슨은 양팔을 펼친 남자를 그린 레오나르도 다빈치의 유명한 스케치와 그에 상응하는 동양화 한 점을 보내자고 제안했다. 올리버는 보이저 금속판 뒤에 금속 용기에 담은 자기 테이프(magnetic tape)를

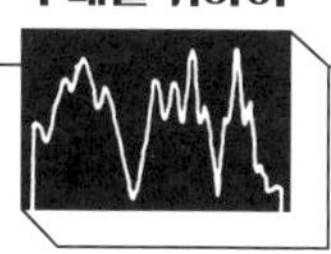

넣어 두고 우주 탐사선에는 그 테이프를 틀 수 있는 녹음 재생기를 넣어 두는 방식으로 베토벤 교향곡 9번을 보내자고 제안했다. 테이프에 자기적으로 기록된 정보의 수명이 너무 짧다면 그 대신 와이어(wire)에 기록해도 좋겠다고 했다.

1977년 1월 말, 미국 천문 학회(American Astronomical Society, AAS)와 그 하위 조직 중 하나인 행성 과학 분과(Division for Planetary Sciences, DPS)는 둘 다 호놀룰루에서 모임을 가졌다. 나는 행성 과학 분과의 위원장 임기를 마치는 시점이라 모임에 참석해야 했고, 코넬 대학의 동료 교수인 프랭크 드레이크는 위원회의 새 운영 위원으로서 역시 그곳에 있었다. 그때 카할라 힐튼 호텔의 가와바타 코티지에서, 드레이크가 향후 프로젝트의 향방을 결정하는 결정적인 제안을 꺼냈다. 축음기용 LP 레코드판을 보내자는 것이었다. 축음기용 레코드판은 소리 정보를 홈에 물리적으로 새기기 때문에 정보가 아주 오래 보관된다. 우주 탐사선이 성간 공간으로 나서는 시점까지, 어쩌면 그보다 더 오래 가능하다. 따라서 자기 테이프의 수명 문제를 피할 수 있다. 게다가 축음기용 레코드판에는 소리 스펙트럼 형태로 사진 정보도 부호화하여 새길 수 있으므로, 파이오니어 10호나 라지오스에 달았던 금속판과 동일한 물리적 부피라도 보이저호에 훨씬 더 많은 사진을 실어 보낼 수 있을 것이었다. 더구나 나중에 알고 보니 1977년은 토머스 에디슨(Thomas Edison)이 축음기를 발명한 지 100주년인 해라서(최초의 버전은 틴 포일 디스크(tin foil disc) 형태였지만), 마침맞은 기념이 되는 셈이었다. (또한 나중에 알고 보니, LP 레코드판을 발명한 페테르 골드마르크(Péter Goldmark)가 애석하게도 1977년에 교통사고로 사망했다. 보이저 레코드판은 골드마크의 기술적 재능을 기리는 기념물로 봐도 될 것이다.) 그리하여 두 보이저 우주선은 중앙 계기 구획 겉면에 은색 알루미늄 덮개에 담긴 금제 축음기용 레코드판을 하나씩 붙이게 되었다. 덮개에는 레코드판 재생 방법을 알리는 안내문이 과학 언어로 쓰여 있다. 안내문에 등장하는 카트리지와 바늘은 보이저 우주선

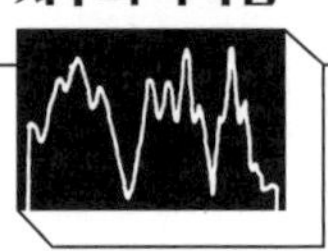

내부의 가까운 지점에 보관되어 있다. 레코드판은 당장이라도 재생될 수 있는 셈이다.

나는 축음기용 레코드판을 보내자는 제안이 다른 이유로도 기뻤는데, 그러면 음악을 보낼 수 있기 때문이었다. 우리가 이전에 보냈던 메시지들은 인간이 무엇을 인식하고 어떻게 사고하는지에 관한 정보만을 담았다. 그러나 인간에게는 인식과 사고만 있는 게 아니다. 우리는 감정도 느끼는 생물이다. 그러나 감정은 소통하기가 더 어렵다. 하물며 우리와는 생물학적 조성이 전혀 다른 생명체라면 더더욱 어렵다. 내가 볼 때 음악은 인간의 감정을 전달하려는 시도에 있어서 꽤 훌륭한 수단인 것 같았다. 충분히 발전한 문명이라면 어쩌면 여러 행성의 종들이 즐기는 다양한 음악의 목록을 작성해 두었을지도 모른다. 그들은 우리의 음악을 그 자료와 비교함으로써 우리에 대해 많은 정보를 유추할 수 있을지 모른다. 나는 웨스트버지니아 주 그린뱅크에 있는 미국 국립 전파 천문대(National Radio Astronomy Observatory)의 제바스티안 폰 회르너(Sebastian von Hoerner)가 발표한 논문에 깊은 인상을 받았는데, 거기에서 그는 음악 형식이란 소리의 물리적 특성이 가하는 제약 탓에 대단히 제한된 몇 가지 종류로 국한된다고 주장했다. 그러니 어쩌면 '보편적' 음악이란 것이 존재할지도 모른다. 뉴욕 슬론-케터링 연구소(Sloan-Kettering Institute)의 소장인 생물학자 루이스 토머스(Lewis Thomas)가 한 말도 격려가 되었다. 내가 우주의 다른 문명들에게 어떤 메시지를 보내고 싶으냐고 묻자, 그는 "요한 제바스티안 바흐(Johann Sebastian Bach)의 전 작품을 보내겠습니다."라는 취지로 대답했다. 그러고는 이렇게 덧붙였다. "하지만 그건 지나친 허세겠죠."

수학과 음악의 연관성은 늦어도 피타고라스 시대부터 알려져 있었다. 화음은 뚜렷한 수학적 특징을 띤다. 수학자나 이론 물리학자가 작곡과 연주에서도 재능을 보이는 경우는 흔하다. 바이올린 연주를 좋아했던 아인슈타인은 특이한 사례가 아니었다. 그런데 우리가 아는 한, 수학적 관계는 어느 행성, 생물학, 문화, 철학에서든 유효해야 한다. 대기

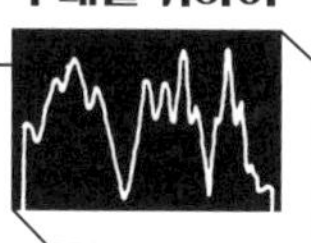

중에 우라늄 헥사플로라이드가 있는 행성이나 성간 먼지를 주식으로 먹고사는 생명체가 거주하는 행성은 상상할 수 있다. 실제로 그럴 개연성은 극도로 낮겠지만 말이다. 하지만 1 더하기 1이 2가 되지 않거나 8과 9 사이에 정수가 하나 더 끼어드는 문명은 상상할 수 없다. 이런 이유 때문에, 간단한 수학적 관계는 상이한 종들 간의 소통 수단으로서 물리학이나 천문학에 관한 언급보다 더 나을 수 있다. 보이저 레코드판의 사진 섹션 중 앞부분에는 산술식이 많이 등장하는데, 이것은 뒤에 나오는 사진들에 담긴 간단한 수학적 정보, 가령 사람의 크기 같은 정보를 이해하게끔 해 주는 사전처럼 기능한다. 음악과 수학은 연관되어 있고 수학은 어디서나 보편적일 것으로 기대되므로, 보이저 레코드판에 담긴 음악은 우리의 감정만이 아니라 그보다 훨씬 많은 것을 전달할지도 모른다.

보이저 레코드판이 우주로 발사된 지 몇 달 지났을 때, 「미지와의 조우(Close Encounters of the Third Kind)」라는 SF 영화가 개봉되었다. 발전된 외계 문명과 우리가 전파가 아니라 물리적으로 직접 접촉한다는 내용의 영화였다. 보이저호의 경우와는 달리, 영화에서는 지구 대표가 우주 공간을 가로지르는 대신 외계인이 지구를 방문한다고 상상했다. 영화가 몇몇 미확인 비행 물체(Unidentified Flying Object, UFO) 목격 사례를 무턱대고 사실로 받아들인 점은 아쉬웠지만, 최소한 하나의 미덕은 있었다. 최초의 메시지가 비록 순진할지언정 최소한 수학적이고(미래에 만날 장소를 좌표로 보여 주었다.) 음악적이라는 점이다. 클라이맥스 장면에서는 지구와 외계의 전자 오르간이 일종의 푸가(fuga)를 연주하는 모습이 묘사되기도 했다.

나는 RCA 음반사(RCA Records)에서 레드실 부서(Red Seal Division)를 담당하는 부사장 톰 셰퍼드(Tom Shepard)와 접촉하여, 레코드판 제작의 기술적인 측면에서 초기 단계를 도와주겠다는 약속을 받았다. 비닐(vinyl)로 만들어진 통상적인 12인치 LP 레코드판은 틀에서 찍어 낸 것인데, 그 틀은 '머더(mother)판' 혹은 '모반(母盤)'이라고 불리는 구리 혹은

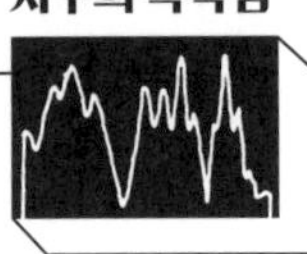

니켈 양화 마스터판에서 만들어진다(마스터판 혹은 마스터반은 원판 혹은 원반이라고도 하며, 우선 마스터 테이프의 오디오 신호에 따라 래커로 된 원판에 홈을 새긴 뒤 그 래커판에 구리나 니켈을 도금하여 금속 원판을 만들고 다시 그 금속판으로 실제 레코드판을 제작하는데, 이 금속 원판은 음이 새겨진 부분이 볼록하기에 '양화(positive)'라고 표현한 것이다. — 옮긴이). 기왕 그렇게 새기는 기술이 존재하니까, 마스터판 자체를 우주로 보내는 게 알맞을 성싶었다. 비닐로 된 레코드판보다는 마스터판이 우주에서 겪을 침식을 훨씬 더 잘 버틸 것이기 때문이다. 니켈은 강자성체이므로, 니켈 마스터판은 보이저호가 수행할 섬세한 자기장 감지 실험에 간섭을 일으킬 것이었다. 그래서 우리는 구리 마스터판으로 낙착했다. 이 시점에, 정확히 말해서 1977년 2월과 3월에 우리가 생각한 것은 회전수가 분당 $33\frac{1}{3}$ 회인 통상적인 레코드판이었다. 따라서 한 면당 재생 시간이 약 27분이라 양면으로는 약 54분일 것으로 예상했다. 한 면에는 음악을 담고 다른 면에는 음악이 아닌 정보, 가령 사진을 담을 생각이었다.

그런데 어떤 음악을 담을 것인가? 27분은 교향곡의 두 악장을 겨우 담을 정도이다. 어떻게 27분에 온갖 감정적 정서와 문화적 다양성을 자랑하는 지구의 음악을 충분히 대변하는 곡들을 담는단 말인가? 나는 여러 곳에서 도움을 구했다.《롤링 스톤(*Rolling Stone*)》의 편집자 조너선 콧(Jonathan Cott)과 작가 앤 드루얀이 연락해 보라고 추천한 사람은 버클리에 있는 월드 뮤직 센터(Center for World Music)의 소장 로버트 E. 브라운(Robert E. Brown), 그리고 뉴욕 컬럼비아 대학에서 칸토메트릭스 프로젝트(Cantometrics Project)를 진행하고 있는 앨런 로맥스(Alan Lomax)였다(칸토메트릭스는 '노래를 측정한다.'라는 뜻으로, 로맥스가 만든 단어다. — 옮긴이). 브라운의 추천 목록은 '부록 C'에 수록되어 있다. 브라운의 권고는 우리가 망라해야 할 인류의 다양한 음악들을 어떤 기준에 따라 조직하면 좋은가 하는 원칙을 처음 통일성 있게 제안한 의견이었다. 초기에 접수된 또 다른 추천 목록은 캐나다 방송 협회(Canadian Broadcasting Corporation)의 존 롬버그가 작성한 것으로, '부록 D'에 수

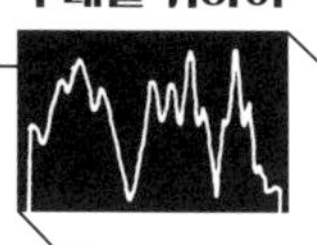

록되어 있다. 당시 워싱턴의 내셔널 심포니 오케스트라 상임 지휘자였고 현재 뉴헤이븐 심포니 오케스트라와 털사 필하모닉에서 음악 감독을 맡고 있는 머리 시들린(Murry Sidlin)은 서양 고전 음악과 다른 문화들의 음악 모두에 대해서 많은 제안을 주었다. 스트라빈스키(Stravinsky)의 「봄의 제전(Rite of Spring)」 중 마지막 4분 30초가 끝난 뒤 바흐의 『평균율 클라비어 곡집(Well-Tempered Clavier)』 2권의 1번인 전주곡과 푸가 C장조를 잇자는 재미난 의견도 그가 주었다. 그러면 감정적 대비가 뚜렷할 것이라는 발상이었다.

브라운의 추천은 38분 길이였다. 물론 그는 그보다 더 많이 추천하고 싶었을 것이다. 시들린은 선택된 곡들이 일부만이 아니라 전체 다 실려야 한다고 주장했는데, 그러면 특히 서양 고전 음악에서는 소요 시간이 엄청 늘어날 것이었다. 롬버그는 독자적인 의견이었지만 루이스 토머스와 비슷한 제안을 냈는데, 한 작곡가의 작품을 여러 편 싣거나 푸가 같은 한 형식의 작품을 여러 편 실어야만 우리의 의도가 잘 드러나리라는 의견이었다.

앨런 로맥스는 세계의 민족 음악을 녹음하고 그런 음악이 잊히거나 무시되는 것을 막는 데 평생을 바친 사람이다. 그의 칸토메트릭스 프로젝트는 지금껏 기록된 거의 모든 음악 형식들을 컴퓨터를 써서 체계적으로 분류하는 작업이다. 나는 장기간 해외 체류에서 돌아온 그와 가까스로 연락이 닿았다. 보이저 레코드판에 실린 음악 중 동양이나 서양의 고전 음악 전통에 속하지 않는 곡은 대부분 로맥스가 추천한 것이다. 그는 서양 고전 음악 대신 다른 민족 음악을 넣자고 줄곧 힘차게 주장했다. 그가 알려 준 곡들이 워낙 감동적이고 아름다워서, 우리는 내 예상보다도 좀 더 자주 그의 제안을 받아들였다. 그래서 우리 선곡에는 드뷔시(Debussy)의 자리가 없다. 왜냐하면 아제르바이잔 사람들이 백파이프를 연주했고, 페루 사람들이 팬파이프를 연주했으며, 로맥스가 아는 민족 음악학자들이 그런 훌륭한 곡들을 녹음해 두었기 때문이다.

앨런 로맥스도 로버트 브라운처럼 꼭 포함시켜야 할 중요한 곡들의 목록을 제공했

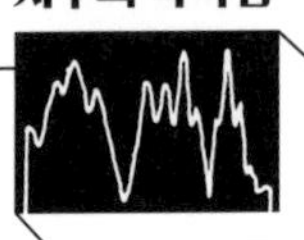

는데, 우리는 일부만 받아들일 수 있었다. 로맥스는 수십 년의 작업을 통해서 문명의 상이한 사회적, 경제적, 기술적 발달 단계들이 특유의 음악 형식들로 반영된다는 이론을 세웠다. 이를테면 사냥 음악, 채집 음악, 농업 음악 하는 식이다. 로맥스가 앤에게 발랴 발칸스카(Valya Balkanska)가 하늘로 솟구치는 듯한 목소리로 부른 불가리아 양치기의 노래를 들려주었을 때, 앤은 저도 모르게 춤을 추려고 했다. "그게 들리는군요?" 로맥스는 씩 웃으면서 앞으로 몸을 숙이고는 느릿느릿 말했다. "그게 유럽이에요. 역사상 처음으로 먹을 게 풍부했던 사람들이죠." 그의 발상이 옳다면, 음악적 모티프들만 갖고서도 인류 문명의 진화 과정을 대강 전달하는 것도 가능했을지 모른다. 그러나 우리는 시간이 부족했고 다른 압박도 많았기 때문에, 그가 제안한 모든 곡을 진중히 들어 볼 여력이 없었다. (요즘 멸종 위기에 처한 야생 동식물 종을 가려내고 보존하는 데 헌신하는 활동가들이 있는 것처럼, 로맥스는 멸종 위기에 처한 민속 음악과 민족 음악을 보존하는 데 평생을 바쳤다. 그의 칸토메트릭스 프로젝트는 빠듯한 예산으로 운영되고 있으며, 마땅히 훨씬 더 큰 관심과 지원을 받아야 한다. 음악에 대한 시각을 넓혀 여러 문화를 아우르도록 도와준 점, 또한 보이저 레코드판 선곡의 아름다움을 상당히 향상시켜 준 점에 대해서 그에게 감사한다.)

이즈음 나는 친구 티머시 페리스와 앤 드루얀에게 레코드판 제작 프로젝트를 도와달라고 부탁한 터였다. 둘 다 음악 지식이 풍부한 사람들이고, 우주로 음악을 보낸다는 발상에 열광적으로 찬성했다. 페리스는 제작 측면, 특히 음악 섹션의 제작을 대부분 책임졌고, 드루얀은 사진을 제외한 거의 모든 섹션에 중요하게 기여했다. 다행히 NASA 제트 추진 연구소(Jet Propulsion Laboratory, JPL)의 존 카사니가 약간의 자금을 제공했기 때문에, 그 돈으로 이 재주 많은 사람들이 들인 시간에 대한 보상을 조금이나마 할 수 있었다. 그 자금 덕분에 존 롬버그도 끌어들일 수 있었다. 이들은 이 프로젝트에 엄청난 시간을 쏟았으며, 대가도 요구하지 않았다. 몇몇 사소한 예외를 제외하고는 다른 관련자들도 시간과 재능을 무료로 제공했다. 롬버그에게는 프랭크 드레이크와 긴밀하게 협력하여 메

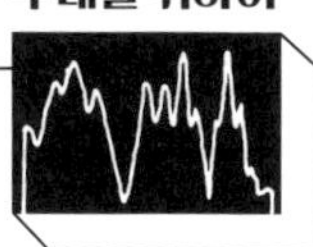

시지의 사진 섹션을 선정하고 설계하라는 임무를 맡겼다. 드루얀에게는 우리 행성, 생명, 인간, 그리고 보이저 탐사를 가능하게 한 기술 문명의 발전을 진화 순서로 나열한 소리 에세이「지구의 소리들」을 작성하는 일을 맡겼다.

페리스와 나는 오디오 재생 시간을 늘이는 방안을 요모조모로 고민했다. 레코드판 한 쌍을 묶어서 네 면에 해당하는 분량을 보내는 방안은 프로젝트에 허락된 시간제한을 위반했다. 레코드판이 가할 열역학적 영향을 고려해 보이저 우주선 외부에 한 장씩만 부착하는 수준으로 허가된 상황이었다. 이런 탐사에서 과학적 목적을 제대로 달성하려면 행성 간 우주선에 탑재된 민감한 전자 장치들의 온도가 무척 정밀하게 통제되어야 하기 때문이다. 한편 홈 간격을 줄여서 면당 재생 시간을 27분이나 28분보다 더 길게 늘이는 방안은 재생 충실도를 상당히 떨어뜨릴 것이었다. 우리는 결국 레코드판을 분당 $16\frac{2}{3}$ 회전으로 제작하기로 결정했다. 그러면 재생 충실도는 약간 떨어지겠지만, 심각하게 나빠질 것 같지는 않았다. 그리고 수신자가 애초에 레코드판을 손에 넣을 만큼 똑똑하다면 문제가 되지 않을 것 같았다. 덕분에 음악에 할당된 시간이 약 90분으로 늘었으니, 우리는 이제야 전 세계 음악의 폭과 깊이와 매력을 조금이나마 제대로 다룰 수 있겠다고 생각했다. 그러나 이 결정은 불안할 정도로 뒤늦게 내려졌다. 그리고 중대한 우주 탐사의 일정이란 당연히 절대 바꿀 수 없었다. 선곡할 시간이 그다지 많지 않았다.

우리가 어떻게 의사 결정을 했는지를 조금이나마 보여 주는 의미에서, 1977년 5월 14일 저녁부터 이튿날 새벽 3시까지 워싱턴 D. C.에서 열렸던 중요한 모임의 풍경을 묘사해 보겠다. 나는 스미스소니언 협회(Smithsonian Institution)의 이사회에 참석하기 위해서 그곳에 머물고 있었다. 그동안 드루얀, 페리스, 린다 세이건, 그리고 나와 함께 일하는 직원인 웬디 그래디슨(Wendy Gradison)은 국회 도서관의 비(非)음악 소리 컬렉션을 훑었다. 이후 머리 시들린과 아내 데비 시들린(Debby Sidlin)까지 합류하여, 모두 스미스소니언 협회

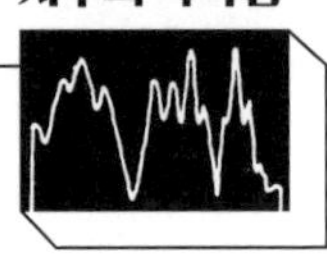

의 한 사무실에 모였다. 그 방에는 작은 오디오 시스템이 있었으며, 벽을 한가득 차지한 루이 암스트롱(Louis Armstrong)의 초상이 우리를 내려다보며 채근했다. 세상의 음악은 아주 풍성하다. 그중 대부분은 음악가들에게조차 익숙하지 않다. 어떤 음악을 우주로 보낼 것인가에 대한 최선의 대답이란 존재하지 않는다. 그런 결정을 내리려고 시도하는 사람마다 제각기 다른 답을 낼 것이다. 우리 경우에는, 그 결정을 내릴 사람이 나였다. 우리는 많은 문제들을 토론했다. 나는 북아메리카 원주민 문화의 전문가인 시카고 대학의 프레드 에건스(Fred Eggens)에게 아메리카 원주민 음악의 후보를 몇 가지 달라고 부탁해 두었였다. 고전 음악에서 중요한 결정은 가령 하이든(Haydn)이나 바그너(Wagner)나 드뷔시를 희생한 채 베토벤(Beethoven)과 바흐의 작품을 여러 곡 보낼 것인가 하는 문제에 대한 것이었는데, 머리 시들린은 이 방안에 거세게 반대했다. 그러나 나는 우주 탐사선을 쏘아 보내는 문화권인 서양의 음악 전통을 바흐와 베토벤이 가장 잘 대변한다는 생각에 깊게 공감하는 입장이었다. 일단 내가 그렇게 하기로 결정하자, 이후 시들린은 적극 지지하면서 선곡을 크게 도와 주었다.

또 하나의 쟁점은 마일즈 데이비스(Miles Davis)가 연주한 조지 거슈윈(George Gershwin)의 「서머타임(Summertime)」을 보낼까 말까였다. 한편으로는 그 연주가 아프리카와 미국의 음악적 모티프들을 기분 좋게 섞은 문화 간 결합이라는 주장이 있었지만, 그날 지지를 얻은 주장은 미국의 흑인 문화 전통이 미국의 토착 음악을 형성하는 데 중추적이지는 않았을지언정 중요하게 기여했으니 다른 요소가 딸리지 않은 순수한 형태로 선보여야 한다는 견해였다. 조언을 구하기 위해서, 스미스소니언 협회의 재즈 담당 학예관인 마틴 윌리엄스(Martin Williams)에게 시들린이 전화를 걸었다. 시들린이 자기소개를 한 뒤 우리가 처한 문제를 설명하려는데, 윌리엄스가 끼어들었다. "잠깐만, 내가 제대로 들은 건지 확인합시다. 일요일 밤 11시에 우리 집으로 전화를 걸어서 알고 싶은 게, 어떤 재즈를 우주로

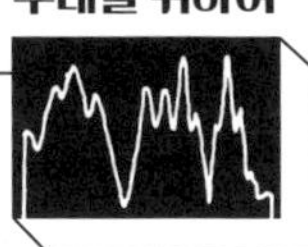

보낼 건가 하는 겁니까?" 시들린은 바로 그거라고 말했고, 윌리엄스는 — 우리가 조언을 구한 모든 전문가들이 그랬듯이 — 대단히 큰 도움을 주었다.

결국, 미국 음악으로서 포함된 네 곡은 나바호 족의 밤의 찬가와 흑인 음악의 전통에서 고른 세 곡이었다. 그중 하나인 루이 암스트롱의 「멜랑콜리 블루스(Melancholy Blues)」는 앨런 로맥스가 나중에 구해 온 것으로, 나는 앞으로 이 곡을 들을 때마다 그날 벽에서 그윽한 눈초리로 우리의 즉흥 연주를 내려다보았던 암스트롱의 얼굴이 떠오를 것이다.

또 어떤 때는 그레고리오 성가와 찰스 아이브스(Charles Ives)와 밥 딜런(Bob Dylan)에 관해서 긴 논쟁이 벌어졌다(가사를 알아듣지 못해도 여전히 매력적일까?). 불가리아나 페루의 노래를 한 곡 더 넣어야 할지, 아파치 족의 자장가를 넣을지(아메리카 원주민 중에서 아파치 족이 차지하는 위치에 관해서도), 근동 음악의 정의가 무엇인지, 나치 동조자로 간주되는 사람의 연주를 포함시킬지, 그 정신은 우리가 대단히 높이 사지만 음질이 하나같이 나쁜 파블로 카잘스(Pablo Casals)의 녹음을 포함시킬지, 「브란덴부르크 협주곡(Brandenburg Concerto)」 2번의 어떤 버전을 선택할지, 우리에게 자신의 음악을 써도 좋다고 친절하게 제안했던 제퍼슨 스타십(Jefferson Starship)의 곡을 포함시킬지, 하이든, 비발디(Vivaldi), 바그너, 차이콥스키(Tchaikovsky), 퍼셀(Purcell), 코플런드(Copland), 림스키코르사코프(Rimsky-Korsakov), 드뷔시, 푸치니(Puccini), 헨델(Handel), 쇤베르크(Schoenberg), 쇼스타코비치(Shostakovich)를 포함시킬지, 엘비스 프레슬리(Elvis Presley)를 포함시킬지, 우주 탐사선을 실제로 조립한 사람들이 즐기지 않을까 싶은 컨트리 음악과 서부 음악을 포함시킬지 ……. 우리는 또 비틀스(The Beatles)의 「히어 컴스 더 선(Here Comes the Sun)」을 우주로 보내고 싶었다. 비틀스의 네 멤버들도 모두 승인했다. 그러나 노래의 저작권이 비틀스 멤버들에게 있지 않았고 곡의 법적 지위가 너무 복잡했던 탓에 위험을 무릅쓰기가 어려웠다. 이런 수많은 작곡가와

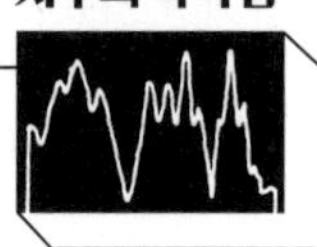

음악가를 — 주로 시간과 공간 탓에 — 포함시키지 못하는 것을 우리가 얼마나 아쉬워했던가. 우리는 그들이 케이프커내버럴에 다 모여서 자신들 없이 우주로 발사되는 보이저호를 애석한 눈길로 바라보는 만화를 상상하기도 했다. 존 롬버그는 모차르트(Mozart)의 「마술피리(Magic Flute)」 중 '밤의 여왕의 아리아(Queen of Night Aria)'와 바흐의 「무반주 바이올린을 위한 소나타와 파르티타(Sonatas and Partitas for Solo Violin)」 중 파르티타 3번을 포함시킨 장본인이었다. 앤 드루얀은 프로젝트의 창의적 측면이나 제작 측면에서 두루 귀중한 도움을 잔뜩 제공했다. 드루얀의 회상 중에서 내가 꼭 인용하고 싶은 일화가 있다. 그녀는 이렇게 적었다.

> 로버트 브라운이 우주로 보낼 월드 뮤직 목록에서 맨 위에 적은 곡은 수르슈리 케사르 바이 케르카르(Surshri Kesar Bai Kerkar)가 부른 「자트 카한 호(Jaat Kahan Ho)」였어요. 최근에 절판된 오래된 녹음이었죠. 음반 가게 수십 곳을 뒤졌지만 다 없어서, 브라운에게 전화를 걸어 다른 라가(raga, 인도 전통 음악)를 추천해 달라고 부탁했어요.
>
> 그는 거절하더군요.
>
> "하지만 우리가 그 곡의 녹음을 제때 발견하지 못해서 레코드판에 못 실으면 어쩌죠?" 나는 하소연했어요. 선곡을 마무리하기까지 사흘이 남은 상황이었죠. 세상에서 가장 정교하고 환상적인 음악 전통 중 하나인 인도 음악을 포함시키지 못하면 어쩌나 싶어서 엄청나게 걱정됐어요.
>
> 그는 "계속 찾아보세요."라고 말하더군요.
>
> 다음날 여러 사서들과 문화 공보관들에게 묻고도 소득을 거두지 못한 채 다시 그에게 전화했을 때, 나는 절박했어요.
>
> "「자트 카한 호」는 계속 찾아볼게요. 하지만 만일에 대비해서 다른 곡을 한 곡만 더 알려

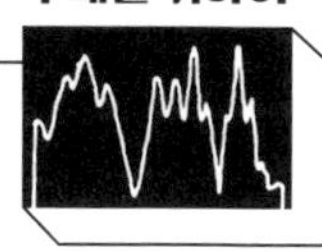

주세요. 그다음으로 훌륭한 곡은 뭐죠?"

브라운은 "그 곡에 범접할 곡은 없어요. 계속 찾아보세요."라고 고집했어요. 내가 다른 민족 음악학자들에게 자문을 구했더니 다들 브라운을 믿으라더군요. 나는 인도 식당에 전화를 걸기 시작했어요.

뉴욕 20번가 렉싱턴 애비뉴에 인도인 가족이 운영하는 전자 제품 가게가 있어요. 그곳에 카드 게임용 탁자가 놓여 있었는데, 탁자를 덮은 마드라스 천 밑에 먼지 쌓인 갈색 통이 있었고, 그 속에 뜯지 않은 「자트 카한 호」 음반이 세 장 들어 있더군요. 가게 주인들은 내가 세 장을 몽땅 구입하는 이유를 궁금해하며 이것저것 추측을 늘어놓았죠. 나는 어서 들어 보고 싶어서 가게를 뛰쳐나와 쏜살같이 집으로 달렸어요.

정말이지 전율하게 만드는 음악이었죠. 나는 브라운에게 전화해서, 나도 모르게 몇 번이나 고맙다고 말했어요.

앤은 10년 전에 베토벤 현악 사중주 13번 B플랫 장조, 작품 번호 130번의 카바티나 악장을 처음 들었을 때 하도 감동한 나머지, 그때는 물론이거니와 이후에도 수시로 베토벤이 자신에게 선사한 경험에 대해서 어떻게든 보답할 수 없을까 하고 궁리했다고 한다. 그녀는 보이저 레코드판으로 그 빚을 조금이나마 갚은 셈이다.

선택된 곡들의 순서는 몇 가지 기준에 따라 정했다. 레코드판에 서양 유럽 음악만 배타적으로 몰린 공간을 만들고 싶지 않았기 때문에, 일부러 서로 다른 문화들의 음악을 번갈아 배치했다. 어떤 경우에는 감정이나 분위기가 선명하게 대비된다는 점에서, 어떤 경우에는 사뭇 다른 악기이지만 똑같이 독주자의 기량을 뽐냈다는 점에서, 어떤 경우에는 언뜻 전혀 다르게 느껴지는 두 문화의 곡인데 악기나 리듬이나 선율 스타일이 비슷하다는 점에서 두 곡을 묶었다. 한번은 우주적 외로움이라고 부를 만한 기분을 가장 뼈

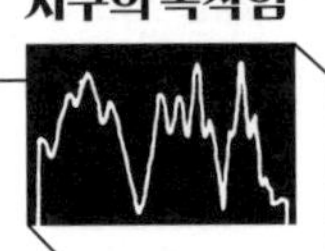

저리게 표현한 곡을 대여섯 곡 모아서 배치할까 하는 생각도 했다. 실제로 맨 마지막 두 곡, 「밤은 어둡고 땅은 춥네(Dark was the night, cold was the ground)」와 베토벤의 카바티나는 명백히 그 범주에 드는 음악이다. 이 노래들은 막막한 우주 공간에서 다른 존재를 만나고 싶어 하는 갈망을 표현한 것처럼 느껴진다. 보이저 레코드판의 주된 메시지를 음악으로 표현한 것이나 마찬가지다.

우리는 음악의 지리적, 민족적, 문화적 분포 면에서, 다양한 형식 면에서, 다른 곡들과의 관련성 면에서 최대한 공평성과 대표성을 갖추기 위해 선곡 하나하나에 주의를 기울였다. 우리가 한참 고심한 끝에 '러시아' 음악을 대표하는 곡으로서 잠정적으로 고른 것은 저음부 악기, 발랄라이카, 코러스와 함께 니콜라이 게다(Nicolai Gedda)가 테너 솔로를 노래하는 「젊은 도붓장수(The Young Peddler)」란 곡이었다. 러시아 민요의 전형이라고 할 만한 활기찬 이 곡은 머리 시들린이 제안한 후보였다. 그런데 걱정이 가시지 않았다. 게다는 벨라루스 출신의 부모를 두긴 했지만 스칸디나비아 사람이다. 그가 러시아 민요의 진정한 대변인일까? 1917년 혁명과 같은 큰 혁명을 겪은 뒤에도 러시아 민속 문화가 옛 정통성을 유지하고 있을까? 좀 지나치게 평범한 곡이 아닐까? 자본주의적 사업가가 처녀들을 유혹한다는 내용의 오락적 가사가 현대 (구)소련 시민들에게 기분 나쁘게 느껴지거나, 그렇지 않더라도 전형적이지 않은 주제로 느껴지면 어쩌지? 이런 걱정을 해소하기 위해서, 나는 모스크바에 있는 아는 과학자에게 전보를 보내 우리 조건을 간략히 설명하고, 현재로서는 「젊은 도붓장수」의 그 연주를 러시아 민요의 예로서 떠올리고 있는데 혹시 더 나은 곡을 제안해 줄 수 있는지 물었다. 촉박하지만 불가능하진 않은 답변 기한이 다 지나도록 (구)소련으로부터 아무 답신이 없었다. 몇 주가 지나서야 — 결과에 영향을 미치기에는 너무 늦은 시점에 — 답이 왔다. 대신 「모스크바의 밤(Moscow Nights)」을 추천한다는 내용이었다. 들어 보니 그 곡은 (구)소련의 만토바니(이탈리아 출신 음악가 아눈치

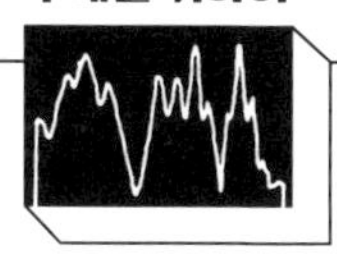

오 만토바니(Annunzio Mantovani)가 결성한 만토바니 오케스트라의 이름은 경음악, 무드음악의 대명사로 통한다. — 옮긴이)라고 할 만한 노래였다. 더없이 밋밋한 데다가, 말썽의 소지는 가장 적겠지만 우리가 상상할 수 있는 한 가장 흥미롭지 않은 음악이었다. 나중에 알고 보니, 그쪽에서는 내 문의를 대단히 진지하게 여겨서 (구)소련 과학 아카데미(U.S.S.R. Academy of Sciences) 최상부까지 문제가 전달되었다고 했다. 어쩌면 그보다 더 높이 올라갔을지도 모른다. 혁명 이전 러시아 문화의 자본주의적 측면조차도 보존할 가치가 있다고 했던 레닌(Lenin)의 말까지 인용된 논쟁이 벌어졌다고 하는데, 결과를 보자면 그날 그 견해가 지지를 받진 못했던 모양이다.

다행히 우리는 이미 다른 곡을 골라 두었다. 나는 이쪽이 훨씬 낫다고 믿는다. 앨런 로맥스가 우리에게 「차크룰로(Tchakrulo)」라는 근사한 조지아 민요를 알려 주었다. 가사는 농민들이 폭군 같은 지주에게 맞서 저항하는 내용이다. 우리는 상황이 허락하는 경우라면 여러 나라 출신의 음악 전문가들에게 심도 있는 자문을 구했다. 중국 음악을 고를 때처럼 그런 문의가 가능한 경우도 있었지만, 시간과 예산의 제약과 관료제적 통제 때문에 바라는 것만큼 충분히 많이 그러진 못했다. 우리가 최종적으로 선곡한 레퍼토리에 관한 이야기는 앤이 《뉴욕 타임스(*The New York Times*)》에 '지구 최고의 히트곡들'이라는 제목의 기사로 자세히 소개했고, 이 책에서는 티머시 페리스가 6장 「보이저호의 음악들」에서 소개했다. 6장 마지막에는 곡들의 제목만 나열하여 편하게 훑어볼 수 있게끔 했다.

1977년 5월 말에는 선곡의 전체적인 구성이 분명해졌다. 포함되는 곡들은 모두 저작권 사용 허가를 받아야 했다. 국제 저작권 조약에서는 '어떤 용도로든' 곡을 재생하려면 허가를 얻어야 한다고 규정하는데, 거기에는 아마 외계에서의 용도도 포함될 것이었다. 실제로 우리는 보이저 레코드판에 대해서 곡당 몇 센트씩 저작권료를 지불했다. 곡에 따라서는 사용 허가를 받는 과정이 지난할 수도 있다. NASA는 정부 기관이니만큼, 우리

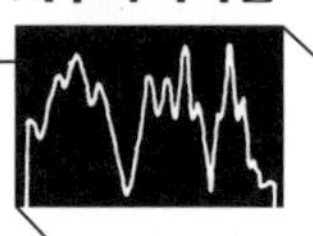

가 상상할 수 있는 온갖 측면에서 저작권 조약을 준수한다는 점을 단단히 확인받고 싶어 했다.

우리는 RCA 음반사의 레드실 부서가 저작권 사용 허가를 대신 확보해 주기를 바랐다. 나아가 보이저 우주선에 실을 마스터판을 실제 제작하는 일도 도와주기를 바랐다. 그들은 앞서 회전수를 분당 $16\frac{2}{3}$ 회전으로 결정하고 마스터판 재료를 정할 때도 많이 도와주었다. 그러나 톰 셰퍼드가 살펴보았더니 우리의 잠정적인 레퍼토리 중 RCA에서 녹음된 것은 기껏해야 한 곡뿐이었다. 그는 RCA가 더는 돕기 어렵겠다는 사실을 점잖게 알려주었다. 우리는 음반 제작사는 전혀 고려하지 않은 채 선곡했지만, 어쩌다 보니 상당수의 곡이 CBS 음반사(CBS Records)에서 녹음된 것이었다. 경쟁에 바쁜 대형 상업 음반사 사장의 관심을 끄는 일은 생각만큼 쉽지 않다. 하물며 우주로 보낼 레코드판에 회사의 자원을 기부해 달라고 요청하는 일이라면 더더욱 그렇다. 어쩌면 우주에도 잠재적 청취자가 많을지 모르지만, 적어도 가까운 미래에는 회사의 수익에 아무런 영향도 미치지 못할 테니까 말이다. 그러나 결국 CBS 음반사는 순전히 공익 차원에서 모든 허가를 확보해 주었고, 음악과 인사말과 소리를 믹싱(mixing, 녹음된 음악이나 음향 등을 편집하는 작업 — 옮긴이)해 주었으며, 금속 마스터판의 본이 될 왁스 원판도 제작해 주었다. 그들은 전 세계 저작권 사용 허가를 유례없이 빠른 시간 만에 확보해 주었다. CBS 음반사가 이 프로젝트로 수입을 늘릴 가능성은 전혀 없었기 때문에, 설령 다소간 마지못해서 한 일이었더라도 그들의 협조는 전체적으로 정말 대단한 것이었다.

한편, 다른 측면에서도 흥미로운 사건이 벌어지고 있었다. 파이오니어 10호와 11호의 금속판은 가장 기본적인 차원에서의 시각적 인사나 마찬가지였다. 보이저 레코드판은 시각뿐 아니라 청각 메시지이기도 하므로, 자연히 아예 말로 된 인사를 담으면 어떨까 하는 생각이 떠올랐다. 외계 문명이 — 보이저 레코드판을 회수할 시점에 — 인간의 언어

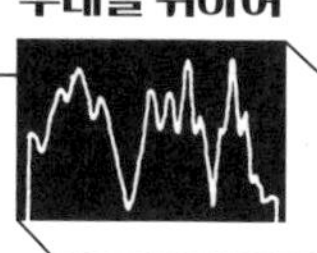

를 조금이라도 알 가능성이 아예 없다고는 할 수 없다. 만일 안다면, 아마도 지구에서 방출된 텔레비전 방송 신호를 엿들으면서 배웠을 것이다. 그러나 그럴 확률은 아무리 잘 봐줘도 지극히 미미한 수준이다. 그보다는 외계 청취자가 사전에 입문서를 접하지 않은 이상 인간의 언어를 한 마디도 알아듣지 못할 것이라는 가정이 훨씬 더 개연성 있다. 설령 그렇더라도, 그들에게 인간의 말이 조금은 흥미롭게 느껴질지도 모른다. 그리고 레코드판 자체가 우리의 인사인 이상, "안녕"이라고 말하는 인사말도 반드시 포함되어야 했다. 하지만 영어로 "헬로"라고 말하는 것은, 혹은 다른 어떤 언어이든 한 언어로만 말하는 것은 배타주의처럼 느껴졌다. 보이저 레코드판의 메시지는 기본적으로 온 인류가 보내는 것이다. 따라서 최소한 인류의 다수 인구가 사용하는 여러 언어들로 말하는 인사말이 포함되어야 했다.

아마도 순진한 생각이었던 것 같지만, 나는 유엔이야말로 수십 가지 언어로 우주에 "안녕"이라고 말하기에 적당한 조직이라고 생각했다. 1976년 가을에 유엔 총회의 초청으로 우주 탐사에 관해 강연한 적이 있었다. 그래서 유엔에 파견된 미국 사절단뿐 아니라 유엔 우주 공간 위원회(정확한 명칭은 '우주 공간의 평화적 이용을 위한 유엔 위원회(United Nations Committee on the Peaceful Uses of Outer Space)'이다. — 옮긴이)의 몇몇 구성원과 안면이 있었다. 그러나 미국 사절단은 "안녕"이라고 말하는 것처럼 중차대한 문제에 대해서는 자신들이 독자적으로 활동할 수 없다고 알려 왔다. 다음으로 우주 공간 위원회에 문의했지만, 자신들이 나서서 어떤 '행동'을 할 순 없으며 이런 건 국가 대표단들만이 할 수 있는 일이라는 대답이 왔다. 공은 미국 사절단으로 도로 넘어갔고, 사절단은 국무부의 지시가 있어야만 행동에 나서겠다고 했다. 한편 국무부는, 내가 확인한 바, NASA의 요청이 있어야만 행동에 나서겠다고 했다. NASA가 보이저 레코드판은 반드시 제작될 것이고 그 속에 유엔의 인사말이 반드시 포함될 것이라고 굳게 약속해야만 한다는 것이었다.

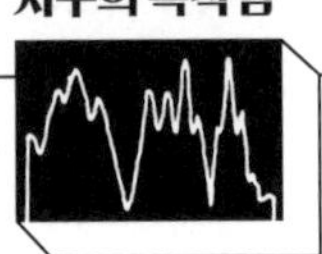

이것이 또 딜레마였다. 내가 전문가와 재능 있는 아마추어를 모아서 임시변통으로 꾸린 위원회는 분명 NASA의 후원하에 일했지만, NASA는 우리 활동에 얼마든지 거부권을 행사할 수 있었다. 그보다 더 궁극적인 차원에서는 아예 레코드판을 싣지 않기로 결정할 수도 있었다. 실제로 나중에 우리 활동에 관한 소식이 언론에 약간 누출되었을 때, NASA 홍보부의 공식 입장은 보이저 우주선에 레코드판을 실을지 여부는 아직 최종적으로 결정되지 않았다고 말하는 것이었다. 관료주의로 인한 진퇴양난은 곧 더한층 꼬였다. 내가 유엔 우주 공간 위원회에 직접 문의한 게 실수였다는 지적이 나왔다. 그 때문에 유엔 일각에서 보이저 레코드판 제작 프로젝트를 순전히 미국의 영예를 돋보이게 하려는 사업으로 여기게 되었고, 오로지 그 이유 때문에 반대할 수도 있다는 것이었다.

나는 뉴욕의 유엔 본부에서 하루나 이틀 날을 잡은 뒤, 모든 가입국 대표들이 그 기간에 녹음실에 들러서 자기 나라 말로 "안녕"이라고 말해 주면 좋겠다고 제안했다. 지구의 성별 분포를 반영하기 위해서 목소리의 절반은 남자이고 나머지 절반은 여자이면 좋겠다고도 말했다. 그런데 그건 전혀 다른 이유에서 상당히 어려운 일이라고 했다. 거의 모든 대표단 수석들이 남자였고 우주에 "안녕"이라고 말하는 영예를 남에게 양도할 사람은 없을 것 같았기 때문이다. 게다가 정해진 그날에 대표단 수석이 유엔에 없으면 어쩌나? 아니, 내 제안은 전혀 현실적이지 않은 듯했다. 미국 사절단이 적극 제안한다 하더라도, 심지어 유엔 사무총장이 나서서 제안한다 하더라도 말이다.

그 대안으로, 유엔 우주 공간 위원회의 회원들이 각자 "안녕"이라고 말하고 그 목소리를 우주로 보내면 어떻겠느냐는 제안이 있었다. 이 방안의 문제점은 위원회 소속 국가들의 언어가 지구에서 가장 많이 쓰이는 언어들과 상응하지 않는다는 점이었다. 가령 중국은 우주 공간 위원회 소속이 아니었다. 게다가 위원회는 "안녕"이라고 말할까 말까 하는 문제를 **투표**로 정해야 했는데, 다음번 모임은 6월 말 유럽에서 열리기로 되어 있었다.

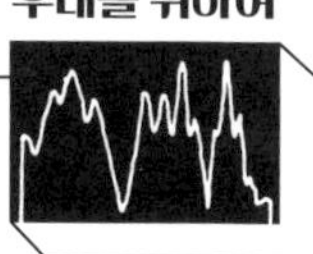

나는 설령 위원회의 인사말이 바람직하더라도 보이저호 발사 일정상 그렇게 미적대는 진행은 수용할 수 없다고 설명했다. 그러자 그들은 진지하게 물었다. 혹시 보이저호 발사 일정을 늦출 순 없습니까?

나는 NASA 국제 협력부 부장인 아널드 프룻킨(Arnold Frutkin)에게 도움을 요청했다. 결국 프룻킨이 국무부를 설득하여 유엔의 미국 사절단에게 이 프로젝트를 거들라는 지시를 내리게 했고, 유엔 사무총장 쿠르트 발트하임(Kurt Waldheim)에게도 직접 연락해 주었다. 그러나 이번에도 시간이 빠듯했다. 그러던 중, 1977년 6월 1일 오후에 NASA가 대뜸 이튿날 유엔에서 녹음을 진행하겠다고 통보해 왔다. 사전 언질은 없었다. 인사말 형식은 어떻게 하기로 했다는 말도 전혀 없었다. 나는 뉴욕에 사는 티머시 페리스에게 부탁하여, 그 자리에 참석해서 우리가 원하는 방향으로 끌어가 달라고 당부했다. 특히 인사말이 몹시 짧아야 한다고 강조했다. 보이저 레코드판에서 인사말에 할당된 시간은 엄격하게 제한되어 있었다.

페리스가 가 보니, 유엔 우주 공간 위원회의 회원들 중에서도 일부만 모여 있었다. 더구나 지구에서 가장 많이 쓰이는 언어들과는 전혀 비슷하지도 않은 구성이었다. (구)소련은 우주 공간 위원회 소속이었지만, 모임에는 러시아 어를 하는 대표가 참석하지 않았다. 페리스는 녹음에 앞서서 "인사말을 짧게" 해 달라고 당부할 기회를 얻었다. 그러나 유엔에서 그 표현은 우리가 일상에서 말할 때와는 상당히 다른 뜻이었고, 모든 대표가 일장 연설을 하고 싶어 하는 게 분명했다. 사실 어떤 인사말은 꽤 사랑스러웠다. 프랑스 대표는 보들레르(Baudelaire)의 시를, 스웨덴 대표는 현대 스웨덴 시인인 하리 마르틴손(Harry Martinson)의 시를 낭송했다. 오스트레일리아 대표는 인사말의 일부를 에스페란토 어로 했다. 에스페란토 어가 '국제 공용어'로 선전되는 탓인 듯했다. 나이지리아 대표의 인사말 중에는 "어쩌면 이미 알겠지만, 우리나라는 아프리카 대륙의 서해안에 위치하고 있습

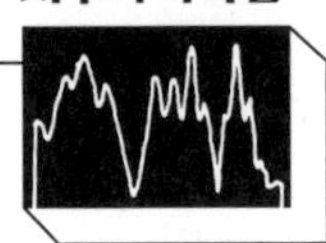

니다. 아프리카는 우리 행성의 정중앙에 있는 대륙으로서, 물음표를 좀 닮았습니다."라는 문장이 있었다. 이런 말들은 흥미롭긴 해도 전체를 다 포함시키기에는 너무 길었기 때문에, 우리는 그중 일부만 선별해서 실었다. 물론 우주 공간 위원회 회원 중에서 빠진 사람은 한 명도 없도록, 모든 사람의 말에서 최소한 몇 마디씩이라도 발췌했다. 이 메시지를 녹취한 내용은 '부록 B'에 실려 있다.

록펠러 대학의 동물학자 로저 페인(Roger Payne)은 바다에서 대형 고래를 대상으로 중요한 연구를 수행해 왔다. 그는 수중 청음기를 작은 보트에서 늘어뜨려 바닷속에서 끌고 다니면서 혹등고래를 비롯한 여러 고래들의 '노래'를 녹음했다. 매혹적이고 불가사의하고 인상적인 그 노래는 길 때는 30분 넘게 이어지며, 거의 똑같은 형태로 반복되기도 한다. 페인은 이 노래가 고래들의 진정한 소통 수단이라고 믿는다. 고래들이 서로 너무 멀어서 눈으로 보거나 냄새를 맡을 수 없을 때 쓰는 언어라는 것이다. 그는 또 노래들 중 어떤 특수한 종류는 혹등고래들의 인사말이라고 본다. 우리는 유엔 대표들의 인사말에 배타주의의 기미를 한 조각도 남기지 않기 위해서, 사람들의 인사말 속에 혹등고래들만의 "안녕"을 집어넣었다. 그리하여 혹등고래는 지구에서 우주로 인사말을 보내는 또 하나의 지적인 종이 되었다.

우리가 몰랐던 일인데, 유엔은 녹음 행사를 언론에 알리면서 티머시 페리스를 NASA 직원으로 잘못 소개했다. 작업을 다 마칠 때까지 언론이 우리 일을 모르게 하려던 바람은 좌절되고 말았다. 게다가 NASA 관료들은 페리스의 신원이 잘못 소개된 것에 대해 발끈했다. 나는 우리 프로젝트 팀이 NASA를 대표할 순 없다는 엄중한 지적을 받았다.

이튿날, 뜻밖의 소식이 또 전해졌다. 쿠르트 발트하임 유엔 사무총장이 보이저 레코드판을 위해서 우주에 보낼 인사말을 직접 낭독했다는 것이었다. 우리가 요청한 것은 아

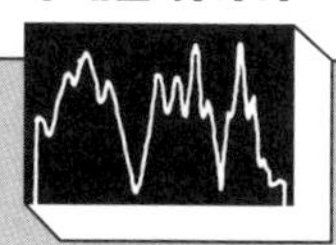

지구라는 행성에 거주하는 거의 모든 인간들을 망라하는 147개국으로 구성된 조직, 유엔의 사무총장으로서 나는 우리 행성 사람들을 대신하여 이 인사말을 보냅니다. 우리가 태양계를 벗어나 우주로 나가는 것은 오로지 평화와 우정을 찾고자 함입니다. 요청이 있다면 가르침을 주고, 운이 좋다면 가르침을 받기 위해서입니다. 우리는 우리 행성과 이곳의 모든 거주자들이 우리를 둘러싼 방대한 우주에서 작은 일부에 지나지 않는다는 사실을 잘 압니다. 다만 겸손과 희망으로, 이 발자국을 내딛습니다.

쿠르트 발트하임(유엔 사무총장)

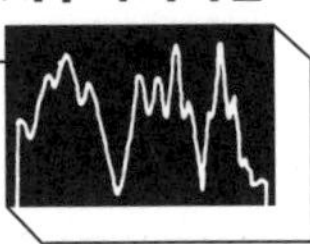

니었지만 살펴보니 그 내용이 대단히 세심하면서도 우아하고 그 정서도 우리에게 꼭 어울리기에, 나는 그의 인사말을 꼭 포함시키고 싶었다. 발트하임의 인사말은 45쪽에 실려 있다. 그러고 보니 또 다른 의문이 떠올랐다. 유엔 사무총장의 발언이 — 미국이 만든 — 보이저 우주선에 실리는 판국에 미국 대통령의 발언을 싣지 않는 게 온당한 일인가? 대통령에게도 최소한 우주에게 인사할 기회 정도는 줘야 할 것 같았다.

나는 대통령의 과학 자문인 프랭크 프레스(Frank Press) 박사에게 연락했다. 그는 대통령에게 물어본 뒤 얼른 답을 주겠다고 약속했다. 며칠 뒤에 답이 왔다. 대통령도 메시지를 고려해 보겠다는 것이었다. 발트하임 사무총장이 육성으로 직접 말한 것과는 달리, 대통령은 레코드판에 실린 118장의 사진처럼 메시지를 문서의 형태로 우주로 보내는 편을 택했다. (대통령의 메시지는 47쪽에 실려 있다.) 백악관이 대통령의 인사말을 공개한 뒤 신문과 전자 매체에 실린 논평들은 대체로 긍정적인 듯했다. 대통령이 "숨은 세계 정부주의자"라는 사실이 들통난 것 같다고 전한 한 신문을 제외하면 말이다.

인과의 사슬은 계속 이어졌다. NASA 관료들은, 헌법에 규정된 삼권 분립의 원칙상 대통령이 우주에 인사한다면 입법부도 응당 그래야 하는 것 아니냐고 걱정했다. 이 문제를 하루쯤 고민한 끝에 NASA는 최소한 상하원 의원들의 이름 정도는, 특히 NASA의 활동에 관련된 여러 위원회에 소속된 의원들의 이름 정도는 싣자고 결론 내렸다. 그래서 막판에 사진 네 장이 레코드판에 추가되었다. 그 내용은 50쪽과 51쪽에 실려 있다. 그러니 가령 존 스테니스(John Stennis) 미시시피 주 상원 의원의 이름이 왜 보이저 레코드판에 실렸는가 하고 누군가 의아해 한다면, 쿠르트 발트하임과 관료주의의 속성에서 기인한 결과라고 대답해 주면 된다. NASA가 삼권 분립 원칙의 논리적 귀결로서 연방 대법원 대법관들의 이름까지 포함시키자고 주장하진 않았던 게 그나마 다행이었다. 보이저 레코드판의 메시지에서 이 부분은 의심의 여지없이 저 위를 향한 신호라기보다는 이 아래를 향

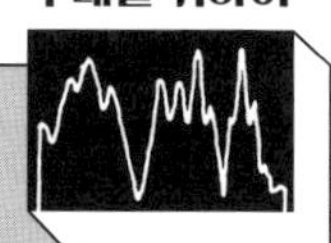

보이저호는 미합중국이 만든 우주 탐사선입니다. 미합중국은 지구라는 행성에 거주하는 40억 남짓한 인구 중에서 2억 4000만 명으로 이뤄진 공동체입니다. 인류는 아직 여러 나라들로 나뉘어 있지만, 하나의 전 지구적 문명으로 빠르게 통합되고 있는 중입니다.

우리는 이 메시지를 우주로 보냅니다. 이 메시지는 지금으로부터 10억 년은 거뜬히 살아남을 텐데, 그때쯤 우리의 문명은 심대하게 변했을 것이며 지구의 표면도 대단히 달라졌을지 모릅니다. 우리 은하에 있는 약 2억 개의 별들 중에는 생명체가 거주하는 행성과 우주를 여행하는 문명이 일부 — 어쩌면 많이 — 있을지도 모릅니다. 만일 그런 문명이 보이저호를 만난다면, 그리고 녹음된 이 메시지를 이해한다면, 그들에게 다음과 같이 우리의 인사를 전합니다.

> 이것은 작고 먼 세상에서 보내는 우리의 선물입니다. 우리의 소리, 과학, 영상, 음악, 생각, 감정을 담은 상징입니다. 이것은 우리 시대를 뛰어넘어 당신의 시대까지 살아남고자 하는 시도입니다. 우리가 오늘날 직면한 문제들을 해결하고 난 뒤, 언젠가 다 함께 하나의 우주적 문명을 이룰 수 있기를 바랍니다. 이 레코드판은 우리의 소망과 결의의 표현이며, 방대하고 멋진 우주에 대한 우리 선의의 표현입니다.

지미 카터(미합중국 대통령)

1977년 6월 16일 백악관에서

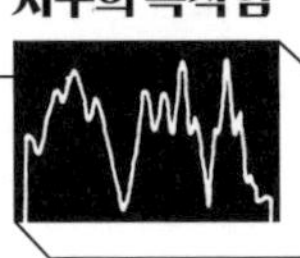

한 신호다.

대통령의 인사말도 그렇고 특히 의원 목록이 늦게 도착했기 때문에, 진행 과정에서 문제가 잔뜩 발생했다. 118장의 사진들은 벌써 콜로라도 주 볼더에 있는 콜로라도 비디오 사(Colorado Video Inc.)에서 레코드판에 맞는 형식으로 변환되어 있었다. 우리는 그 작업을 위해서 '허니웰 5600-C'라는 특수한 녹음기를 제조 업체로부터 빌려야 했다. 사진 저장의 기술적 측면은 코넬 대학 NAIC의 직원들이 맡아서 감독해 주었다. 그런데 이제 새 자료가 더해졌으니, 허니웰 녹음기를 다시 빌린 뒤에 그것을 다시 볼더로 가져가서 다시 콜로라도 비디오의 호의에 기대야 했다. 그것도 전부 몹시 빠듯한 시간 내에 말이다.

NAIC의 발렌틴 보리아코프(Valentin Boriakoff)가 워싱턴의 NASA 본부에서 나와 만났다. 나는 그에게 대통령의 메시지와 NASA가 취합한 의원 목록을 건넸고, 그는 그것을 워싱턴 근교 현상소에서 35밀리미터 슬라이드로 복사했다. 백악관은 당연히 대통령의 메시지가 정확히 있는 그대로 실리기를 바랐기 때문에, 보리아코프가 사진 작업의 매 단계를 옆에서 지켜보며 허가받지 않은 사본이 만들어지지나 않는지 감시해야 했다. 그 일이 끝나자 그는 덴버로 날아갔다. 그동안 NAIC의 댄 미틀러(Dan Mittler)는 뉴욕 주 이타카에서 뉴저지 주 뉴어크로 날아가서 덴버로 가지고 갈 허니웰 녹음기를 받았다. 녹음기가 워낙 귀한 물건이고 시간이 워낙 촉박했기 때문에, 비행기 수화물 칸에 넣어서 부치는 위험을 감수할 순 없었다. 그래서 우리는 녹음기용으로도 좌석을 예약하고 싶었다. 항공사는 기계 장치에게 좌석을 내준다는 개념을 어떻게 받아들여야 할지 몰라 절절맸다. 우리가 짜낸 해결책은 '기계 장치 씨'라는 이름으로 좌석을 예약하는 것이었다. 기계 장치 씨는 10세가 넘지 않았기 때문에 반값에 비행할 수 있었다. **아드 아스트라 페르 부레아우크라티아**('역경을 뚫고 별까지'라는 뜻의 라틴 어 숙어 '아드 아스트라 페르 아스페라(Ad astra per aspera)'를 비틀어 '관료주의를 뚫고 별까지(Ad astra per bureaucracia)'라고 말한 것이다. — 옮긴이).

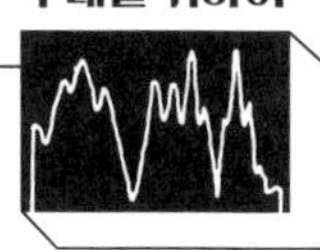

우주 공간 위원회의 인사말은 지구에서 널리 쓰이는 언어들을 대변하기에는 턱없이 부족했으므로, 뭔가 비상조치를 취해야 했다. 프룻킨은 사려 깊게도 워싱턴에서 각국 대사들을 모아 칵테일파티를 열면 어떻겠느냐고 제안했다. 그러나 나는 관료주의의 둔중한 메커니즘에 따라 다시 한 번 외교적 사건을 치르는 게 영 껄끄러웠다. 그 대신 내가 가르치는 코넬 대학에 다양한 외국어 학과가 설치되어 있다는 사실이 떠올랐다. 내 직원인 셜리 아든(Shirley Arden), 린다 세이건, 그 밖의 여러 사람들이 도와주어, 우리는 여러 사회들을 대표하는 짧은 인사말들을 모을 수 있었다. 맨 처음 등장하는 인사말은 우리가 아는 가장 오래된 언어 중 하나인 수메르 어이고, 맨 마지막 인사말은 다섯 살 꼬마가 영어로 "지구의 어린이들이 인사를 보냅니다."라고 말하는 것이다. 이 이야기는 4장 「보이저호의 인사말」에서 더 자세히 소개했다.

6월 초였다. 보이저 레코드판에 실을 인사말들, 음악들, 「지구의 소리들」 섹션의 믹싱을 마친 직후, NASA 사람들이 뉴욕의 CBS 음반사 녹음실을 방문했다. 예상치 못한 소리나 음악이 포함되진 않았는지, NASA를 창피하게 만들 속된 노래가 포함되진 않았는지 확인하려는 것이었다. 그들의 반응은 좋다는 인정(「조니 B. 구드(Johnny B. Goode)」에 대한 반응이었다.)에서 무덤덤한 승인까지 다양했다. 보이저 레코드판이 그들의 마음에 대단한 열정이나 위험한 소음을 불러일으키지 못했다는 건 뻔히 알 수 있었다. 그러나 다음날, NASA의 한 부장이 내게 전화를 걸어서 아일랜드 음악이 포함되지 않은 게 걱정된다고 심란한 듯이 말했다. 하원 의장이 아일랜드 혈통이라는 사실이 번득 떠올랐는데 NASA는 무심결에라도 그의 마음을 상하게 만들고 싶지 않다는 것이었다. 나는 안타깝게도 레코드판에 수록되지 못한 민족 집단은 그 밖에도 많다고 설명했다. 이탈리아 오페라도 없고, 유대 민요도 없다. 아뇨, 이제 와서 「대니 보이(Danny Boy)」를 포함시키기에는 너무 늦었습니다.

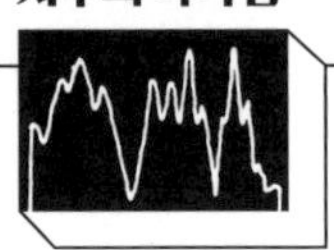

THE UNITED STATES SENATE

WALTER F. MONDALE
PRESIDENT OF THE SENATE

JAMES O. EASTLAND, PRESIDENT PRO TEMPORE
HUBERT H. HUMPHREY, DEPUTY PRESIDENT PRO TEMPORE

ROBERT C. BYRD	HOWARD H. BAKER, JR.
ALAN CRANSTON	TED STEVENS

COMMITTEE ON COMMERCE, SCIENCE, AND TRANSPORTATION

WARREN G. MAGNUSON, CHAIRMAN	JAMES B. PEARSON
HOWARD W. CANNON	ROBERT P. GRIFFIN
RUSSELL B. LONG	TED STEVENS
ERNEST F. HOLLINGS	BARRY GOLDWATER
DANIEL K. INOUYE	BOB PACKWOOD
ADLAI E. STEVENSON	HARRISON H. SCHMITT
WENDELL H. FORD	JOHN C. DANFORTH
JOHN A. DURKIN	
EDWARD ZORINSKY	
DONALD W. RIEGLE, JR.	
JOHN MELCHER	

COMMITTEE ON APPROPRIATIONS

JOHN L. McCLELLAN, CHAIRMAN	MILTON R. YOUNG

SUBCOMMITTEE ON HUD-INDEPENDENT AGENCIES

WILLIAM PROXMIRE, CHAIRMAN	CHARLES McC. MATHIAS, JR.
JOHN C. STENNIS	CLIFFORD P. CASE
BIRCH BAYH	EDWARD W. BROOKE
WALTER D. HUDDLESTON	HENRY L. BELLMON
PATRICK J. LEAHY	
JAMES R. SASSER	

NASA의 활동을 직간접적으로 책임지고 있는 상원 의원들의 이름을 나열한 목록. NASA의 지시로 이 목록을 싣게 되었다. 이 글씨는 보이저 레코드판을 실제 오디오 변환기에 돌려서 얻은 것으로, 완벽한 재현에 못 미치는 해상도는 부호화된 형태로 레코드판에 수록된 모든 사진들이 똑같이 갖는 특징이다. 그러나 그림의 경우에는 겉보기 재현 충실도가 글씨보다 훨씬 낫다.

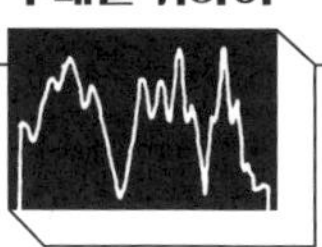

THE UNITED STATES HOUSE OF REPRESENTATIVES

THOMAS P. O'NEILL, JR., SPEAKER
JAMES C. WRIGHT, JR.
JOHN BRADEMAS

JOHN J. RHODES
ROBERT H. MICHEL

COMMITTEE ON SCIENCE AND TECHNOLOGY

OLIN E. TEAGUE, CHAIRMAN
DON FUQUA
WALTER FLOWERS
ROBERT A. ROE
MIKE McCORMACK
GEORGE E. BROWN, JR.
DALE MILFORD
R. H. THORNTON, JR.
JAMES H. SCHEUER
RICHARD L. OTTINGER
THOMAS R. HARKIN
JAMES F. LLOYD
JEROME A. AMBRO
ROBERT C. KRUEGER
MARILYN L. LLOYD
JAMES J. BLANCHARD
TIMOTHY E. WIRTH
STEPHEN L. NEAL
THOMAS J. DOWNEY
DOUG WALGREN
RONNIE G. FLIPPO
DANIEL R. GLICKMAN
ROBERT A. GAMMAGE
ANTHONY C. BEILENSON
ALBERT GORE, JR.
WESLEY W. WATKINS

JOHN W. WYDLER
LARRY WINN, JR.
LOU FREY, JR.
BARRY M. GOLDWATER, JR.
GARY A. MYERS
HAMILTON FISH, JR.
MANUEL LUJAN, JR.
CARL D. PURSELL
HAROLD C. HOLLENBECK
ELDON RUDD
ROBERT K. DORNAN
ROBERT S. WALKER
EDWIN B. FORSYTHE

COMMITTEE ON APPROPRIATIONS

GEORGE H. MAHON, CHAIRMAN

ELFORD A. CEDERBERG

SUBCOMMITTEE ON HUD-INDEPENDENT AGENCIES

EDWARD P. BOLAND, CHAIRMAN
BOB TRAXLER
MAX BAUCUS
LOUIS STOKES
TOM BEVILL
CORINNE C. BOGGS
BILL D. BURLISON
WILLIAM V. ALEXANDER

LAWRENCE COUGHLIN
JOSEPH M. McDADE
C. W. BILL YOUNG

역시 NASA의 활동에 관련된 하원 의원들의 이름을 나열한 목록.

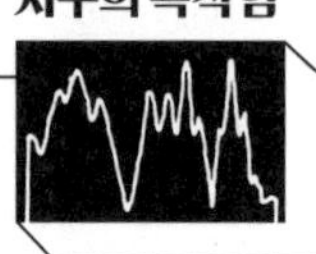

의회나 대통령실에 소속된 누군가가 우리 선곡에 어떤 방식으로든 영향을 미치려고 했다는 증거는 없다. 유일한 시도는 유엔의 한 관료가 자국 출신 작곡가의 작품을 포함시키라고 종용한 것이었다. 우리는 그 요구에 응할 수 없었다.

보이저 레코드판에 실을 사진을 선택하는 기준은 여러 가지였으나, 제일 중요한 것은 외계 수신자가 이 레코드판을 통해서가 아니라면 접하기 어려울 만한 정보를 담자는 원칙이었다. 그래서 수학이나 물리학이나 천문학에 관한 자세한 정보는 제외되었다. 첫 사진 몇 장에 과학적, 수학적 정보를 약간 담기는 했다. 사진을 보는 방법을 알리고, 뒤따를 사진들에 담긴 정보를 해독하는 데 단서가 될 정보를 제공하기 위해서였다. 그러나 사진 섹션이 주로 초점을 맞춘 것은 지구에만 독특하게 존재할 듯한 정보, 즉 지구 화학, 지구 물리학, 분자 생물학, 인간의 신체 구조와 생리, 인류 문명에 관한 정보였다. 지구에서만 유효한 정보일수록, 지엽적인 정보이거나 색다른 정보일수록 외계 수신자가 이해하기는 더 어려울 것이다. 그러나 일단 이해한다면, 보다 값진 정보일 것이다. 보이저 레코드판의 다른 섹션들에서처럼, 여기에서도 우리는 잠재 수신자가 우리보다 훨씬 더 발전된 문명일 것이라는 가정을 상기했다. 두 보이저호가 현재의 궤적으로 계속 나아가는 한 앞으로 100억 년 뒤라도 다른 행성계에 진입할 가능성은 없으므로 — 우리 은하의 모든 별들에 행성이 딸려 있다고 가정해도 그렇다. — 성간 공간을 쉽게 날아다니는 문명만이 레코드판을 손에 넣을 것이다. 그런 문명은 우리의 시야를 한참 뛰어넘는 지능과 기술을 지녔을 것이고, 여러 행성들의 생물학과 문화가 지닌 다양한 특징들에 대해서도 알 것이다. 그런 그들이 그 시점까지 지구에 대해서 그다지 **많이** 알지 못한다면, 이 레코드판은 그들에게 어렵지 않게 이해될뿐더러 유용하기도 할 것이다. 반대로 그들이 미래의 그 시점에 지구에 대해 이미 많이 안다면, 이 레코드판은 최소한 우리 인간들 중 일부가 우리 자신에

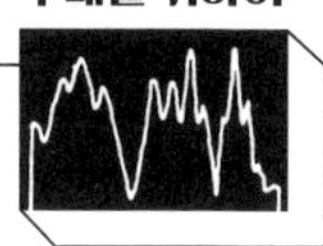

대해 무엇을 말해야 한다고 생각했는가 하는 문제에 대해 심리적 통찰을 제공할 것이다. 보이저호에 실린 사진들에 대한 설명과 복사본은 존 롬버그가 쓴 3장 「지구의 사진들」에 나와 있다.

우리가 반드시 넣어야 한다고 생각했던 사진 중 하나는 인간의 생식 과정을 순서대로 나열한 사진들이었다. 이 사진들에는 생물학적 정보, 이를테면 인간의 생애 주기에는 단세포 단계, 즉 정자와 난자의 단계가 존재한다는 놀라운 사실 등이 많이 담겨 있다. 우리 생각에는 인간의 생식 과정을 시각적으로 아무리 잘 묘사하더라도 수신자가 그것을 포르노로 여길 것 같진 않았다. 우리가 두 세균의 접합 과정을 찍은 주사 전자 현미경 사진을 보고서 불편하리만치 자극적이라고 여길 리 없는 것처럼 말이다. 하지만 NASA는 노골적인 성적 정보는 이곳 지구에서 불쾌한 반향을 일으킬 수 있다는 사실을 똑똑히 못박았다. 파이오니어 10호와 11호 금속판에는 벌거벗은 남녀가 우주에게 인사하는 모습이 새겨져 있었는데, 그것이 너무 노골적이어서 부적절하다는 이유와 "우주로 외설물을 보낸다."라는 이유에서 비판받은 바 있었다.● 그러나 불평은 전반적으로 약하고 드문 편이었으며, 생식기의 존재를 무시한 채 인간의 생식을 설명하기란 불가능해 보였다. 그래서 우리는 우리 딴에 대단히 점잖다고 생각한 사진을 골랐다. 사진에 찍힌 젊은 남녀는 서로 다정하게 바라보는 듯하며, 여자는 딱 보기에도 임신한 지 몇 개월쯤 된 임산부이다. 사진 섹션의 논리상 두 남녀가 카메라를 정면으로 향한 모습을 골랐지만, 야한 느낌을 줄 가능성은 미미한 것 같았다. 사진은 포르노로 간주될 만한 출판물에 실린 적이 없어야 한다는 기준을 만족시켰고, 보이저호의 메시지를 위해서 일부러 촬영된 것이 아니

● 파이오니어 금속판에 관한 이 이야기는 나의 전작 『우주적 연결(*The Cosmic Connection*)』에 더 자세히 소개되어 있다.

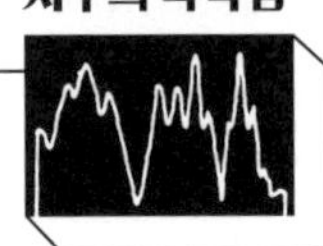

어야 한다는 기준도 만족시켰다. 그 사진은 이 책 103쪽에 실려 있다. 그러나 보이저호의 메시지를 수신한 외계의 해석자가 그 사진을 볼 일은 없을 것이다.

최종적으로 120장의 사진을 고른 뒤(나중에 이 구성에서 좀 바뀌었지만), 나는 각각을 35밀리미터 슬라이드로 만든 것을 워싱턴에 가지고 가서 NASA 관료들에게 보여 주었다. 이번에도 NASA는 저작권 사용 허가를 염려했다. 그 문제에 있어서는 우리가 NASA의 조건을 훌륭하게 만족시켰다. 그러나 내용에 관한 문제들도 제기되었다. 이제 때가 너무 늦었기 때문에 새로운 내용을 추가할 순 없었다. 120장의 사진들 하나하나에 대해서 가부(可否)를 물을 수 있을 뿐이었다. 위대한 미술 작품은 왜 없습니까? 좋은 질문입니다. 왜냐하면 미술사학자들과 비평가들로 위원회를 꾸려서 전문가들의 합리적 선택을 끌어낼 시간이 없었기 때문입니다. 왜 주요한 서너 가지 종교들의 신전이나 공예품은 포함되지 않았습니까? 왜냐하면 지구에는 줄잡아도 10여 개, 많게는 수백 개의 중요한 종교들이 있고, 빠진 종교의 추종자들이 지를 아우성은 일부 민족 음악의 전통이 누락되어서 발생할 아우성과는 비교도 안 되게 심각할 것이기 때문입니다. 좋은 질문이 많았고, 내 대답은 전부 수용되었다. 하나만 빼고. NASA는 절대로 전면 누드를 우주로 쏘아 보낼 수는 없다고 했다.

우리는 보이저 레코드판이 완성되기 전에 관련 정보가 언론에 유출되는 것을 막았으면 했다. 내용에 참견하려는 유혹을 차단하기 위해서였지만, 레코드판의 다양한 부분들에 대한 정보가 조각조각 공개된다면 우리 의도에 관해서 불완전한 인상이 유통될지 모른다는 걱정도 있었다. 그러나 작업의 수많은 측면들에 수많은 사람들이 관여했기 때문에, 이야기가 샐 수밖에 없었다. 유엔의 보도 자료는 인사말과 음악이 아닌 다른 소리들이 레코드판의 초점이라는 인상을 준 터라, CBS 뉴스의 진행자 찰스 오스굿(Charles Osgood)

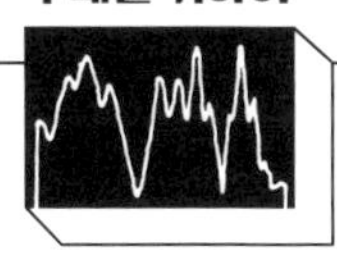

은 1977년 5월 12일에 청취자들에게 다음과 같은 시를 낭독했다.

> 그런 내용이 언급되지 않아서 하는 말인데, 제발, NASA여, 제발,
> 우주로 보내는 LP에 우리의 음악을
> 포함시키세요. 그들에게 부디 우리 노래를 들려주세요.
> 음악을 넣지 않는 건 분명히 잘못입니다.
> 바흐나 모차르트가 없다면 완전한 그림이 아니에요.
> 그들에게 우리의 정신을 보여 주면서 우리의 영혼은 보여 주지 않을 건가요?

우리가 오스굿 씨의 청원을 미리 예상하고 만족시킨 것은 기쁜 일이었다. 그러나 보이저호가 발사되기 몇 주 전이자 NASA가 레코드판에 관한 보도 자료를 발표하려고 계획한 시점으로부터 2주도 안 남았던 7월 말에, 《월스트리트 저널(*Wall Street Journal*)》의 조너선 스피백(Jonathan Spivak)이 내게 연락을 해 왔다. 그는 여러 정보원들로부터 음악 레퍼토리의 많은 부분을 알아낸 것 같았고, 나머지도 알고 싶어 했다. 나는 새로운 정보를 주지 않는 범위 내에서 최대한 협조했다. 그래서 7월 26일, 보이저 레코드판에 수록된 음악들을 처음 공개적으로 발표한 기사가 실렸다. 제목은 '목성인들은 이쪽 하늘에서 가장 달콤한 음악들을 즐길 준비가 되었을까?'였다. 그러나 안타깝게도, 첫 단락을 보니 스피백은 어째서인지 듀크 엘링턴(Duke Ellington)의 곡이 포함되었다고 믿은 모양이었다. 스피백의 기사 때문에 NASA는 언론 발표를 예정보다 한참 앞당겨야 했으며, 그 때문에 내용 면에서나 감사 인사 면에서나 우리 바람보다 한참 부족한 발표가 나오고 말았다.

그 밖의 여러 장애물에도 불구하고, 사람들은 보이저 레코드판 제작 프로젝트에 상당한 관심을 보였고 지금도 보이고 있다. 대부분은 호의적이다. 《사이언스 뉴스(*Science*

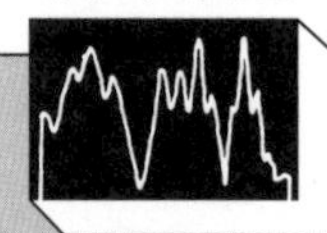

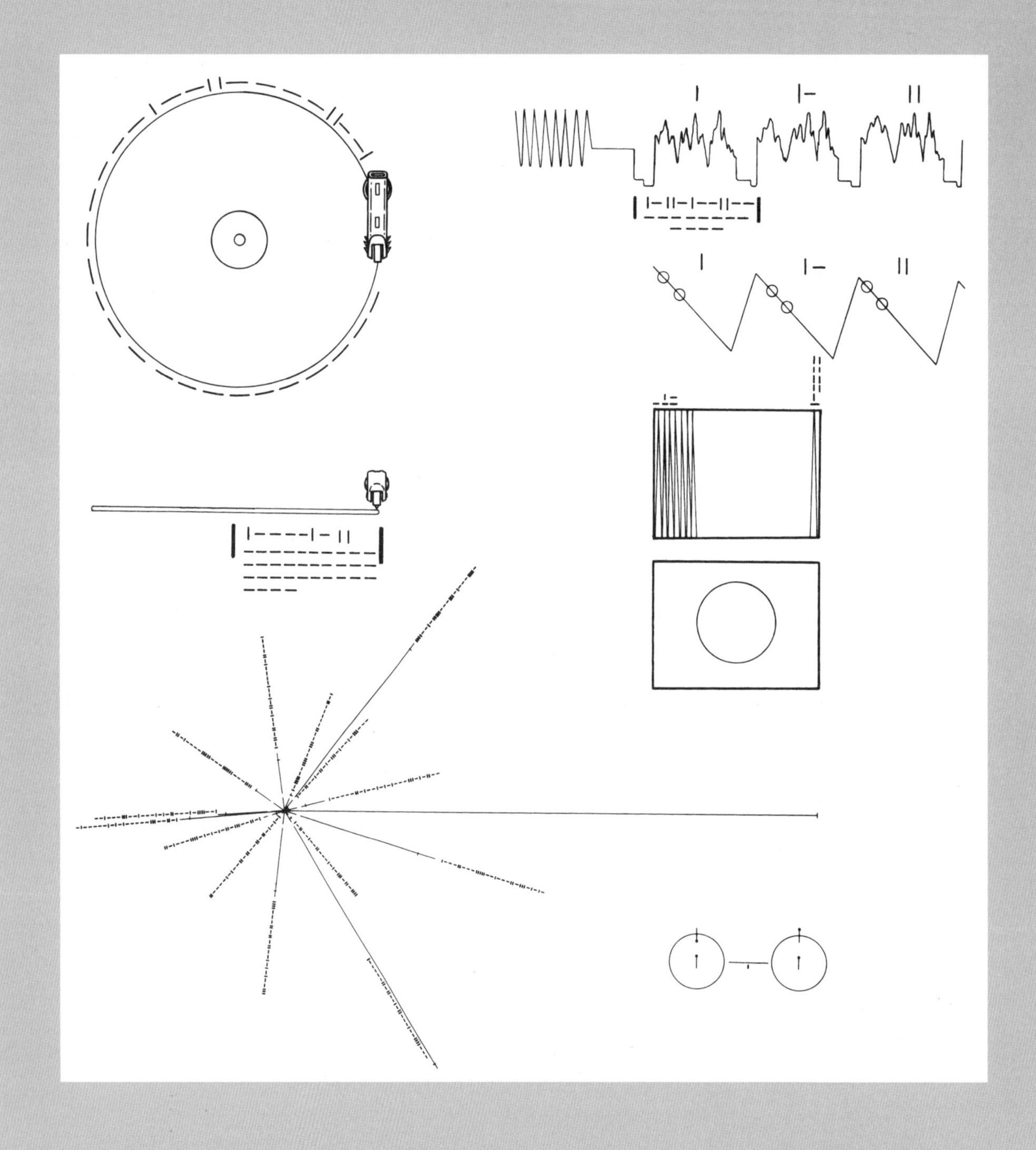

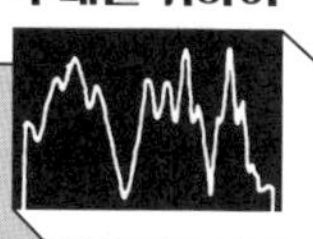

보이저 레코드판의 알루미늄 덮개에 새겨진 메시지. 쉽게 알 수 있다시피, 왼쪽 맨 위 그림은 축음기용 레코드판과 그 위에 놓인 바늘을 뜻한다. 바늘은 정확히 레코드판을 맨 처음부터 재생시키는 위치에 놓여 있다. 빙 둘러서 새겨진 것은 레코드판이 한 번 회전할 때 걸리는 시간인 3.6초를 이진 부호로 표시한 것으로, 수소 원자의 기본 전이에 걸리는 시간인 1초의 7억분의 1이 시간의 한 단위에 해당한다. 그림을 보면 레코드판을 가장자리부터 재생해야 한다는 사실도 알 수 있다. 그 아래 그림은 레코드판과 바늘을 옆에서 본 모습이다. 이진 부호는 레코드판의 한 면을 재생하는 데 걸리는 시간 — 약 1시간 — 을 뜻한다.

덮개의 오른쪽 위에 새겨진 그림들은 녹음된 신호에서 사진을 재구성하는 방법을 보여 준다. 맨 위 그림은 모든 사진이 시작될 때 처음에 나타나는 특징적인 신호를 보여 준다. 사진은 이런 신호들로 구성되어 있고, 이 신호들은 일반적인 텔레비전 영상처럼 일련의 수직선들로 사진을 투사한다. 사진을 구성하는 선 1, 2, 3이 이진 부호로 표시되어 있고, '사진 선' 각각의 지속 시간이 약 8밀리초라는 사실도 표시되어 있다. 바로 아래 그림은 그 선들을 수직으로 어떻게 그려야 하는지 보여 준다. 사진을 정확하게 재현하려면 선들 사이에 간격을 두는 '격행(interace, 인터레이스)'이 필요하다는 점도 보여 준다. 그 아래 그림은 사진의 전체 주사상(raster, 가로 또는 세로 방향의 주사선으로 구성된 이미지 — 옮긴이)으로, 사진을 완전히 재현하려면 수직선이 512개 필요하다는 사실을 보여 주고 있다. 그 아래 그림은 레코드판에 실린 첫 번째 사진을 재현한 것인데, 수신자에게 자신이 신호를 제대로 해독하고 있는지 확인시켜 주기 위해서 실었다. 이 사진에 원을 등

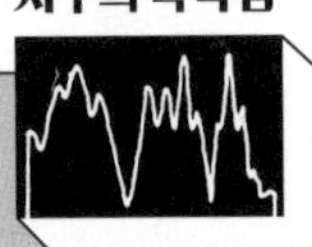

장시킨 까닭은 수신자가 사진을 재구성할 때 이 원을 참조하여 수평과 수직 길이 비를 정확히 맞추도록 하기 위해서이다.

덮개의 왼쪽 맨 아래 그림은 펄서 지도이다. 파이오니어 10호와 11호 금속판에도 포함되었던 그림이다. 펄서 14개를 동원하여 태양계의 위치를 보여 주는 이 지도에는 각 펄서의 정확한 맥동 주기도 표시되어 있다. 오른쪽 맨 아래에 그려진 동그라미 두 개는 에너지가 가장 낮은 두 상태에 놓인 수소 원자를 뜻한다. 두 상태를 잇는 가로선과 그 밑에 적힌 숫자 1은 수소 원자가 한 상태에서 다른 상태로 전이하는 데 걸리는 시간을 이 덮개에서는 물론이고 앞으로 해독할 다른 사진들에서도 시간의 기본 단위로 사용하겠다는 뜻이다.

우리는 이 레코드판 덮개에 방사성 강도가 0.00026마이크로퀴리쯤 되는 대단히 순수한 우라늄 238을 전기 도금으로 입혔다. 우라늄은 늘 일정 속도로 붕괴하여 다른 동위 원소로 변하는 특성 때문에 일종의 방사성 시계로 기능한다. 지금으로부터 45억 1000만 년이 흐른 뒤에는 이 우라늄 238 원자들 중 절반이 붕괴했을 것이다. 따라서 보이저호를 만난 외계 수신자는 레코드판에 붙은 지름 2센티미터의 우라늄 반점을 조사하여 그 속에 든 딸 원소의 양을 측정함으로써 보이저 우주선에 우라늄이 실린 시점으로부터 시간이 얼마나 흘렀는지 계산할 수 있다. 그 결과는 펄서 지도에도 표시된 발사 시점을 재차 확인시켜 줄 것이다.

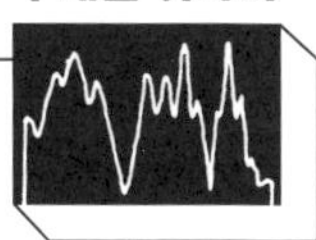

News)》에 실린 조너선 에버하트(Jonathan Eberhart)의 기사는 이렇게 시작했다.

> 세상을 한번 묘사해 보라. 우주 탐사선에서 찍은 사진에 나오는 알록달록한 공 같은 지구가 아니라 온 **세상**을. 이를테면 지구가 우주에서 차지하는 위치, 다양한 생물군들, 저마다 다른 생활 양식과 예술과 기술을 지닌 폭넓은 문화들, 이 모두를. 최소한 이런 개념들을 그럭저럭 전달할 수 있는 정도라도 말이다. 더구나 그것을 한 장의 LP 레코드판에 담아야 한다.
>
> 아, 조건이 하나 더 있다. 이야기를 듣는 상대가 당신의 언어를 알아듣지 못할 뿐 아니라 지구에 대해서도, 나머지 태양계에 대해서도 전혀 들어 본 적 없다고 가정하자. 가령 당신이 고향으로 여기는 곳으로부터 몇 광년 떨어진 다른 항성을 공전하는 다른 행성에서 살고 있는 청중이라고 하자.

에버하트는 보이저 레코드판의 내용을 자세하게, 또한 대단히 정확하게 소개한 뒤에 이렇게 맺었다. "한번 시도해 보라. 여러분 스스로 목록을 만들어 보라. 아니면 상상해 보라. 당신이 만일 외계인으로서 이 메시지를 받는다면, 어떤 생각이 들겠는가?"

수많은 사람들이 편지를 보내 와서, 머지않아 이 레코드판을 상업적으로 판매할 계획이 있느냐고 물었다. 우리는 비영리 목적으로 두 장짜리 레코드판을 제작하면 좋겠다고 내심 기대하고 있지만, CBS 음반사는 그런 레코드판의 판매량을 어떻게 가늠해야 할지 아직 확신하지 못하는 상황이다. 충분히 이해되는 일이다.

보이저 레코드판 제작 프로젝트에 대한 평은 — 언론에서든 우리에게 답지한 수백 통의 편지들에서든 — 대체로 긍정적이고 지지한다는 입장이었다. 프로젝트의 목적에 대한 우리의 전망을 일부나마 대중과 소통하는 데 성공했다는 느낌이 들었다. 파이오니어 10호와 11호 때처럼, 보이저 레코드판이 은하 속 지구의 위치를 '누설'함으로써 끔찍

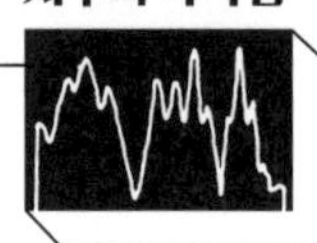

한 외계인 침략의 전조가 될 거라고 걱정하는 사람들도 소수 있었다. 그러나 적어도 앞으로 몇 백만 년 동안은 보이저호의 궤적 자체가 그 우주선이 태양계에서 나왔다는 사실을 상당히 분명하게 드러낼 것이거니와, 이미 우리의 군사용 레이더들과 상업 텔레비전 방송들이 지구에 모종의 지적 생명체가 살고 있는 것 같다는 사실을 우주에 사방팔방 떠벌리고 있다는 엄연한 사실은 더 말할 것도 없다. 더구나 그 신호들은 빛의 속도로 퍼져 나가고 있다.

자칭 '국제 UFO 우주선 연구 및 분석 네트워크'라나 뭐라나 하는 단체의 책임자인 콜먼 S. 폰 케비츠키(Colman S. von Keviczky)는 외계인이 벌써 지구를 방문했다는 확실한 증거가 있으며 우리가 우주로 환영 인사를 내보내는 것은 그 방문자들을 헷갈리게 만들 것이라고 믿는다. 폰 케비츠키는 고맙게도 자신이 유엔 사무총장에게 보낸 편지를 한 부 복사하여 내게도 보내 줬는데, 거기에는 이렇게 적혀 있었다. "세계의 군사 강국들은 이미 UFO의 전략적 탐사가 국가 안보를 위협하는 정탐 행위라고 분류했습니다! (그의 주장이다.) 그들의 명백한 군사적 태도를 고려했을 때, NASA가 '어쩌면 존재할지도 모르는' 외계 지적 생명체와 소통하려고 시도하는 것은 뻔히 일관성 없는 태도일 뿐 아니라 기만적인 행위로만 보입니다."

그리고 소수의 작가들은 우리가 인류의 바람직한 상황만을 제시한 점을 비판했다. 기근, 파괴, 황폐한 도시, 핵무기 폭발 같은 장면들을 포함시키지 않은 것을 나무랐다. 이 문제는 우리도 레퍼토리를 고민할 때 길고 철저하게 토론했다. 파괴 또한 우리가 자랑스레 인류 문명이라고 부르는 것의 한 측면이라는 사실에는 의문의 여지가 없다. 그러나 그런 메시지는 자칫 오해될 수 있다. 열핵 폭발 사진을 본 외계 문명은 그것을 애처로울 정도로 미약하지만 그래도 분명 성가신 위협을 시도하는 메시지로 간주할 수 있지 않을까? 버나드 올리버는 우주의 다른 생명들을 포용하고자 하는 마음을 상징하는 의미에

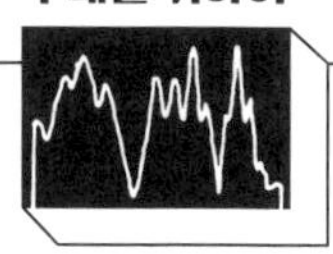

서 은하를 향해 두 팔을 뻗은 인간의 모습을 보여 주자는 발상을 떠올렸다. 괜찮은 발상이었지만, 내가 볼 때 이것도 모호하게 해석될 수 있을 것 같았다. 야박한 수신자라면 그 몸짓을 우주 정복의 의도로 해석할지도 모르는 노릇이다. 게다가 우리가 자신의 최선의 측면만을 우주에 보여 주려는 게 잘못인가? 우리는 최고의 음악들을 고르려고 애썼다. 인류와 인류가 앞으로 누릴지도 모르는 미래에 대해서도 절망적인 시각이 아니라 희망적인 시각을 전달하면 왜 안 되는가?

6월 중순, 존 카사니가 주었던 마감 기한이 지났다. 그가 막바지에 으레 비상사태가 발생하리란 점을 예상하고서 여유로 더 잡아 두었던 열흘도 지났다. 음악은 모두 믹싱되었고, 자기 테이프 원본도 제작되었다. 그 속에 사진을 제외한 다른 모든 내용들이 담겼다. 우리는 그것을 CBS 음반사에서 사진 정보와 통합하여 두 장의 왁스 마스터판을 만들었고, 티머시 페리스가 그것을 손수 로스앤젤레스로 가져가서 구리 마스터판을 제작했다. 이제 사람이 직접 손으로 할 일만 남았다. 페리스는 레코드판 한가운데에 홈이 파이지 않은 부분, 그러니까 원래 음반사 라벨이 붙는 부분에 가장자리를 빙 둘러서 다음과 같은 문구를 새겨 넣었다. “모든 세상과 모든 시대의 음악가들에게.” 라벨 자리에는 우주에서 찍은 지구 사진을 넣었고, 그 위에 “지구, 미합중국”이라고 적어 넣었다.

두 보이저 우주선에 하나씩 부착한 레코드판은 아주 무겁진 않지만 그래도 무시할 수 없는 중량이었다. 레코드판은 햇빛을 받으면 금색으로 반짝거린다. 레코드판은 알루미늄 덮개에 담긴 채 우주선 표면에 부착되었고, 그곳과 가까운 내부에 바늘과 카트리지가 실렸다. 각 레코드판은 사실 한 면짜리 구리 마스터판 두 장으로 이뤄졌는데, 구리 마스터판 하나의 두께는 0.02인치(약 0.5밀리미터)이고 마스터판 두 장을 뒷면끼리 붙인 접착부 두께가 0.01인치(약 0.25밀리미터)이므로 레코드판 전체의 두께는 0.05인치(약 1.27밀리미터)이다. 무게는 1.25파운드(570그램)쯤 된다. 레코드판, 덮개, 스파이더 지지대와 설치용 브래

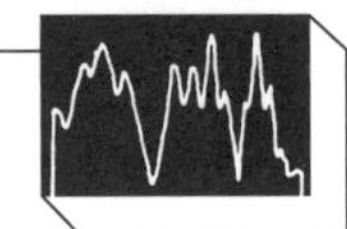

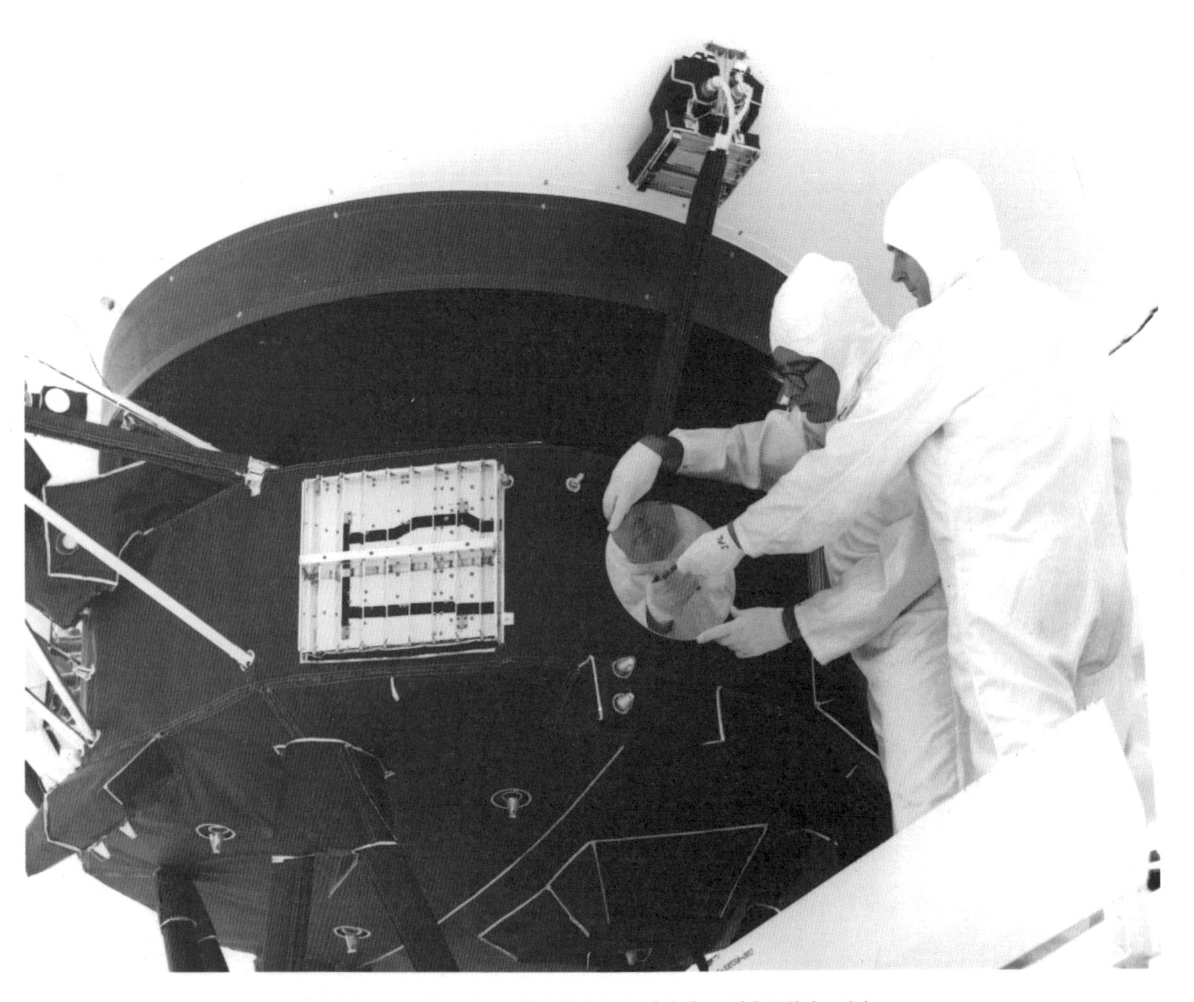

기술자들이 보이저호의 계기 구획 겉면에 우주로 나갈 레코드판을 부착하고 있다.

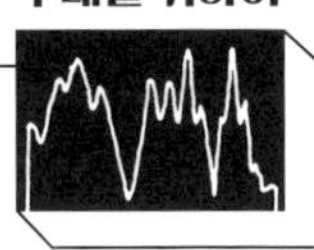

킷까지 다 합하면 2.4파운드(1.1킬로그램)쯤 된다. 바늘과 카트리지는 스파이더 지지대 안면에 브래킷으로 고정되어 있다. 레코드판과 보이저 우주선의 랑데부는 플로리다 주 케이프커내버럴의 존 F. 케네디 우주 비행 센터(John F. Kennedy Spaceflight Center)에서 이뤄졌다. 그 모습을 찍은 사진이 62쪽에 실려 있다.

보이저 우주선은 타이탄 III-E 센타우르(Titan III-E Centaur) 추진 로켓에 얹힌 뒤, 모든 것이 여전히 잘 작동하는지 확인하기 위해서 여러 전기 전자 시험들을 거쳤다. 모든 시험에서 아무 이상이 없었다. 그리고 드디어 그날이 왔다. 1977년 8월 20일, 첫 보이저호가 행성과 별을 향해 발사되는 날이었다. 먼저 지구를 떠나는 것은 보이저 2호였다. 그러나 행성 간 공간을 이동하는 궤적의 이런저런 복잡한 특징들 때문에, 나중에 발사된 보이저 1호가 목성에는 먼저 도착할 것이다. 발사일에는 이 책의 저자들 전부와 그 밖에도 보이저 레코드판 제작 프로젝트에 관여했던 많은 사람들이 케이프커내버럴에 모였다. 이 프로젝트는 고된 데다가 가끔은 고맙다는 말조차 듣지 못한 작업이었지만, 그럼에도 불구하고 엄청나게 만족스러운 일이었다. 우리는 각자 짊어진 다른 의무들을 내려놓은 채, 좀처럼 꿈쩍하지 않는 관료들을 밀어붙였다. 두 보이저 우주선은 다른 외계 사회를 영영 만나지 못할 수도 있다. 그러나 우리는 레코드판을 제작하면서 우리 행성, 우리 종, 우리 문명을 전체적으로 바라볼 기회를, 또한 어딘가에 있을지도 모르는 다른 행성, 다른 종, 다른 문명과 만나는 순간을 상상할 기회를 누렸다. 보이저 2호는 순조롭게 발사되었다. 로켓이 두터운 구름을 우아하게 뚫고 올라가서 푸른 하늘과 그 너머 새까만 우주로 사라지는 광경을 보노라니, 다른 여러 감정들이 뒤섞인 희열감이 몰려들었다. 우리는 서로 키스하고 포옹했다. 눈물 흘린 사람도 많았다.

우리가 시간을 의식했다는 점, 그리고 보이저호의 메시지를 일종의 타임캡슐로 여겼다는 점은 레코드판의 여러 대목에 표현되어 있다. 수메르 어와 히타이트 어와 !쿵 어

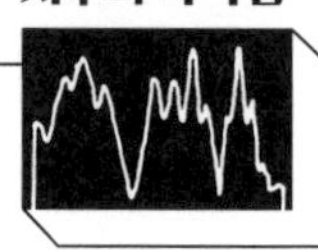

로 말한 인사말, 칼라하리 부시먼 족의 사진, 뉴기니와 오스트레일리아 원주민의 음악, 원곡의 구조가 피타고라스 시대를 앞서는 것은 물론이거니와 어쩌면 호메로스 시절까지 거슬러 올라가는 곡 「유수(流水, Flowing Streams)」. 중국 음악학자 저우원중(周文中)은 5000년 전통의 중국 음악에서 보이저호에 실을 곡을 딱 하나만 알려 달라는 요청에 한 순간도 머뭇거리지 않고 「유수」를 골랐다. 어찌 보면 보이저 레코드판 그 자체가 그 속에 담긴 음악들, 사진들, 언어들을 보존하려는 행위나 다름없다.

자바의 가믈란(gamelan) 곡인 「다채로운 꽃들(Kinds of Flowers)」을 조사하던 중, 우리는 그 음악에 매혹적이고 강력한 전통이 전해지고 있다는 사실을 알았다. 자바 사람들은 이 세상에 영적인 음악이라고 부를 만한 무언가가 쉴 새 없이, 그러나 소리는 내지 않은 채 늘 울리고 있다고 믿는다. 가믈란 악단은 우리가 그 영원의 음악이 현재에 펼쳐지는 소리를 들을 수 있게끔 도와줄 뿐이라는 것이다. 어쩌면 보이저 레코드판에 담긴 모든 내용도 비슷하게 볼 수 있을 것이다. 우주의 여러 존재들이 이미 수십억 년 동안 주고받아 온 인사와 음악과 정보를, 그 우주의 대화를 우리가 지금 이 장소에서 이 순간에 표현해 낸 것뿐이라고 말이다.

지금으로부터 수십억 년이 흐르면, 지구는 적색 거성으로 팽창한 태양 때문에 이미 숯덩이가 되어 버렸을 것이다. 그러나 보이저 레코드판들은 그때도 거의 훼손되지 않은 채, 한때 — 만일 인류가 좀 더 거창한 활동에 나서서 다른 세상으로 이주한 뒤라면 그 전에 — 머나먼 행성 지구에서 번성했던 오래된 문명의 소곤거림을 간직하고서 우리 은하의 어느 머나먼 지역을 부유하고 있을 것이다.

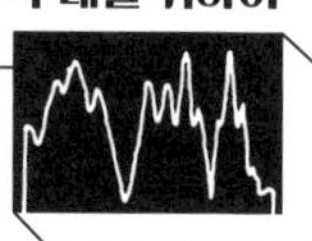

참고 자료

von Hoerner, Sebastian, "Universal Music?" *Psychology of Music*, Vol. 2 (1974), pp. 18-23.

Morrison, Philip, ed., *The Search for Extraterrestrial Intelligence: SETI*. Washington, D. C.: National Aeronautics and Space Administration, 1977.

Sagan, Carl, ed., *Communication with Extraterrestrial Intelligence (CETI)*. Cambridge, Mass.: M.I.T. Press, 1973.

______, *The Cosmic Connection: An Extraterrestrial Perspective*. New York: Doubleday, 1973.

______, and Frank Drake, "The Search for Extraterrestrial Intelligence," *Scientific American*, Vol. 232 (1975), 80-89.

Shklovskii, I. S., and Carl Sagan, *Intelligent Life in the Universe*. San Francisco: Holden-Day, 1966.

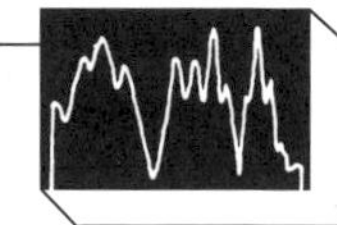

2

보이저 레코드판의 탄생 배경

프랭크 도널드 드레이크

캄캄한 우주 너머에도 생명이 있을 것이라는 확신이 굳건하니, 만일 그들이 우리보다 발전한 문명이라면 어느 순간에든, 어쩌면 우리 세대 내에도 우주를 가로질러 찾아올 수 있으리라는 생각이 든다. 더 나아가 시간의 무한함을 숙고하다 보면, 이미 오래전에 그들의 메시지가 도착하여 무더운 석탄림의 늪 바닥에 처박혔고, 반짝거리는 그 발사체 위를 파충류들이 쉿쉿 거리면서 넘어 다녔고, 그리하여 섬세한 기기가 아무런 보고도 하지 못한 채 그냥 꺼지고 말았을지 모른다는 생각이 든다.

—로렌 아이슬리

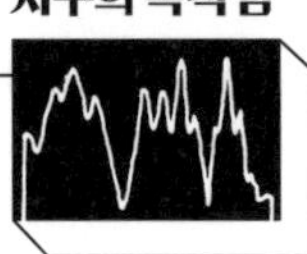

보이저 레코드판은, 그것이 실려 있는 천상의 전차와 마찬가지로, 외계 문명과의 접촉이라는 우리의 거대한 지적, 기술적 목표로 한 걸음 더 다가간 결과이다. 외계 지적 생명체와 어떻게 소통할까, 우리가 '그들'에게 무엇을 기대해야 할까 하는 문제는 우주 생물학 분야의 사상가들이 오래전부터 몰두해 온 주제였다. 우리와는 다른 세상에 대한 갖가지 상상들이 그동안 색종이 조각처럼 공중에 흩날려 왔다. 초창기에, 물론 초창기라고 해봐야 1960년대 초이지만, 맨 먼저 나왔던 생각들은 지금은 벌써 순진한 것으로 느껴진다. 사람들이 제안한 여러 통신 기술들의 능력은 세월이 흐를수록 폭발적으로 성장했다. 보이저 레코드판은 우리가 보내는 '메시지'의 궁극적인 단계이다. 물론 현재로서는 그렇다는 말이다. 보이저호는 아직 목성에 다다르지도 않았지만, 우리는 벌써 보이저호의 경험을 통해서 그보다 더 나은 방법을 알아 가고 있다.

성간 메시지 기술은 현대적인 외계 지적 생명체 탐사(Search for Extra-Terrestrial Intelligence, SETI)가 시작된 직후부터 발전하기 시작했다. 1959년에 서로 독립적으로 벌어진 두 사건이 이 시대를 열었다. 코넬 대학의 두 물리학자 필립 모리슨(나중에 보이저 레코드판에 대해서도 자문해 주었다.)과 주세페 코코니(Giuseppe Coconni)는 우주선(宇宙線, cosmic ray)을 효과적인 성간 메시지 전달 도구로 쓸 수 있을지 모른다고 생각했다. 그들은 그 문제를 연구하다가 전혀 가망이 없다는 사실을 깨달았지만, 그 대신 전파가 성간 접촉에 효과적일 수 있다는 사실을 알았다. 또한 그들은 1959년 무렵에 한창 발전하는 중이었던 지구의 전파 발신 시스템과 전파 망원경만으로도 먼 우주에 있는 비슷한 장치와 통신할 수 있으리라는 계산 결과를 얻고 흥분했다. 우리 시대가 인류 진화에서 놀라운 문턱에 해당하는 시기임을 깨달은 두 사람은 《네이처(*Nature*)》에 오늘날 고전이 된 「성간 통신을 찾아서(Searching for Interstellar Communications)」라는 논문을 발표하여, 인류의 능력에 주목할 것을 촉구했다. 논문의 마지막 문장은 지금 읽어도 소름이 돋는다. "만일 (성간) 신호가 존재한다면, 이제

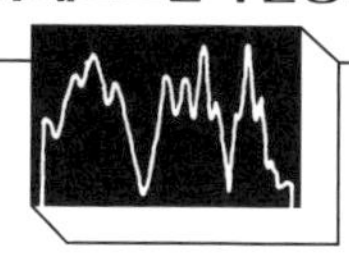

그것을 감지할 수단이 우리에게 있다. 실제로 성간 통신이 감지된다면 그것이 현실적으로나 철학적으로나 얼마나 중요한 일일지 그 의미를 부정할 사람은 없을 것이다. 따라서 우리는 그런 신호를 가려내는 수색에 상당한 노력을 기울일 가치가 있다. 성공 확률을 추정하기는 어렵지만, 수색하지 않는다면 성공 가능성이 0이란 사실만큼은 분명하다."

그동안 나도 국립 전파 천문대에서 독자적으로 같은 계산을 해냈다. 우리가 당시 짓고 있었던 전파 망원경들을 쓰면 가까운 별에서 오는 신호를 감지할 수 있겠다는 계산 결과였다. 나는 벌써 성간 신호를 포착할 수 있을 만큼 고도로 민감한 특수 장치를 조립하기 시작한 뒤였다. 그리고 1960년에 웨스트버지니아 주 그린뱅크에서 그 장치를 써서 고래자리 타우와 에리다누스자리 엡실론이라는 두 별에서 오는 신호를 탐색해 보았다. '오즈마(OZMA) 프로젝트'라고 불렸던 그 탐색 작업과 모리슨/코코니의 논문은 대중의 관심을 제법 끌었으며, 과학계에서도 상당한 움직임을 일으키는 계기가 되었다. 대부분의 사람들은 탐색 프로그램을 지지했지만, 아직 SETI 프로젝트는 시기상조라고 생각하는 사람들도 소수 있었다.

결국 충분한 관심이 모인 덕분에, 1961년 11월에 그린뱅크에서 지금은 유명해진 첫 SETI 모임이 열렸다. 놀랍게도 그 모임의 후원자는 영예로운 미국 국립 과학 아카데미(National Academy of Sciences)였다. 그 자리에는 SETI에 진지한 관심이 있는 과학자들이 거의 다 모였다. 총 11명이었다! 그야 많은 수라고는 할 수 없겠지만, 다들 아주 훌륭한 과학자들이었다. 얼마나 훌륭했는가 하면, 모임 도중에 참석자 중 한 명이었던 멜빈 캘빈(Melvin Calvin)에게 노벨상이 수여될 정도였다. 손님이 노벨상을 받았을 때 어떻게 축하하면 좋은가 하는 에티켓은 확실히 정해진 게 없었지만, 어쨌든 우리는 나름대로 시도했다. 우리는 사전에 그런 일이 있을지도 모른다는 귀띔을 들었기 때문에 숙소 지하실에 샴페인을 잔뜩 숨겨 두었는데, 당시 웨스트버지니아 주는 '반건조한(semi-dry)' 동네였으니 그

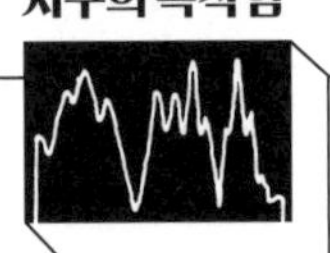

다지 남부끄러운 짓도 아니었다('semi-dry'라는 단어에 '반건조한'이라는 뜻과 와인의 맛이 '약간 드라이한'이라는 뜻이 둘 다 있기에 한 말장난이다. ― 옮긴이). 에밀리 포스트(Emily Post, 1872~1960년, 미국의 가장 유명한 에티켓 지침서 작가 ― 옮긴이)라도 기뻐했을 것이다. 고요한 산이 떠나갈 듯 흥청거렸던 모임은 결국 더없이 적절한 축하연이 되었던 셈이다. 특별한 자리에 함께한 다른 참석자로는 칼 세이건, 필립 모리슨, 바니(버나드) 올리버 등이 있었다. 나중에 다들 보이저 레코드판 제작에서 이런저런 역할을 맡을 사람들이었다.

오늘날 SETI 문제의 기본이 된 방정식이 처음 작성된 것도 그 모임에서였다(오늘날 이른바 드레이크 방정식이라고 불리는 것을 가리킨다. ― 옮긴이). 우리는 지구에서 가장 가까운 다른 문명이라도 1000광년은 되리란 사실, 우리가 접촉할 수 있는 거의 모든 문명들은 우리보다 훨씬 더 발전한 문명이리란 사실을 그때 계산했다. 당시 우리는 참석자 중 하나였던 존 릴리(John Lilly) 때문에 돌고래의 지능에 관해서 엄청난 흥미를 품게 되었다. 릴리가 들려준 돌고래의 행동과 재치에 관한 여러 일화들에 그곳에 모인 과학자들은 놀라움과 호기심을 느꼈고, 지적 생명체의 형태가 다양할 수 있다는 사실에 깊은 인상을 받았다. 다들 돌고래 연구에 어찌나 매료되었던지, 몇몇 참석자들은 모임이 끝난 뒤 '돌고래 기사단'이라는 비공식 단체를 결성하여 SETI에 관한 아이디어를 주고받으며 연락을 이어 가기로 했다. 돌고래 기사단은 18년이 흐른 지금도 명맥을 유지하고 있다.

그 자리에서 우리는 어떤 메시지 작성 기법을 쓰면 사전에 접촉이 없었던 문명들끼리 쉽게 소통할 수 있을까 하는 문제도 논의했다. 당시에 괜찮아 보였던 아이디어 중 하나는 π값을 소수점 뒤 아주 많은 자리까지 나열하거나 소수(1과 자기 자신으로만 나뉘는 수) 수열을 나열하는 방식으로 우리의 심오한 지식을 전달하자는 의견이었다. 그런 메시지는 지적 생명체가 보냈다는 증거로 여겨질 것이고, 더구나 그런 어마어마한 숫자를 계산할 줄 아는 우리가 얼마나 똑똑한지 보여 주는 잣대로도 여겨질 것 같았다. 그러나 지금 돌

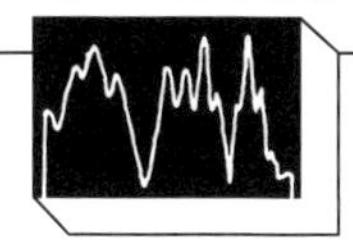

아보면 별로 좋지 않은 발상이었음에 분명하다. 우주로 메시지를 전송한다는 것 자체가 지적 문명의 존재에 대한 증거가 되고도 남으니까 말이다.

그 무렵, 예일 대학에 와 있었던 수학자 한스 프로이덴탈(Hans Freudenthal)이 성간 부호에 관한 책 『링코스(*LINCOS*)』를 펴냈다(네덜란드 수학자 프로이덴탈은 잠시 예일 대학에 와 있었으며, 라틴 어로 '우주의 언어'를 뜻하는 '링구아 코스미카(Lingua Cosmica)'를 줄인 '링코스'란 제목의 책 부제는 '우주적 대화를 위한 언어 설계(Design of a Language for Cosmic Intercourse)'였다. — 옮긴이). 그 책에는 단순한 수학을 이용하여 단순한 규칙들과 개념들을 설정함으로써 언어를 만든다는 기발한 기법이 소개되어 있었다. 이를테면, 우리는 가령 2+3=5라는 방정식과 4+5=9라는 또 다른 방정식을 써서 덧셈 부호와 등호의 뜻을 정의할 수 있다. 물론 이때 각각의 숫자는 각각의 값에 해당하는 개수만큼 점을 찍는다거나 하는 단순한 방법을 통해서 정의할 수 있다. 우리는 보이저 레코드판의 사진 섹션 초반부에 이런 개념을 조금 이용했다. 프로이덴탈에 따르면 이런 수학 방정식들을 이용해서 꽤 복잡한 언어까지 개발할 수 있는데, 심지어 감정을 표현하는 수준까지 나아갈 수도 있다. 그런데 『링코스』의 방식이 비록 기발하기는 해도 성간 통신에 쓰기에는 좀 위험했다. 수신자의 두뇌와 논리가 우리와 아주 비슷하다고 가정해야 하기 때문이다. 더 중요한 점은, 우리가 그들에게 논리를 가르치는 단계에서 하나라도 제대로 이해되지 않는다면 이어지는 가르침들이 몽땅 요령부득이 될 테고, 따라서 정확한 부호 체계를 정의하고 이해할 방도가 없으리라는 문제였다. 우리는 그것보다 더 단순하고 모호하지 않은 기법이 필요했다.

그린뱅크 모임으로부터 6개월쯤 지났을 때, 나는 일반적인 텔레비전 영상과 비슷한 사진을 쓴다면 성간 메시지를 모호하지 않게 전송할 수 있을지도 모른다는 생각이 떠올랐다. 이것은 사람의 아기가 말을 배우는 과정과도 비슷할 것이다. 우리는 아기에게 갖가지 물건을 보여 주면서 동시에 그 물건의 이름을 들려준다. 우주 차원에서도 어떤 물건들

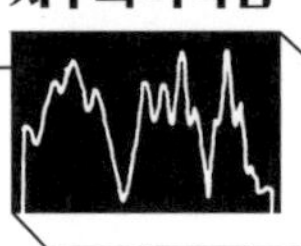

의 이미지와 그에 상응하는 언어 표현을 함께 보내면 의미가 통하지 않을까? 수신자는 그것을 이용하여 복잡한 텍스트를 재구성할 수 있지 않을까? 약간 시험해 본 뒤, 나는 검고 흰 점만 써서 그린 단순한 그림도 제법 훌륭하다는 사실을 발견했다. 다양한 음영의 회색들도 있으면 물론 더 유용하겠지만, 그냥 흑백만으로도 이미지의 주된 특징을 제법 적절하게 표현할 수 있었다. 우선 직사각형 격자 모양으로 점들을 그린 뒤, 각 점을 검은색 아니면 흰색으로 칠하여 원하는 그림을 표현한다. 그러고는 하나의 그림을 이루는 흑백 점들의 서열을 두 가지 문자(하나는 검은 점을, 다른 하나는 흰 점을 뜻한다.), 아니면 두 가지 색조, 아니면 점과 대시의 서열로 전환한다. 지적 문명이라면 이 부호를 해독하는 것은 식은 죽 먹기일 것이다.

나는 이 기법을 보여 주는 예시로서 문자 551개로 구성된 그림을 하나 그렸다. 왜 551개일까? 551은 소수인 19와 역시 소수인 29를 곱한 값이라, 외계인이 메시지 배열 방법을 쉽게 알아낼 수 있으리라고 생각했기 때문이다. 그림은 세로 29단위, 가로 19단위의 직사각형 격자 형태였다. 외계인이 551은 19와 29로만, 그리고 1과 551로만 나뉠 뿐 다른 수로는 나뉘지 않는다는 사실을 알아차린다면, 메시지의 문자 서열을 세로 19행과 가로 29열, 아니면 세로 29행과 가로 19열로만 배열해야 한다는 사실도 알아차릴 것이다. 둘 중 어느 쪽이 옳은지는 시행착오를 거쳐 알아내야 하지만, 그건 몇 분이면 충분하다.

그림 1은 내가 작성했던 메시지이다. 당시에는 거의 장난으로 만들었다. 우리가 너무 고상하게 보이려고 애쓰지만 않는다면 썩 괜찮은 성간 언어를 손쉽게 만들 수 있다는 사실을 보여 주기 위해서였다. 게임 삼아서, 나는 이 메시지를 아무런 힌트도 없이 돌고래 기사단에게 보내어 어디 한번 해독해 보라고 제안했다. 나는 이렇듯 오락처럼 시작된 성간 언어학 시도가 이후 인류의 지적 성취에서 중요한 돌파구라는 휘광을 쓰게 된 것에 대해 늘 놀라운 심정이다.

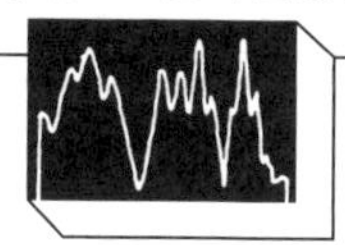

551개 문자로 구성된 메시지에는 사실 정보가 상당히 많이 담겨 있었다. 정보 이론이 통상적으로 허락하는 것보다 더 많은 양이었다. 정보 이론에 따르면, 문자 551개에 담을 수 있는 정보량은 영어 단어 약 25개에 맞먹는다. 그러나 이 메시지에는 단어 25개의 정보량보다 훨씬 많은 정보가 담겨 있다. 물리학과 천문학의 공통 개념들을 축약된 방식으로 보여 주도록 메시지를 만들었기 때문이다.

그림 2는 이 메시지를 해독한 결과이다. 메시지를 세로 29행과 가로 19열로 배열했으며, 1은 검게 칠하고 0은 희게 칠했다. 메시지의 내용은 뭘까? 나는 다른 문명들이 가장 흥미롭게 느낄 만하다고 생각한 내용을 묘사하려고 애썼다. 우선, 메시지를 작성한 지적 생명체의 모습이 보인다. 메시지 왼쪽 가장자리에 세로로 나열된 것은 이 생명체가 거주하는 항성계의 도해이다. 맨 위에 항성이 있고, 그 밑에 작은 행성이 네 개, 중간 크기 행성이 하나, 큰 행성이 두 개, 다시 중간 크기 행성이 하나, 마지막으로 작은 행성이 하나 있다. 오른쪽 위 구석의 그림은 탄소 원자와 산소 원자이다. 이 생명체의 생물학은 우리 인간처럼 탄소에 기반을 둔다는 점, 이 생명체의 화학에서도 우리처럼 산소가 중요하다는 점을 암시한다. 그렇다면 물론 우리가 보기에는 이 생명체가 화학적으로 우리와 비슷하다는 추측이 가능할 것이다.

그 바로 밑, 항성 오른편에 있는 문자들은 해독하기가 가장 어렵다. 그것은 사실 숫자 1, 2, 3, 4, 5를 이진법으로 표현한 것이다. 이진법은 세상에서 가장 단순한 기수법이다. 그것은 인간의 손가락이 10개라는 점에 착안하여 10이라는 희한한 숫자를 바탕으로 삼은 십진법과 달리 숫자 2에 기초를 둔다. 나는 숫자일 경우 검은 문자의 개수가 반드시 홀수여야 한다는 가외의 특징을 부여했다. 그러면 기수 체계를 잘 정의할 수 있거니와, 숫자와 숫자가 아닌 것을 분명하게 구별할 수 있다. 문자 혹은 '비트(bit)'의 개수가 홀수라면, 그것은 숫자다. 이 기수법을 알면, 원자 기호 아래에 있는 큼직한 세 덩어리도 해독할

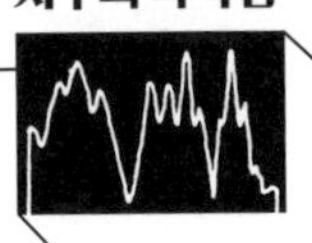

우주의 다른 문명으로부터 받을지도 모르는 메시지의 예

1 1 1 1 0 0 0 0 1 0 1 0 0 1 0 0 0 0 1 1 0 0 1 0 0 0 0 0 0 0 1 0 0 0 0 0 1 0 1 0 0

1 0 0 0 0 0 1 1 0 0 1 0 1 1 0 0 1 1 1 1 0 0 0 0 0 1 1 0 0 0 0 1 1 0 1 0 0 0 0 0 0

0 0 1 0 0 0 0 0 1 0 0 0 0 1 0 0 0 0 1 0 0 0 1 0 1 0 1 0 0 0 0 1 0 0 0 0 0 0 0 0 0

0 0 0 0 0 0 0 0 0 0 1 0 0 0 1 0 0 0 0 0 0 0 0 0 0 1 0 1 1 0 0 0 0 0 0 0 0 0 0 0 0

0 0 0 0 0 0 0 1 0 0 0 1 1 1 0 1 1 0 1 0 1 1 0 1 0 1 0 0 0 0 0 0 0 0 0 0 0 0 0 0 0

0 0 0 0 1 0 0 1 0 0 0 0 1 1 1 0 1 0 1 0 1 0 1 0 0 0 0 0 0 0 0 0 1 0 1 0 1 0 1 0 1

0 0 0 0 0 0 0 0 0 1 1 1 0 1 0 1 0 1 0 1 1 1 0 1 0 1 1 0 0 0 0 0 0 0 1 0 0 0 0 0 0

0 0 0 0 0 0 0 0 0 0 0 1 0 0 0 0 0 0 0 0 0 0 0 0 0 1 0 0 0 1 0 0 1 1 1 1 1 1 0 0 0

0 0 1 1 1 0 1 0 0 0 0 0 1 0 1 1 0 0 0 0 0 1 1 1 0 0 0 0 0 0 0 1 0 0 0 0 0 0 0 0 0

1 0 0 0 0 0 0 0 0 1 0 0 0 0 0 0 0 1 1 1 1 1 0 0 0 0 0 0 1 0 1 1 0 0 0 1 0 1 1 1 0

1 0 0 0 0 0 0 0 1 1 0 0 1 0 1 1 1 1 1 0 1 0 1 1 1 1 1 0 0 0 1 0 0 1 1 1 1 1 0 0 1

0 0 0 0 0 0 0 0 0 0 0 1 1 1 1 1 0 0 0 0 0 0 1 0 1 1 0 0 0 1 1 1 1 1 1 1 0 0 0 0 0

1 0 0 0 0 0 1 1 0 0 0 0 0 1 1 0 0 0 0 1 0 0 0 0 1 1 0 0 0 0 0 0 0 1 1 0 0 0 1 0 1

0 0 1 0 0 0 1 1 1 1 0 0 1 0 1 1 1 1

총 551개의 0과 1. 무슨 뜻일까?

그림 1.

텔레비전 영상과 비슷한 그림을 단순하게 전송하는 방법을 보여 주고자, 또한 돌고래 기사단의 솜씨를 시험하고자 작성했던 문자 551개짜리 '메시지'. 0과 1을 사용한 것은 딱 두 가지 문자만 쓰면 된다는 걸 보여 주기 위해서였다. 그 밖에 점과 대시, 펄스와 스페이스, 서로 다른 두 색깔을 써도 얼마든지 메시지를 작성할 수 있다. 1974년의 아레시보 성간 메시지처럼 말이다.

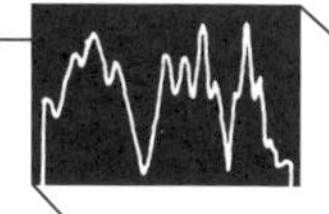

그림 2.
551개 문자로 된 메시지를 해독한 그림. 그림 1의 문자들을 세로 29행과 가로 19열로 배열한 뒤,
1에 해당하는 정사각형은 검게 칠하고 0에 해당하는 정사각형은 희게 칠했다.

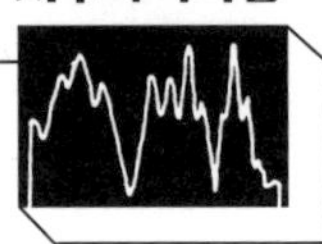

수 있다. 세 덩어리는 각각 홀수 개의 검은 문자들로 이뤄졌으므로, 우리는 이것들이 숫자임을 알 수 있다. 위에서부터 차례대로 5, 2000, 약 40억을 뜻한다. 맨 아래 덩어리는 지적 생명체의 모습과 대각선으로 이어져 있다. 이 숫자들의 뜻을 확실히 알 순 없지만, 가만 보면 각각 두 번째, 세 번째, 네 번째 행성과 같은 높이에 그려진 점이 눈에 띈다. 그러니 아마도 이 생명체의 고향인 듯한 네 번째 행성에는 이 생명체가 40억 마리가 살고 있다는 뜻인 것 같다. 그렇다면 세 번째 행성에는 2000마리가 살고 있다는 뜻이 되니, 아마도 이 생명체가 그 행성에 식민지를 건설했다는 뜻인 모양이다. 그리고 두 번째 행성에는 5마리가 살고 있으니, 그 행성에 대한 탐사는 이제 막 시작되었다는 뜻이리라. 생명체의 모습 아래에는 또 다른 문자열이 있다. 비트의 개수가 짝수이므로 숫자는 아니다. 그러면 뭘까? 단어? 확실히 알 순 없지만, 이 생명체가 자신의 이름을 알려 준 게 아닐까 하고 추측할 수 있다. 그렇다면 앞으로 이 생명체가 다른 메시지에서 자신을 지칭하길 원한다면 굳이 자신의 모습을 다 그릴 필요 없이 '네 개의 비트'라는 이름만 우리에게 보여 주면 될 것이다.

마지막으로, 오른쪽 맨 아래에는 이 생명체의 크기를 뜻하는 것으로 추측되는 그림이 있다. 생명체의 키가 어떤 단위의 31배라는 모양이다. 그 단위가 뭘까? 우리와 이 생명체가 공통으로 알고 있는 길이는 전파 스펙트럼에서 이 메시지가 전송되는 데 쓰인 파장의 길이뿐이다. 성간 통신의 최적 파장은 약 10센티미터로 생각된다. 그러면 이 생명체의 키는 약 10피트(3미터)인 셈이다. 그리고 우리는 메시지를 다 해독한 데 대해서 키가 10피트로 커진 기분을 느껴도 좋으리라('키가 10피트인 기분이 들다(feel ten feet tall).'라는 숙어는 '자랑스러운 기분이 들다.'라는 뜻이다. — 옮긴이).

그런데 결과는 울적하고 충격적이었다. 돌고래 기사단의 엘리트 단원들 중에서 메시지 해독에 성공한 사람이 거의 아무도 없었던 것이다. 그들은 이런 형태의 메시지를 처

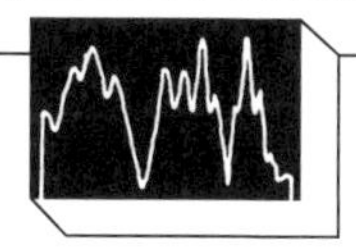

음 봤기 때문에, 그림으로 풀어 보자는 생각을 아예 떠올리지 못했다. 요즘은 수천 명의 사람들이 이런 형태의 메시지를 알고 있고, 쉽게 해독한다. 어쨌든 까마득한 그 시절에는 내가 돌고래 기사단에게 이 메시지를 동봉한 편지를 보냈을 때 돌아온 답장이 겨우 한 통이었다. 바니 올리버가 0과 1의 서열로 구성된 새로운 메시지를 작성하여 답장했던 것이다. 나야 적어도 어떻게 풀면 되는지는 알고 있었다. 단순하고 인상적인 그 메시지는 그림 딱 하나를 담고 있었다. 올리브가 담긴 마티니 잔의 모습이었다!

사실, 누군가 이 수법을 알아차렸더라도 문자 551개짜리 메시지를 해독하기는 꽤 어려웠을 것이다. 메시지의 구성이 워낙 빽빽해서 모든 기호들과 스케치들이 다닥다닥 붙어 있었기 때문이다. 이런 메시지에 익숙하지 않은 사람이라면 그림의 한 부분이 다른 부분과 연결된 것인지 별개의 것인지 가려내기가 어려웠다. 바니는 이 문제를 염두에 두면서 비트 1271개를 이용한 새 메시지를 작성해 보았다. 그림 3이 그 메시지이고, 그림 4는 그것을 해독한 결과이다. 이 그림은 확실히 훨씬 더 분명하다. 정보량은 물론 그다지 많지 않다. 메시지의 많은 부분이 빈 공간을 묘사하는 데 할당되었기 때문이다. 그래도 모호함은 훨씬 줄었다. 이 그림에서 알 수 있듯이, 문자의 개수가 조금만 더 늘어도 훨씬 더 많은 정보를 전달할 수 있을 뿐만 아니라 좀 더 복잡한 정보도 전달할 수 있다. 이 그림에 등장하는 지적 생명체의 모습에서는 두 가지 성별과 아이를 알아볼 수 있다. 생명체가 다 큰 상태로 탄생하는 게 아니라 더 작은 상태에서 더 큰 상태로 발달한다는 사실을 똑똑히 알려 주는 셈이다.

단순한 이진 부호로 구성된 두 장의 그림이 보여 주었듯이, 우리는 사전 접촉이 없었던 문명들끼리 신뢰성 있게 통신을 주고받을 만한 수단을 얼마든지 떠올릴 수 있다. 접촉 수단이 극히 단순한 전파로만 한정되더라도, 다른 문명을 만날 때 언어 문제를 크게 걱정할 필요는 없다.

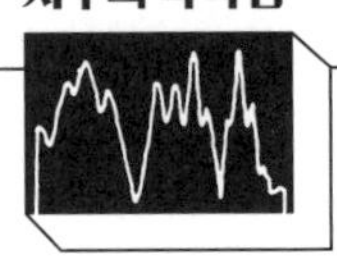

Таблица 4.7

Космограмма Дрейка

Неправильная интерпретация (длина строки равна 64). Значение качества (142) значительно меньше, чем для правильной интерпретации, качество которой равно 172

		$u_{i,\,i+1}$	$u_{i,\,i+1}$	$u_{i,\,i+1}+u_{i,\,i+1}$
0100000100000110000000011000001101100011011000001100111000000000		0	11	11
1000000000000000000000000000000000000000100001110000000000000100	1	0	2	2
0000000010001000000000100010000000000000000000000000000000000010	0	0	0	0
0010000100000010000000000000100000000000010001000000100010010010000	0	0	2	2
0100010001000000011100000000000000100000000000001000000000000000	0	0	2	2
0000000000000000000000000000000000000000000000000000100000000010	0	0	2	2
0010000011000100000000000000000000000000000000000000000000011000	0	3	1	4
0110000110000110000110000100000000010010010010010010010010010010	0	4	5	9
0101010010010000110000110000110000110000110000000010000000000001	0	3	6	9
1111010000000000000000000000100000000000000100000100000000000101011	1	1	7	8
1001000000000000000111110100000000000000000000000000010000000000	1	0	7	7
0000001000100111000000000000010100000000000000000101001000011001010	0	2	5	7
1110010100000000000000000101001000010000000000001001000000000000000	1	1	5	6
0100100000100000000000011111000000000000000111110000001110101000000	0	4	8	12
1010100000000000010101000000001000000000000010001010000000001010001	1	8	4	12
0000000000000000100010010001000100110110011101101101000001000010	0	4	0	4
0010101010001000100000000000000000000010001000100100100010001000000	0	4	11	15
1000000000000111000000111110000001110000000111110100000101010000001	1	4	12	16
0100000100010000001000000000010000010000111000010000010000011000	0	5	1	6
0000001000001000100010001000001000001000011000010000010001000100	0	4	4	8
0100000100000110000000011000001101100011011000001100111000000000	0	—	—	—
	$U_{стр}$	47 $U_{столб}$	95	$U=142$

§ 7. Алгоритмы дешифровки изображений

그림 3.
바니 올리버의 문자 1271개짜리 메시지. 그림 1과 같은 방식으로 작성되었다.

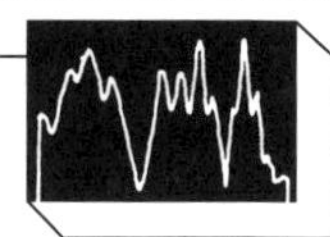

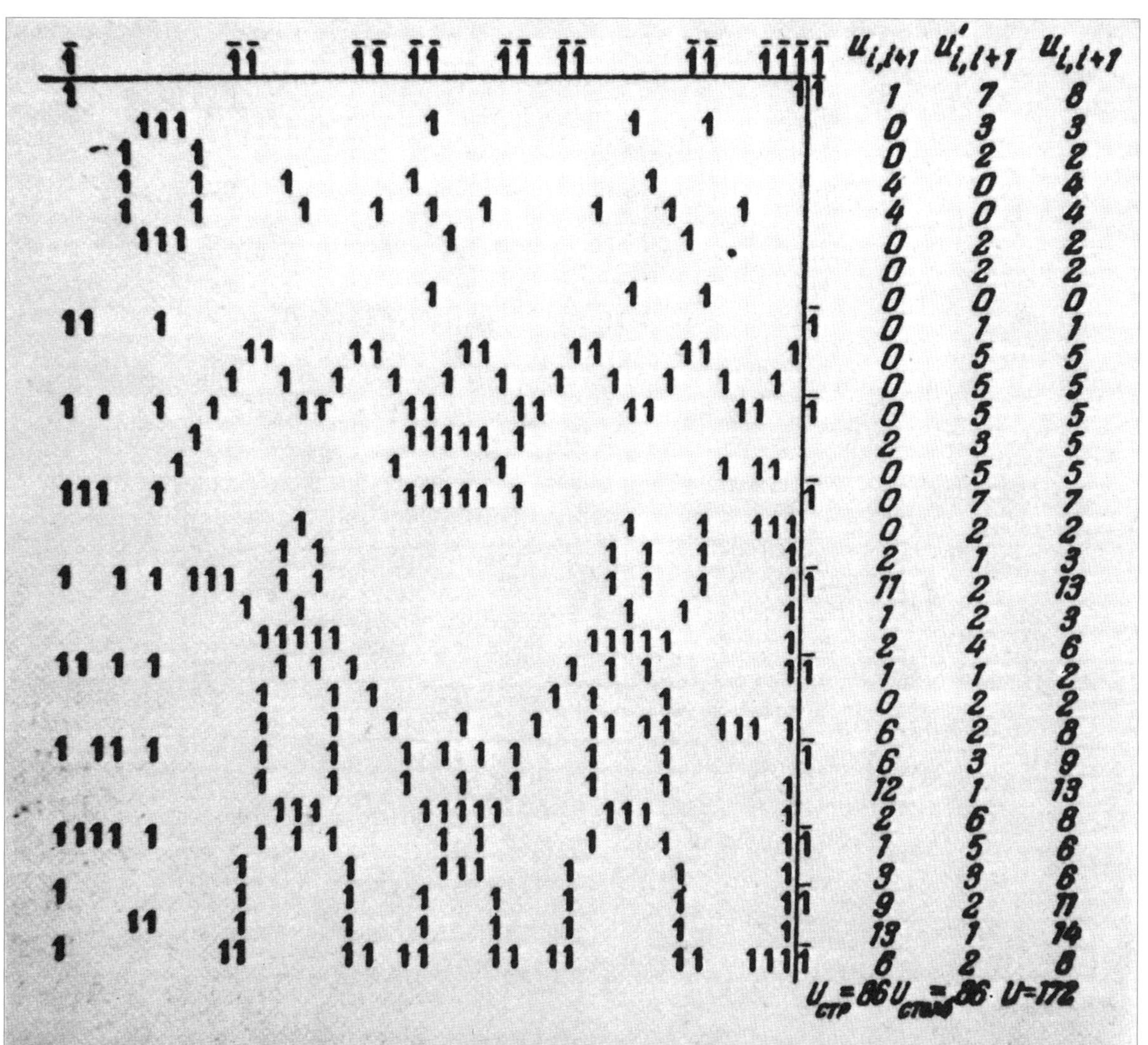

그림 4.
문자 1271개짜리 메시지를 해독한 그림.

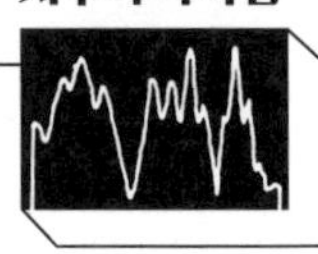

1969년 12월, 우리 아레시보 천문대는 푸에르토리코 산후안의 큰 리조트 호텔에서 미국 천문 학회 모임을 주최했다. 휴식 시간에 칼 세이건과 커피를 마시면서 잡담하던 중, 그가 내게 다른 사람들은 거의 아무도 깨닫지 못한 사실 하나를 이야기했다. 곧 목성 탐사 임무를 띠고 발사될 파이오니어 10호는 목성을 휘돌아 나가는 과정에서 추진력을 받아 결국 태양계를 벗어날 만한 속도를 갖게 될 것이라는 점이었다. 이 우주 탐사선은 별들 사이를 끝없이 날아서 은하의 가장 먼 영역까지 나아갈 것이다. 이 사실을 처음 떠올린 사람은 《크리스천 사이언스 모니터(*Christian Science Monitor*)》의 기자 에릭 버지스(Eric Burgess)와 플라네타륨 전문가 리처드 호글랜드(Richard Hoagland)였는데, 호글랜드는 파이오니어 우주선이 우리가 태양계 너머로 보내는 최초의 물체일 테니 언젠가 이 우주선을 만날지도 모르는 지적 문명에게 보내는 메시지를 뭐라도 실으면 어떻겠느냐고 제안했다. 칼은 NASA에게 자신이 그 메시지의 작성을 맡겠노라고 열렬히 자원했다고 했다. 칼의 계획은 금속판에 정보를 새기자는 것이었다. 금속에 새겨진 그림은 우주에서 수십억 년이 흐르더라도 그럭저럭 알아볼 만한 형태를 유지할 테니까 말이다.

이 경우에는 최대한 빽빽하게 욱여넣는다면 최대 10만 개의 문자를 새길 수 있을 테니, 내가 작성했던 이진 부호 그림들보다 훨씬 더 복잡한 내용을 보낼 수 있을 것이었다. 우리는 지구 생명의 속성에 관한 정보를 약간이나마 담고 싶었으며, 특히 파이오니어 10호가 발사된 시점과 장소에 관한 정보를 담고 싶었다.

칼은 어떻게 하면 그런 사실들을 잘 표현할 수 있겠느냐고 내게 물었다. 우리는 회의가 속개되기까지 짧은 몇 분 동안 여러 방법을 논의했다. 그중 하나는 많은 쌍성들의 위치가 표시된 은하 지도를 그림으로써 그 속에서 지구의 위치를 알릴 수 있으리라는 방안이었다. 칼은 북두칠성을 비롯한 몇몇 별자리를 보여 주는 지도도 가능하겠다고 제안했다. 그런 지도는 파이오니어 우주선의 발사 시점을 1만 년 안짝으로 규정해 주고, 발사 장

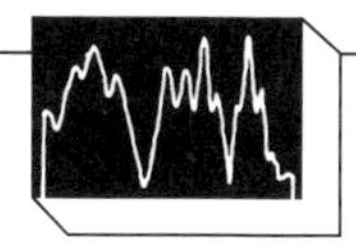

소를 20광년이나 30광년 안짝으로 좁혀 줄 것이었다. 그런데 당시에 나는 펄서를 활발하게 연구하고 있었다. 펄서란 빠르게 맥동하는 전파를 방출하는 천체인데, 맥동 주파수는 펄서마다 고유하다. 그렇다 보니, 두드러진 펄서들을 여러 개 배치하여 그에 대한 지구의 상대 위치를 보여 주는 편이 훨씬 낫겠다는 생각이 떠올랐다. 펄서마다 맥동 주파수를 함께 표시해 둔다면 지도에 있는 펄서들이 무엇인지 분명하게 알릴 수 있었다. 더욱이 그 주파수는 확실한 값으로 정해져 있기는 해도 시간이 흐름에 따라 미세하게 변하는데, 그 미세한 변화량도 정확하게 측정된다. 어떤 펄서는 하루에 10억분의 1초도 안 되는 정도로 미세하게 주기가 변한다. 그러니 특정 펄서에 대해서 금속판에 새겨진 주파수와 파이오니어 우주선을 포획한 상대가 측정한 당시 주파수의 차이를 알면, 그림이 그려진 시점으로부터 흐른 시간을 계산할 수 있을 것이다. 따라서 펄서 지도로는 우리 은하에서 우주선이 출발한 위치를 알릴 수 있고, 우주선이 포획되기까지 흐른 시간도 정확하게 알릴 수 있다. 우리는 결국 이 방법을 채택함으로써 파이오니어 10호 금속판의 주목적을 만족시켰다. 보이저 레코드판의 덮개와 수록된 사진 중 하나에도 보이저호의 출생지와 우주적 생일을 표시하기 위해서 이런 펄서 지도가 등장한다.

칼은 내게 펄서 지도를 속히 그려 줄 수 있느냐고 물었다. 시간이 대단히 촉박했기 때문이다. 나는 그러마고 대답하고 당장 착수했다. 내가 지도를 그리는 동안, 칼은 태양계 도해에 행성들의 상대 거리와 파이오니어호의 비행 궤적을 그려 넣었다. 칼의 아내 린다는 금속판에 담긴 정보 중에서 아마도 제일 중요한 것, 즉 상대적인 크기를 가늠하게 하기 위해서 파이오니어호 앞에 선 모습으로 묘사한 남녀를 그렸다. 남녀는 모든 인종들의 특징을 다 아우른 모습이었다. 그림 5가 그 금속판이다. 파이오니어 10호와 11호는 이 금속판을 하나씩 싣고 발사되었다. 두 우주 탐사선은 이제 목성을 지났고, 계획대로 성간 우주 공간을 향해 나아가고 있다.

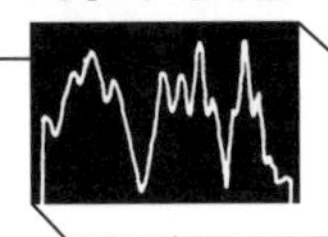

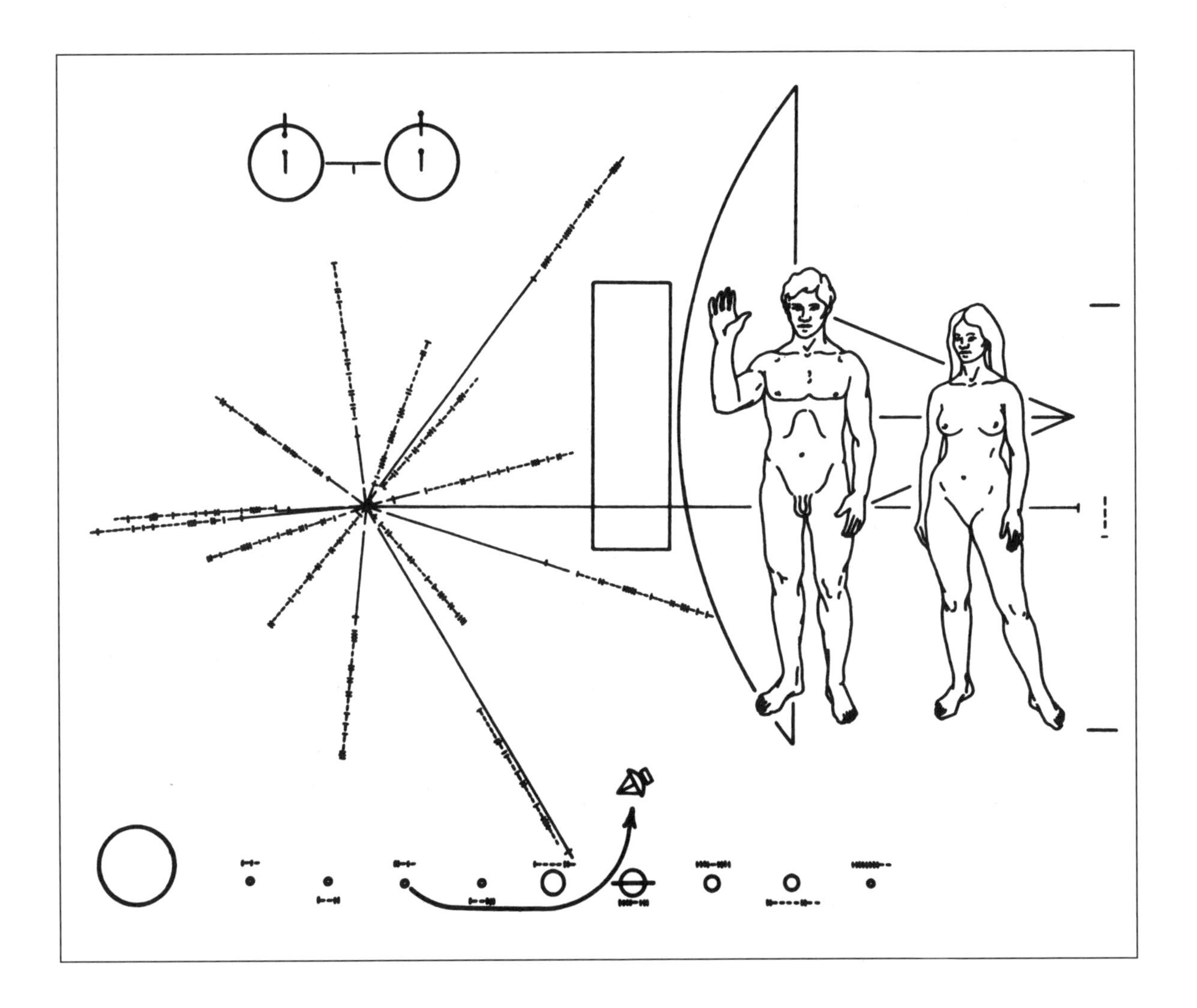

그림 5.
파이오니어 10호와 11호 금속판. 세로 6인치(약 15센티미터), 가로 9인치(약 23센티미터)의
도금된 알루미늄 판에 이 그림을 새겨 넣었다.

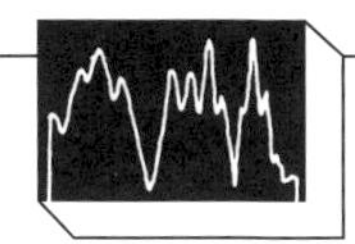

파이오니어 10호와 11호 금속판은 비록 단순했지만 대중으로부터 재미있다는 반응과 근사하다는 반응을 둘 다 끌어냈다. 신문과 텔레비전은 헐벗은 남녀가 그려진 금속판을 자세히 보여 주어야 한다는 문제에 맞닥뜨렸다. 몇몇 매체들의 경우에는 이것이 과감하게 누드를 보여 주는 첫 시도였다. 《시카고 선타임스(*Chicago Sun-Times*)》 편집자들은 발가벗은 인물의 성기 부분을 에어브러시(airbrush)로 수정하느라 난리를 피웠다. 판이 바뀔 때마다, 전부 같은 날 발행된 판들이었는데, 인체에서 자극적인 부분이 하나하나 사라졌다. 《로스앤젤레스 타임스(*Los Angeles Times*)》 편집국에는 NASA가 우주로 "외설물"을 보내는 데 세금을 낭비했다고 비난한 성난 독자 편지가 날아들었다. 어떤 페미니스트들은 금속판에 그려진 여자가 남자에게 종속된 것처럼 보인다며 분개하여 항의했다. 여자가 남자보다 뒤에 선 것 아닌가요? 그리고 왜 여자가 아니라 남자가 손을 들고 있나요? 이런 비판은 스스로 해방된 여성이라고 느끼는 린다 세이건에게 충격이었다.

어떤 사람들은 두 남녀의 모습이 무엇이 되었든 **자신의** 인종을 지나치게 닮았다고 느낀 나머지 놀라움과 경계심을 표현했다. 희한하게도 이런 반대의 목소리는 모든 인종으로부터 제기되었다. 여기에는 필시 뭔가 깊은 심리적 진실이 깔려 있으리라. 온갖 불평들 중에서 아마도 가장 중요한 지적은, 메시지를 작성한 인원이 제한적이었기 때문에 — 단 세 명이었다. — 온 인류를 대변할 순 없으며 생각처럼 많은 정보를 담지도 못했다는 비판이었다. 영국 언론들은 향후 또 비슷한 작업이 있을 때는 과학자와 일반인을 폭넓게 아우르는 보편적인 집단이 메시지를 작성해야 한다고 주장하는 사설을 실었다.

비판의 십자포화를 맞은 뒤, 우리는 그중 대부분은 괘념할 가치가 없으며 우리가 크게 실수를 저지른 건 없다고 판단했다. 그래도 그 덕분에 성간 메시지 작성 작업을 좀 더 겸손한 자세로 바라보게 되었다. 성간 메시지를 외계의 누군가가 실제로 수신할 가능성은 미미하더라도 지구의 많은 사람들이 그 내용에 진지한 관심을 보인다는 사실을 알게

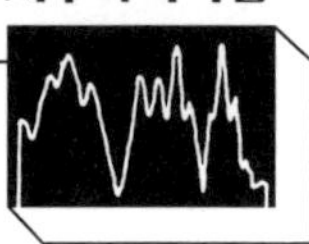

되었다.

그러니 성간 메시지를 전송할 기회가 다시 한 번 찾아왔을 때, 우리는 마음속에 그런 생각들을 품고 있었다. 1974년에 우리 NAIC는 아레시보 천문대의 지름 305미터 전파 망원경의 표면을 새로 입혔고 약 50만 와트 전력의 발신기도 새로 장만했다. 이 발신기에서 나온 전력을 거대한 반사경으로 집중시키면, 지구를 벗어나는 전파 신호들 중에서도 가장 강력한 신호를 내보낼 수 있을 것이었다. 정말이지 강력한 신호로서, 동일한 파장으로 따진다면 태양보다 100만 배쯤 더 밝을 것이었다. 그런 신호라면 수천 광년 떨어진 곳에서도 우리의 전파 망원경만큼만 민감한 도구를 쓴다면 쉽게 감지할 수 있을 것이었다. 11월에 아레시보 천문대에서 개관식이 열릴 예정이었다. 그때 그 망원경으로 성간 메시지를 전송하는 것은 '새' 망원경을 기념하는 멋진 방법일 듯했다. 이번에는 내가 좀 더 많은 사람들에게 조언을 구했다. 물론 대부분이 과학자들이었지만, 그래도 예전보다는 훨씬 넓은 영역을 아울렀다.

이 메시지도 이전 메시지들이 사용했던 형식, 즉 흑백텔레비전 이미지와 비슷한 그림을 사용했다. 전송 속도는 1초에 문자 10개씩 보내는 정도가 좋을 것 같았다. 그러면 굉장히 먼 거리에서도 신호를 감지할 수 있을 것이려니와, 기념식에 모인 청중이 듣기 좋은 소리가 날 것이었다. 전송에 걸리는 시간은 3분 정도면 좋을 것 같았다. 그보다 길면 지루할 것이었다. 그래서 결국 문자 1679개로 구성된 메시지를 작성하기로 했다. 1679는 소수 73과 소수 23을 곱한 값이다. 문자는 두 가지 색깔로 보낼 것이었다. 영화 「미지와의 조우」에서도, 비록 얕은 수준이기는 하지만, 이 메시지를 흉내 낸 통신 기법이 사용된다.

나는 많은 사람들의 의견을 다 모아서 최종 메시지를 작성했다. 그 결과가 그림 6과 그림 7이다. 해독된 그림에서 첫 문자는 오른쪽 맨 위에 등장하므로, 메시지는 오른쪽에서 왼쪽으로, 위에서 아래로 읽어야 한다. 이 메시지는 이전 메시지들보다 훨씬 더 많은

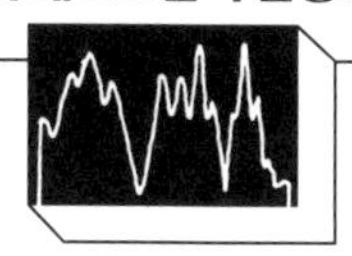

정보량을 담고 있지만 그럼에도 해독하기 가장 쉬운 축에 속한다. 우리는 요령을 알아 가고 있었다.

메시지의 시작은 숫자 1부터 10까지 나열하는 것이다. 이번에도 이진 부호로 표시했다. 일부러 맨 위로 밀어 붙여서 표시한 것은 공간이 부족할 때 큰 숫자를 어떻게 적는가 하는 방식을 정의하기 위해서였다. 이렇게 하면 표기법을 확실하게 보여 줄 수 있었다. 표현은 세심하고도 분명해야 했다. 메시지에 등장하는 숫자들이 여러 줄에 걸쳐서 표시될 뿐더러 세 방향으로도 표시되기 때문이었다. 다음에는 숫자 1, 6, 7, 8, 15가 눈에 잘 띄게 덩어리져 있다. 이 부분은 아마 메시지에서 제일 수수께끼 같은 부분일 것이다. 이 숫자들을 자체적으로 아무런 모순이 없게 해석하는 유일한 방법은 이것을 수소, 탄소, 질소, 산소, 인의 원자 번호로 해석하는 것이다. 이 해석은 메시지에서 그다음에 나오는 문자들을 살펴보면 더욱 말이 되는데, 왜냐하면 그다음 문자들은 위의 문자에서 각 원소의 원자 번호와 상응하는 위치에 그 원소의 개수를 적은 것이기 때문이다. 이것은 화학식이다. 더 구체적으로 말하면, 지구 생명의 속성을 결정하는 물질, 즉 DNA를 이루는 여러 분자들의 화학식이다. DNA의 조성은 물론이거니와 이중 나선 형태도 표시되어 있다. 복잡한 DNA 분자를 묘사한 여느 스케치들을 보노라면 묘사력이 제한된 이런 메시지에서 그것을 또렷하고 간명하게 그려 내기란 거의 불가능할 것 같지만, 막상 시도해 보니 제법 간단하게 가능했다.

이중 나선은 사람의 머리로 감아 드는 모습이다. 이 분자가 지적 생명체와 모종의 관계가 있다는 뜻이다. 우리는 인간의 모습을 남녀 구분이 없는 형상으로 그리고자 여러 가지로 시도했다. 그러나 차선으로 꼽힌 대안은 사람보다 고릴라에 가까워 보였기 때문에, 남자처럼 보이는 지금 이 모습으로 결정할 수밖에 없었다. DNA가 인간에게 중요하다는 사실은 그림에 뚜렷하게 나타나 있다. 그 못지않게 중요한 정보는 DNA 속에 들어 있

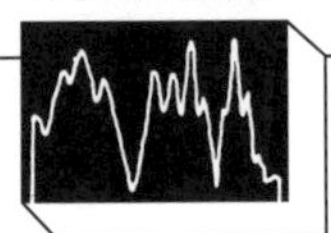

1974년 아레시보 성간 메시지

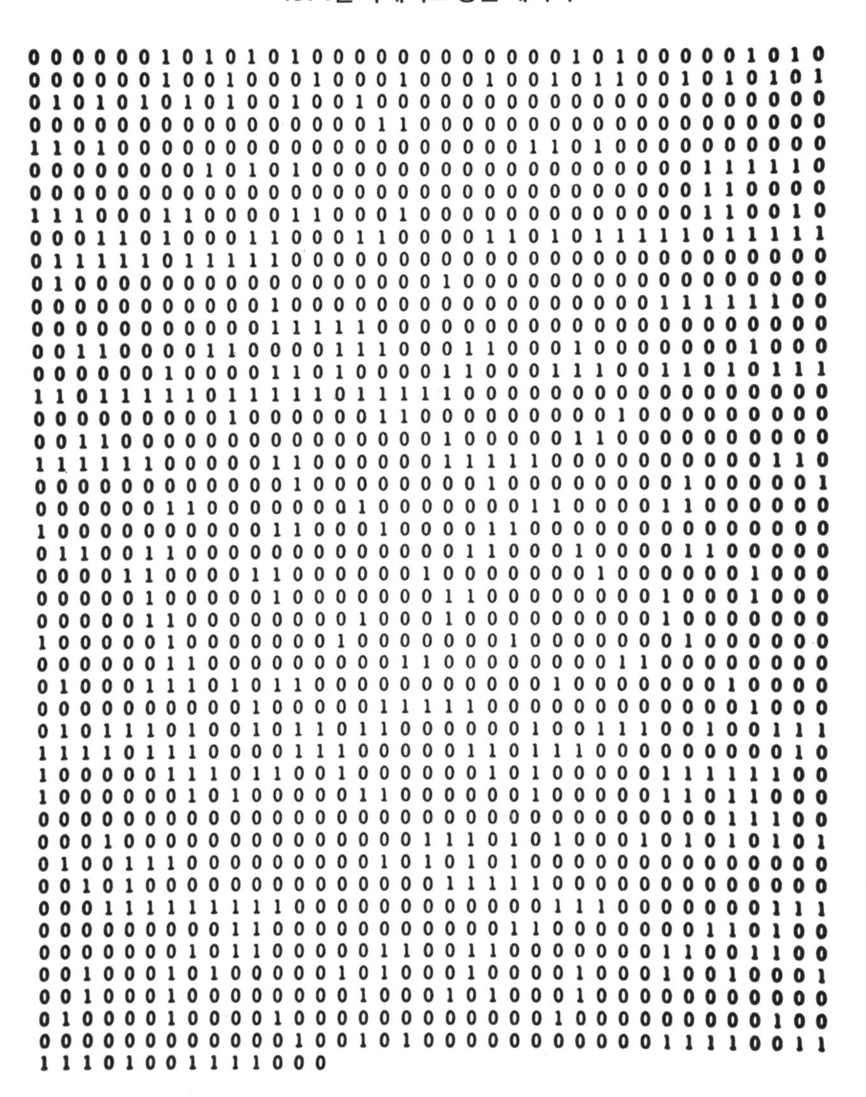

그림 6.

1974년 11월에 전송된 아레시보 성간 메시지. 주파수 차이가 초당 약 75회인 두 주파수를 번갈아 내보내는 방식을 써서 두 종류의 문자를 표현했다. 기본 주파수는 2380메가헤르츠였다. 전송 속도는 초당 문자 10개를 보내는 속도였다.

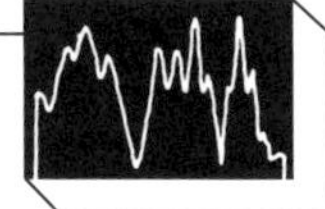

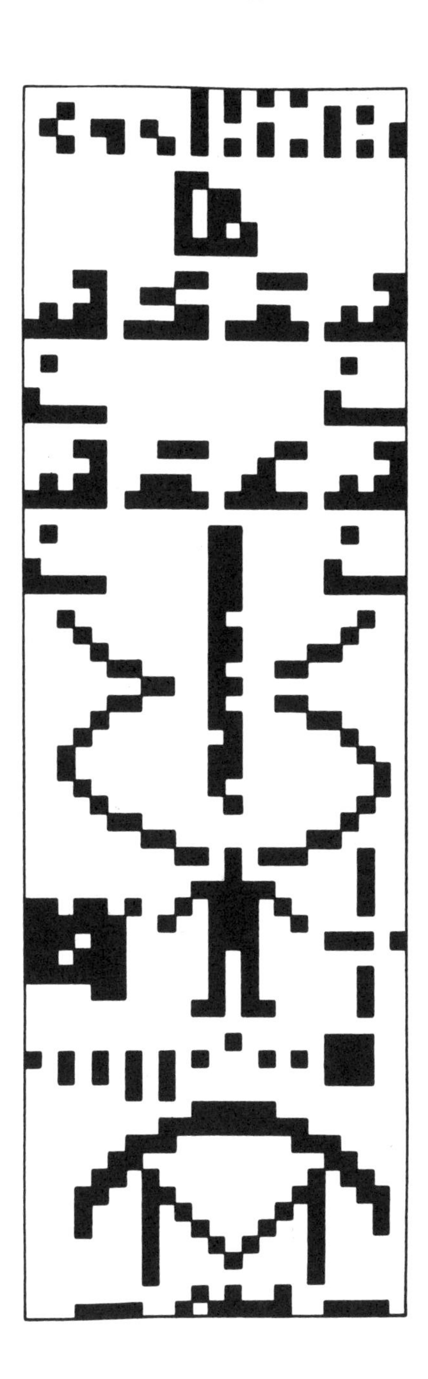

그림 7.
아레시보 성간 메시지를 해독한 그림.
세로 73행, 가로 23열로 작성되었다.

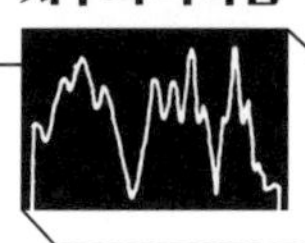

는 큰 숫자이다. 이 숫자는 인간의 전형적인 DNA 분자를 구성하는 핵산 쌍들, 즉 단위 부호들의 개수를 뜻한다. 이 정보는 이렇게 단순한 그림에서는 다른 방식으로 통 설명할 수 없을 듯한 중요한 사실 — 인간의 진화 수준, 그리고 지적 수준 일부 — 을 암시한다.

생명체의 오른편에 그려진 것은 생명체의 크기인데, 메시지가 전송된 파장인 12.6 센티미터를 기준으로 삼아서 표시했다. 생명체의 왼편에는 지구 인구를 알리는 큰 숫자가 있다. 한편 사람의 발밑에는 태양계가 있다. 태양과 아홉 행성들이 다 있고, 행성들의 상대 크기도 거칠게나마 표현되었다. 세 번째 행성은 나머지 행성들보다 위로 튀어나와 있어서 뭔가 특별하다는 사실을 암시한다. 당연히 그곳은 인류의 고향이다. 마지막으로, 태양계 밑에는 지구를 기준으로 '위'를 향한 망원경 그림이 있다. 반사기가 전파를 한 점으로 모으는 모습이다. 그 밑에는 망원경의 크기, 약 1000피트(300미터)를 역시 파장을 기준으로 삼아서 표시한 숫자가 있다. 이것은 메시지를 보낸 아레시보 전파 망원경의 크기인 동시에 지구에서 제일 큰 전파 망원경의 크기이다. 그러니 인류 기술의 발전 상태를 표현한 셈이기도 하다. 이 메시지를 반복해서 보낸다면 메시지가 꼭 그림 속 망원경에서 흘러나오는 것처럼 보일 테니, 우리가 바로 이 기기로 메시지를 보낸다는 점이 확실히 드러날 것이다.

칼은 내가 메시지를 작성하고 있다는 걸 알았다. 이 문제에 흥미가 지대했던 그는 외계인 대역을 자청했다. 어느 날 우리는 함께 교수 식당으로 가서 오래 점심을 먹었다. 나는 이 메시지를 묵묵히 대강 그린 뒤에 칼 앞에 놓았다. 그는 한참 심사숙고하더니, 메시지에서 가장 까다로운 첫 부분을 어렵사리 풀어낸 뒤 나머지는 술술 해치웠다. 그가 개선 사항을 몇 가지 조언하긴 했지만, 어쨌든 메시지는 통한 셈이었다. 아레시보의 컴퓨터들이 전파 발신기 통제에 필요한 명령어를 작성했고, 나는 이번에야말로 자신감이 충만했다.

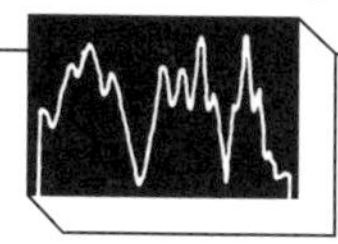

1974년 11월 16일 (대서양 표준시로) 1시. 약 200명이 지켜보는 가운데 성간 메시지가 성공적으로 전송되었다. 메시지가 겨냥하는 목적지는 지구로부터 약 2만 5000광년 떨어져 있는 헤라클레스자리의 거대한 구상 성단인 메시에 13이었다. 그러니 메시지가 메시에 13을 이루는 30여 개의 별들에 가 닿는 데는 2만 5000년이 걸릴 것이고, 도중에 다른 별들도 30개쯤 지나칠 것이다. 사람들은 머리 위 150미터에서 열대의 햇살을 받아 이글거리는 거대한 전송 체계를 바라보면서, 이 괴상한 잡음, 역사상 처음 우주로 메시지를 보내는 이 소리에는 뭔가 특별한 면이 있다고 느꼈다. 메시지를 다 보내는 데는 169초가 걸렸다. 윙윙 떠는 듯했던 소리가 단조로워지면서 전송의 끝을 알리자, 사람들이 깊고 인상적인 감정을 느꼈다는 사실이 분명히 드러났다. 눈물이 고인 사람도 많았고, 여기저기 한숨 소리도 들렸다. 우리 태양의 불꽃보다도 더 밝은 그 메시지는 여행길에 나섰다. 메시지의 첫 부분은 진작 화성 궤도를 통과했다. 불과 7시간 뒤에는 명왕성 궤도를 지날 것이었고, 그 너머 캄캄한 성간 공간을 향하여 빛의 속도로 달려 나갈 것이었다. 지금 아레시보 성간 메시지는 지구에서 가장 가까운 다른 별과의 거리보다도 더 먼 곳에 있다.

아레시보 성간 메시지는 크게 두 가지 항의를 일으켰다. 하나는 메시지를 전송할 때 우주 공간 속 지구의 이동 속도를 고려하지 않았다는 점을 걱정한 몇몇 과학자들의 우려였다. 풋볼에서 쿼터백이 공을 패스할 때 자신의 움직임을 감안하여 방향을 수정해야 하듯이, 우리는 지구라는 움직이는 발판에서 메시지를 쏘아 보낸다는 사실을 감안해야 한다. 지구는 우리 은하의 중심을 공전하기 때문에, 우리는 초속 약 150마일(240킬로미터)의 속도로 움직이고 있는 셈이다(이에 비해 지구가 태양 주위를 공전하는 속도는 초속 18.5마일(30킬로미터)에 불과하다.). 이는 대충 달 지름의 10분의 1에 해당하는 각도만큼 메시지의 경로를 이탈시킬 수 있는 속도이다. 우리는 이 오차를 보정해야 하지만, 지구의 우주 속 이동 속도를 아주 정확하게는 모르기 때문에 아주 정확한 보정은 불가능하다. 게다가 어차피 이 경우에

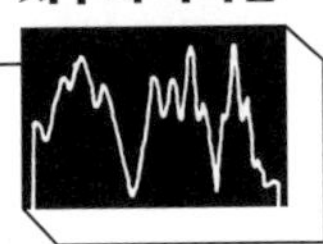

는 보정하지 않아도 상관없다. 메시에 13의 각지름(angular size)은 달보다 크기 때문에, 딱 정확한 방향으로 메시지를 쏘지 않았더라도 결국 메시지는 메시에 13에 도착할 것이다.

또 다른 항의는 더 심각했다. 노벨상 수상자이자 영국 왕립 천문학자인 마틴 라일(Martin Ryle) 경이 제기한 항의였다. 그는 우리 존재와 위치를 은하에 노출하는 것은 위험천만한 일이라며, 크나큰 불안을 표시했다. 짐작하기로 외계의 생명체는 무엇이 되었든 악의가 있거나 굶주렸을 테니, 그들이 우리를 알면 우리를 공격하거나 먹어 치울지 모른다고 했다. 그는 이런 메시지를 두 번 다시 보내지 말라고 강력하게 권고했으며, 국제 천문 연맹(International Astronomical Union)의 운영 위원회에게 이런 메시지를 규탄하는 결의안을 발표하라고 요청하기까지 했다. 라일 경보다 학식이 좀 부족한 다른 사람들도 이런 우려를 많이 표현했다.

그러나 우리는 좋든 나쁘든 이미 우리 존재와 위치를 우주에 선전해 왔고, 요즘도 매일 그러고 있다. 우리가 내보낸 전파들은 지구에서 약 30광년 거리까지를 공처럼 감싼 채 빛의 속도로 더 바깥으로 뻗어 나가고 있으며, 그 범위에 들어오는 모든 별들에게 지구에 사람이 잔뜩 산다는 사실을 알리고 있다. 텔레비전 방송들이 우주로 쏟아 내는 신호는 엄청나게 먼 거리에서라도 우리의 도구와 비슷한 성능의 도구만 있다면 쉽게 감지할 수 있다. 그들이 접할 우리에 관한 첫 소식이 슈퍼볼 경기 결과일지도 모른다고 생각하면 자못 숙연해진다.

그와 마찬가지로, 우리가 내보내는 레이더 신호들도 은하의 먼 구석까지 인간 활동의 증거를 퍼뜨리고 있다. 물론, 우리 문명의 위치를 공개하지 말아야 한다는 라일 경의 불안이 정당한 우려인가 아닌가는 토론할 만한 주제이다. 그렇더라도 지금 와서 걱정하기에는 너무 늦었으니, 차라리 외계인들에게 우호적인 태도를 취하려고 노력하는 편이 나을 것이다.

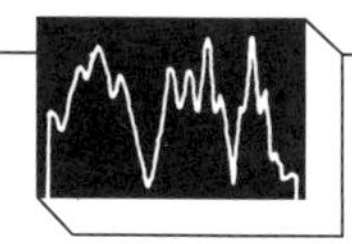

그리고 마침내 보이저호가 우리 존재를 우주로 알릴 차례가 왔다. 보이저호에 실을 메시지를 고민할 때, 우리 머릿속에는 지난 시도에서 얻었던 교훈들이 다 담겨 있었다. 우리는 최초에 작성했던 메시지들을 통해서 메시지란 절대로 명료해야 한다는 사실을 깨우쳤다. 파이오니어 금속판을 공개했을 때는 사람들이 성적인 내용을 걱정한다는 사실과 인종 편견을 불안해 한다는 사실을 알 수 있었다. 메시지 작성자들의 출신이 다양했으면 좋겠다는 요청도 있었다. 인류의 우정을 표현하는 데 주안점을 두었으면 좋겠다는 청원도 우리 귀에 생생하게 울리고 있었다.

1977년 1월 말에 미국 천문 학회 모임이 있었다. 이번 장소는 호놀룰루였다. 기쁘게도 나는 카할라 힐튼 호텔의 근사한 코티지를 칼의 가족과 함께 쓰게 되었다. 칼은 벌써 몇 달 전에 그 코티지를 예약했는데, 코티지 앞쪽으로 큰 풀이 연결되어 있고 그 속에 고도의 훈련을 받은 돌고래 두 마리가 살고 있다는 이유 때문이었다. 한때 그곳에 묵었다는 일본의 노벨상 수상 작가의 이름을 따서 가와바타 코티지라고 불리는 곳이었다. 그 코티지에서 창문을 열어 두고 자면, 정말이지 뭔가 벅찬 기분이 들었다. 우리의 오랜 친구인 돌고래들이 유유히 헤엄치고 숨 쉬고 노는 소리를 들을 수 있었다. 한낱 바다 생물이 아니라 대단히 재치 있고 지적인 옆방 손님들 같았다.

우리는 보이저 메시지 작성에 대한 걱정이 이만저만이 아니었는데, 시간이 빠듯하기 때문이었다. 칼은 파이오니어 금속판을 거의 그대로 베껴야 할지도 모른다고 생각했다. 그러면 새로운 비판을 면할 수 있거니와, 메시지를 완전히 새로 작성할 팀을 꾸린다는 힘든 과제를 피할 수 있었다. 팀을 아무리 잘 짜더라도 누군가가, 아니면 어느 지혜의 원천인가가 무시되었다는 불평이 제기될 게 뻔했다. 그러나 그것은 책임 방기이자 기회 낭비 같았다.

칼은 음악을 좀 보내면 어떨까 하는 의견에 흥미가 있었다. 일찍이 바니 올리버는 테

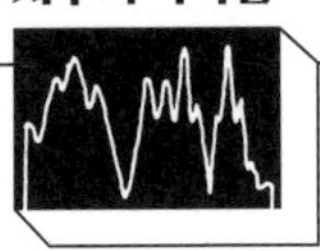

이프에 음악을 녹음해 보내자는 의견을 낸 바 있었다. 그러나 테이프는 우리 목적에 필요한 긴 수명을 갖지 못할 것 같았다.

나는 이전의 경험들 때문에 그림을 적극 지지했다. 그림은 복잡하고 흥미로운 정보를 명료하게 표현하는 최선의 방법인 것 같았다. 파이오니어 때처럼 그림을 금속판에 새기는 방안은 내구성은 뛰어나겠지만 제한적이었다. 그림을 한 장이나 두 장만 담을 수 있기 때문이다. 그림 두 장으로 지구에 대해서 무얼 말할 수 있겠는가?

그러던 중 두 마리 토끼를 다 잡을 수 있는 방안이 가능할지도 모른다는 생각이 내게 떠올랐다. 소리를 기록한 축음기용 레코드판도 판에 홈을 새겨서 정보를 보관하기는 마찬가지다. 그런데 텔레비전 영상의 이미지도 결국에는 소리처럼 다양한 주파수를 띤 신호들의 집합에 불과하다. 그러니 그 이미지의 주파수를 축음기용 레코드판에 녹음할 수 있는 주파수로 변환할 수 있다면, 축음기용 레코드판에 그림도 저장할 수 있을 것이다. 그러면 소리와 그림을 둘 다 쓸 수 있을 것이고, 둘을 결합함으로써 '금속판'의 정보량을 크게 늘릴 수 있을 것이었다.

잠재적 정보량은 엄청났다. 우리의 첫 메시지는 약 1000개의 문자들로 구성되었다. 파이오니어 금속판에는 문자를 최대 10만 개쯤 새길 수 있었다. 물론 우리는 그렇게까지 쓰진 않았다. 그런데 LP 레코드판 한 면에는 문자를 1000만 개나 담을 수 있었다!

나는 이것이 좋은 해결책이라고 판단하여, 레코드판에 담을 내용을 제안하는 표를 작성해 보았다. 당시에는 레코드판 한 면만 쓸 거라고 생각했고, 어림셈해 보니 텔레비전 이미지 하나를 담는 데는 재생 시간이 3분쯤 소요될 것 같았다. 인간과 지구의 여러 측면을 담은 사진들, 사진에 딸리는 소리들, 대표적인 음악들 약간을 섞어서 배열하면 좋을 것 같았다. 레코드판의 내용을 처음으로 제안했으며 나중에 보이저 레코드판의 기반이 된 이 표는 그림 8에 나와 있다.

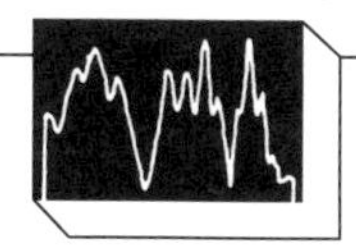

보이저 레코드판에서 주목할 만한 점 중 하나는 우리가 그 정보량을 크게 늘릴 방법을 찾아냈다는 점이다. 1장에서 설명했듯이, 우리는 결국 여느 재생 속도의 절반으로 재생되는 양면 레코드판을 사용함으로써 두 시간의 재생 시간을 확보했다. 텔레비전 이미지 하나를 재생하는 데는 4초밖에 걸리지 않는다(컬러 사진은 12초가 걸린다.). 그래서 사진 10여 장으로 시작했던 계획은 결국 118장이 되었다. 더불어 지구의 여러 목소리들과 소리들, 90분 분량의 음악들도 담겼다. 사실 사진을 10장으로 제한했다면 고르기는 훨씬 더 쉬웠으리라! 보이저 레코드판에 담긴 1000만 개 남짓한 문자를 여느 텔레비전 채널로는 몇 초 만에 보낼 수 있다는 사실이 애타기는 하다. 그러니 성간 전파 메시지는 얼마나 풍성할 것인가!

칼은 레코드판을 보낸다는 발상을 마음에 들어 했고, NASA 관료들을 설득하는 데 성공했다. 그러나 NASA의 모든 관계자들이 이 프로젝트를 승인하기까지는 몇 주가 걸렸다. 그때쯤에는 이미 몹시 늦었기 때문에, 레코드판 제작은 긴급 프로젝트가 되었다.

칼은 책임을 나눴다. 칼은 팀(티머시) 페리스와 함께 음악 선곡을 책임지기로 했다. 앤드루얀은 「지구의 소리들」을 맡았고, 린다 세이건은 여러 언어들로 말한 인사말을 모으기로 했다. 나는 만만찮은 과제인 사진 선정을 맡아서, 가급적 보편적이고 박식한 사람들로 신속히 팀을 꾸렸다. 존 롬버그는 놀랍도록 다양한 자료원에서, 이를테면 코넬 대학의 도서관들, 토론토의 도서관들, 내셔널 지오그래픽 협회(National Geographic Society)의 도서관과 유엔의 도서관 등에서 수많은 후보 사진들을 모으는 일을 중추적으로 맡았다. 그는 사진 선정도 도왔고, 필요할 때는 직접 그림도 그렸다. 웬디 그래디슨도 후보 사진 수집을 거들었고, 그뿐 아니라 선택된 사진들 각각에 대해 사용 허가를 받는 성가신 일을 맡아 주었다. 아말 샤카시리(Amahl Shakhashiri)는 적절한 사진을 찾고, 어떤 경우에는 직접 찍고, 최종적으로 레코드판에 실을 것을 고르는 일을 거들었다. 우리 NAIC의 전속 사진사

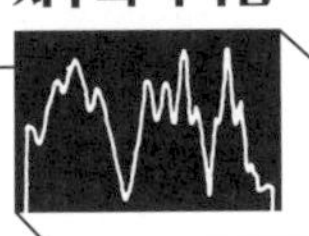

PROPOSED MJS RECORD
(12" DISK, ONE SIDE, 33 1/3 RPM)

PICTURE	SOUND	ELAPSED TIME
SPACECRAFT AT LAUNCH WITH HUMAN FIGURES		2 m
H, C, N, O, P → SYMBOLS (USE OUR ALPHABET)		3
A, T, C, G, PO4, DEOXYRIBOSE → SYMBOLS		5
DNA		7
HUMAN FIGURES (CHILD, ADULT MAN & WOMAN ELDERLY MAN & WOMAN?)		10
A HOUSE (WITH PLANTS, AUTOMOBILE, HUMAN FIGURES)		12
	HUMAN DINNER CONVERSATION	13
TIMES SQUARE (WITH AUTOMOBILE)		15
	SOUNDS OF TIMES SQUARE	16
SYDNEY OPERA HOUSE (WITH BOATS)		18
	SYMPHONY	20
TAJ MAHAL (WITH AIRPLANE, ELEPHANT?)		22
	INDIAN MUSIC	23
MILKY WAY SHOWING SUN, MAGELLANIC CLOUDS, M31, SOLAR SPECTRUM		25

PICTURES NOMINALLY 500 x 500 lines = 250 000 PIXELS, 4 bits per pixel. HUMAN FIGURES 1.5 TIMES MORE PIXELS.

January 1977 at Kawabata Cottage at Kahala Hilton
Honolulu, Hawaii

그림 8.
보이저 메시지에 대한 최초의 서면 계획. 1977년 1월 하와이에서 작성되었다. 우리가 아주 적은 수의 사진만을 보낼 수 있으리라고 생각했던 점, 사진 한 장을 담는 데 몇 분씩 할당해야 하리라고 예상했던 점이 나타나 있다.

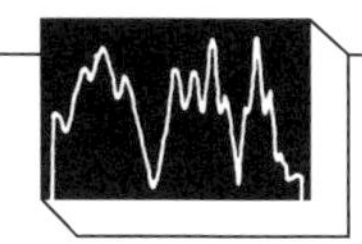

인 허먼 에컬먼(Herman Eckelmann)은 필요하다면 매일이라도 시간을 내어 특별한 사진들을 찍어 주었고, 사진들을 프린트와 슬라이드로 바꿔 주었다.

발렌틴 보리아코프는 사진을 저장하는 작업에서 제일 특별하고 중요한 역할을 맡아 성공적으로 처리해 냈다. 작업에 착수했을 무렵, 우리는 텔레비전 영상 신호를 축음기용 레코드판에 녹음할 수 있도록 그보다 한참 낮은 주파수로 변환해 주는 기계가 여태 제작된 바 없다는 사실을 발견하고 놀랐다. 이론적으로는 단순한 발상이지만, 그 작업을 수행할 전자 기기는 존재하지 않는 듯했다. 우리가 아레시보 천문대에서 쓰는 수많은 컴퓨터들로도 그 일은 처리할 수 없었다. 텔레비전 업계야 그런 능력을 갖출 필요가 전혀 없으니 당연히 그런 문제를 다룬 적이 없었다.

우리는 우리 센터의 전자 기기 설계자 중에서도 최고인 발렌틴에게 이 문제를 던졌다. 대체 어떻게 해서인지는 몰라도, 그는 '콜로라도 비디오'라는 콜로라도의 작은 회사를 찾아냈다. 그 회사가 얼마 전에 우리에게 필요한 변환 작업을 수행할 수 있는 기계를 개발했다는 것이다. 그 회사는 언젠가 텔레비전 영상을 전화선 따위로 전송하는 기계를 원할 사람이 있을지도 모른다고 생각하여, 그 용도에 맞는 특수한 컴퓨터를 제작해 두었다. 다행히 기기는 잘 작동했고, 콜로라도 비디오는 보이저 레코드판 제작 프로젝트에 함께하기를 열렬히 바랐다. 그들은 기계와 인력을 무상으로 사용하도록 제공해 주었다. 그 덕분에 우리는 콜로라도 비디오에서 발렌틴이 곁에서 거드는 동안 사진 한 장에 8초밖에 안 되는 재생 시간으로 사진들을 저장하는 데 성공했다. 콜로라도 비디오가 돕지 않았다면, 레코드판에 실린 정보량은, 그중에서도 특히 지구를 보여 주는 멋진 사진들의 양은 지금보다 훨씬 제한되었을 것이다.

레코드판 제작에 주어진 시간이 짧다 보니, 결과물에는 후회스러운 점도 있었다. 소리들, 음악들, 사진들이 서로 관계있는 것끼리 나란히 배치되지 않고 따로따로 녹음되었

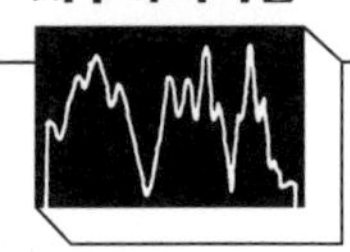

다는 점이다. 가령 사람 목소리 다음에 사람 사진이 오고, 자동차 소리 다음에 자동차 사진이 오고, 바이올린 사진 다음에 그 연주 소리가 온다면 얼마나 좋았겠는가. 언젠가 누군가 보이저 레코드판을 손에 넣는다면, 우리가 더 바람직한 그런 방식으로 소리들과 사진들을 배열할 줄 알 만큼은 똑똑하다는 사실을 알아차릴지도 모른다. 그런데도 그렇게 배열되지 않았다는 것은 오로지 한 가지 의미라고 생각할지도 모른다. 자신들에게 그 레코드판을 선사한 고대의 예술가들(사진 중에 예술가가 등장하던가?), 죽은 지 10억 년도 넘은 그들은 그냥 시간이 부족했던 것뿐이라고. 너무 급해서 미처 정돈할 시간이 없었던 것이라고. 다른 요구와 다른 업무가 있었던 것이라고. 우리 시대의 문명에게, 성간 메시지 작성은 최고로 중요한 일은 아니다. 최소한 아직은 아니다. 어쩌면 그들은 이 사실을 이해할지도 모른다. 어쩌면 그들에게도 이런 사실이 낯선 일이 아닐지도 모른다. 어쩌면 그들은 10억 년 전에도 그들의 문명과 그다지 다르지 않은 문명이 존재했다는 사실을 깨닫고서, 우리는 무슨 의미인지 이해하지 못하겠지만 그들에게는 **어쨌든** 고개를 끄덕거리는 것에 해당하는 몸짓을 취할지도 모른다.

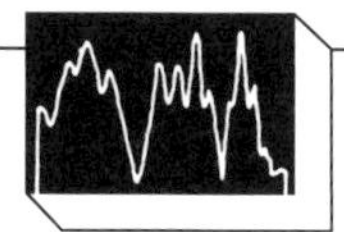

참고 자료

1. "The Search for Extraterrestrial Intelligence" by Carl Sagan and Frank Drake, *Scientific American*, Vol. 232, No. 5 (May 1975), pp. 80-89.
2. "The Arecibo Message of November 1974" by the staff of the National Astronomy and Ionosphere Center, *Icarus*, Vol. 26 (1975), pp. 462-466.
3. "On Hands and Knees in Search of Elysium" by Frank Drake, *Technology Review*, Vol. 78, No. 7 (June 1976), pp. 22-29.
4. "A Message from Earth" by Carl Sagan, Linda Salzman Sagan, and Frank Drake, *Science*, Vol. 175 (February 25, 1972), pp. 881-884.
5. *Interstellar Communication: Scientific Perspectives*, edited by Cyril Ponnamperuman and A. G. W. Cameron. Boston: Houghton Mifflin, 1974.

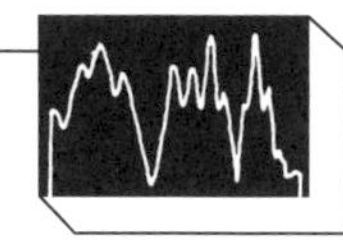

3

지구의 사진들

존 롬버그

외계 메시지는 일련의 뉴스 제목들이라기보다는

어떤 학문의 공부법에 훨씬 가까울 것이다.

—필립 모리슨

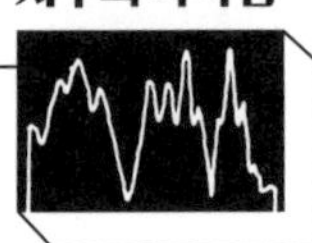

칼 세이건이 내게 보이저 레코드판에 대해 처음 말했을 때, 내가 외계인에게 보낼 사진 메시지를 작성하는 일에 참여하게 되리라고는 기대하지 않았다. 그 몇 년 전에 나는 「예술, 외계인, 아름다움의 속성에 관한 몇 가지 생각(Some Thoughts on Art, Extraterrestrials, and the Nature of Beauty)」이라는 논문을 스미스소니언 협회의 국립 항공 우주 박물관(National Air and Space Museum) 후원으로 인쇄하고 배포했다. 나는 그 글에서 여러 철학자들과 미학자들의 연구를 언급하면서(가령 피타고라스(Pythagoras)나 구스타프 페히너(Gustav Fechner)), 인간의 예술 형식에서, 특히 음악에서 몇몇 미적 원칙은 물리 상수와 자연의 수학적 질서에 기반을 둔 것이라고 주장했다. 따라서 우리와는 다른 지적인 종이라도 우리와 같은 우주를 본다면 우리의 예술과 특징이 좀 비슷한 예술 형식들을 만들어 낼지도 모른다. 나는 특히 푸가처럼 대단히 질서 정연한 일부 구조들은 (특히 바흐의 푸가는) 은하에 거주하는 모든 존재들의 마음에 가 닿을 수 있으리라고 추측했다. 그들이 들을 수만 있다면 말이다.

세이건은 성간 우주 공간에 실제로 음악을 내보내는 프로젝트에 대한 내 열의를 감지하고는(내가 보이저 레코드판 계획을 듣고 흥분된 반응을 드러내기까지는 채 1나노초도 안 걸렸을 것이다.) 내게 "발 담근 걸로 생각하세요."라고 말했다. 그리고 내게 아이디어와 제안을 내보라고 요청했다.

결국 나는 레코드판의 세 섹션을 설계하는 데 관여했다. 음악의 선곡(주로 고전 음악이었고, 특히 바흐와 모차르트 선곡에 개입했다.), 소리 몽타주(나는 몇 년 동안 캐나다 방송 협회의 「아이디어들(Ideas)」 프로그램을 위해서 과학적 주제에 관한 라디오 몽타주를 작업했던 전력이 있었던 터라, 여러 소리들을 나열함으로써 진화를 암시하고 개괄하는 몽타주가 어떻겠느냐고 제안했다. 내 제안은 앤 드루얀이 제작한 소리 에세이에 부분적으로 통합되었다.), 그리고 사진 꾸러미인데, 내 노력의 대부분은 마지막 작업에 집중되었다.

프랭크 드레이크는 (파이오니어 10호 때처럼) 금속판에 직접 새기는 것보다 금속 축음기

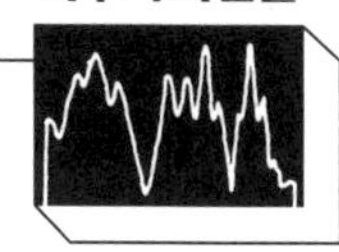

용 레코드판을 쓰는 편이 정보를 더 효율적으로 저장할 수 있겠다고 결정한 뒤, 그 레코드판에 사진도 몇 장 담을 수 있겠다고 생각했다. 원래는 여섯 장을 넣을 생각이었다. 그렇다면 지구, DNA 분자, 인간과 동물의 사진 몇 장을 보여 주어야 할 것 같았다. 그런데 나는 화가이면서도 오랫동안 성간 통신에 전문가 수준의 흥미를 품어 왔기 때문에, 세이건이 드레이크에게 내 아이디어가 유용할지도 모른다고 나를 추천했다.

1977년 5월 초, 나는 코넬 대학에 도착했다. 이전 몇 주 동안 프랭크와 칼은 CETI● '두뇌 집단'의 구성원들, 즉 필립 모리슨, 버나드 올리버, 레슬리 오글, A. G. W. 캐머런처럼 성간 통신을 오랫동안 고민해 온 과학자들에게 연락하여 이렇게 물었다. 우리가 지구와 인류에 관해서 무슨 그림을 보내야 할까? 프랭크는 응답자들의 답을 비교하고 각자 독자적으로 내놓은 제안들에서 어떤 부분이 겹치는지를 확인한 뒤, 후보들의 목록을 취합했다. 이 시점에서는 구체적으로 특정 사진을 고르거나 제출하진 않았다. 그냥 일반적인 소재들만 정했다. 프랭크는 그 뒤에 내게 "당신이 할 일은 이런 사진들을 찾아내고, 필요하다면 그림으로 그리는 겁니다."라고 말했다.

애로 사항이 하나 있었다. NASA는 이 프로젝트를 좋은 발상으로 여겼지만, 시간 제약 때문에 약 6주 만에 완성된 레코드판을 받아야 한다고 우겼다. 어떤 사진, 목소리, 소리, 음악을 실을지 형식을 갖춰서 제안해야 할뿐더러, 아예 당장 우주 탐사선에 실을 수 있도록 사용 허가를 다 받고 제작도 다 마친 레코드판을 가져오라고 했다. 이것은 곧 사진을 찾고, 쓸 만한 상태로 확보하고, 사용에 대한 법적 허가를 받고, 필요한 그림을 그리고, 이 모두를 다시 사진으로 찍어서 적당한 형식으로 바꾸고, 그 사진을 축음기용 레코

● '외계 지적 생명체와의 교신(Communication with Extra-Terrestrial Intelligence)'의 약어로서, 이들을 비롯한 여러 과학자들이 참석했던 국제 모임에서 만들어진 단어다.

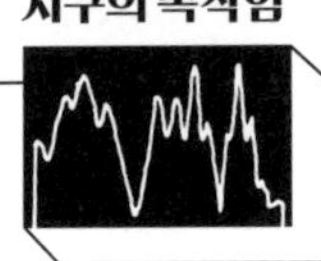

드판에 녹음하기에 적합한 소리 신호로 변환하고, 그 레코드판을 발견한 사람에게 재생 방법을 알려 주는 안내문을 작성하여 레코드판 덮개에 새기는 것까지, 모든 일을 약 한 달 안에 해내야 한다는 뜻이었다.

NASA는 이 작업에 많은 돈을 퍼부을 마음은 없었기에, 프랭크 드레이크는 사진을 소리로 변환하는 기계가 이미 싸게 제작된 게 있는지 찾아봐야 했다. 그는 NAIC 연구원인 발렌틴 보리아코프와 함께 수소문했고, 발렌틴이 드디어 콜로라도 비디오라는 회사에 적당한 시스템이 있다는 걸 알아냈다. 그 회사는 공익 차원에서 돈 한 푼 받지 않고 자기네 장비로 사진을 소리로 바꿔 주겠다고 했다. 사진 저장에 할당되는 레코드판의 재생 시간이 원래 한 장당 1분에 가까웠던 것을 장당 8초로 줄인 것, 컬러 사진 저장 문제를 해결한 것, 스테레오 채널의 양쪽 채널에 서로 다른 사진을 넣되 두 장이 겹친 '유령' 이미지가 나오지 않도록 하는 것, 이런 방법들을 불과 일주일 만에 알아낸 것은 프랭크와 발렌틴의 천재성과 전문성을 보여 주는 증거라 하겠다.

곧 확인된 바, 레코드판에서 사진에 할당된 몇 분의 구간에는 사진을 100장 넘게 넣을 수 있을 것 같았다. 그래도 정확히 몇 장을 보낼 수 있는지는 아직 몰랐다. 메시지를 흑백 사진으로만 구성하면 컬러 사진으로만 구성할 때보다 세 배 많은 사진을 보낼 수 있었다. 컬러 사진 한 장에 할당되는 시간이 흑백 사진 한 장에 할당되는 시간의 세 배였기 때문이다. 우리는 두 가지를 섞기로 타협했지만, 흑백 사진과 컬러 사진의 비가 어떻게 될지는 마지막 순간까지도 알지 못했다. 컬러가 꼭 필요하다고 느낀 경우나(가령 태양 스펙트럼) 우리 행성에서 최고의 사진을 보여 주는 게 바람직하다고 생각한 경우에는(가령 인간의 여러 살색, 나무의 여러 색깔) 컬러 사진으로 넣었다. 완성된 결과물에 실린 118장의 사진들 중에서 20장이 컬러이다.

사진을 선별한 팀은 프랭크 드레이크, 나, NAIC의 아말 샤카시리, 코넬 대학의 행성

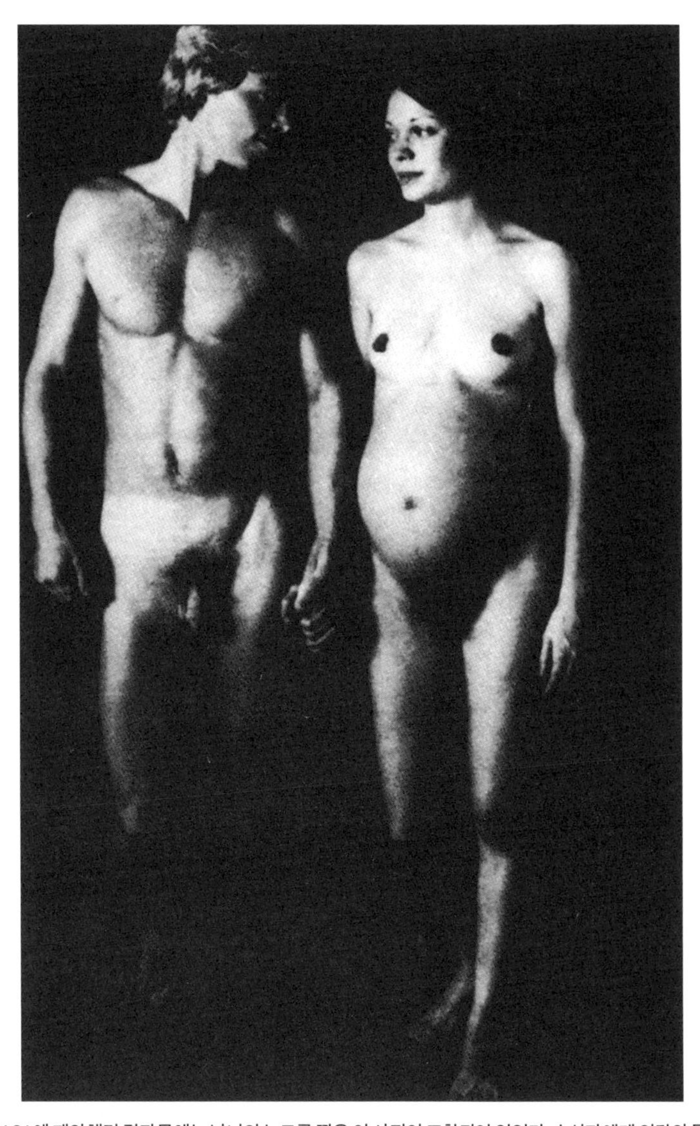

우리가 원래 NASA에 제안했던 결과물에는 남녀의 누드를 찍은 이 사진이 포함되어 있었다. 수신자에게 인간의 몸이 어떻게 생겼는지 보여 주기 위해서였다. 우리는 성차별적이거나 외설적인 사진을 원하지 않았고, 그렇다고 임상적인 사진도 원하지 않았다. 의학 교과서와 해부학 책을 뒤진 끝에, 우리는 이 사진이 가장 낫고 덜 거슬리는 타협안이라고 결정했다. 그러나 NASA는 이 사진을 포함시키기를 거부했다. 대중의 반응이 나쁠지도 모른다고 걱정했기 때문이다. 우리는 이 사진에서 실루엣만 딴 그림은 계속 포함시키기로 했다. 그 그림이 없다면 인간의 생식 과정을 보여 주는 연속 단계가 중간에 끊어진다고 느꼈기 때문이다.

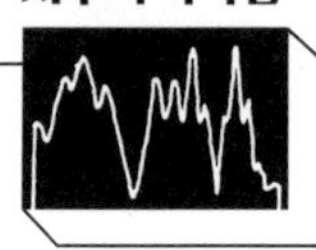

연구소(Laboratory for Planetary Studies)에 있는 웬디 그래디슨이었다. 웬디는 사진을 찾는 일과 허가를 받는 일도 도왔다. 기술적 지원은 NAIC의 엔지니어인 댄 미틀러, NAIC의 전속 사진가인 허먼 에컬먼이 제공했다. 에컬먼은 모든 사진들을 형식에 맞게 재촬영하는, 지루하고 보람 없는 일도 맡아 주었다. 가끔은 이런저런 문제가 나타나서 여러 번 재촬영하기도 했다. 제도가인 바버라 보에처(Barbara Boettcher)는 나를 도와서 이 속에 담긴 거의 모든 그림들을 그려 주었다.

웬디와 나는 코넬 대학과 그 동네 공공 도서관을 이 잡듯이 뒤져서 크리스마스 시즌의 대형 서점이라도 자랑스러워할 만한 규모로 각종 커피 테이블 북과 화집을 잔뜩 그러모았다. 『장난감의 역사(*The History of Toys*)』, 『북아메리카의 새(*Birds of North America*)』, 『인간 가족(*The Family of Man*)』, 『식물을 먹는 곤충들(*Plant-Devouring Insects*)』, 『증기의 시대(*The Age of Steam*)』를 비롯한 수백 권의 책들이 1958년 발행분부터 한 부도 빠짐없이 모인《내셔널 지오그래픽(*National Geographic*)》잡지 더미 옆에 높이 쌓여 위태롭게 근들거렸다.

우리가 의도적으로 누락시킨 주제가 몇 있었다. 우리는 전쟁, 질병, 범죄, 가난을 전시하지 않기로 합의했다. 이런 현상들이 인류 문화와 역사에 중요하다는 사실을 부정하는 건 순진한 짓이다. 누가 뭐래도 그동안 현악 사중주를 쓴 인간보다는 서로 죽이거나 굶어 죽은 인간이 더 많았으니까. 그러나 우리는 우리 자신과 우리 시대보다 더 오래 생존할 무언가를 만들고 있다고 느꼈다. 한때 지구가 존재했던 증표로서 우주에 남는 유일한 물건이 될지도 모르는 무언가를 말이다. 그러니 우리의 최악의 면을 은하에 내보낼 필요는 없다고 결정했다. 또한 우리는 이 메시지에서 종류를 불문하고 정치적 발언은 삼가기를 바랐다. 히로시마 핵폭발이나 미라이 대학살 사진은 지구의 이미지에서 핵심이라기보다는 이데올로기적 선언에 더 가까운 듯했다(이 점에서는 고결하고 영웅적인 전사의 사진도 마찬가지다). 우리는 또한 메시지의 어느 부분이든 수신자에게 위협이나 적대감으로 느껴지길

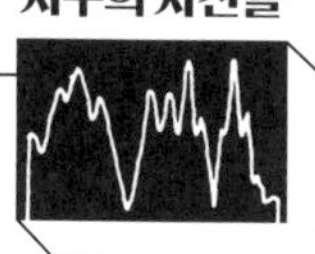

원하지 않았다("우리가 얼마나 강한지 보라고!"). 핵폭발 사진을 넣지 않은 것은 그 때문이었다.

비슷한 맥락에서 우리는 특정 종교에 관한 사진은 하나도 포함시키지 않기로 했다. 레코드판에 실린 바흐의 음악이나 중국의 고금 음악은 분명 인류의 영성과 경외감의 일면을 전달하지만, 인간에게는 종교가 워낙 많기 때문에 그중 하나라도 보여 준다면 나머지에 대해서도 전부 똑같은 시간을 할애해야 할 것 같았다. 대성당 사진을 포함시킨다면 모스크, 시나고그, 라마 사원 등등도 포함시켜야 할 것 같았다. 각각의 종교에 대한 설명까지 포함시킬 길은 없었기 때문에, 모든 신앙을 포함시킨다는 것은 우리의 작업을 감상할 지구의 인간들을 정치적으로 달래는 일에 지나지 않을 것이었다.

마지막으로, 우리는 미술 작품을 포함시키지 않기로 결정했다. 주된 이유는 어떤 작품을 보내야 할지 결정할 역량이 우리에게 없다고 느꼈기 때문이다. 인류 예술의 상당한 부분은 음악으로 표현되었고, 그 음악이 이 레코드판에서 큰 부분을 차지하지만, 음악에 대해서는 우리가 음악학자들로 패널을 구성하여 균형과 선곡에 대한 조언을 들을 여유가 충분했다. 반면에 우리는 사진 메시지를 끼워 맞추는 일이 더 시급했기 때문에, 다양한 시각 예술 분야의 전문가들을 모아서 합의에 이르도록 할 시간이 없었다. 게다가 외계인은 현실을 찍은 사진이나 간단한 도해를 해석하는 것만으로도 충분히 골머리를 썩을 것 같았다. 굳이 그림을 찍은 사진까지 포함시킬 필요는 없을 듯했다. 그림을 찍은 사진은 그 자체로 현실에 대한 하나의 해석이다. 물론 '위대한 예술 작품'으로 인정되는 사진이 몇 장 포함되긴 했지만(가령 앤설 애덤스(Ansel Adams)는 세계 최고의 사진가로 여겨진다.), 사진 메시지의 기준은 어디까지나 미적 가치가 아니라 정보 가치였다.

우리는 자료를 착착 훑으면서, 우리가 찾는 대상 중 일부를 갖고 있는 교차 색인 사진 자료실에 접근할 수 있는 개인과 단체에게 연락하기 시작했다. 가장 큰 도움이 된 것은 내셔널 지오그래픽 협회였다. 협회는 발표된 자료는 물론이거니와 미발표 자료까지도 슬

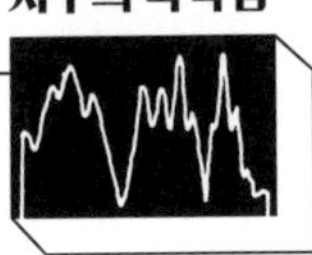

라이드로 제공했는데, 대체로 아주 귀중한 자료들이었다. 어떻게 보면 협회는 우리가 하려는 일 — 지구와 그곳의 거주자들에 대한 큰 그림을 제공하는 일 — 을 일상적으로, 게다가 더 대규모로 하고 있는 셈이다. 우리는 어떤 특별한 장면들을 구할 요량으로《스포츠 일러스트레이티드(*Sports Illustrated*)》와도, NASA의 사진 서비스 부서와도 접촉했다.

차츰 나는 나도 모르게 외계인의 대역을 맡아 보게 되었다. 오래전부터 머릿속에서 재미로 해 왔던 놀이였지만(이를테면 프리스비를 날리면서 속으로 '외계 지적 생명체라면 이걸 뭐라고 생각할까?' 하고 스스로에게 묻는 식이다.), 이제는 진지하게 했다. 사진을 보면서, 내가 그 대상을 한 번도 본 적 없다고 상상해 보았다. 사진이 어떻게 오해될 수 있을까? 어떤 점이 모호할까? 크기를 어떻게 유추할 수 있을까? 남자 뒤에서 저 멀리 날아가는 새의 날개 끝이 남자의 쭉 뻗은 팔에 약간 가려졌는데, **나야** 새가 더 멀리 있는 다른 생명체라는 사실을 알지만, 만일 그 사실을 모른다면 혹시 남자의 팔에서 자라난 무언가로 보일 수도 있을까? 작고한 인류학자 겸 시인 로렌 아이슬리(Loren Eiseley)는 "우리는 인간이 아닌 다른 생물의 눈동자에서 반사된 자신의 모습을 보고서야 비로소 자신을 만난다."라는 통찰력 있는 말을 남겼다. 이 말은 작업하는 동안 내내 내 머릿속에서 메아리쳤다.

내가 이런 사고방식을 채택한 데는 물리학자 필립 모리슨과 과학 소설 작가 로버트 하인라인의 영향이 컸다. 두 사람은 각자 우리에게 보낸 편지에서 지적하기를, 우리가 이해하는 의미의 '사진'이란 개념은 지구에서조차 절대로 '보편적'이지 않으며 사진을 모르는 문화의 사람들이 서양인처럼 사진을 보려면 교육이 필요하다고 말했다. 외계 지적 생명체가 제아무리 엄청나게 지적이라 한들, 그들이 사진을 쉽게 이해하리라고 가정하는 것은 얼마나 위험한가!

이것은 풀 수 없는 문제일지도 모른다. 만일 보이저호를 발견한 존재에게(앞으로는 '수신자'라고 칭하겠다.) 우리가 아는 의미의 감각이라는 것이 전혀 없다면, 사실 그럴 가능성은

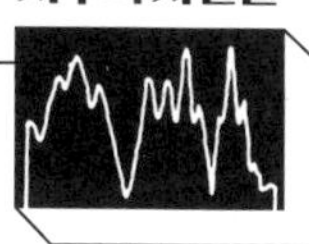

별로 없어 보이지만, 더더욱 그럴 것이다. 사진을 고를 때 우리에게는 상충하는 두 조건이 있었다. 사진은 가급적 많은 정보를 담아야 했지만, 동시에 가급적 이해하기 쉬워야 했다. 내가 떠올린 한 해결책은 수신자에게 사진을 보는 방법을 이해시키기 위한 목적으로, 다른 정보가 거의 없는 사진을 **몇 장쯤** 싣는 것이었다. 그래서 첫 두 장은 보이저호에 있는 다른 물체를 찍은 사진, 즉 레코드판 덮개에 새겨진 그림 두 장을 찍은 사진이 되었다. 덮개의 그림들은 새겨진 것이기 때문에 시각이 아닌 다른 감각으로도 인식할 수 있다. 우리는 그 사진으로 시작함으로써 수신자가 스스로 만질 수 있는 대상과 사진을 비교하는 법을 알게 되기를 바랐다.

나는 또 사진의 실루엣만 딴 그림도 일종의 보험으로서 괜찮을 것이란 생각이 들었다. 실루엣은 인물과 배경의 대비를 극대화하며, 인간이 사진 속 다양한 물체들을 그 윤곽선을 통해서 서로 구별한다는 것을 보여 줄 수도 있다. 실루엣은 "이게 바로 당신이 이 사진에서 봐 줬으면 하는 것입니다."라고 말하는 셈이다. 그래서 우리는 간간이 사진의 실루엣을 딴 그림을 해당 사진 바로 앞에 끼워 넣었다.

다만 이런저런 사건들 때문에 다른 대목에서는 매번 지킨 실루엣/사진 순서를 흩뜨려야 했던 대목이 두 군데 있었다. 막판에 허가 문제 때문에 태아 사진을 바꿔야 했고(원래는 실루엣에 꼭 맞는 태아와 배아 사진을 쓰려고 했다.), NASA가 남녀의 누드 사진을 포함시키지 않기로 결정했다(그래도 그 실루엣은 그림 32로 남았다.). 우리가 실루엣이나마 남겨 두기로 결정한 것은 그 그림이 여자의 몸속에 태아가 든 모습을 보여 주기 때문이고, 사진을 레코드판에 넣기까지 남은 시간 동안(겨우 몇 시간 남은 상황이었다.) 그 사실을 다르게 표현한 자료를 구할 수 없었기 때문이다. 거부된 사진은 이 책 103쪽에 실려 있다.

반복되는 이미지를 쓰는 것도 좋은 생각인 것 같았다. 이를테면 그림 66과 그림 67에는 코끼리가 등장하고, 그림 36, 그림 74, 그림 81에는 둥글게 모인 사람들이 등장한다.

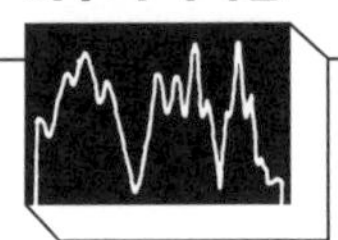

내가 각각의 사진을 설명하면서 이런 '연결 고리'를 몇 가지 소개했으니, 여러분도 재미 삼아 더 많이 찾아보아도 좋을 것이다.

그렇다면 지금부터 보이저호에 실린 사진들을 차례로 소개하겠다.

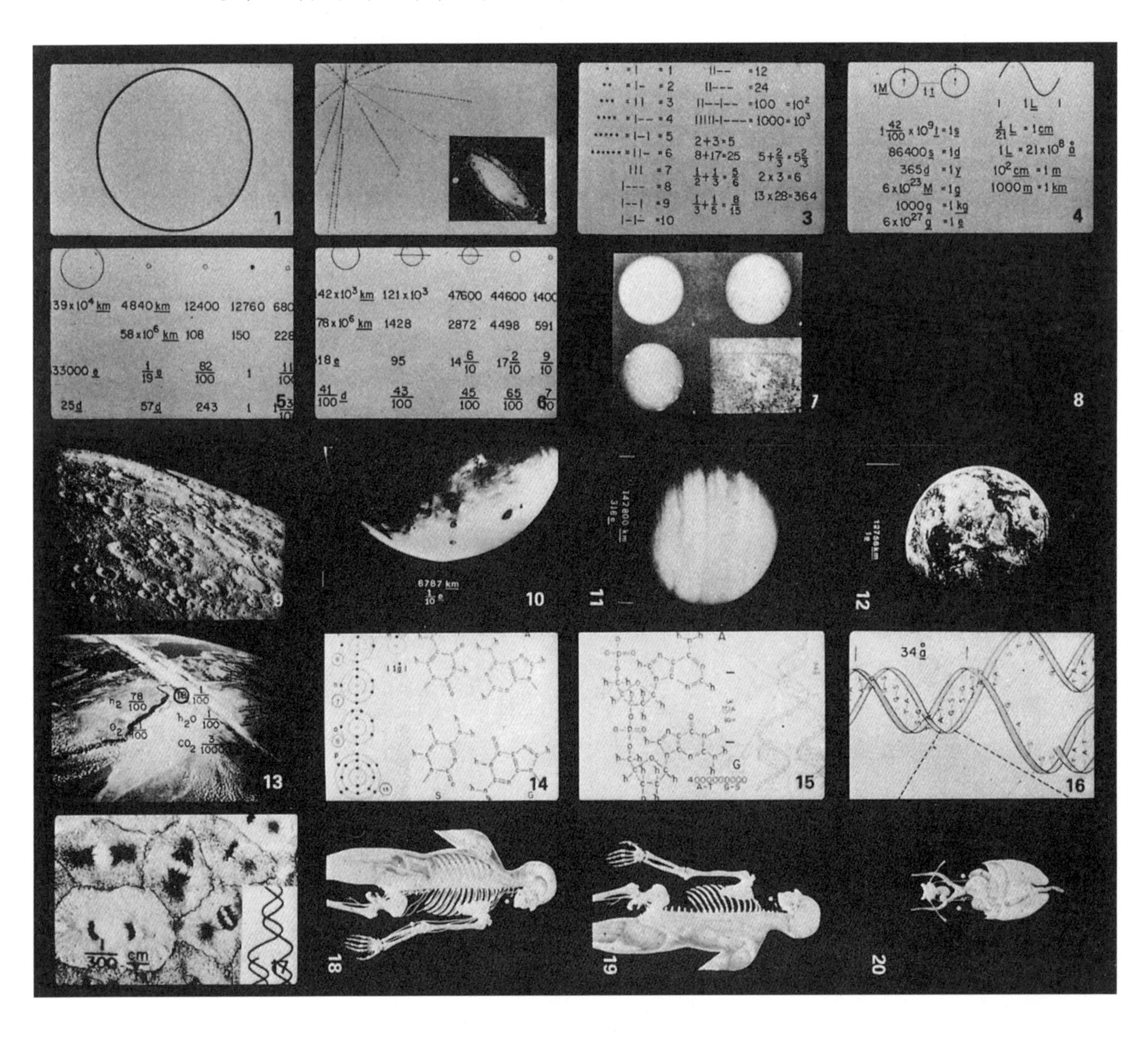

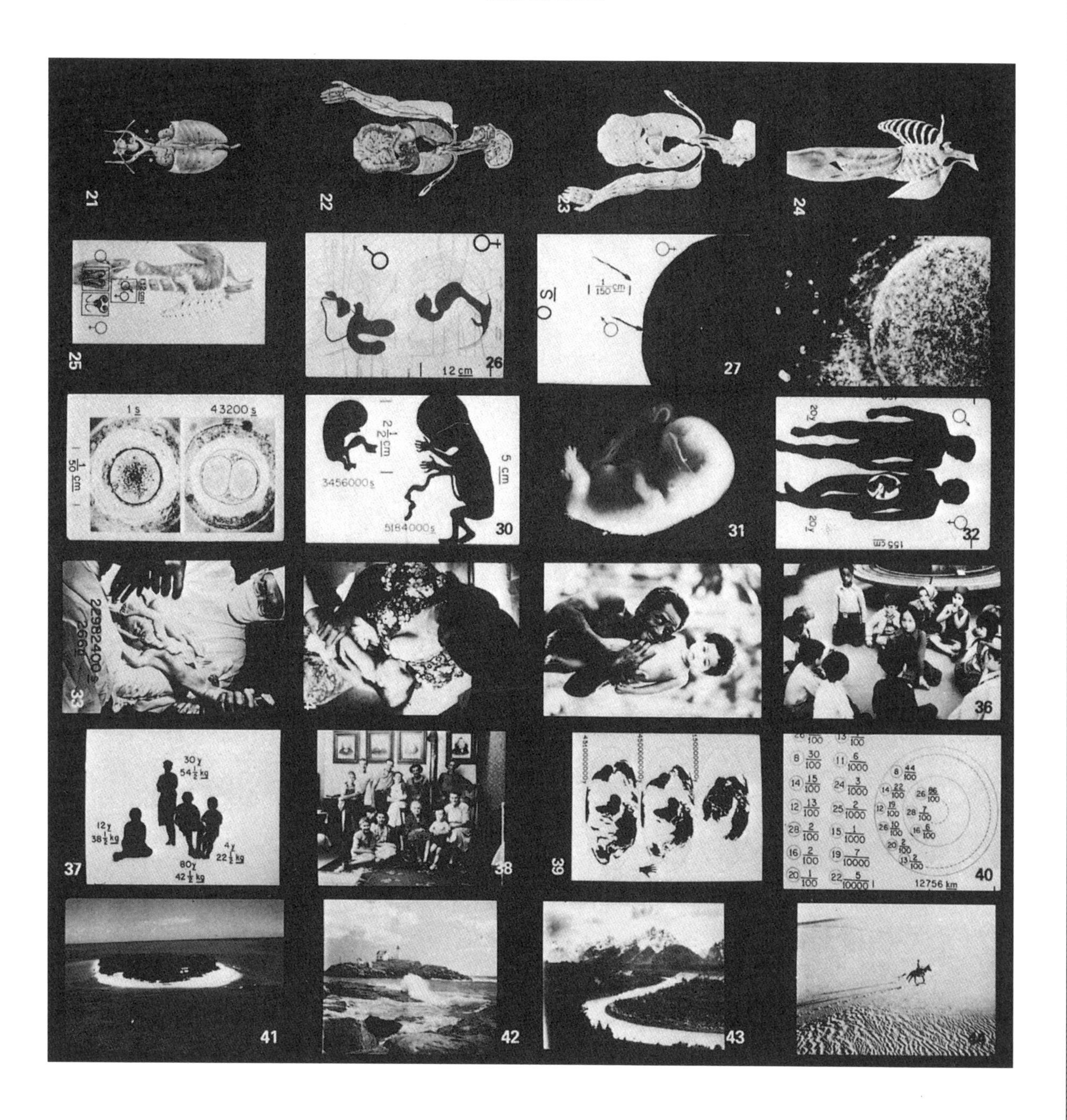
21
22
23
24
25
26
12 cm
27
1 s
43200 s
3456000 s
5184000 s
5 cm
30
31
20 y
155 cm
32
33
36
30 y
54 1/2 kg
12 y
38 1/2 kg
80 y
42 1/2 kg
4 y
22 1/2 kg
37
38
39
12756 km
40
41
42
43

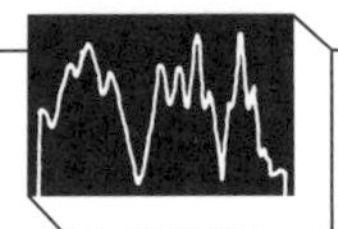

2 cm
14 m
1 g
53
55
56
57
58
59
61
62
64
65
67
68

70
71
72
73
74
77
78
79
80
81
82
83
85
88
91
92

1280 m
TRANS ANTARCTIC EXPEDITION
305 m

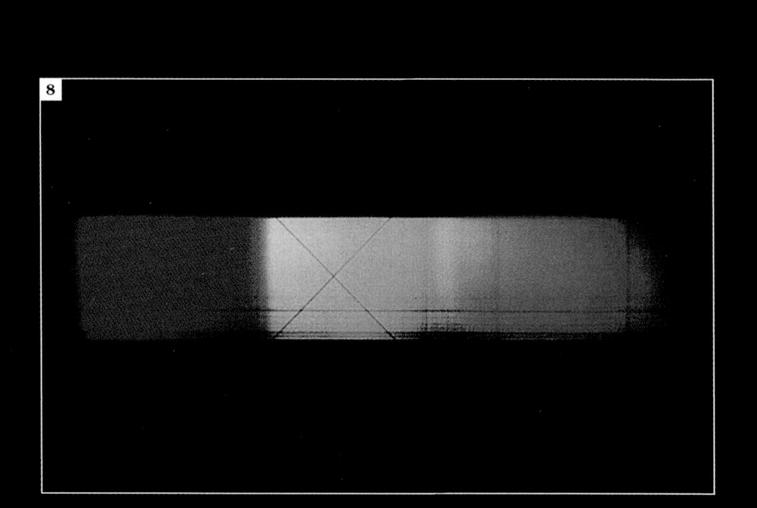
8

12
12756km
1e

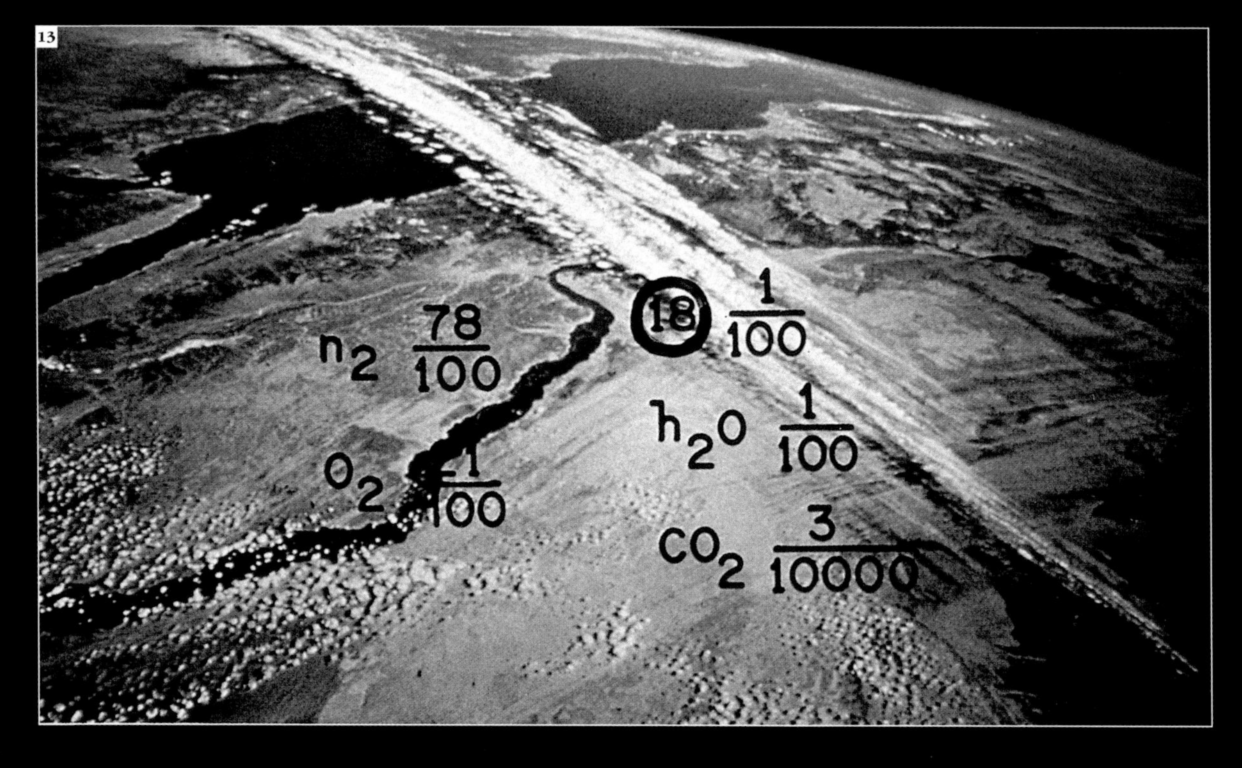
13
n2 78/100
18 1/100
h2o 1/100
o2 21/100
co2 3/10000

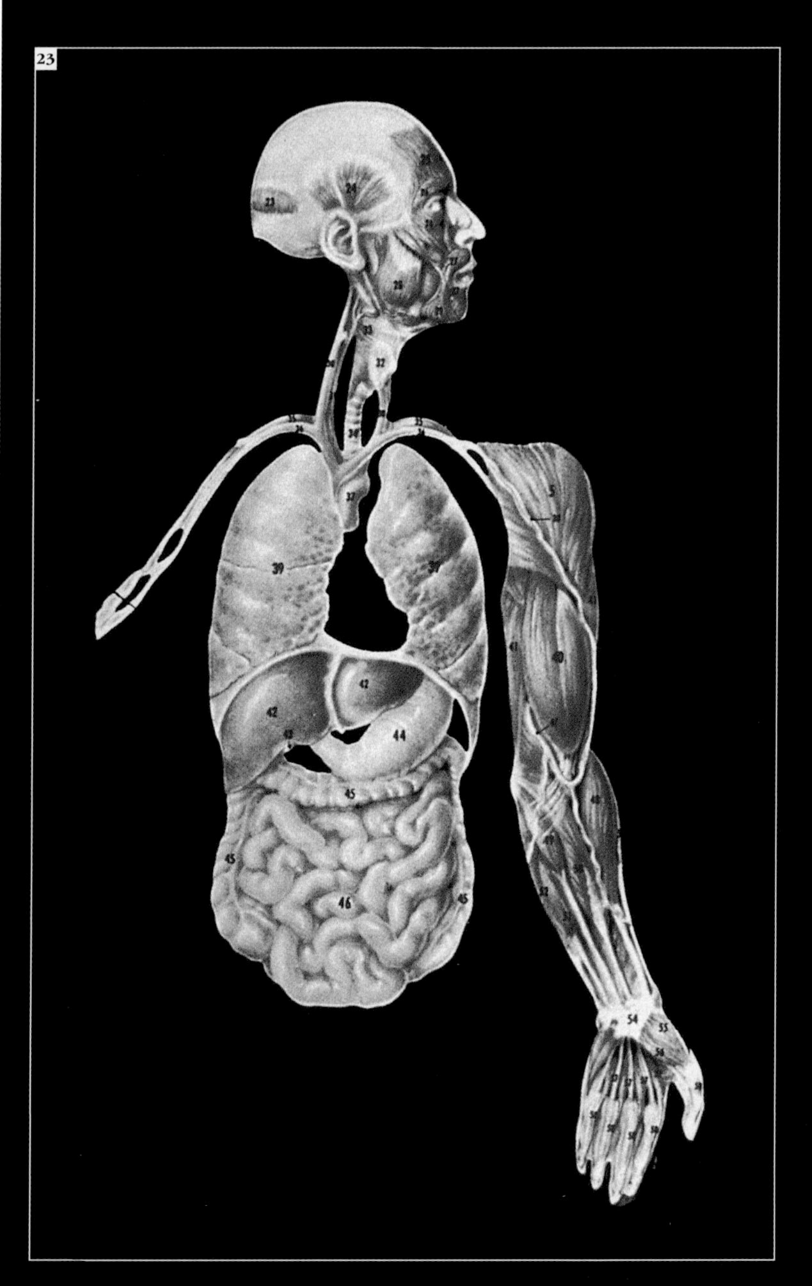
23

34

35

36

45

46

48
49
49a
50
14m
50a
55

60

89

94

97

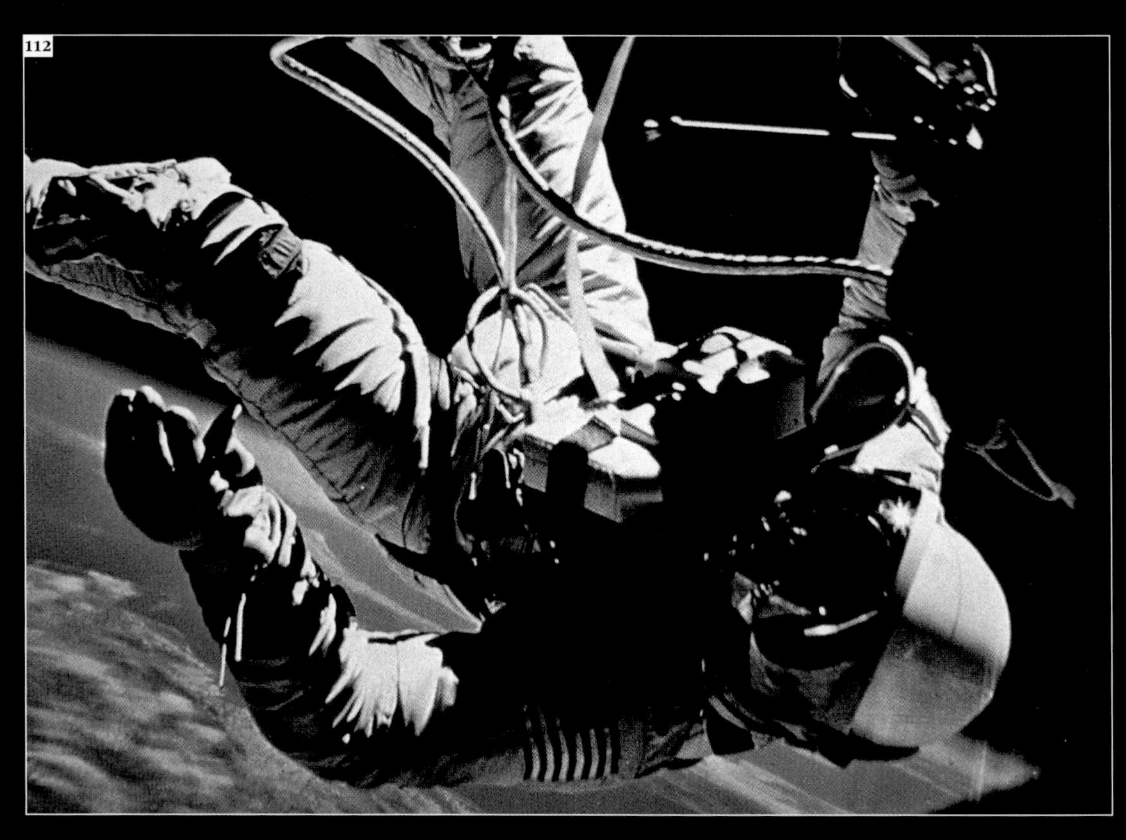
112

114

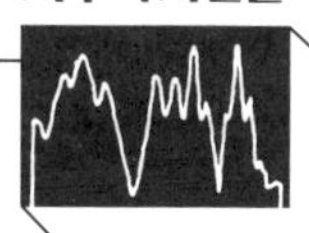

그림 1. 보정용 원

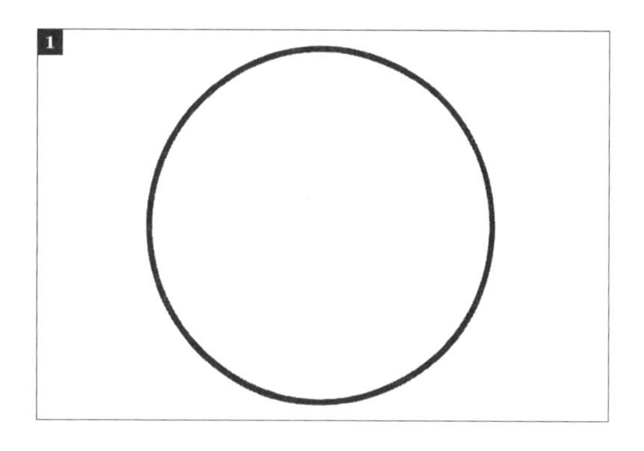

MIT의 물리학자 필립 모리슨은 첫 번째 사진은 뭔가 아주 단순한 기하학적 형상이 좋겠다고 제안했다. 애초에 보이저호를 발견한 문명이라면 소리 신호로부터 사진을 재구성하는 작업은 식은 죽 먹기이겠지만, 어쨌든 시작은 쉬운 걸로 하는 게 현명할 듯했다. 레코드판 덮개에 그려진 도해, 즉 소리 신호를 영상으로 재변환하는 방법을 알려 주는 도해는 맨 마지막에 원을 보여 준다. 그러므로 수신자가 지침을 정확하게 따라 했을 경우 그들이 볼 첫 번째 그림은 덮개의 원일 것이다. 이 사진 속 원은 그들에게 자신이 올바르게 진행하고 있다는 사실을 확인시켜 줄 것이다. 원은 또 주사상에서 세로와 가로의 비를 정확히 맞추도록 해 주는 이점도 있다.

그림 2. 태양계의 위치 지도

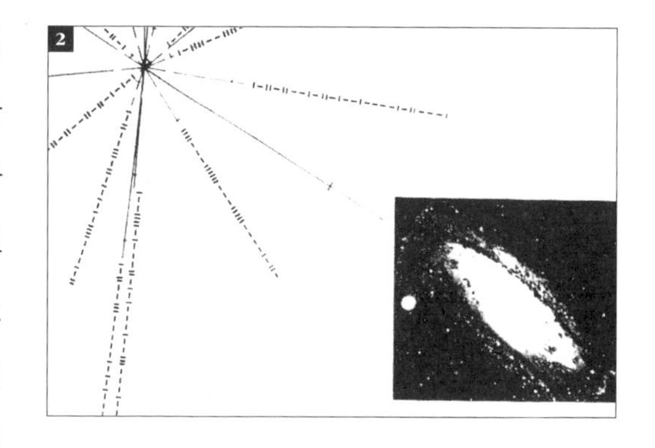

어떤 면에서 이 그림은 첫 번째 원의 발상을 반복한 것이다. 펄서라는 천문학적 '랜드마크'들을 기준으로 삼아 태양의 상대 위치를 표시한 이 지도도 레코드판 덮개에 등장하기 때문이다. 원래는 펄서 지도 전체를 다시 실으려고 했다. 그러나 레코드판 사진들의 해

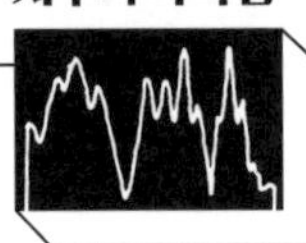

상도는 텔레비전 영상의 해상도에 지나지 않는 수준인데, 이 해상도에서는 각 펄서의 고유 주기를 표시한 이진 부호가 해상도 한계에 약간 못 미치는 수준이라서 알아볼 수가 없었다. 수신자가 이 지도와 덮개에 새겨진 지도가 같은 지도임을 알아보게 하는 것이 우리의 목표였으므로, 이진 부호는 반드시 선명해야 했다. 우리는 하는 수 없이 지도의 일부만을 실었다. 그리고 또 하나의 기준점으로서 M31, 즉 안드로메다은하의 사진을 덧붙였다. 그 사진은 보이저 우주선 발사 시점에 M31과 우리 태양과의 상대 위치를 보여 준다.

안드로메다은하는 우리 은하와 가장 가까운 큰 은하로서, 그 핵과 먼지대(dust lane)를 확대해서 보여 준 사진은 분명한 랜드마크로 기능할 것이다. 그뿐 아니라 만일 수신자가 아주 오래된 종족이라면, 혹은 안드로메다은하의 내부 움직임이나 그 옆 M32 은하의 움직임을 정확하게 측정할 정도로 천문학적 측정 기술이 뛰어나다면, 혹은 고대의 다른 문명이 남긴 기록을 입수하여 갖고 있다면, 어쩌면 이 사진을 통해서 보이저호 발사 시점을 계산할 수 있을지도 모른다. 안드로메다은하는 우리 은하의 어느 위치에서 보든 거의 같은 모습일 테지만, 지금으로부터 수백만 년 뒤에는 그 내부의 별들과 먼지들의 패턴이 약간 변했을 것이다. 수신자는 안드로메다은하가 이 사진에서처럼 보였던 때가 언제였는지를 알아낼지도 모른다(어쩌면 스스로 기억하고 있을지도 모른다!). 어쩌면 모든 사진들 중에서 우리와 수신자가 둘 다 그 대상을 직접 목격한 사진은 이것 하나뿐일지도 모른다.

또한 이 사진은 모든 사진들에 대해서 '좌우 방향성'을 확인하도록 돕는다. 즉 수신자에게 어느 쪽이 왼쪽이고 어느 쪽이 오른쪽이어야 하는지를 알려 준다. 이 그림은 덮개의 지도와도 일치해야 하고 실제 하늘에서 보는 안드로메다은하의 모습과도 일치해야 하므로, 수신자는 자신이 사진을 뒤집어서 처리하지 않았다는 사실을 확인할 수 있을 것이다.

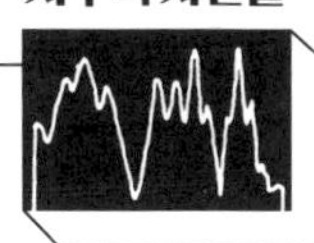

그림 3. 수학적 정의

우리는 레코드판 덮개에서 중성 상태 수소 원자가 21센티미터의 파장을 방출하는 독특한 주기를 기본 단위로 채택하고 그것을 이진 부호로 표시했다. 레코드판을 어떤 속도로 재생해야 하는지, 사진을 어떻게 재구성해야 하는지, 우리가 어떤 펄서를 기준점으로 사용했는지를 알려 주기 위해서였다. 우리는 사진 섹션에서도 측정값이나 상징을 사진에 겹쳐 보여 주고 싶었다. 다양한 물체들의 크기나 무게 등을 알려 주기 위해서였다. 다만 예의 '수소 이진 부호(hydrogen binary code)'를 계속 쓰는 것은 너무 거추장스러웠다. (수소의 에너지 방출을 기준으로 삼은 길이 단위는 21센티미터인데, 지구의 지름을 21센티미터 단위로 표시하려면 이진 부호를 얼마나 길게 적어야 하겠는가!) 그래서 우리는 여기에서 좀 더 편리한 기수법을 도입했다. 첫 그림에는 점들의 집합(점 하나, 점 둘, 점 셋 등등), 각각에 해당하는 이진 부호, 아라비아 숫자가 나와 있다. 그다음에는 이 숫자들을 어떻게 지수, 분수, 산술식 등등의 형식으로 사용하는지를 보여 주었다. 그러니 이제 우리가 무언가를 가리키면서 한 단위의 $1\frac{1}{2}$ 길이라고 말하면, 수신자는 $1\frac{1}{2}$이 무슨 뜻인지 알 것이다. 수신자의 가정을 재차 확인해 주는 의미에서 특정 용례에 대한 예를 하나 이상 제공한 경우도 있다.

3

• = | = 1
•• = |– = 2
••• = || = 3
•••• = |–– = 4
••••• = |–| = 5
•••••• = ||– = 6
||| = 7
|––– = 8
|––| = 9
|–|– = 10
||–– = 12
||––– = 24
||––|––– = 100 = 10^2
|||||–|–––– = 1000 = 10^3
2+3=5
8+17=25
$\frac{1}{2}+\frac{1}{3}=\frac{5}{6}$
$\frac{1}{3}+\frac{1}{5}=\frac{8}{15}$
$5+\frac{2}{3}=5\frac{2}{3}$
2 x 3 = 6
13 x 28 = 364

그림 4. 물리 단위 정의

이 그림은 길이, 시간, 무게의 기본 단위들을 '수소 이진 부호'를 기준으로 삼아서 정의한 변환표이다. 맨 위의 두 그림은 수소 원자를 뜻한다. 질량이 1M인 수소 원자는 에너지 상태의 변화를 겪으면서 1t의 역수에 해당하는 주파수와 1L의 파장을 갖는 복사를 방출한

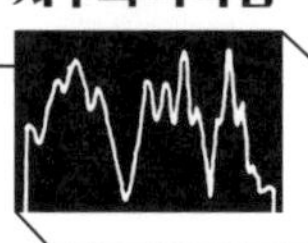

다. 우리는 이 세 단위로부터 무게와 길이의 미터 단위를 도출했고(원자나 분자 도해에 쓰는 길이 단위인 옹스트롬으로도 정의했다.), 지구 질량에 해당하는 무게 단위 e를 발명했으며, 그것들을 시간 단위에도 적용했다(초와 년). 이제 많은 상징들이 정의되었다.

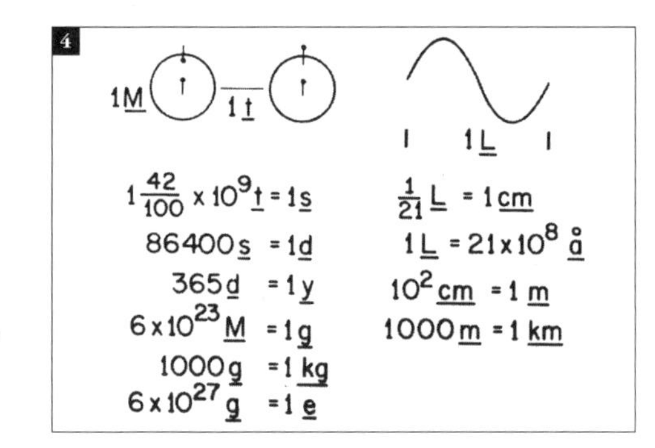

뒤에서 원소, 원자 번호, 핵산 쌍을 보여 줄 때 다른 상징들이 몇 가지 더 도입될 것이다. 이쯤에서 우리는 내용이 좀 헷갈릴지도 모르겠다는 걱정이 들었기에, 어려움을 다소나마 덜기 위해 모든 단위들에는 밑줄을 그어 구별되게 했다.

그림 5~6. 태양계

앞의 정의들을 고안한 프랭크 드레이크가 태양계 도해 또한 그렸다. 이 표는 태양과 행성들의 모습과 더불어 각각의 지름, 태양과의 거리, 질량, 공전 주기를 보여 준다. 텔레비전 영상 수준의 나쁜 해상도 때문에, 이 도해는 사진 두 장으로 보여 줄 수밖에 없었다. 우연히도 첫 사진은 화성에서 끝나고 두 번째 사진은 목성에서 시작되기에, 태양계의 가족들을 내행성계(작은 바위 행성들로 구성된다.)와 외행성계(큰 기체 행성들로 구성된다.)로 나눠

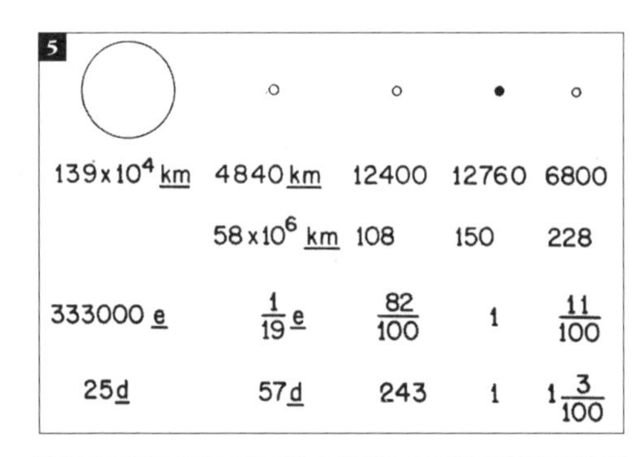

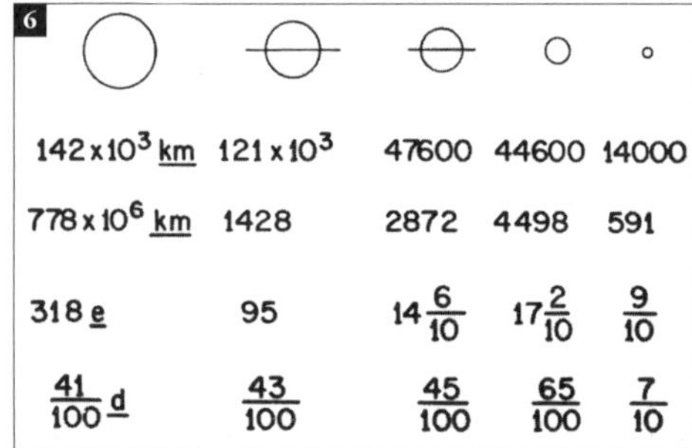

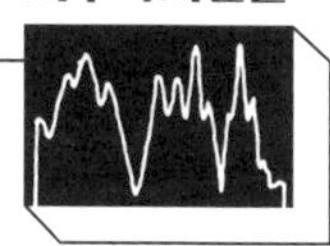

서 보여 준 셈이 되었다. 최근 발견된 천왕성의 고리들이 표시된 것에 주목하자. 파이오니어 10호와 11호 금속판에서는 빠졌던 요소였다.

그림 7. 태양

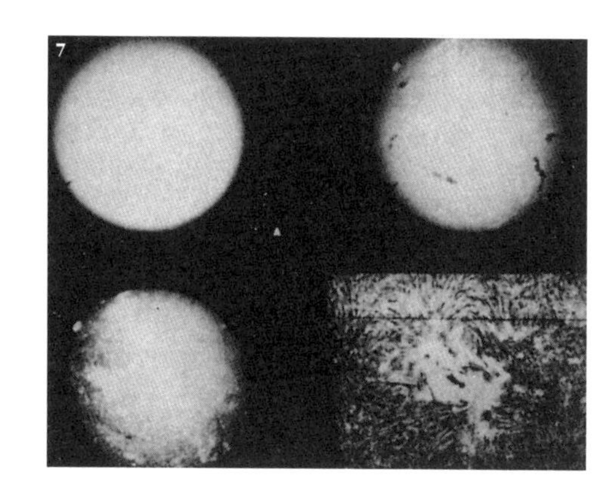

헤일 천문대(캘리포니아 공대의 팔로마 천문대와 워싱턴 D. C.의 윌슨 천문대는 1980년에 분리되기 전까지 헤일 천문대라는 이름으로 공동 운영되었다. — 옮긴이)가 찍은 사진으로, 서로 다른 필터를 써서 찍은 태양의 네 모습이다. 흑점과 표면의 거칠거칠한 질감이 드러나 있다. 이 사진은 바로 다음 사진과 함께 외계인에게 우리 항성의 속성을 알려 줄 것이다.

그림 8. 태양의 빛스펙트럼

사진을 재구성하기 시작한 외계인은 금세 희한한 점을 눈치챌 것이다. 대부분의 사진들은 덮개에 나온 것처럼 한 덩어리의 정보로 기록되어 있다. 그러나 이 사진을 필두로 하여 20여 장의 사진들은 한 번이 아니라 연속으로 세 번씩 기록되어 있다. 세 장의 차이라면 회색의 상댓값이 조금씩 다르다는 점뿐이다. 수신자는 고민할 것이다. 이게 무슨 뜻일까? 답은, 세 장으로 구성된 사진들은 우리가 컬러로 기록한 사진이라는 것이다. 각 장은 사진에서 빨강이나 파랑이나 초록을 기준으로 색깔을 분리한 것이다(오프셋 컬러 인쇄에서 쓰는 방법과 비슷하다.). 그러나 어떻게 이 사실을 그들에게 알릴까?

우리가 찾은 해법은, 온 우주의 천문학자들에게 공통 지식이어야 마땅한 항성 천문

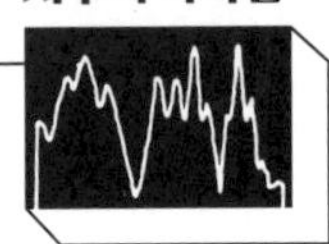

학의 한 가지 사실에 의존하는 것이었다. 어느 별이든 그 대기에는 그 별이 방출하는 빛을 일부 흡수하는 원소들이 존재하기 마련이다. 우리가 별의 빛스펙트럼을 보면, 무지개처럼 펼쳐진 색상에 드문드문 검은 선들이 그어져 있다. 그 선이 흡수선이다. 천문학자들은 별들의 흡수선을 연구하며 정확하게 기록해 왔다. 흡수선은 일종의 지문으로서, 그 빛을 방출하는 별에 대해 많은 정보를 제공한다. 별의 '색깔'은 바로 이 흡수선들에 의해서 정확하게 결정된다. 그리고 도플러 이동(Doppler shift, 별이 태양으로부터 멀어지고 있을 때는 '적색 이동(red shift)'이라고 부른다.) 때문에 흡수선들의 위치가 변하는 것을 보면, 그 빛을 방출하는 별이나 은하가 어떻게 움직이는지를 알 수 있다. 이 관찰 정보는 다른 은하들이나 우주의 전체 구조를 연구하는 데 토대가 되어 준다.

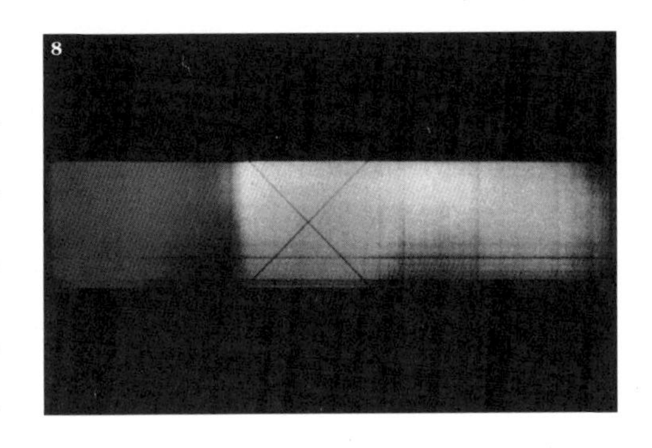

태양의 빛스펙트럼 사진에 드러난 흡수선들은, 설령 흑백으로 재현되더라도, "이건 G2 항성이야! G2 항성이라고!"라고 시끄럽고 분명하게 외치는 것이나 마찬가지다. 수신자는 아마 우리 태양이 G2 항성이라는 사실을 알아차릴 것이고, 나아가 이런 항성의 빛스펙트럼이 '실제' 컬러로는 어떻게 보이는지도 알 것이다. 설령 수신자의 눈이 우리가 가시광선이라고 부르는 전자기 스펙트럼의 일부분을 우리와 똑같이 활용하도록 만들어지지 않았더라도, 이 흡수선을 본 그들은 **우리가** 스펙트럼의 그 부분에 대해서 뭔가 말하려고 한다는 사실을 이해할 것이다. 그들이 할 일은 세 가지 색으로 분리된 태양 빛스펙트럼의 사진들을 한 장으로 통합하여 스펙트럼의 실제 모습을 얻는 것이다. 아마도 그들은 태양 같은 흔한 노란색 항성을 직접 관찰함으로써 그 실제 색깔이 어떤지를 이미 알 것이다. 그렇다면 자신이 아는 정보로부터 거꾸로 유추하여 우리의 색깔 분리 개념을 이해할

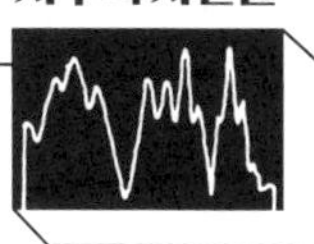

수 있다. 그다음에는 다른 컬러 사진들도 제대로 재구성할 수 있을 것이고, 그리하여 꽃, 산호, 다양한 피부색을 원본 사진의 색상 그대로 볼 수 있을 것이다.

이상하게도 코넬 대학의 천문학부가 소장한 책들 중에는 우리가 원하는 형태로 태양 빛스펙트럼을 보여 준 사진이 없었다. 그래서 NAIC 사진사 발렌틴 보리아코프와 NAIC 엔지니어 댄 미틀러가 단순한 프리즘과 컬러 사진에서 흔히 쓰이는 필름으로 직접 태양을 찍었다.

그림 9~11. 수성, 화성, 목성

처음으로 태양계를 탐사하러 머뭇머뭇 나서는 이 시점에, 우리는 머나먼 세상을 탐험하는 듯한 모험심을 느낀다. 그러나 우주의 관점에서는 태양계가 작은 항성 주변에 작은 행성들이 모인 작은 가족에 지나지 않는다. 우리가 외계인에게 "여기가 우리 집입니다."라고 말할 때는 뉴욕이나 뉴델리 못지않게 목성이나 화성도 우리 집에 해당할 것이다. 우리는 천문학자 A. G. W. 캐머런의 제안에 따라 다른 행성들의 사진도 몇 장 넣었다. 매리너(Mariner) 10호가 찍은 수성, 바이킹호가 착륙하려고 다가가면서 찍은 화성, 파이오니어 11호가 최초로 제공한 목성의 근접 사진이다. 이로써 우리는 보이저호의 메시지를 재천명한 셈이다. 우리는 우주를 여행하고 있으며, 우리 주변의 우주를 탐사하고 접촉하고 싶어 한다는 것을.

사진에 적힌 목성과 화성의 지름 및 질량을 그림 5~6의 태양계 도해에 나온 데이터와 대조해 볼 수도 있을 것이다.

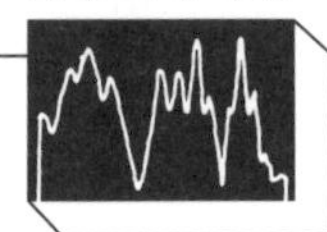

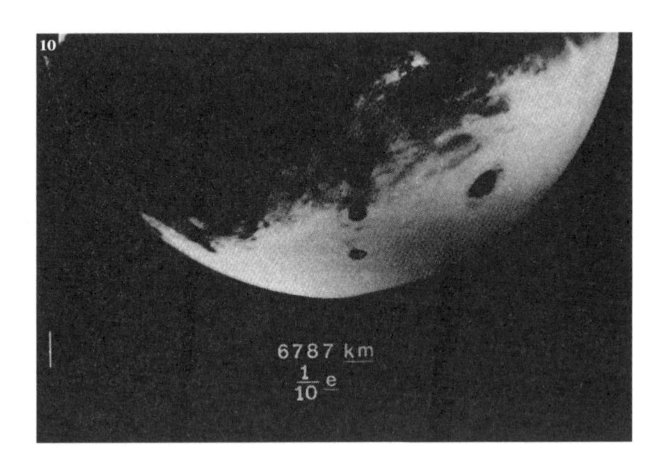

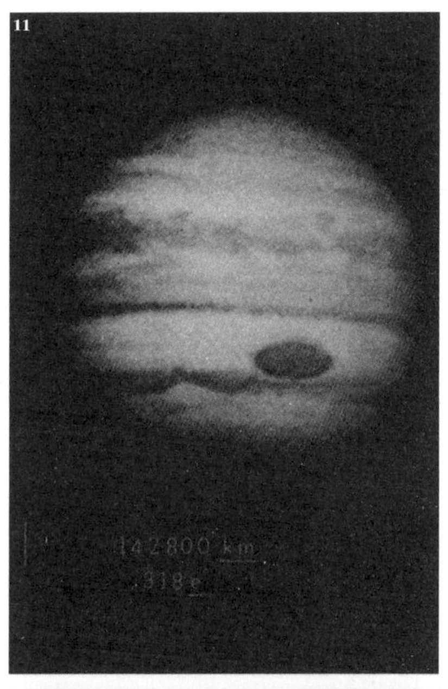

그림 12. 지구

우리의 집, 세이건의 말마따나 "우주 한가운데의 초원"을 찍은 컬러 사진이다. 지금 이 사진들을 내보낸 곳이기도 하다.

우주를 여행하는 종족이라면, 이 행성들의 사진에 실린 대상을 한눈에 알아볼 것이다. 물론 그들이 정확히 이 행성들을 본 적은 없겠지만, 어쩌면 다른 항성계에서 목성 같은 거대 기체 행성이나 수성처럼 구덩이가 많고 공기가 없는 불모지를 보았을지 모른다. 심지어 지구처럼 물과 산소로 구성된 사랑스러운 푸른 세상도 이미 보았을지 모른다. 수신자는 자신이 조금이나마 익숙한 이 대상들을 통해서 그들의 사진 재생 시스템을 보정할 수 있을 것이고, 우리의 사진 개념 — 현실을 2차원 평면에 표현하는 방식 — 을 좀 더 이해할 수 있을 것이다. 그들

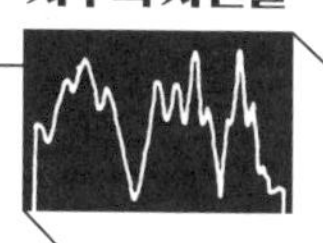

이 익숙하지 않은 대상을 담은 사진들로 넘어가기 전에 익숙한 대상을 보는 것은 분명 도움이 될 것이다.

그림 13. 이집트, 홍해, 시나이 반도와 나일 강, 그리고 지구 대기의 조성

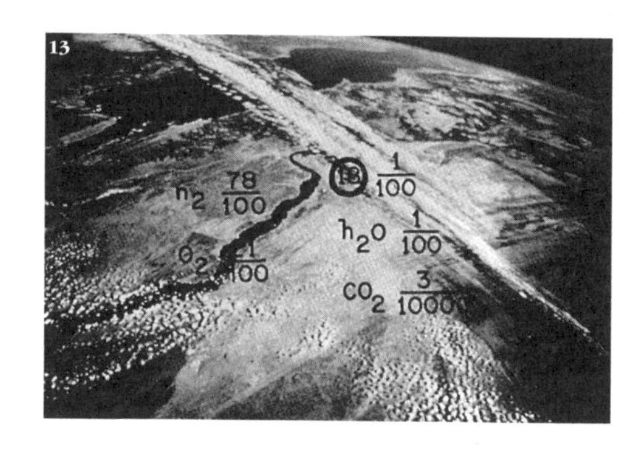

이제 푸른 행성의 표면으로 내려왔다. 역시 컬러로 제시된 이 사진은 **이곳이** 우리가 살아가는 행성이라는 사실을 확실히 보여 준다. 구름의 패턴, 육지와 물의 모습은 지구 기상에 관한 단서가 될지 모른다. 지구 대기에 기체가 비교적 풍부하게 담겨 있다는 사실은 바로 다음 사진에서 정의될 상징들을 이용하여 이 사진에 표시되어 있다. 우리는 생물학적으로 가장 중요한 다섯 원소들에는 문자로 된 상징을 부여했고, 나머지 원소들은 원 안에 원자 번호를 적어서 표시했다. (일례로 아르곤은 ⑱이라고 표시했다.) 그림 9에서 그림 13까지는 세이건이 골랐다.

그림 14~16. DNA 구조와 복제

생물학에서 아주 중요하면서도 아직 대답되지 않은 질문 중 하나는 지구의 생명을 이루는 화학적 조성이 우리가 생물이라고 부르는 구조를 빚는 **유일한** 방식인가 아니면 다른 방식도 존재하는가 하는 문제이다. 탄소 화학은 유일하게 가능한 방식일까? 생명의 복제에는 반드시 나선형 분자가 관여할까? 우리 생물학에서 필연적인 부분은 무엇이고, 우리 진화 과정의 우연에 지나지 않는 부분은 무엇일까? 생물학자들이 다른 곳 — 이를테면 화성 — 에서 생명을 찾으려고 이토록 애쓰는 까닭 중 하나는 이런 질문들에 대답하

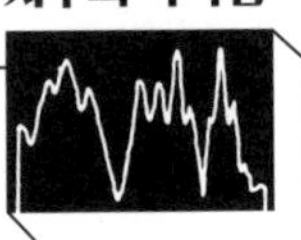

기 위해서다. 우리는 우리 생물학의 화학적 속성에 대한 약간의 단서라도 보이저호를 발견한 종족의 과학자들에게는 대단히 흥미로운 정보가 되리라고 생각했다.

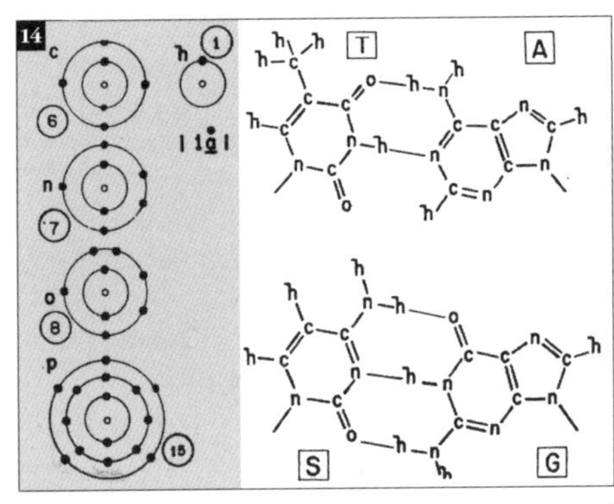

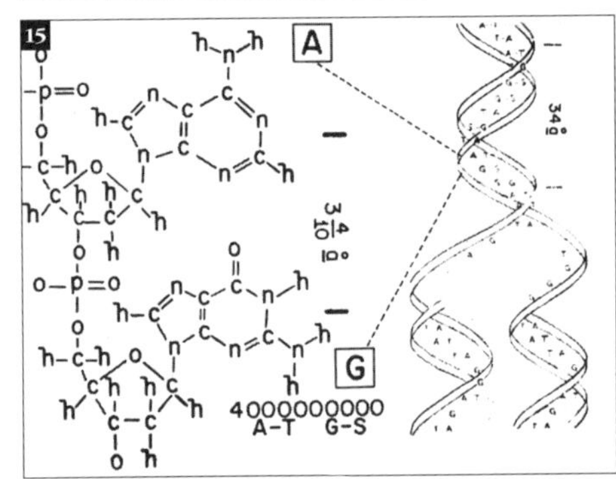

지구의 모든 생명들은 하나의 생명체를 처음부터 만들어 내는 방법에 관련된 정보를 저장하고 복제하는 수단으로서 다들 DNA 분자를 이용한다. 따라서 그들에게 DNA의 구조를 보여 주면 좋을 것 같았다. 그런데 DNA가 정말로 **유일한** 방식일 가능성도 있는데, 그렇다면 우리는 그들이 이미 아는 내용을 말하는 꼴일 것이며 동시에 우리의 무지를 드러내는 꼴일 것이다. "지구인들은 **생명이라면 반드시** DNA로 만들어진다는 사실을 여태 모른단 말이야?"

DNA 분자를 그리는 것은 까다로운 작업이었다. 많은 원자들로 구성된 복잡한 분자인 데다가 나선으로 꼬인 구조라서 그림으로 뚜렷하게 보여 주기가 어려웠다. 기존의 도해나 모형은 — 작대기와 공을 쓴 모형이든 공간 채움 형태의 모형이든 — 충분히 뚜렷한 게 없었기 때문에, 코넬 대학의 생화학자 스튜어트 에델스타인(Stuart Edelstein) 박사의 도움을 받아서 내가 직접 그렸다.

그림 14에서 왼쪽 부분, 바탕색이 짙은 부분은 DNA를 구성하는 다섯 원자를 체계적으로 보여 준다. 수소 원자의 크기(1옹스트롬)가 표시되어 있으므로, 우리가 원자에 대해 말하고 있다는 사실이 분명히 전달될 것이다(다른 물질은 그처럼 작은 것이 없으니까.). 각 원자

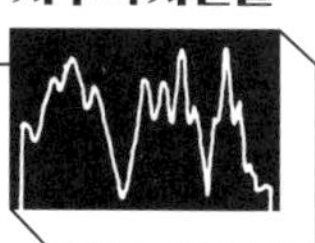

에는 문자 상징과 원자 번호를 뜻하는 상징(동그라미가 쳐진 숫자)이 부여되어 있다. 질소를 뜻하는 n과 혼동될 가능성을 피하기 위해, 수소를 뜻하는 h에 작은 꼬리를 달아 놓은 것을 눈여겨보라.

그림 14의 오른쪽 부분은 서로 꼬여 DNA의 뼈대를 이루는 두 나선을 연결하는 네 염기를 보여 준다. 네 염기는 늘 쌍을 지어 존재하는데, 티민(Thymine)은 아데닌(Adenine)하고만, 구아닌(Guanine)은 시토신(Cytosine)하고만 짝을 짓는다. 염기쌍은 유전자 알파벳(T, A, G, C)의 두 문자로 이뤄진다. 그림에서는 염기들이 짝을 이루며 결합한 형태가 보인다. 사각형으로 둘러싼 문자들은 각 염기를 나타낸다. 이 대목에서 우리는 전체 작업에서 줄곧 마주친 문제에 직면했다. 우리는 모호함을 일으킬 가능성이 있는 요소라면 모조리 제거하고 싶었는데, 서로 다른 두 대상에 똑같은 상징을 부여하는 것은 너무 모호해 보였다. 문제는 시토신은 C로 시작하지만 앞에서 탄소를 정의할 때 벌써 C를 썼다는 것이었다. 나는 프랭크에게 이 문제를 가져갔다. 그는 어깨를 으쓱하면서 "S라고 표시해요."라고 말했다. "시토신을 S로?" 나는 의심쩍게 물었다. "생화학자들이 경기를 일으킬 거예요." "그래도 그렇게 해요. 외계인과 소통할 때 발생하는 특수한 문제에 대한 좋은 실례가 될 겁니다." "시토신을 S로?" 에델스타인은 불평했다. 그가 우리 설명을 납득했는지 어쩐지는 잘 모르겠다.

그림 15에서 왼쪽 부분은 DNA 분자 뼈대에 두 염기가 매달린 모습을 보여 주고, 오른쪽 부분은 분자 전체를 묘사하여 어떻게 뼈대와 염기쌍들이 자기 복제가 가능한 나선 구조를 이루는지를 보여 준다. 밑에는 '4000000000 A-T G-S'라는 범례가 적혀 있다. DNA 분자가 생명체를 만들어 내는 데 필요한 정보를 부호화하여 간직하기 위해서 그만큼 많은 염기쌍들을 필요로 한다는 사실을 뜻한다(이 구체적인 숫자는 인간의 특정 DNA 가닥에 존재하는 염기쌍의 개수다.).

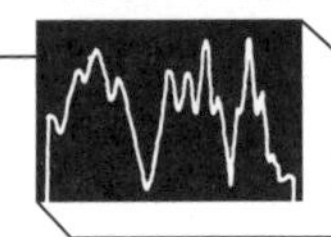

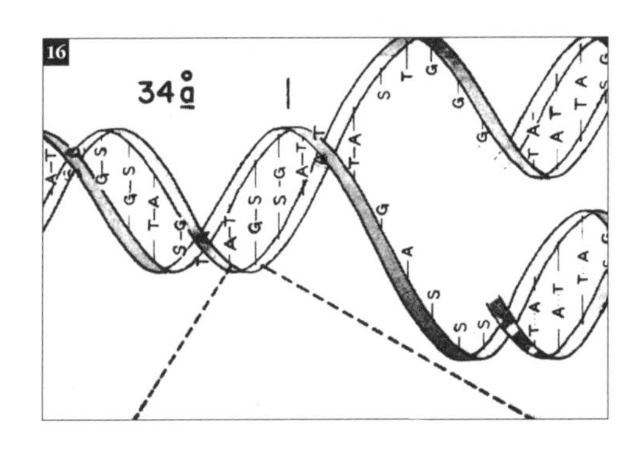

코넬 대학에 마련된 우리 작업실에는 작은 텔레비전 카메라와 화면이 있어서, 사진이 나중에 레코드판에 기록될 때의 해상도로 볼 수 있었다. 확인해 보니 그림 15의 나선에서 염기쌍을 뜻하는 문자들이 해상도 한계에 가까웠기 때문에, 우리는 보험 삼아 그림 16에 그 부분만 따로 확대하여 실었다.

그림 17. 세포 분열

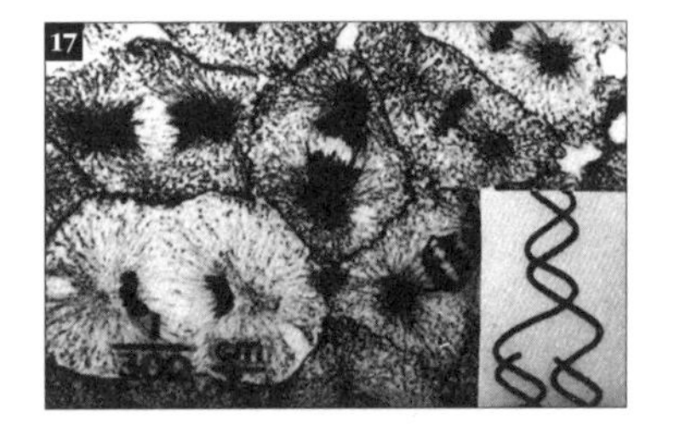

DNA 복제가 벌어지는 현장을 보여 주는 훌륭한 사진이다. '1/300cm'라는 축척은 사진 속 물질이 이전 사진의 분자보다는 훨씬 더 크지만 그래도 여전히 꽤 작다는 사실을 암시한다. 우리는 추가 단서로서 그림 16에 등장했던 형상, 즉 두 가닥으로 풀리면서 복제되고 있는 DNA 이중 나선의 형상을 이 사진의 구석에도 집어넣었다. 사진에 보이는 개구리 포배 세포들은 세포 분열의 여러 단계들을 보여 주고 있다.

그림 18~25. 인간의 신체 구조

프랭크 드레이크는 백과사전에서 인체를 보여 줄 때 쓰는 투명한 오버레이(overlay) 용지가 인체의 (기능은 아니라도) 구조를 보여 주기에 제격일 것이라고 생각했다. 그래서 『월드북 백과사전(*The World Book Encyclopedia*)』에 쓰였던 아세테이트 오버레이들을 확보했다. 이 여섯 장의 사진들은 인체의 겉과 속을 보여 준다. 골격계, 신경계, 순환계 등이 포함되었다.

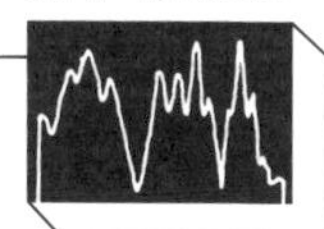

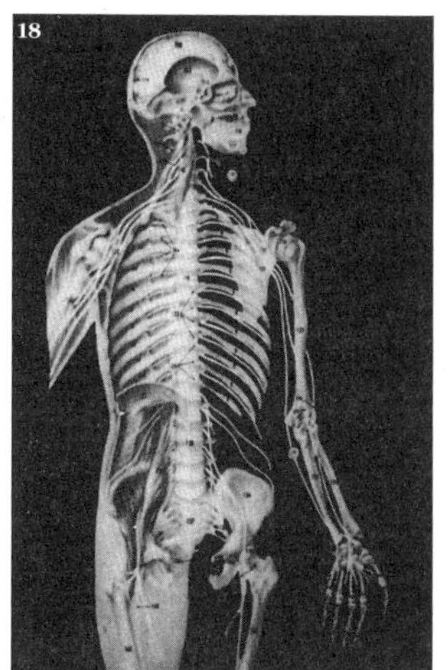
18

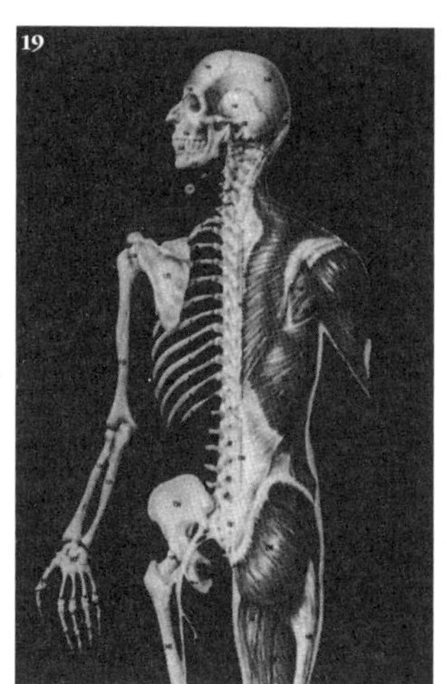
19

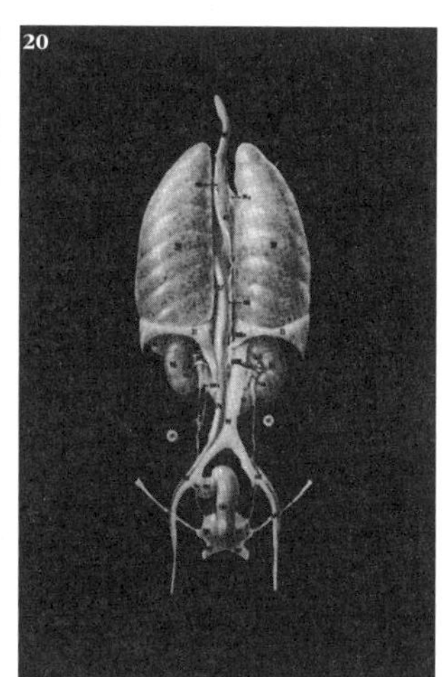
20

그림 23은 정맥(파란색)과 동맥(붉은색)의 차이를 알리기 위해서 컬러 사진으로 넣었다. 안타깝게도 오버레이의 인물은 중성이다. 성기가 있어야 할 자리가 텅 비어 있다. 우리는 인간의 성(인체에서 결코 사소하지 않은 특징)을 강조하는 동시에 앞으로 나올 사진들과 이 도해를 연결 짓고자, 원래 두 종류의 생식기 중 하나가 사타구니 자리에 있음을 보여 주는 스케치를 그림 25에 덧붙이고 두 기관을 구별하는 성별 상징을 그려 넣었다. 이 상징은 그림 26, 그림 27, 그림 32에도 쓰였다.

살펴보니, 오버레이에는 작고 까만 숫자들이 수백 개 찍혀 있었다. 백과사전에서 오버레이 옆에 각 부위의 이름을 나열하면서 어느 게 어느 건지 알려 주기 위한 숫자였다. 작은 숫자들이 포함되지 않은 오버레이를 『월드북 백과사전』 측으로부터 얻을 순 없었기 때문에, 화가인 린다 세이건이 아세테이트에 색을 입혀서 숫자들을 몽땅 가렸다. 하나하나 바탕에 어울리는 색깔을 요령 있게 골라서 말이다. 몇 시간이 걸린 힘든 작업이었다. 그런데 아뿔싸, 다 마른 물감이 아세테이트에서 벗겨지는 게 아닌가. 린다의 노고는

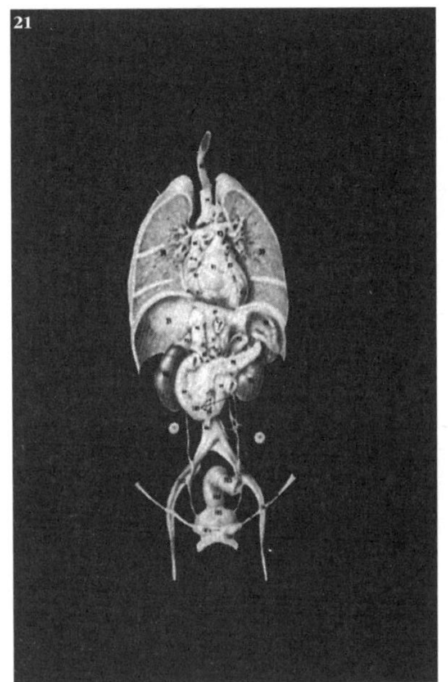
21

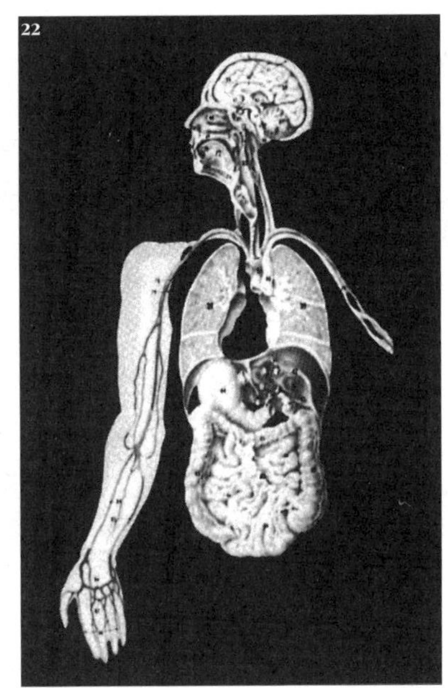
22

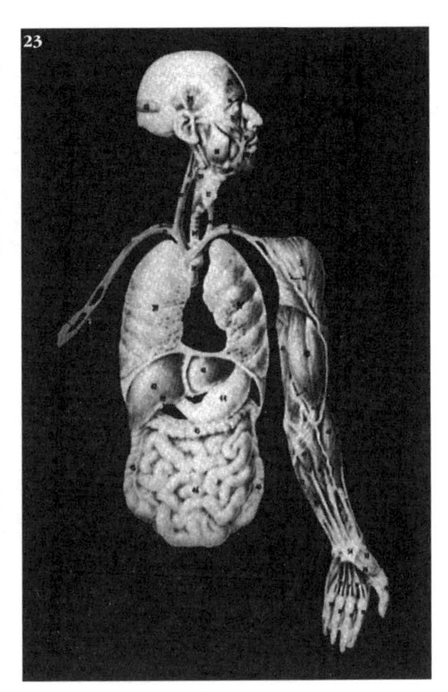
23

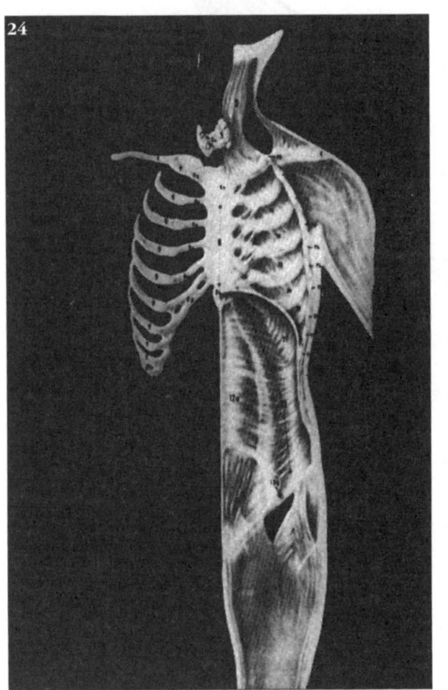
24

25
12 cm

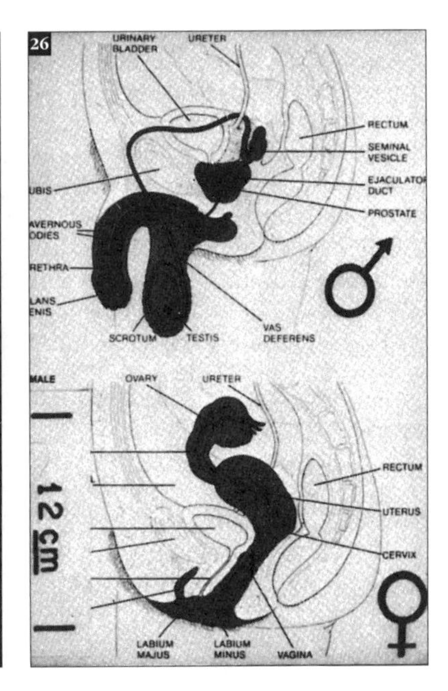
26
URINARY BLADDER
URETER
RECTUM
SEMINAL VESICLE
DUCT
PROSTATE
SCROTUM
TESTIS
VAS DEFERENS
OVARY
URETER
RECTUM
UTERUS
CERVIX
12 cm
LABIUM MAJUS
LABIUM MINUS
VAGINA

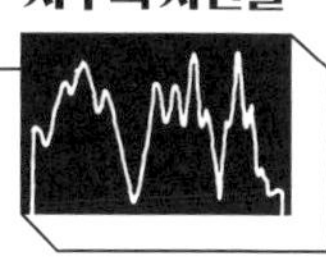

허사가 되었고, 다시 작업할 시간은 없었다. 외계인이 인간의 갈비뼈, 지라, 이두근을 뒤덮은 수많은 작은 점들을 뭐라고 해석할지는 상상만 해 볼 따름이다.

그림 26. 인간 성기의 도해

남성과 여성을 뜻하는 상징이 나와 있으므로, 외계인은 이 그림을 그림 25, 그림 32와 연관 지어 생각할 것이다. 이 뒤로 이어지는 일곱 장의 사진들은 인간의 생식 과정을 순서대로 묘사한다. 우리는 한편으로는 이 과정을 분명하게 묘사해야 했고, 다른 한편으로는 NASA의 승인 위원회에서 확실하게 허락받아야 했다. 매년 의회로부터 자금을 얻는 정부 기관이 인간의 성이라는 껄끄러운 문제를 구태여 다루고 싶어 하진 않으리란 점은 충분히 이해할 만하다. NASA가 이 정도를 허락했다는 것만도 놀라운 일일지 모른다. 어쨌든 NASA는 우리가 제출한 사진들 중에서 한 남자와 임신한 여자가 별로 에로틱하지 않게 손잡은 모습을 찍은 사진을 거부했다(그 사진은 이 책에는 실려 있지만 보이저 레코드판에는 실리지 않았다.). 그 사진의 실루엣을 딴 뒤 태아를 그려 넣은 그림은 그림 32로 실렸다.

그림 27~28. 수정의 순간을 보여 주는 실루엣과 사진

스웨덴의 의사이자 사진가인 렌나르트 닐손(Lennart Nilsson)은 인간 발생 과정의 모든 단계들을 찍은 아름다운 사진으로 유명하다. 우리는 그가 찍은 수정 순간의 모습을 포함시켰지만, 살짝 변형을 가했다. 인간이 자궁에서 발달하는 데 걸리는 시간을 알리기 위해서, 정확한 시작점인 '0초'의 순간을 보여 주고 싶었다. 닐손의 사진은 우리가 구할 수 있는 최고의 사진임에 분명했지만, 정자가 난자에 도착하기 직전의 모습이었다. 수정이란 정자가 실제로 난자에 들어가는 순간임을 확실히 보여 주는 게 중요할 듯했다. 그래서 나는 난자를 막 건드리는 정자를 새로 그려 넣고, '0초'라고 적어 넣었다.

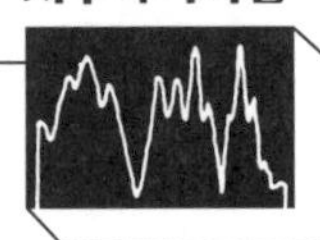

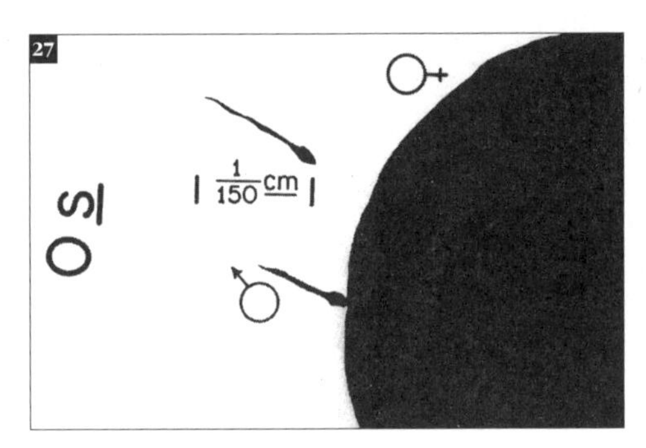

이 그림은 사진에 앞서서 실루엣을 보여 준 첫 사례이다. '0초'라는 표기 외에 정자의 크기도 적어 넣었으며, 정자는 남성이고 난자는 여성이라는 사실도 적어 넣었다.

그림 29. 수정란

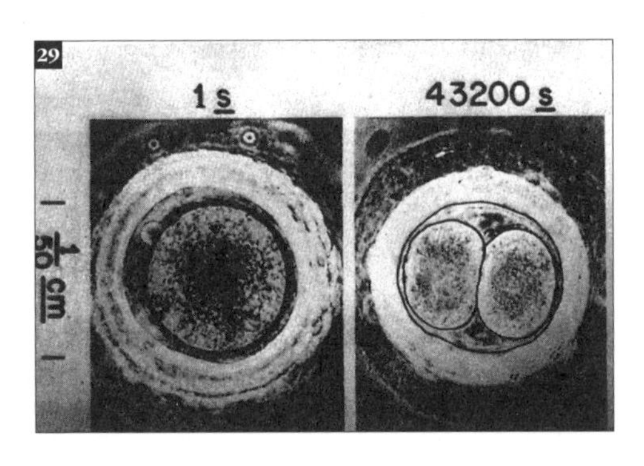

역시 렌나르트 닐손이 찍은 것으로, 수정란의 두 단계를 보여 준다. 왼쪽 부분의 '1초' 사진에는 수정 직후 난자를 둘러싼 막이 두꺼워지는 모습이 보인다. 오른쪽 부분의 사진에는 첫 세포 분열이 벌어지기까지의 시간인 약 '43200초'가 적혀 있다. 분열 모습을 더 뚜렷이 보여 주기 위해서 세포막을 좀 더 두껍게 그렸다.

그림 30~31. 태아를 보여 주는 실루엣과 사진

조지 워싱턴 대학의 프랭크 앨런(Frank Allan) 박사가 찍은 이 사진은 발생 후 60일쯤 된 태아의 모습이다. 실루엣은 약 40일 된 배아, 그리고 사진의 태아와 거의 같은 발달 시점인 태아의 모습이다. 실루엣에는 수정 후 흐른 시간이 적혀 있고, 발달하는 태아의 크기도

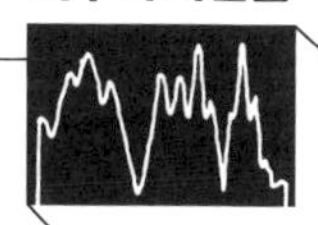

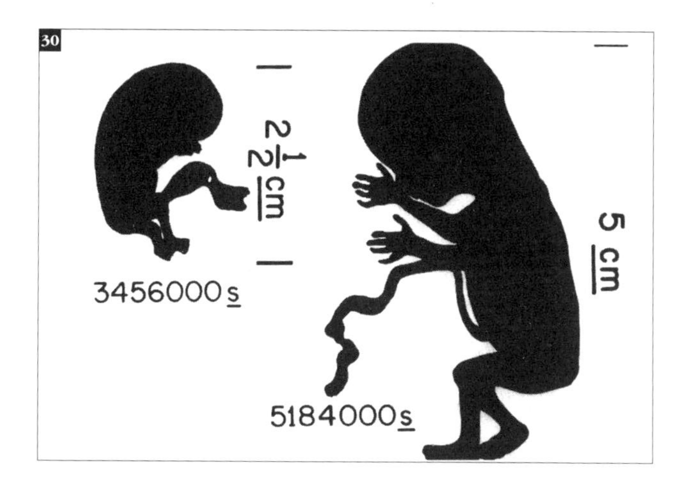

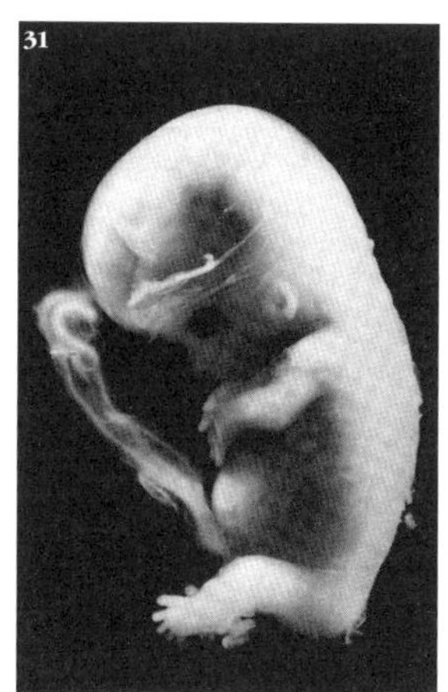

적혀 있다. 원래는 실루엣과 정확하게 들어맞는 태아 사진을 쓰려고 했지만, 막판에 허가 문제 때문에 다른 사진으로 교체할 수밖에 없었다.

그림 32. 인간 남녀의 실루엣

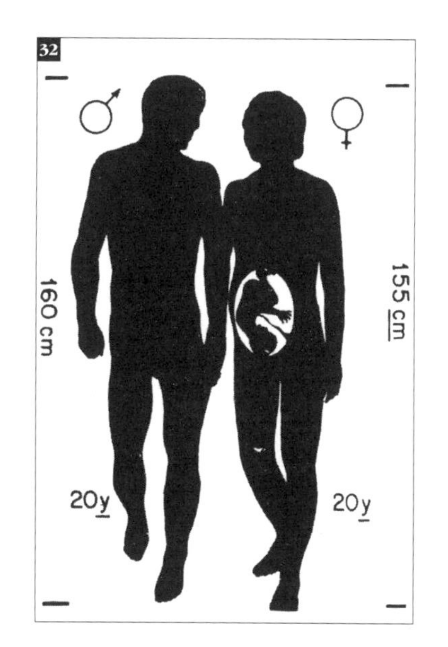

바로 앞 사진(103쪽)의 태아를 여자의 배 안에 집어넣은 그림이다. 성별을 뜻하는 상징이 그려져 있으니, 여자와 남자가 다른 존재임을 알 수 있을 것이다. 사람의 평균 키도 적어 넣었다. 이쯤이면 수신자는 이제 사람의 신체에 대해서 상당히 잘 파악하게 되었을 것이다.

그림 33. 출생

『인간 가족』이라는 유명한 사진집에서 가져온 사진

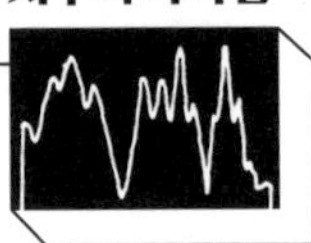

이다. 우리는 아기가 막 산모의 몸에서 나오는 장면을 찾고 싶었지만, 살펴본 사진들에서는 늘 산모가 천에 덮여 있어서 아기를 낳는 것이 여자인지 (혹은 사람이기나 한지) 확실히 알기 어려웠다. 결국 우리는 이 사진을 찍은 웨인 밀러(Wayne Miller)에게 사용 허가를 받으려고 전화를 걸었다. 그가 집에 없다고 해서 그의 아들과 통화했는데, 목소리로 보아 20대 청년인 것 같았다. 우리가 프로젝트의 성격을 설명하자, 청년은 헉 하더니 말했다. "그 사진을 우주로 영원히 내보내고 싶다고요? **그** 출생 사진을? 그거 **제가** 태어나는 사진이라고요! 물론 쓰셔도 돼요! 아버지 허락은 제가 장담할게요!" 또한 재미있게도, 청년을 받는 산부인과 의사는 그의 할아버지, 즉 사진사의 아버지라고 했다.

지금까지의 그림들은 대체로 우리를 소개하는 과학 정보, 주로 도해였다. 지금부터는 대부분이 사진이다. 선택의 주된 기준은 여전히 정보 가치이지만, 정보는 문화적인 것이 많고 한 사진에 여러 종류의 정보가 담겨 있는 경우도 있다. 가령 출생 사진에 이어지는 두 장의 사진은 둘 다 부모와 아이를 보여 준다. 우리는 한편으로는 부모/자식 관계가 어떤 것인지 조금이나마 알리고 싶었고, 다른 한편으로는 가까이에서 크게 찍은 사람의 얼굴과 손을 보여 주고 싶었다.

그림 34. 젖 먹이는 엄마

아기에게 젖을 먹이는 필리핀 여성을 찍은 컬러 사진. 수신자는 여성의 옷에서 부차적인 정보를, 가령 인간은 무늬를 넣은 옷감을 만들어 그것으로 꾸미기를 좋아한다는 사실 등을 얻을지도 모른다. 더 나아가 이 옷의 꽃무늬와 다른 사진들에 등장하는 꽃을 연결지어 생각할지도 모른다.

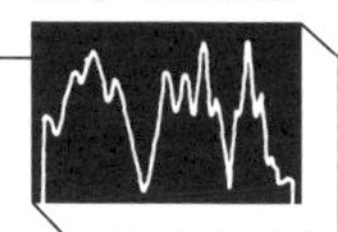

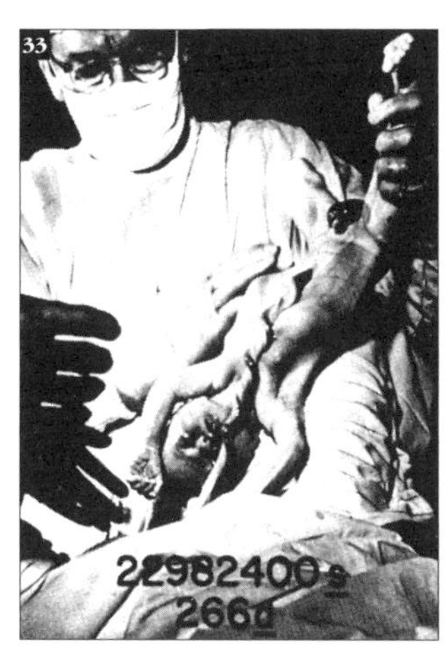

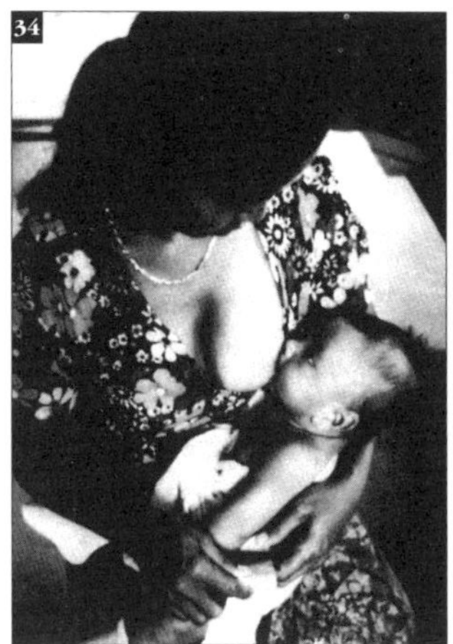

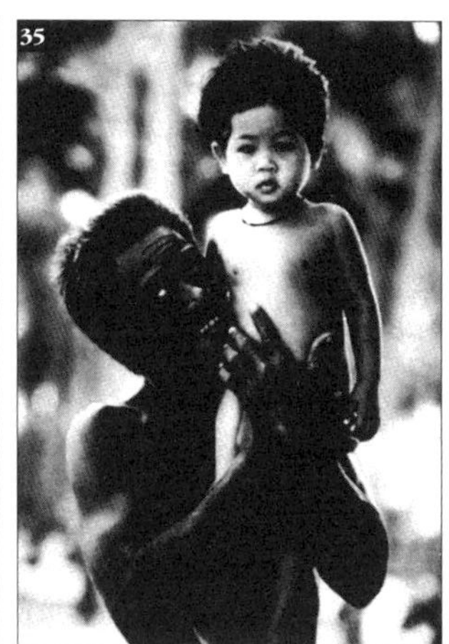

그림 35. 아빠와 아이

우리 인간이 보기에, 역시 컬러로 기록된 이 사진은 부모로서의 자랑스러움을 구현한 것으로 느껴진다. 사진을 고른 우리에게는 이 사진이 그 밖에도 여러 이유에서 재미나게 느껴졌다. 이 사진은 **모든 것을** 다 보여 준다. 남자의 귀(귀가 안 나온 사진이 얼마나 많은지 모른다.)와 이(마찬가지다.), 아이의 발가락 ……. 남자의 눈은 아이(여담이기는 하지만 여자아이이다.)를 향하며, 아이는 카메라를 쳐다본다. 이것은, 다른 사진들과 함께, 우리 눈이 시각 기관이라는 사실을 암시할 것이다. 눈이 움직인다는 사실도 사진에 분명히 드러나 있고, 남자의 팔 근육도 확실하게 보인다. 피부색도 완벽하게 보여 준다. 더군다나 구도도 훌륭하고 아름다운 사진이다.

그림 36. 아이들 무리

우리가 사진을 겨우 여섯 장쯤 담게 되리라고 예상했던 초반에, 누군가 다양한 인종과 문화의 사람들이 함께 뭔가를 하는 장면을 보여 주면 어떻겠느냐고 제안했다. 이 컬러 사진

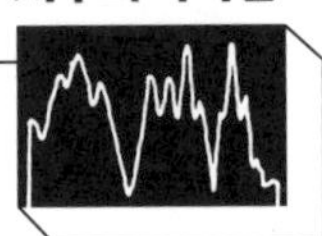

과 그림 72, 그림 74는 그 발상에서 나왔다. 유니세프(UNICEF)에서 일하는 사진가 루비 메라(Ruby Mera)가 대사 자녀들이 다니는 뉴욕의 유엔 국제 학교에서 이 사진을 찍었다. 이 사진은 폭넓은 인종과 국적을 보여 줄뿐더러, 많은 사람들이 모였을 때 거의 전형적으로 나타나기 마련인 원형 배치를 보여 준다. 다양한 형태의 앉은 자세와 무릎 꿇은 자세를 보여 주며, 손과 팔도 다양한 포즈로 보여 준다. 수신자는 인체를 360도로 봄으로써 인체가 공간에서 부피를 차지한다는 사실을 이해할 수 있을 것이다.

그림 37~38. 인간 가족을 보여 주는 실루엣과 사진

미국 중서부 가족의 초상인 이 사진도 『인간 가족』에서 가져왔다. 한 일가의 다섯 세대가 등장하고, 벽에 걸린 초상들 속에 여섯 번째 세대가 있다(한 초상화 속의 남자가 사진 속 할머니의 아버지이다.). 실루엣에는 몇몇 구성원들의 추정 몸무게와 나이가 적혀 있어, 이 집단에서 가장 연장자인 사람의 나이는 인간이 도달할 수 있는 최고령에 가깝다는 사실을 암시한다. 우리가 인간의 수명을 알리고자 했다는 점을 수신자가 유추할 수 있다면 좋겠다. 만약에 사람이 1000세까지 산다면 우리는 1000세인 사람을 보여 주었을 것이다.

내가 이 사진에 대한 허가를 받으려고 뉴욕의 타임/라이프(Time/Life) 사에 찾아갔을 때, 사진을 찍은 니나 린(Nina Leen)이 마침 그곳에 있었다. 나는 그녀에게 그녀의 사진을 우주로 보내어 외계의 존재들에게 보여 주고 싶다고 말했다. 그녀는 기꺼이 허락했고 기뻐하는 듯했지만, 깊은 인상을 받은 눈치는 아니었다. 그녀는 내게 말했다. "있잖아요, 나는 어차피 오랫동안 그들과 접촉해 왔거든요. 하지만 당신이 그렇게 한다면 그들이 기뻐

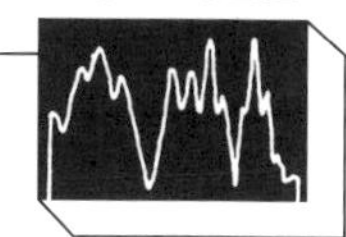

하리란 걸 알아요."

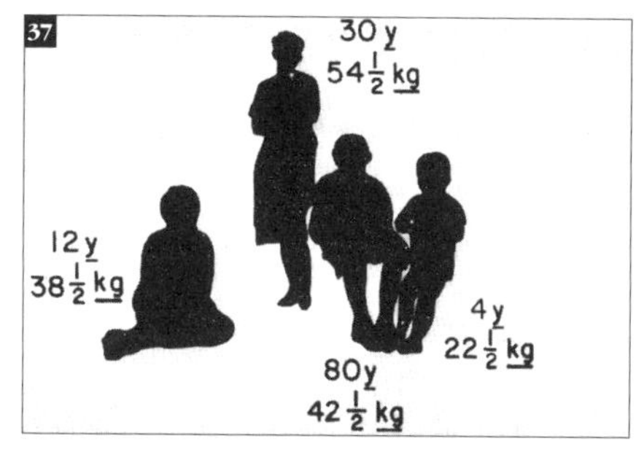

그림 32에서 그림 38까지는 인간을 소개했다. 인간의 문화에 관한 정보를 더 제시하기 전에, 우리는 우리 행성을 좀 더 자세하게 보여 주는 사진들을 나열했다. 지구의 풍경, 바다, 생물을 담은 사진들이 이어진다.

그림 39. 대륙 이동을 보여 주는 그림

판 구조론에서 말하듯이 지구의 표면에서 큰 지각 덩어리들이 용솟음치기도 하고 사라지기도 한다는 사실은 비교적 최근에 이뤄진 지질학적 발견이다. 그 현상이 기상 조건, 지질 구조, 생명체의 진화에 미치는 영향에 관해서는 아직 충분한 정보가 없지만, 그것이 우리 행성의 역사에서 중요한 현상이었다는 점만큼은 분명한 듯하다. 아마 다른 은하에 있는 다른 행성의 역사에서도 마찬가지일 것이다. 이 그림은 지구의 구조를 조금쯤 알려 주기도 한다. 맨 위는 원시 대륙이었던 판게아(Pangaea)의 30억 년 전 모습이고, 가운데는 현재 대륙들의 모습이며, 맨 아래는 지금으로부터 1000만 년이 흐른 뒤에 대륙들의 모습이다. 시간은 지구가 형성된 순간부터 잰 것이므로, 현재는 시작점으로부터 45억 년이 흐른 시점이 된다. 이 사실은 우리가 말하는 현상이 무엇인지 이해하는 데 강력한 단서가 된다. 수십억 년이 언급될 때는 뭔가 천문학적이거나 지질학적인 현상을 말하는 것이기 때문이다. 대륙들의 모습은 그림 12, 그림 74에도 등장한다. 가운데 보이는 사람 손은 인

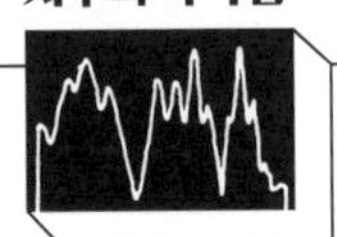

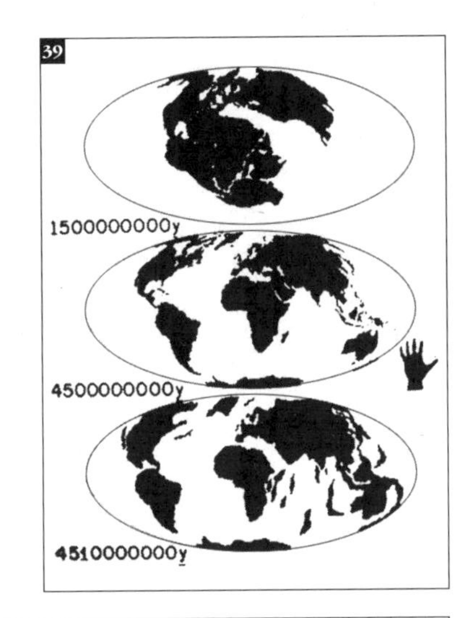

간의 시대를 뜻한다. "우주 탐사선을 쏘아 보낸 손이 존재했던 시대가 이때입니다."라고 말하는 셈이다. 세이건이 설계했던 라지오스 금속판에서 가져온 그림을 바탕으로 삼았다.

그림 40. 지구의 구조

코넬 대학에 있는 스티븐 소터(Steven Soter) 박사의 도움을 얻어서 그린 지구의 구조도로서, 밑에 적힌 지름과 질량은 그림 5부터 그림 12까지에서 이미 나왔던 것이므로, 이를 보면 지구인 줄 알 것이다. 지구에 가장 풍부한 14가지 원소들을 원자 번호로 표시했고, 각각이 지구에서 차지하는 비도 적었다. 개요도 속에는 지구 내부의 핵과 맨틀에 어떤 원소들이 상대적으로 얼마나 존재하는지를 표시했다.

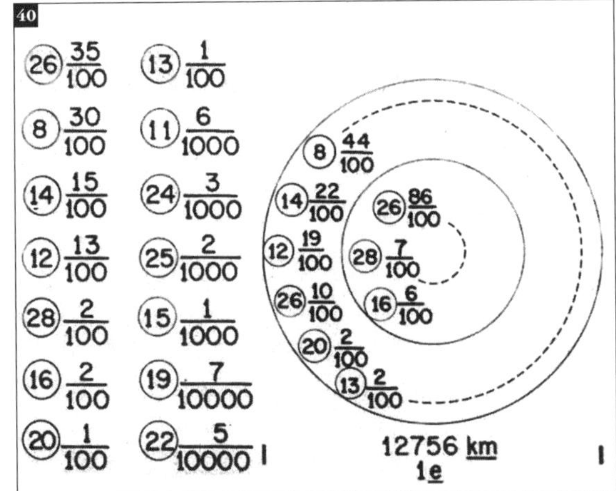

그림 41. 헤론 섬

오스트레일리아의 그레이트배리어리프에 있는 섬. 바닷물에서 산호초가 형성된 모습이 잘 보인다. 우리가 바다를 찍은 사진으로 시작한 것은 지

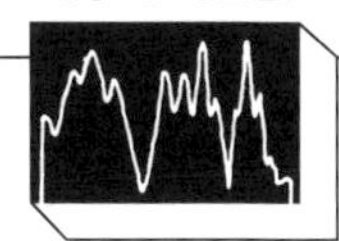

표면의 대부분이 물로 덮여 있다는 사실을 암시하기 위해서였다.

그림 42. 바닷가

미국 메인 주의 네딕 곶. 바위로 된 해안에 파도가 밀려 들어오고 있다. 하늘에는 폭신폭신한 구름이 가득하다. 지구에 단단한 바위가 있고 바람이 있다는 사실을 보여 준다.

그림 43. 스네이크 강과 그랜드티턴 산맥

산맥, 강, 숲을 보여 주는 앤설 애덤스의 숨 막히는 사진은 판 구조론에 따라 대륙이 움직인다는 증거인 셈이다.

그림 44. 사구

건조 지역의 풍화 과정과 먼지 이동 메커니즘에 대해 많은 것을 알려 주는 사진이다. 말에 탄 사람과 개가 모래에 발자국을 남기면서 걷고 있다. 말 탄 사람이 혹 반인반마(半人半馬)로 보이면 어쩌나

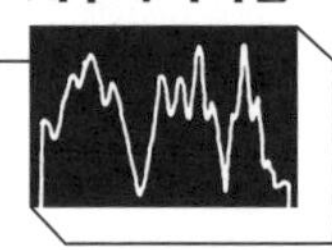

하는 걱정도 들었지만, 뒤에 나오는 다른 사진들을 보면 우리에게 말 같은 동물이 있고 그것을 타기도 한다는 사실을 알 수 있을 것이다.

그림 45. 모뉴먼트 계곡

미국 남서부의 거친 지질 구조를 컬러로 보여 준다. 침식된 암경(화산 활동으로 생긴 원통형 용암 기둥 — 옮긴이)이나, 양 떼를 모는 사람들 모습이 흥미로워 보일 것이다.

그림 46에서 그림 50까지는 다양한 계절의 식생을 보여 준다.

그림 46. 버섯이 있는 숲

나무 둥치, 잡목과 관목으로 구성된 2차림, 버섯이 등장하는 컬러 사진에서 숲의 분위기를 느낄 수 있다. 우주에는 나무가 귀할 가능성이 크다. 만약에 우리가 행성이란 것을 한 번도 본 적 없는 상태에서 새로 행성을 설계한다면, 아마도 나무 같은 것은 결코 상상하지 못할 것이다.

그림 47. 나뭇잎

딸기 잎을 가까이에서 찍은 확대 사진으로 그 크기가 표시되어 있다. 나뭇잎 가장자리를 구슬처럼 두른 물방울들은 이슬이 아니라 잎이 호흡하는 과정에서 배어난 물이다. 수신자는 이 물체가 생물학적 식량 공장이란 사실을 알아차릴지도 모른다.

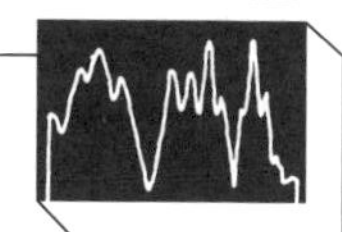

그림 48. 낙엽

나무에 달렸던 잎들이 떨어졌고, 사람이 그것을 갈퀴로 모으거나 치우려고 하고 있다. 이 사진은 컬러로 실었다. 수신자는 나무에 매달린 잎은 초록색인데 비해 낙엽은 색깔이 변했다는 사실에서 나무가 낙엽성임을 추측할 수 있을 것이다. 어쩌면 광합성 색소가 여러 종류 존재한다는 사실도 알아차릴지 모른다.

그림 49와 그림 49a. 세쿼이아와 눈송이

가끔은 두 사진 사이의 관련성이 뚜렷한 경우에 사진 두 장을 한 프레임에 담는 식으로 합성하기도 했다. 이 컬러 사진이 그 예다. 거대한 세쿼이아 나무가 눈에 덮여 있고, 오른쪽 구석에 눈송이 사진이 삽입되어 있다. 외계인에게는 우주에서 본 행성의 모습과 마찬가지로 물의 육각형 결정 구조도 친숙한 대상일 것이다. 물은 우주 전역에 흔한 물질이다. 그러니 외계인은 당연히 그 결정 형태를 알고 있을 것이다. 그리고 알아볼 것이다. 어

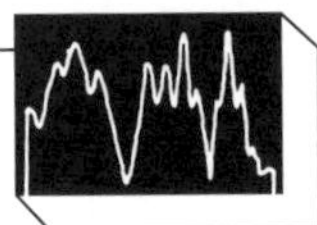

쩌면 다른 별에서 눈 덮인 세상을 밟으며 살아가는 존재들은 우리가 — 다 같아 보이면서도 다 다른 — 눈송이를 아름다운 대상으로 여긴다는 사실까지 추측할지도 모른다. 삽입된 사진은 그 물질이 나무를 덮은 흰 물질과 같은 것임을 암시할 뿐만 아니라 지구에 물이 있다는 사실을 다시금 강조한다. 작게 함께 찍힌 사람들은 나무의 크기를 암시한다. 지구에서는 영하로 내려가는 기온에서도 생물들이 자연스럽게 살아간다는 사실 또한 알 수 있다.

그림 50과 그림 50a. 나무와 수선화

이 컬러 사진은 나무가 어떤 패턴으로 가지를 뻗는지를 보여 준다. 삽입된 사진은 나무를 둘러싼 꽃들 중 하나를 확대해서 찍은 것이다. 수신자가 삽입된 사진 속 꽃 색깔과 큰 사진 속 꽃 색깔이 비슷하다는 점에서 두 물체를 연결 지을 수 있기를, 그리고 나무와 꽃의 상대 크기도 이해하기를 바란다. 그림 49는 나무의 크기를 사람과 비교해서 보여 주었는데, 이 사진에는 절대 단위로 적혀 있다(14m). 우리 선조가 나무에서 살았다는 점을 고려할 때, 우리가 나무를 이토록 강조한 것은 부

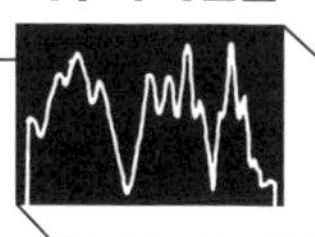

적절한 일이 아닐 것이다.

그림 51에서 그림 60까지는 인간 외에 지구 생물권의 다양한 문(門)을 대표하는 존재들을 보여 준다.

그림 51. 곤충이 나는 모습

여기 등장하는 꽃은 그림 69의 꽃과 비슷하다. 여기에서도 사진에 찍힌 대상의 크기를 절대 단위로도 표시하고 상대적으로도 보여 주었다. 설령 수신자가 표기를 이해하지 못하더라도, 인간이 이 곤충보다는 훨씬 더 크고 곤충은 데이지 꽃과 거의 같은 크기라는 사실은 알 수 있을 것이다. 곤충의 날개가 유난히 잘 찍혔다. 이 곤충은 오피온 루테우스(*Ophion luteus*)라는 학명의 맵시벌로, 내가 유달리 불쾌하게 느끼는 생활 양식을 갖고 있는 녀석이다. 이 벌의 유충은 다른 곤충에게 기생한다. 숙주가 될 마음이 전혀 없는 상대의 몸을 파고들어서 속을 파먹은 뒤, 그곳에서 다 자라면 살점을 갉아 먹으면서 밖으로

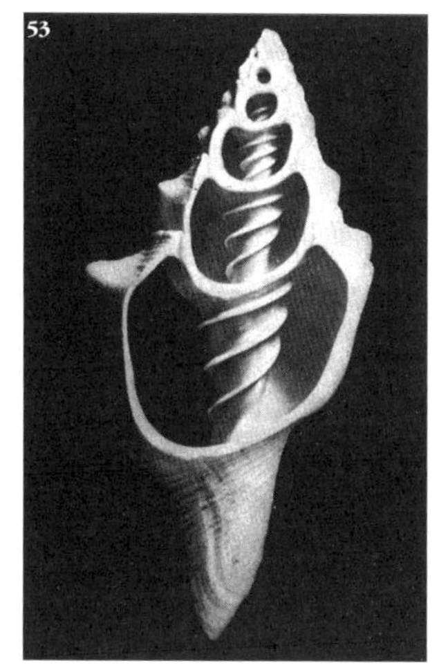

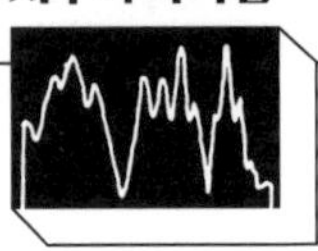

나온다. 꿀벌처럼 우리의 도덕적, 사회적 감각에 좀 더 부합하는 생활 양식을 지닌 곤충도 있지만, 이 녀석도 지구의 거주자이기는 매한가지다. 우리가 뭐라고 그 생활 양식을 평가하겠는가?

그림 52. 척추동물의 진화를 보여 주는 그림

아주 개략적으로 동물의 진화 과정을 보여 주는 그림이다. 지구의 동물들은 모두 진화를 거쳐서 현재의 다양한 종들에 이르렀다는 사실, 그리고 바다에서 육지로 이동하는 과정이 있었다는 사실을 보여 주고 싶었다. 상어(그림 54의 돌고래와 비슷하게 생겼다.)와 발 달린 물고기를 제외한 나머지 동물들은 다른 사진들에도 나온다. 새와 사슴은 각각 그림 114와 그림 61에 실루엣으로 등장한다. 인간 남녀의 모습은 어쩐지 친숙하게 느껴질지도 모르겠다. 세이건과 드레이크가 제작한 파이오니어 10호와 11호 금속판에 등장했던 그 남녀, 린다 세이건이 그렸던 그 남녀다. 당시 일각에서는 금속판에 대한 비판이 있었다. 남자는 환영의 의미로 손을 들고 있는데 여자는 많은 사람들의 시각에 부당하리만치 소극적인 태도로 보이는 자세로 가만히 서 있기만 한다는 지적이었다. 우리는 공정성을 기하는 의미에서 그 남녀를 다시 등장시켰고, 이번에는 여자가 팔을 들어 우주에 인사를 보내는 모습을 담았다. 페미니스트들이여, 평화를.●

그림 53. 조개껍데기

조개껍데기는 화가인 내가 늘 즐겨 그린 소재였다. 완벽한 그 형상은 훨씬 더 큰 물체의

● 파이오니어 금속판의 디자인과 그것이 일으켰던 반응에 대한 이야기는 칼 세이건의 『우주적 연결』에 더 자세히 나와 있다.

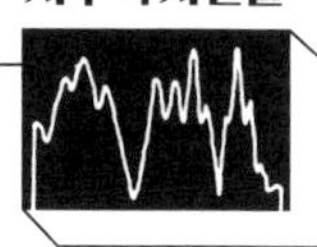

형상, 가령 은하의 형상을 연상시킨다. 또한 나는 다른 지적 생명체도 조개껍데기 형상에 깃든 질서의 아름다움을 음미할 수 있으리라는 육감을 — 여느 육감이 그렇듯이 딱히 변호할 근거는 없지만 — 품고 있다. 물론 그들에게 미적 감각이 있다면 말이다. (우리가 눈송이나 바흐가 다른 종족의 감각과 두뇌에도 매혹적으로 느껴지리라고 짐작한 것도 이와 같은 논리인 셈이다.) 『조개껍데기: 5억 년의 영감 어린 설계(*The Shell: Five Hundred Million Years of Inspired Design*)』라는 사진집에서 고른 이 소라 사진은 내가 예전부터 좋아했던 사진이다.

프랭크 드레이크와 칼 세이건은 이 사진이 다른 사진들보다 좀 더 혼란스럽게 느껴지리라는 우려를 밝혔다. 조개껍데기가 살아 있는 생물의 산물이라는 점이 분명하지 않기 때문이다. 사실 조각상, 기계 도구, 프로펠러, 혹은 건축가의 모형이라고 해도 통할 것이다. 다른 생물들 사이에 배치한 점이 혼란을 좀 덜어 줄지도 모르겠다.

그림 54. 돌고래

고래와 돌고래는 대형 유인원, 인간과 더불어 지구에서 가장 지적인 동물들이다. 보이저 레코드판의 인사말 섹션에 고래의 노래가 포함되었으니, 사진 섹션에서는 돌고래를 보여 주는 게 옳을 듯했다. 뚝뚝 떨어지는 물과 유체 역학적인 유선형 몸체는(그림 52의 상어와 비슷하다.) 이 동물이 수생 생물, 그것도 활력과 생기가 넘치는 동물임을 강하게 암시할 것이다.

그림 55. 물고기 떼

세이건, 드레이크, 나는 모두 열성적인 스쿠버 다이버들이다. 우리는 멋진 바닷속 장면도

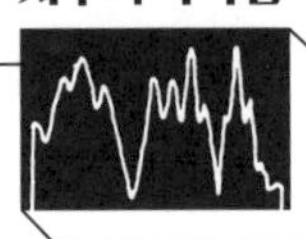

포함시키고 싶었다. 그러나 산호와 물고기가 등장하는 사진들을 훑다 보니, 그것이 물속을 찍은 장면이라는 사실을 확실히 말할 수 있는 방법이 없다는 걸 깨달았다. 그나마 덜 모호하게 보여 주는 방법은 잠수부가 있는 사진을 쓰는 것이었다. 조절기에서 보글보글 솟는 기포들이 수중 환경이라는 증거가 될 테니까 말이다. 게다가 잠수부가 있으면 인간이 다양한 환경을 탐사하고 적응하는 데 흥미가 있다는 사실도 보여 줄 수 있었다. 우주광(과학 소설 작가들과 우주 비행사들을 포함해서) 중에 스쿠버 다이버가 많다는 사실은 우연이 아니다. 무중력에 가까운 상태, 생명 유지 장치, 복잡하고 근사한 산호초 세계는 우주 탐사의 맛보기처럼 느껴진다. 우리 중 대부분이 우주에 가까이 다가갈 수 있는 정도는 그 정도가 최대한이다. 시나이 반도의 나마 만 연안 홍해 속에서 찍은 컬러 사진이다.

그림 56. 청개구리

뉴욕 주 이타카 근처 엔필드의 어느 뒷마당에서 발견된 작은 녀석이다. 더러운 손톱까지 보일 만큼 사람의 손도 크게 보인다.

그림 57. 악어

동물 사진 중에는 사람도 함께 등장해서 동물을 관찰하거나 사진으로 찍거나 측정하고 있는 것이 많다(가령 그림 60). 이로써 우리가 자연에 호기심을 갖고 있다는 사실이 조금이나마 전달되기를 바란다. 이 사진은 척추동물의 배도 보여 준다.

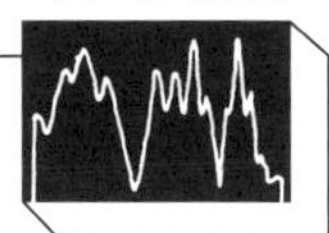

그림 58. 수리

그림 114와 더불어 지구의 날개 달린 생명체에 대해서, 그리고 그들이 나는 방식에 대해서 조금이나마 알려 줄 수 있는 사진이다. 비행 중에 찍힌 수리의 날개 구조가 또렷하게 보인다.

그림 59. 물웅덩이

프랭크 드레이크가 맨 처음 떠올렸던 발상 중 하나는 물웅덩이에 모인 동물들을 보여 주자는 것이었다. 그러면 여러 종의 동물들을 한 사진에 담을 수 있기 때문이다. 물웅덩이는 또한 성간 통신 애호가들 사이에서 통하는 농담이다. 은하에서 멀리 떨어진 종족들끼리 접촉하는 수단으로서 가능성이 가장 큰 것은 전파인데, 별에서 오는 메시지를 찾아 하늘을 탐색할 때 어느 주파수로 맞추는 게 최선인가 하는 문제에 대해서는 그간 많은 토론이 있었다. 전파 스펙트럼 중 마이크로파 영역에는 잡음이 비교적 적은 주파수대가 있다. 한쪽 끝은 수소의 에너지 방출 주파수에 해당하고 반대쪽 끝은 수산기(OH)의 주파수에 해당하는 그 대역에 사람들은 '물웅덩이'라는 별명을 붙였다. 수소와 수산기는 물이 분해되어 생기는 산물들이기 때문이다. 물은 온 은하에서 생명의 중요한

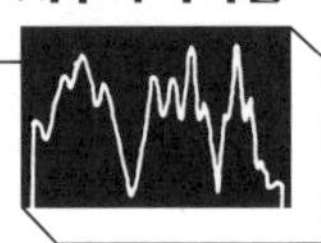

구성 요소일지 모르므로, 시적 감성이 풍부한 몇몇 천문학자들은 이 대역이 메시지를 찾기에 가장 바람직한 대역일지도 모른다고 말하며 좋아했다. 인간과 동물이 역사적으로 물웅덩이에서 만나 왔듯이, 서로 다른 행성에서 물에 기반을 두고 살아가는 생명들도 언젠가 전파의 물웅덩이에서 만날지도 모른다.

그림 60. 과학자와 침팬지

두 과학자가 인간의 가까운 친척을 관찰하는 모습을 찍은 컬러 사진이다. 둘 중 한 명은 유명한 제인 구달(Jane Goodall)이다. 외계인의 눈에는 침팬지와 인간이 거의 같아 보일지도 모른다. 카우보이 복장을 한 침팬지를 본다면 다른 점을 눈치채지 못하고 '이것도 인간이네.'라고 생각할 것이다. 그러나 이 사진에서 인간이 침팬지를 연구하고 있다는 점은 침팬지가 보이저호를 만든 종족의 구성원이 아니라는 사실을 약하게나마 시사할 것이다. 거꾸로 어쩌면 침팬지가 주인처럼 보일지도 모른다. 인간이 장비를 조작하고 있으니까. 어쨌든 우리는 영장류를 빼놓을 순 없었다. 그리고 사진의 배경은 다른 사진들에서는 등장하지 않는 식생, 즉 정글을 보여 준다. 사진을 찍은 사람은 제인 구달의 어머니인 밴 모리스구달(Vanne Morris-Goodall)인데, 우리가 그녀에게 사진을 사용하고 싶다고 편지를 보내자 이런 답장이 왔다. "지금 우주로 나가게 된 사진을 언젠가 내가 찍었다고 생각하니 감동이 이루 말할 수 없습니다. 더구나 내 딸 제인이 지구의 한 연구 분야를 대표하는 특별한 영광을 누리게 되었으니 더더욱 그렇습니다."

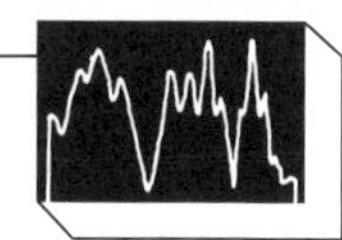

그림 61~62. 부시먼 사냥꾼의 실루엣과 사진

역시 『인간 가족』에서 가져온 이 사진은 인간과 동물의 전형적인 관계를 암시하는 모습, 즉 인간이 동물을 죽이려는 모습을 보여 준다. 사냥은 인간의 원시적인 활동이다. 더 나아가 이 사진은 교육 활동도 보여 준다. 소년이 아버지를 관찰하고 있는 것이다. 실루엣은 인간의 형상을 다시금 강조해서 보여 주고, 사슴과 배경을 구분할 수 있게 해 준다. 원근감 때문에 사슴이 훨씬 더 작아 보이지만, 실제로는 소년과 사슴의 크기가 얼추 비슷할 것으로 추정된다. 원근법은 외계인이 파악하기에 가장 어려운 개념 중 하나일 것이다(사람도 원근법을 쓰지 않는 문화에서 자란 경우에는 따로 보는 법을 배워야 한다.). 실루엣에 소년과 사슴의 크기가 같다고 표시해 두었으니, 수신자가 그것을 단서로 삼아서 이 사진을 우리처럼 볼 줄 알면 좋겠다. 그리고 그 지식을 다른 사진들에도 적용하기를 바란다.

나머지 사진들은 전부 인간, 인간의 문화, 인공물에 관한 사진들이다.

그림 63. 과테말라의 남자

손과 얼굴이 크게 찍혔다는 점 때문에 골랐다. 엄지가 다른 손가락들과는 반대 방향을 향한다는 점이 잘 드러나 있다. 또한 마체테(machete)라고 하는, 가장 기본적이고 중요한

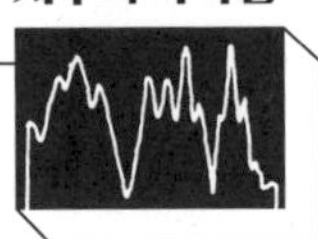

인간의 도구인 칼도 보인다.

그림 64. 발리의 무용수

인간의 표정과 손을 뚜렷하게 보여 주며, 대부분의 문화에 존재하는 정교한 옷과 장신구도 어느 정도 보여 준다.

그림 65. 안데스 산맥의 소녀들

인간의 또 다른 유전자 풀(gene pool)과 문화에 속한 사람들의 손과 얼굴, 옷을 더 보여 준다. 보이저 레코드판에 실린 페루 노래는 이런 부족

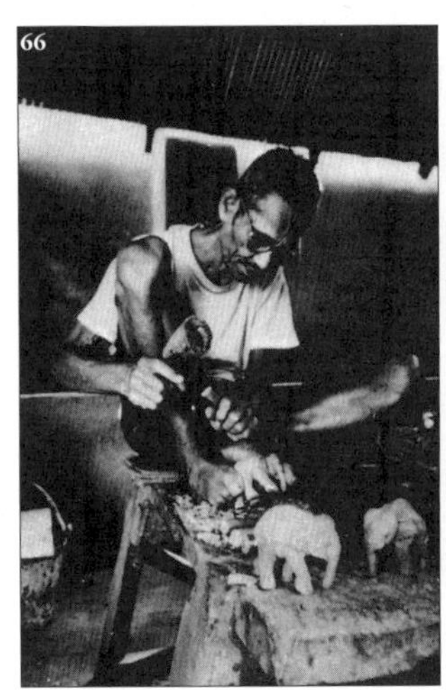

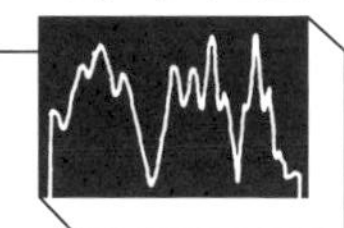

이 불렀다.

그림 66~67. 태국의 장인과 코끼리

장인은 사람의 손과 수공구의 다양한 사용법 중 일부를 보여 준다. 이어지는 사진은 앞 사진에서 조각되고 있는 동물을 보여 준다(우리가 동물을 길들여서 일을 시킨다는 사실도 보여 준다.). 수신자가 조각상과 동물의 형태가 비슷하다는 점을 인식함으로써 우리가 현실의 형상을 상징적으로 재현하곤 한다는 사실을 조금이나마 이해했으면 좋겠다.

그림 68. 터키의 노인

손과 얼굴을 가까이에서 찍은 이 사진은 또 다른 정보, 가령 수염의 존재를 알려 준다. 모자는 분명 머리에 얹힌 물체처럼 보이므로, 약간 모호해 보였던 다른 쓰개들을(가령 그림 63, 그림 64) 이해하도록 도울 것이다. 안경도 틀림없이 인공물처럼 보인다. 영리한 수신자라면 이것이 틀에 끼운 렌즈라는 사실을 추측해 낼지도 모른다. 다른 사진들을 통해서 눈이 우리의 시각 기관이라는 사실을 알아냈다면 더 쉽게 그럴 것이다. 내가 사진가에게 이렇게 말하자, 사진가는 내게 노인이 피우고 있는 물질에 대해서 뭐라

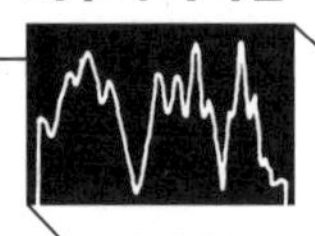

고 말했다.

그림 69. 야외에 있는 노인

사람과 개가 함께 있는 세 장의 사진들 중 하나이다(다른 두 장은 그림 44, 그림 62). 개가 우리의 친구라는 사실을 수신자가 짐작하면 좋겠다.

그림 70. 등반가

프랑스 등반가 가스통 레뷔파(Gaston Rebuffat)가 알프스 산맥의 어느 뾰족한 바위에 오른 모습이다. 수신자가 실루엣으로만 보이는 인물의 형상을 알아본다면, 뾰족한 바위의 크기를 짐작하려 애쓰는 것이 어려울 뿐더러 무의미한 일이란 점도 깨달을지 모른다. 이 사진의 유일한 요점은 사진 속 사람이 이 일을 해냈다는 점에 있다. 만일 이 메시지가 전달된다면, 우리는 우리에 대해서 아주 중요한 무언가를 말한 셈이다.

그림 71. 체조 선수 캐시 리그비

《스포츠 일러스트레이티드》가 제공한 고속 촬영 사진은 평균대 연기를 하는 캐시 리그비(Cathy Rigby)의 모습을 필립 리오니언(Phillip Leonian)이 찍은 것이다. 만약에 우리가 인간의 사진을 이것 한 장만 보낸

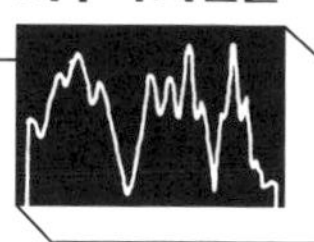

다면, 수신자는 인간을 얼마나 희한한 존재로 생각할까! 그러나 그들도 이것이 한 사람의 연속 움직임을 담은 사진임을 분명히 알 것이다. 이 사진은 다른 어떤 사진들보다도 우리가 움직이는 방식을 더 많이 알려 준다. 우리가 한 발로 서고, 두 발로 서고, (우리 중 일부는) 손으로도 서고, 뒤로도 구른다는 걸 알 수 있다. 이 동작을 수행하는 데 걸린 대략의 시간을 평균대에 적어 두었다. 짐작에 따른 추정값이라서 정확하진 않겠지만(어쩌면 5초가 아니라 10초나 15초였을 수도 있다.), 중요한 점은 우리가 마이크로초나 년이 아니라 초 단위로 움직인다는 사실이다.

그림 72. 올림픽 육상 주자들

그림 36과 마찬가지로 이 사진을 고른 이유는 다양한 인종들의 대표를 보여 주고 싶어서였다. 올림픽은 그런 장면을 찾기에 알맞은 장소일 것 같았다. 백인(러시아의 챔피언 발레리 보르조프(Valery Borzov)), 두 흑인, 동양인이 결승선을 향해 질주하고 있다. 인체를 보여 주었던 그림 18~25에서 확실히 드러나지 않았던 다리 근육이나 달리기 활동에서 취하게 되는 다양한 자세들이 잘 나타나 있다. 자세히 보면 주변에 다른 사람들이 서 있는 모습도 눈에 들어올 것이다. 그러니 우리가 스포츠 경기에서 달리기만 하는 게 아니라 구경도 한다는 사실, 경쟁을 한다는 사실도 암시할지 모른다.

수신자는 우리가 제공한 수학적 정의에서 아라비아 숫자를 배웠을 것이다. 그러니 주자들의 가슴에 붙은 숫자가 헷갈릴지도 모른다. 우리가 그들을 위해서 일부러 붙인 숫자가 아닐까(가령 캐시 리그비의 사진에서처럼 뭔가를 측정한 값으로서) 하고 말이다. 아니면 숫자가

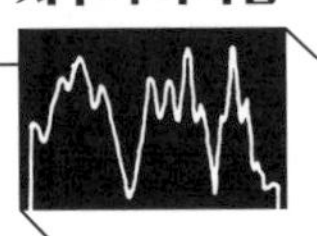

주름진 것으로 보아 그것은 옷에 붙은 것이며 외계인이 아니라 인간 관중을 위해서 붙여 둔 것임을 짐작할지도 모른다.

그림 73. 일본의 교실

인간에게 중요한 활동, 즉 글씨 쓰는 법을 배우는 모습이다. 우리가 최소한 현재까지는 개인 교사나 기계로 된 교사를 쓰지 않고 여전히 집단으로 아이들을 가르친다는 점도 보여 준다.

그림 74. 아이들과 지구본

그림 36처럼 이것도 뉴욕의 유엔 국제 학교에서 찍은 사진이다. 이번에도 아이들이 둥글게 모여 있고, 시선은 다들 지구본에 얹은 손을 향하고 있다. 지구본에서 사진에 찍힌 부분 — 아프리카와 중동 — 은 우주에서 찍은 지구를 보여 주었던 그림 12에 나타난 부분과 같다. 만일 수신자가 그 연관성을 알아차린다면, 나아가 아이들이 자기 행성의 모형을 보고 있다는 사실도 알아차린다면, 지구본의 육지가 복잡한 패턴의 선으로 나뉘어 있다는 점도 눈치챌 것이고, 그것이 지구에 실제로 그어진 금이 아니라 모종의 정치적 혹은 영토적 경계선으로서 개념에 불과한 선이라는 사실도 유추할지 모른다.

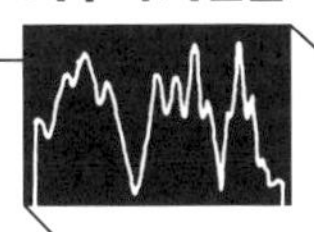

그림 75. 목화 수확

기계화된 농업을 보여 주는 사진도 넣어야 할 것 같았다. 목화 수확기 사진을 고른 것은 수확기가 흰 목화를 베고 지난 자리가 선명하게 드러나 있기 때문이다. 잘 보면 목화가 공중을 휙 날아서 기계에 얹히는 모습도 보인다. 목화밭과 수선화밭(그림 50)의 생김새가 아주 비슷하므로, 수신자는 이 사진이 무언가 땅에서 자라는 것을 따는 모습이라는 사실을 알 수 있을 것이다. 이 뒤에는 우리가 어떻게 음식을 구하고 먹는지 보여 주는 사진들이 이어지므로, 이 사진이 도입부인 셈이다. 물론 (『캐치-22(*Catch-22*)』의 마일로 마인더바인더가 아닌 이상) 보통의 경우에는 목화를 음식으로 여기진 않긴 하다.

그림 76. 포도를 먹는 남자

원래 손과 얼굴을 가까이서 찍은 사진이라서 골랐는데, 사람이 입에 무언가를 집어넣는 모습도 똑똑히 보여 준다. 기능 해부학자라면 여기에서 손이 서로 다른 세 가지 기능을 수행하고 있다는 점을 지적할 것이다. 남자가 먹는 것은 자연에서 난 것으로 보이므로, 우리가 아직 음식을 공장에서 생산하진 않는다는 점을 암시한다.

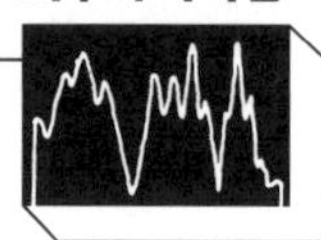

그림 77. 슈퍼마켓

여기에도 포도를 먹는 사람이 나온다. 그러나 이번에는 더 많은 정보가 담긴 다른 장소에서다. 그 정보란 우리가 모든 포도를 밭에서 따 먹진 않는다는 사실, 우리 중 일부는 시장에서 포도를 산다는 사실이다. 사진의 배경에는 포도 외에도 다양한 식재료가 진열되어 있고, 일부는 숫자로 눈에 띄게 가격이 붙어 있다. 만일 수신자의 사회에도 돈과 상거래에 기반을 둔 경제가 있다면, 그들은 이것이 가격표라는 사실까지 유추할 수 있을 것이다. 프랭크 드레이크는 시장이나 식료품점 사진을 넣는 게 좋겠다고 결정했는데, 그런 사진을 찾느라 며칠을 허비하는 것보다는 우리가 직접 찍는 게 쉬웠다. NAIC의 사진가 허먼 에컬먼을 포함한 우리 다섯 명은 동네 슈퍼마켓으로 향했다. 프랭크가 앞장서서, 다 함께 카트에 음식을 채워 넣었다. 에컬먼은 돌아다니면서 사진을 찍었다. 곧 다른 손님들이 우리와 멀찌감치 거리를 두었다. 아니나 다를까, 매니저가 다가와서 무슨 일인지 정중하게 물었다. 프랭크가 대표로 대답했다. 우리가 상황에 걸맞게 진지한 표정을 지으려고 노력하는 동안, 세계 최고의 천문학자 중 한 명은 의심스러워하는 가게 매니저에게 그의 슈퍼마켓을 우주로 보내고 싶다고 설명해야 했다. 우리는 대부분의 음식을 진열대에 도로 가져다 두었고(그래서 사람들이 더 당황했다.), 포도 값을 치른 뒤, 자리를 떴다.

그림 78. 잠수부와 물고기

(안타깝게도 이 사진을 책에 포함시키는 문제에 대해서 사진가와 만족스러운 협의에 도달하지 못했다. 바닷속 환경에 관한 정보를 좀 더 제공하고자 고른 사진이었다.)

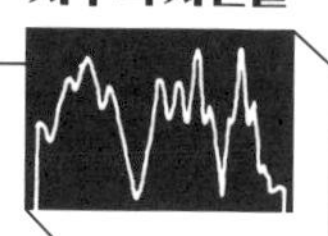

그림 79. 고깃배

이다음 사진이 물고기를 요리하는 장면이므로, 이 사진에서 그리스 어부들이 걷고 있는 그물이 물고기를 낚기 위한 것임을 유추하기는 어렵지 않을 것이다. 이 배는 다른 사진들에 등장한 기술에 비해서 원시적이다. 우리의 기술이 다양한 발전 단계로 존재한다는 사실을 보여 준다.

그림 80. 생선 요리하기

포르투갈에서 개방형 그릴에 생선을 굽는 모습이다. 그릴 한쪽에는 축축한 날생선이 있다. 그로부터 옆으로 갈수록 점점 더 많이 익은 (점점 더 탄화된) 물고기가 있다. 우리가 동물을 잡아서 요리한다는 메시지를 전달하는 사진이다.

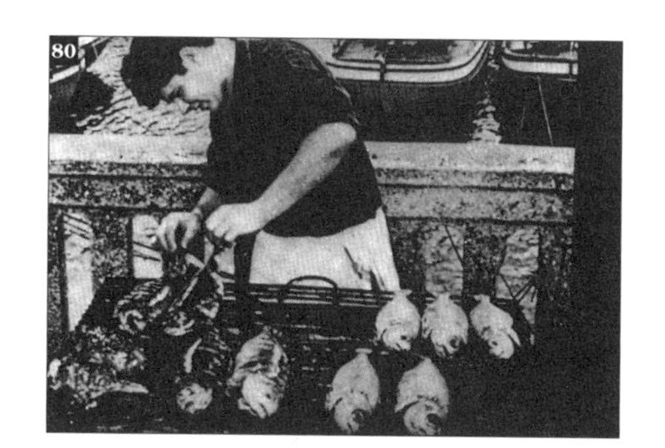

그림 81. 중국의 저녁 식사 모임

우리는 한 무리의 사람들이 함께 식사하는 장면을 보여 주고 싶었다. 사람들이 둥글게 둘러 앉아 있다는 점에서 그림 36과 그림 74가 연상된다. 몇 명은 숟가락을 쥐고 있

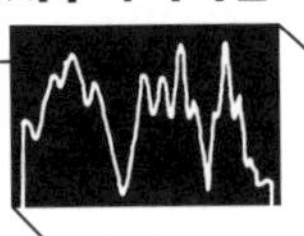

다. 숟가락을 그릇에 담근 사람도 있고, 들어서 입에 대는 사람도 있다. 식탁에는 음식이 담긴 접시들과 술병이 있다. 전형적인 현대식 복장을 한 사람들을 보여 주는 몇 안 되는 사진 중 하나이기도 하다. 남자의 손짓이 서양인에게는 수수께끼일 수도 있겠다. 남자는 동양에서 흔한 게임을 하는 중인데, 술래가 손가락을 몇 개나 펼칠지를 다른 사람들이 알아맞히는 게임이다. 여자들은 척 보기에도 분명 즐거워하고 있다.

그림 82. 먹고, 핥고, 마시는 모습

우리는 입이 먹고 마시는 기능을 수행한다는 사실을 확실히 보여 주고 싶었다. 입은 먹을 때 다양한 기능을 수행한다. 그런데 그 모두를 한 장으로 확실히 보여 주는 사진을 찾지 못했기 때문에, 아말 샤카시리가 직접 찍자고 제안했다. 그녀는 세 사람이 등장하는 장면을 구상했다. 한 명은 물병으로 물을 마시고, 한 명은 (씹는 법을 보여 주기 위해서) 샌드위치를 먹고, 한 명은 (다른 사진에는 등장하지 않는 혀를 보여 주기 위해서) 아이스크림콘을 핥는 것이다. 훌륭하고도 효율적인 제안이었고, 덕분에 (좀 기이해 보일지언정) 풍부한 정보를 담은 사진이 탄생했다. 아말의 지시에 따라 세 배우 — 웬디 그래디슨, 발렌틴 보리아코프, 코넬의 대학원생 조지 헬루(George Helou) — 가 에컬먼의 스튜디오에 모였다. 웬디는 아이스크림콘을 받았고, 발렌틴은 (그가 싫어하는) 참치를 넣은 샌드위치를 받았고, 조지는 물병을 받았다. 첫 결과는 실망스러웠다. 샌드위치의 빵이 흰색이라서 베어 문 형태가 눈에 띄지 않았고, 불투명한 도자기 물병에서 흘러나온 물줄기는 은색 파이프가 조지의 입에 연결된 것처럼 착각될 수도 있었다. 두 번째 시도에서 발렌틴은 거무

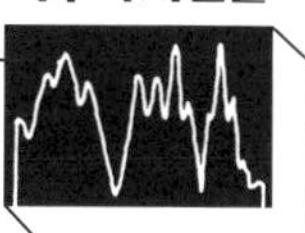

퉈퉈한 호밀 빵을 구워 만든 샌드위치를 먹었고, 조지는 물이 흘러나오는 모습이 똑똑히 보이도록 유리로 된 물병을 썼다. 조지는 사진가가 초점을 맞추고 반사를 확인하고 몇 장을 찍는 동안 계속 입으로 물을 흘려 넣어야 했고, 에컬먼이 작업을 마칠 때까지 물병의 물을 반이나 비웠다. 우리가 보기에는 약간 우스꽝스럽지만, 우리 입의 기능에 대해서 상당히 많은 정보를 주는 사진이다. 또한 우리가 빵, 물, 아이스크림을 먹고산다는 사실을 온 우주에 알려 준다.

그림 83. 중국의 만리장성

필립 모리슨의 제안 중 하나였다. 만리장성은 인간의 가장 장대한 공학적 업적으로 꼽히며, 인류의 여러 문화 중에서도 가장 오래되고 중요한 문화가 남긴 유산이다. 성벽의 거대한 규모를 보여 주면서 가까이서 본 모습도 함께 보여 주는 사진을 찾기가 쉽지 않았다. 고맙게도 내셔널 지오그래픽 협회가 여러 장의 사진을 제공해 주어, 그중에서 골랐다.

그림 84. 건축 장면(아프리카)

한 남자가 만리장성에도 쓰인 재료, 즉 벽돌로 사방에 벽이 있는 구조물을 짓고 있다. 또 다른 남자는 벽돌을 들고 대기하고 있다. 사람이 들어갈 수 있는 구조

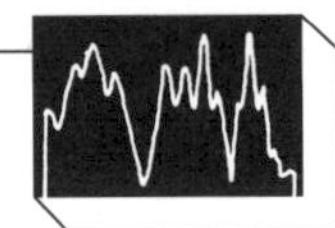

물이라는 사실을 분명하게 알 수 있다. 배경에 보이는 완성된 구조물은 비교용이다.

그림 85. 건축 장면(아미시)

헛간 짓는 모습을 찍은 이 사진은 건축이 협동 작업임을 보여 준다. 오른편에서는 건물 뼈대에 첫 벽널을 못으로 박고 있다.

그림 86. 집(오두막)

인간의 거주지를 보여 주기로 결정하자마자 깨달은 바인데, 전형적인 거주지가 어떤 모습인지 결정하기는 쉽지 않은 문제이다. 이 사진과 뒤이은 두 장의 사진은 우리가 사는 여러 종류의 집들 중에서 몇 가지를 보여 준다.

그림 87. 집(뉴잉글랜드의 목조 가옥)

북아메리카의 전형적인 가옥. 우리에게는 약간 구식처럼 보일지라도, 앞으로 수백만 년 뒤에는 별로 중요한 문제가 아닐 것이다.

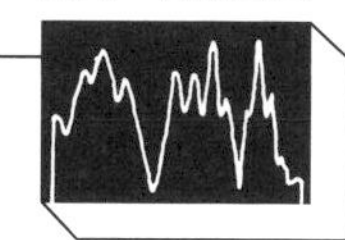

그림 88. 집(현대)

뉴멕시코 주 클라우드크로프트에 있는 이 건물은 유명한 항성 천문학자 존 V. 에번스(John V. Evans)가 사는 집이다.

그림 89. 집의 내부

이 사진을 고른 것은 무엇보다 난로가 있기 때문이다. 어디서든 한 번은 불을 보여 줘야 할 것 같았다. 불은, 그림 13에서 보았던 것처럼, 지구 대기에 산소가 많기 때문에 가능한 현상이다. 사진에는 그 밖에도 다른 정보가 많이 담겨 있다. 가령 우리가 의자에 앉는 방식도 엿볼 수 있다. 어쩌면 수신자는 남자의 활동을 이미 벽에 걸린 그림들과 연결해 생각할지도 모르고, 그래서 인간의 창작 충동을 일부나마(최소한 풍경화 부분에서라도) 이해할지도 모른다. 불을 선명하게 보여 주려고 컬러로 실었다.

그림 90. 타지마할

그림 84에서 그림 88까지는 가장 전형적인 건축물들을 일부 보여 주었다. 우리는 그보다 좀 더 인상적인 건축물도 보여 주고 싶었으며, 우리의 건축물이 얼마나 다양한지도 보여 주고 싶었다.

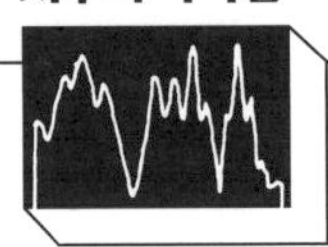

무수한 후보들 — 에펠탑, 고딕 대성당, 마야의 피라미드 — 중에서 우리는 타지마할을 골랐다. 타지마할은 종교가 아니라 사랑에 바쳐진 기념물이라는 점에서 매력적인 선택이다. 또한 타지마할은 흔히 세계에서 가장 아름다운 건물로도 여겨진다.

그림 91. 영국의 도시(옥스퍼드)

다음 몇 장은 여러 종류의 도시들을 보여 준다. 수신자는 다른 사진들에서 얻은 정보 덕분에 (가령 그림 101, 그림 102) 이 사진 속 거리에 등장하는 물체들을 알아볼 수 있을 것이다.

그림 92. 찰스 강에서 바라본 보스턴

현대 도시의 스카이라인을 대표하는 고층 빌딩들을 보여 준다. 강에 뜬 요트들의 모습에서 우리가 강이나 해안을 따라 거주하기를 좋아하고 물길을 수송에 이용한다는 사실을 유추할 수 있을지도 모른다(우리 행성과 문화에서 물의 중요성을 다시금 강조하는 셈이다.).

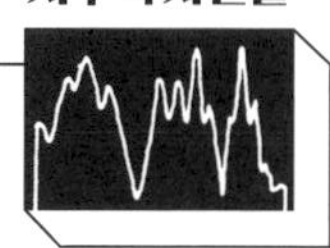

그림 93~94. 유엔 빌딩의 낮과 밤

우리가 밤에 도시를 어떻게 밝히는지 보여 주고 싶어서, 도시를 낮과 밤에 같은 각도로 찍은 사진을 찾아보았다. 유엔 건물을 찍은 이 사진이 우리가 찾은 최선이었다. 유엔 건물은 보이저호의 메시지가 서구 사회뿐 아니라 지구의 전 인류를 대표했으면 하는 우리의 바람을 상징한다는 점에서도 (수신자야 그런 의미를 모르겠지만) 적절한 건물로 보였다. 밤 장면은 컬러 사진으로 보냈다.

그림 95. 시드니 오페라 하우스

프랭크 드레이크는 다른 사진들에 나온 건물과는 상당히 달라 보이는 (이를테면 사각형이나 돔이 아닌 다른 형태를 취한다는 점에서) 현대 건축의 사례로서 오스트레일리아의 이 건축물을 포함시키자고 주장했다. 크레인과 비계가 암시하듯이, 오페라 하우스가 한창 지어지던 와중에 찍은 사진이다.

그림 96. 드릴을 조작하는 장인

그림 63, 그림 64, 그림 68처럼 역시 손과 얼굴을 가까이에서 찍은 사진이지만, 여기에서

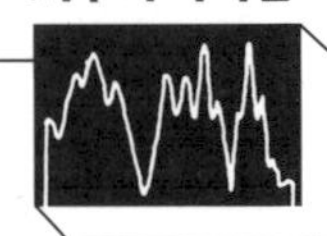

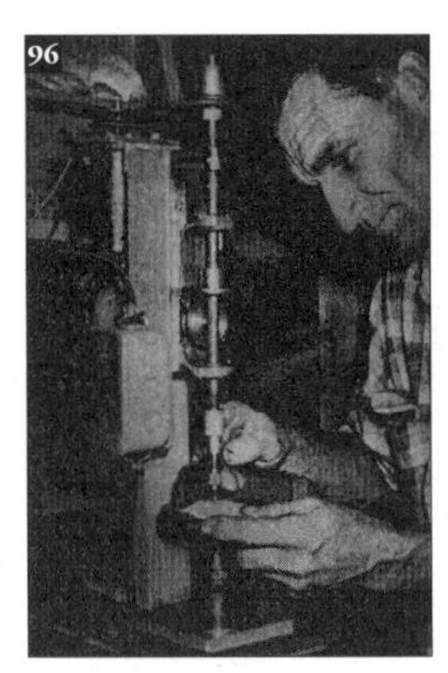

는 손이 기계를 써서 산업 생산 과정을 수행하고 있다.

그림 97. 공장 내부

그림 84와 그림 85에서 먼저 개인이 건축하는 장면을 보여 주고 다음에 집단이 건축하는 장면을 보여 주었던 것처럼, 이 사진은 그림 96과 자연스럽게 이어진다. 정밀 기기를 생산하는 현대적 공장에서 사람들이 기계를 조작하고 있다. 전기 장치에서 나오는 백열광을 보여 주기 위해서 컬러로 실었다.

그림 98. 박물관

한 무리의 사람들이 박물관에서 고대 동물의 뼈를 구경하고 있다. 사람들 뒤에는 그 동물이 살았을 때의 모습을 보여 주는 벽화가 그려져 있다. 인체를 보여 준 오버레이들(그림 18~25)과 이다음 사진(그림 99) 덕분에, 수신자는 사진 속 뼈가 무엇인지 알아볼 수 있을 것이다.

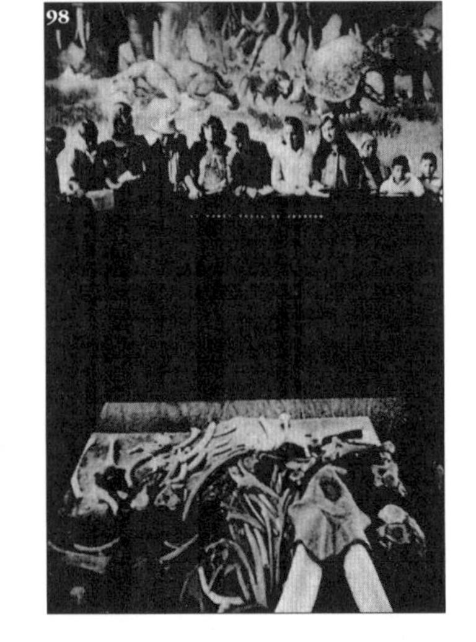

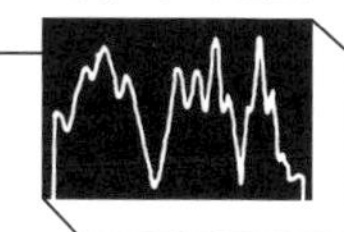

그림 99. 손을 찍은 엑스선 사진

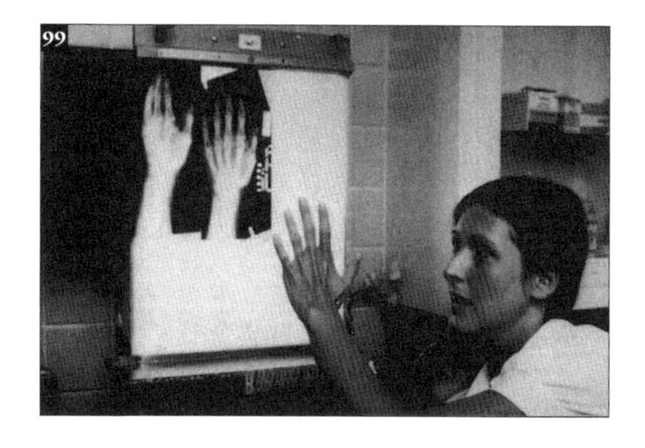

사람의 다재다능한 손은 문화가 진화하는 과정에서 적잖은 역할을 수행했다. 우리는 손이 다양한 작업들을 수행하는 모습을 여러 사진에서 보여 주었다. 반복을 통해서 중요성을 강조하고 싶었기 때문이다. 우리는 또 의료 기술의 단서를 제공하는 사진을 넣고 싶었다. 인체를 찍은 엑스선 사진이라면 우리가 우리 자신의 생물학에 기술을 적용할 줄 안다는 사실을 잘 보여 줄 것 같았다. 숱한 엑스선 사진들을 살펴본 끝에, 우리는 인체 부위 중에서 손이 사진으로 찍었을 때 눈에 제일 잘 띄는 데다가 수신자가 알아보기도 가장 쉬울 것이라고 판단했다. 나는 허먼 에컬먼과 함께 톰킨스 카운티 병원의 방사선과에서 이 사진을 찍었다. 방사선 기사인 테레사 치마(Teresa Cima)가 엑스선 사진과 비교해 보라고 손을 들어 보이고 있다.

그림 100. 현미경을 보는 여자

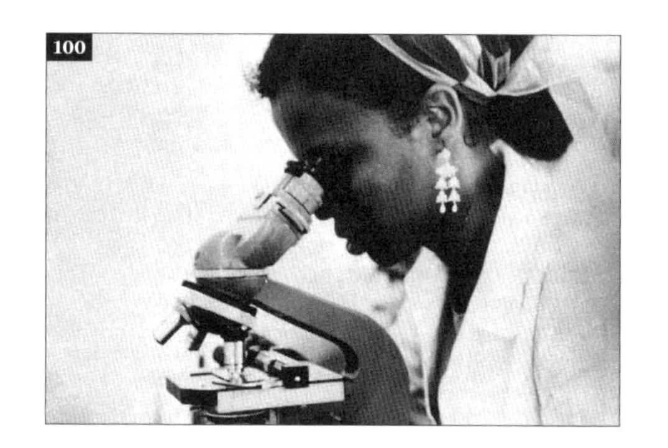

정말로 누군가가 보이저호를 수거한다면, 거기에 실린 기계들을 통해서 우리 과학 도구의 실례를 접할 것이다. 우리는 그런 과학 도구를 사람이 조작하는 모습도 보여 주고 싶었다. 수신자가 다른 사진들을 통해서 눈이 우리의 시각 기관이라는 사실을 깨달았다면, 나아가 그림 68에 나오는 안경의 기능까지 추측했다면, 이 사진

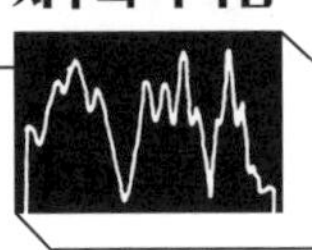

에 등장하는 현미경의 기능도 유추할 수 있을지 모른다. 현미경 아래 광원이 추가적인 단서일 것이다. 세포 분열을 찍은 현미경 사진(그림 17)은 우리가 현미경 기술을 발견했다는 사실의 증거이다. 칼 세이건은 이 사진에 나오는 현미경이 그림 17을 찍은 종류는 아닐 것이라고 말했지만, 어쨌든 수신자는 우리에게 현미경이 있다는 사실을 알 테니 이것이 그런 종류의 물건이라는 사실도 알아낼지 모른다. 또 여자는 귀고리를 하고 있다. 수신자가 이것을 가령 「스타 트렉(Star Trek)」 풍의 소형 라디오나 이름표 같은 것이 아니라 귀고리로 봐 주길 바랄 뿐이다.

그림 101에서 그림 108까지는 인간의 다양한 교통수단들을 보여 준다.

그림 101. 도로 풍경(파키스탄)

이 사진은 아마 메시지 전체를 통틀어 정보 밀도가 가장 높을 것이다. 붐비는 시간대에 어디론가 가려고 나온 자동차(사륜차와 삼륜차), 자전거, 오토바이, 마차, 행인이 양방향 도로의 양방향에서 꼼짝도 못하고 있으며, 중앙 분리대에서는 성스럽게 여겨지는 소들이 한가롭게 늘어져 있다. 단거리 육상 교통수단의 역사를 보여 주는 단면도나 마찬가지인 이 사진은 수신자가 다른 사진들에서 느꼈을지도 모르는 모호함을 말끔히 해소해 준다. 어떤 사진들은 원시적인 상태, 적어도 근대 기술이 발전하기 전의 상태라고 부를 만한 상황을 보여 주었으며, 또 다른 사진들은 세련된 기계와 기술을 보여 주었다. 그러니 수신자는 우리가 역사의 여러 단계들을 보여 주었다고 이해할지도 모르고, 지

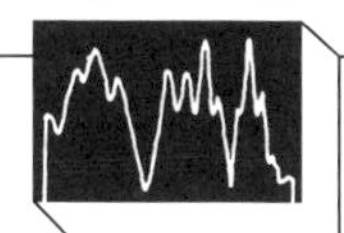

금은 지구가 완전히 기술화되었으리라 짐작할지도 모른다. 그러나 이 사진은 발전된 상태와 원시적인 상태가 공존한다는 것, 인류가 보이저호를 쏘아 올린 시점에 자가 동력 교통수단과 동물이 끄는 탈것을 동시에 이용했다는 사실을 똑똑히 보여 준다. 그러므로 우리의 과학 문명은 기술 발전 단계가 고르지 못할 만큼 아주 젊은 문명이라는 사실까지 시사할 수도 있다.

그림 102. 도로 풍경

인도의 혼잡 시간대 도로 풍경. 우리처럼 붐비는 도시에 사는 외계인이라면, 한쪽 방향으로 가는 차선은 네 개인데 반대 방향으로 가는 차선은 하나뿐이라는 점에서 많은 사람들이 동시에 어떤 장소로 가거나 온다는 사실을 짐작할지도 모르겠다.

그림 103. 고속 도로

에컬먼이 이타카의 13번 국도에서 찍은 사진이다. 탈것이 등장하는 다른 사진들과는 달리, 이 사진의 배경은 도시가 아니라 시골이다. 육상 교통수단이 도시 내에서만 쓰이는 게 아니라 사람과 물건(가령 트럭에 실린 통나무)을 장거리로 나르는 데도 쓰인다는 사실을 보여 준다.

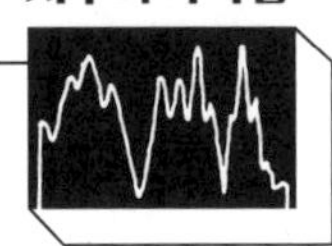

그림 104. 베이커 해변에서 바라본 금문교 다리

필립 모리슨은 현수교의 사진을 포함시키자고 제안했다. 현수교는 형태가 기능에서 곧장 따라 나오고 그 모양새가 전적으로 물리학의 법칙에 따라 결정되는 구조물이기 때문이다. 그러니 외계인은 이 구조물을 쉽게 알아보고 이해할 것이다. 현수교는 우리의 도로가 강을 가로지른다는 사실도 보여 준다. 앤설 애덤스의 사진이다.

그림 105. 기차

보스턴과 워싱턴을 운행하는 터보 열차. 바로 옆에 트랙이 하나 더 있다는 점에서 이 교통수단의 성격을 짐작할 수 있고, 이것이 이전 사진들에 등장했던 트럭이나 자동차와는 다르다는 점 또한 알 수 있다. 앞 유리창에 사람 얼굴이 보인다.

그림 106. 하늘을 나는 비행기

프랭크 드레이크가 시러큐스 공항 활주로에서 안전 요원이 저지하기 전에 얼른 이 사진을 찍었다. 안전 요원은 저 사람이 대체 여기에서 뭘 하는 건가 생각했을 것이다. 과학을 위해서라면 무엇을 못 하랴! 제트 비행기가 이륙하는 중이라는 사실을 분명히 알 수 있으며, 활주로에

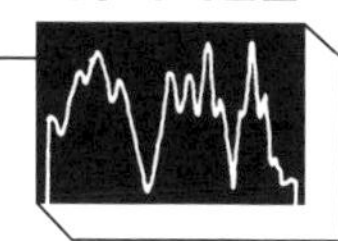

다른 종류의 더 작은 비행기들도 있다.

106

그림 107. 공항

크기와 종류가 다양한 비행기들이 있는 토론토 국제공항의 항공 사진. 수신자는 이 비행기들이 앞 사진에서 나왔던 것과 같은 종류의 운송 수단임을 알아볼 것이다. 우리의 교통 체계에는 — 도착점과 출발점으로 기능하는 중앙 집중형 장소인 — 터미널이 있다는 점, 따라서 우리가 탐사나 다른 제한된 용도로만 비행기를 쓰는 게 아니라 훨씬 더 광범위한 용도로 이용한다는 점을 알려 주는 사진이다. 작은 육상 교통수단들이 비행기를 보조하는 모습도 보인다.

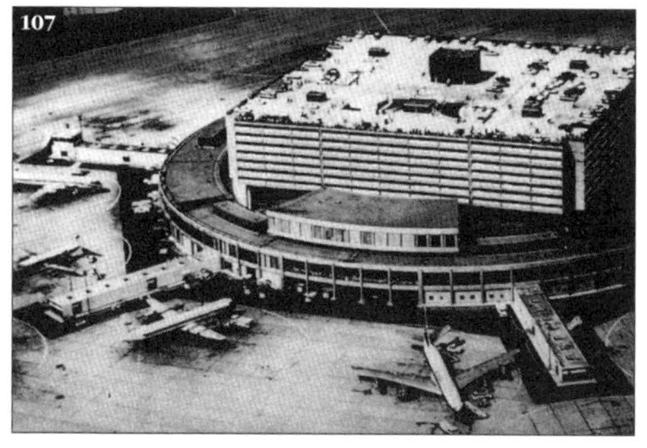

107

그림 108. 남극의 설상차

뭐, 우리라고 완벽하진 않다. 교통수단 사진들 중 마지막인 이 사진은 비비언 푹스(Vivien Fuchs) 경이 1958년 남극 횡단 탐사에서 찍은 것이다. 얼음판에 벌어진 크레바스(crevasse) 때문에 설상차가 오도 가도 못 하고 위태롭게 휘청거리고 있다. 탐

108

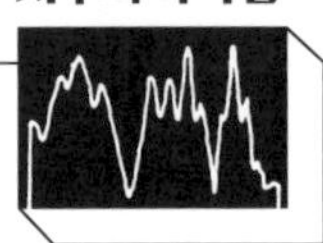

사자들은 "이제 어쩌지?" 하는 분위기로 옆에 서 있다. 우리는 이 사진이 극지방의 지형과 무한궤도를 지닌 운송 수단을 보여 준다는 점을 지적하며 이 사진을 넣기로 한 선택을 정당화할 수 있을 것이다. 그러나 사실 이 사진은 일종의 농담이다. 보이저 레코드판의 사진 섹션에서 우리가 웃기려고 의도적으로 넣은 사진이다. 이 사진은 보면 볼수록 웃겼다. 무력하게 매달린 설상차는 당황해하는 것처럼 보일 지경인데, 설상차의 옆면에는 탐사단의 이름이 대문자로 적혀 있다(대체 누구더러 보라고 적었지? 펭귄들?). 어쩌면 보이저호를 인양한 외계 우주선의 대원들도 어떻게 생겼는지 알 수 없는 어느 머나먼 행성의 진창에 배나 트랙터나 썰매가 처박혀 똑같은 경험을 한 적이 있을지도 모른다. 처박힌 운송 수단을 꺼내는 일은, 그들의 문명이 제아무리 발달했더라도, 우리가 외계 탐사자와 공유하는 경험일지도 모른다. 말이 나왔으니 말인데, 사진의 탐사자들은 이 설상차를 다른 설상차로 뒤에서 끌어서 재앙의 아가리에서 간신히 꺼냈고, 그 뒤 남극 육로 횡단을 계속했다.

그림 109에서 그림 113까지는 우리가 우주를 여행하는 문명으로 부상했다는 사실을 보여 준다.

그림 109. 전파 망원경(베스터보르크 전파 간섭계)

전파 간섭계란 줄줄이 늘어선 전파 안테나들이 하나의 망원경처럼 기능하는 것을 말한다. 사진에서 사람들이 자전거(그림 101에도 나왔으니 외계인도 알아볼 수 있을 것이다.)를 타고 망원경을 구경하고 있다. 접시 안테나의 형태는 현수교처럼 온전히 그 기능에

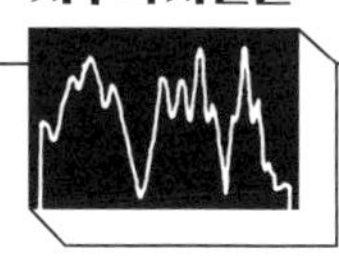

의해서만 결정된다. 그러니 다른 종의 전파 천문학자도 이 물건의 정체를 알 것이다.

그림 110. 아레시보 천문대

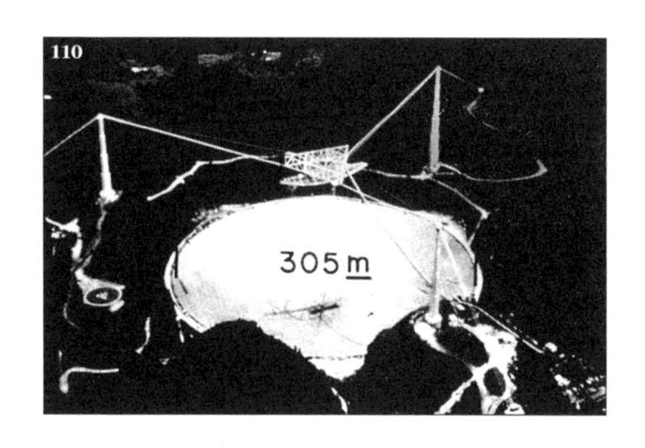

원래 사발처럼 우묵한 지형인 푸에르토리코의 계곡에 설치된 지름 300미터의 아레시보 전파 망원경은 세계 최대의 전파/레이더 망원경이다. 아레시보 천문대는 NAIC 소속이며, 미국 국립 과학 재단(National Science Foundation)의 지원을 받는다. NAIC의 소장인 프랭크 드레이크는 이 망원경을 이용하여 우주의 다른 문명들이 우리 쪽으로 쏘아 보냈을지도 모르는 인공적인 전파 신호를 탐색해 왔다(지금까지는 성과가 없었다.). 발전된 문명이라면 틀림없이 서로 간의 대화에 전파 망원경을 사용할 것이다. 이 사진은 지구도 대화에 낄 준비가 되었다는 사실을 알린다.

그림 111. 책의 한 페이지

책은 인간이 유전자나 두뇌에 부호화하여 저장하지 못한 정보를 보관하고 기억하는 수단이다. 책과 문자가 없었다면 우리 문명은 발전하지 못했을 것이다. 보이저호에 실린 사진들에는 줄곧 뭔가 상징들이 표기되어 있었으니, 우리가 상징을 이용한다는 사실은 충분히 전달되고도 남을 것이다. 우리는 그 상징들이 우리 세상에서 어떤 형태를 취하는지도 알려 주고 싶어서, 책의 한 페이지를 보여 주기로 했다. 그런데 어떤 책의 어떤 페이지를 보여 줘야 할까?

코넬 대학 도서관의 희귀본 담당 큐레이터인 도널드 에디(Donald Eddy)와 함께, 나

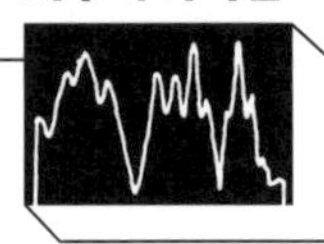

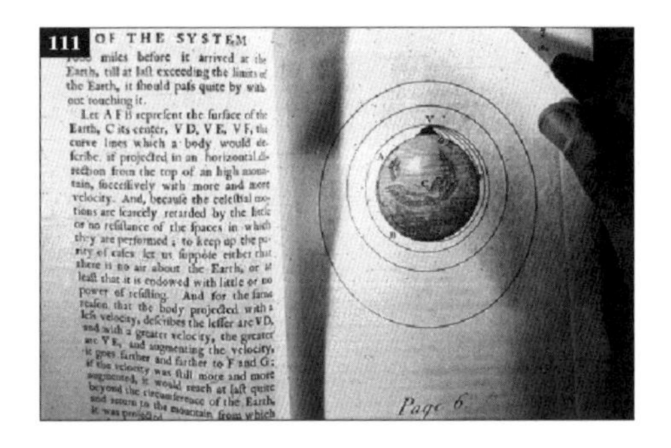

111 OF THE SYSTEM

miles before it arrived at the Earth, till at laſt exceeding the limits of the Earth, it ſhould paſs quite by without touching it.

Let A F B repreſent the ſurface of the Earth, C its center, V D, V E, V F, the curve lines which a body would deſcribe, if projected in an horizontal direction from the top of an high mountain, ſucceſſively with more and more velocity. And, becauſe the celeſtial motions are ſcarcely retarded by the little or no reſiſtance of the ſpaces in which they are performed; to keep up the parity of caſes let us ſuppoſe either that there is no air about the Earth, or at leaſt that it is endowed with little or no power of reſiſting. And for the ſame reaſon that the body projected with a leſs velocity, deſcribes the leſſer arc V D, and with a greater velocity, the greater arc V E, and augmenting the velocity, it goes farther and farther to F and G; if the velocity was ſtill more and more augmented, it would reach at laſt quite beyond the circumference of the Earth, and return to the mountain from which it was projected.

는 평생 본 책들 중에서 가장 아름다운 책들 — 셰익스피어(Shakespeare)의 초판본 폴리오판, 정교한 목판화가 곁들여진 르네상스 시절 초서의 책, 400년 된 유클리드 기하학 책 — 을 구경하면서 멋진 1시간을 보냈다. 필립 모리슨은 아이작 뉴턴(Isaac Newton) 경의 『태양계의 구조(*De Mundi Systemate*)』(『자연 철학의 수학적 원리(*Philosophiae Naturalis Principia Mathematica*)』, 즉 『프린키피아(*Principia*)』 3권을 말한다. — 옮긴이) 중에서, 특히 지구 궤도로 물체를 발사하는 과정을 인류 역사상 최초로 정확하게 설명하고 묘사했던 페이지야말로 우주로 보내기에 알맞은 것 아니겠냐고 제안했다. 어떤 의미에서 그 페이지는 우리를 보이저호로 이끈 과정의 첫 단계로 볼 수도 있다. 그런 역사적 중요성을 차치하더라도, 포탄이 다양한 궤도와 탄도로 발사되는 모습을 그린 삽화는 수신자가 쉽게 해독할 수 있는 내용일 것이다. 그들도 분명 위성 발사의 탄도학을 알 테니까 말이다. 게다가 그림에는 문자가 표시되어 있는데(A, F, B는 지표면의 각 지점을 뜻하고 C는 지구 중심을 뜻한다.), 본문에도 그 문자들이 등장한다. 수신자는 그림의 문자들을 본문의 문자들과 연관 지을 수 있을지도 모른다. 책이 한 장 이상으로 구성되었다는 사실을 알리고자, 책장을 넘기는 손도 함께 보여 주었다. 6과 7이라는 쪽 번호도 보인다. 숫자야 수신자가 이미 잘 알 것이다. 우리가 찍은 책은 1728년에 인쇄된 판본이었다. 후보로 고려했던 책들 중에서 제일 작았기 때문에, 해상도가 텔레비전 영상 수준인데도 다 읽을 수 있을 정도로 글자들이 크고 선명하고 또렷하게 보인다.

다음 두 사진은 뉴턴의 법칙이 실제로 적용되는 모습을 보여 준다. 그러니 바로 앞 사진

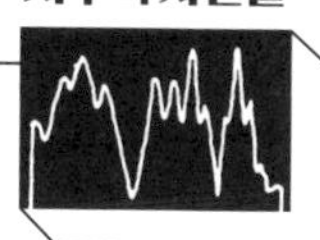

의 책 내용에 대한 또 다른 단서인 셈이다.

그림 112. 우주의 우주 비행사

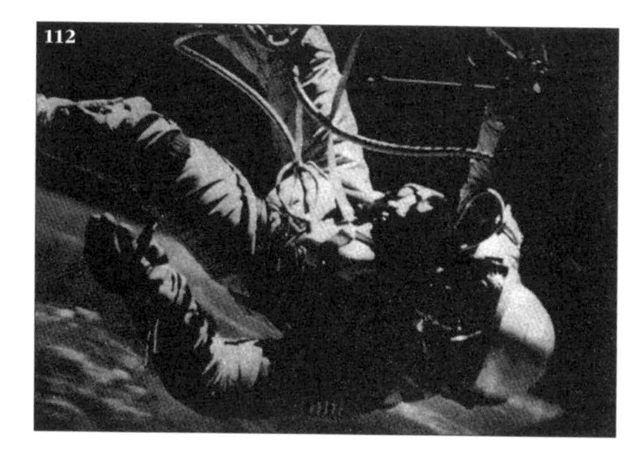

미국의 우주 비행사 제임스 맥디빗(James McDivitt)이 저미니(Gemini) 우주선의 궤도 비행 중에 우주 공간을 걷고 있다. 맥디빗의 손이 뚜렷이 보이므로, 수신자는 이것이 사람임을 알아볼 수 있을 것이다. 배경에 보이는 지구가 그림 12, 그림 13의 행성과 같은 것임을 알리기 위해서 이 사진은 컬러로 실었다.

그림 113. 타이탄 센타우르 로켓 발사 장면

1975년, 화성으로 가는 바이킹호를 싣고서 케이프커내버럴에서 힘차게 솟아오르는 타이탄 센타우르 로켓이다. 보이저호도 이것과 똑같은 로켓에 실려 발사되었다.

그림 114. 노을

오로지 그 아름다움 때문에 고른 사진도 한 장은 있어야 할 것 같았다. 우리 행성이 얼마나 사랑스러운지 보여주고 싶었다는 건 더 말할 필요도 없는 얘기다. 노을은 좋은 선택 같았다. 굳이 의미를 덧붙이자면, 붉어진 빛에는 지구 대기에 관한 정보가 담겨 있고, 새들의 실루엣에서는 조류의 비행 메커니즘을 알 수 있다. 아버지와 딸의 사진

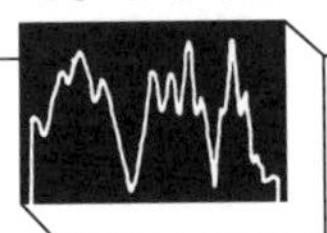

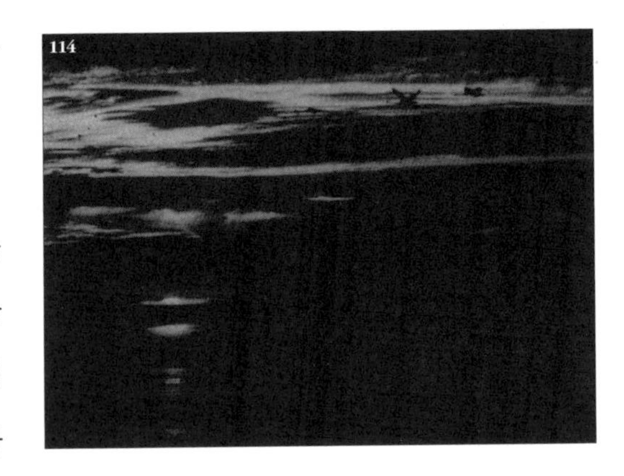

(그림 35)을 찍었던 데이비드 하비의 작품이다.

보이저 레코드판 내용물의 4분의 3은 음악이다. 마지막 두 사진은 레코드판의 대부분을 차지하는 그 소리가 무엇인지 현악 사중주를 예로 들어 명확하게 설명하려고 애썼다.

그림 115. 현악 사중주단

이탈리아 사중주단을 찍은 이 사진은 사람들이 음악을 연주하는 모습을 보여 준다. 음악가 한 명의 모습은 음악이 때로 사회적 활동이라는 개념을 전달하지 못할 것 같았고, 관현악단의 모습은 사람이며 악기며 너무 많아서 뭐 하나 선명하게 보이지 않을 것 같았다. 이 사진에서는 모든 사람들이 각자 악기를 연주하고 있다. 악기들은 형태는 같지만 크기가 다르다. 모두 현악기인데, 사람들이 현을 때리거나 비비고 있다는 사실을 쉽게 알 수 있을 것이다. 현의 진동에 관련된 특징들은(즉 배음과 화음이 만들어지는 현상은) 우주 어디에서나 같아야 하므로, 외계인은 현의 진동에서 모종의 소리가 난다는 사실을 이미 알고 있거나 추측할 수 있을 것이다.

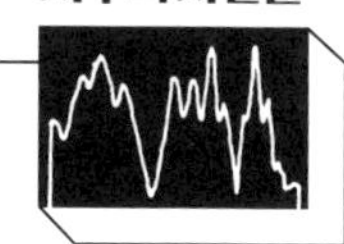

그림 116. 현악 사중주 악보와 바이올린

앞 사진에 나왔던 바이올린이 이 사진에서도 악보 옆에 재등장한다. 악보는 보이저 레코드판의 마지막 곡인 베토벤의 현악 사중주 13번 중 카바티나 악장이다. 우리는 나중에 음악 섹션에서 나올 그 곡 중에서 몇 초만 잘라서 이 사진 바로 뒤에도 실었다. 정확히 이 악보에 나와 있는 마디들이 연주되는 대목이다. 우리는 수신자가 그 음악을 분석함으로써 그것이 현의 진동에서 발생한 소리라는 사실을 깨닫기를 바란다. 일단 그 점을 알아낸다면, 사진 속 악기와 연주자를 진동하는 현의 소리와 연결 지어 생각하기는 쉬울 것이다. 기보법은 아주 실제적인 방식으로 음악을 보여 준다. 높은 음은 오선지에서 더 높은 위치에 그려지니까 말이다. 영리한 외계인이라면 악보를 보고서 음 하나하나가 악보의 표기 하나하나와 일대일로 대응한다는 사실까지 짐작할지도 모른다. 만일 그렇다면, 우리가 음악을 작곡하고 기록하며 그것을 악보로 보여 준다는 사실까지도 이해할 것이다. 그럼으로써 그들이 레코드판의 나머지 부분에 담긴 소리들의 정체를 조금이나마 이해하게 되길 바랄 뿐이다.

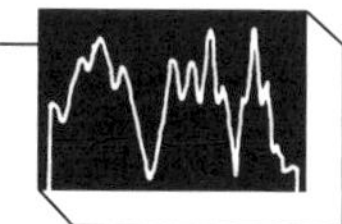

4

보이저호의 인사말

린다 살츠먼 세이건

인사보다 명랑하고, 한숨보다 슬프다.

—돈 블랜딩, 「알로하 오이」

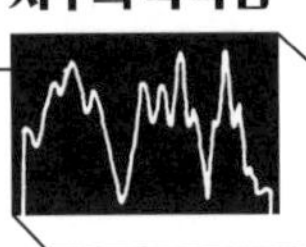

내가 이 글을 쓰는 동안에도 우주를 헤치며 나아가고 있을 보이저호는 반짝거리는 누에고치를 닮았다. 그 누에고치는 우주에 거주하는 다른 지적 존재들에게 우리가 보내는 선물인 금제 레코드판을 지니고 있다. 레코드판에서도 인사말 섹션은 인류의 기상을 칭송하고, 우리의 사교성을 강조하고, 사회적 존재로서의 기쁨을 드러내고, 우리가 우주로 보내는 최초의 말이 유창하게 여겨졌으면 하는 바람을 표현한 것이다. 우리는 우리 지구에서는 언어가 중요하다고 말하는 것이며, 우주의 다른 곳에 이야기를 나눌 줄 아는 문명이 있다면 그들과의 대화를 반기겠다고 — 더 나아가 즐기겠다고 — 말하는 것이다.

우리는 지구라는 섬에 좌초한 로빈슨 크루소다. 창의적이고 꾀바르고 창조적이지만, 어쨌든 외톨이다. 혹시 별이 총총한 바다를 항해하는 배가 있을까 싶어서, 우리는 저 멀리 수평선을 살핀다. 누군가와 접촉하고 싶은 바람에서, 막막한 공간 너머로 외쳐 본다. 두 손을 모아 입에 대고 소리 지른다. "여보세요, 거기 누구 없습니까?"

답이 없으면 어떡하지? 우리는 황야에 대고 외치는 것뿐일까? 우리가 우주에 내지른 외침이 우주 공간의 계곡에서 메아리칠 뿐 협곡 건너편의 누구에게도 가 닿지 않는다면 얼마나 슬픈 일일까. 우리에게는 우리 자신의 인사말만 들릴 것이다. 다정하고 진심 어린 그 소리가, 유리병에 떨어지는 동전 소리처럼 공허하게 메아리칠 것이다.

햇살에 흠뻑 젖은 플로리다의 하늘 아래, 몇 백 명의 사람들이 특별한 순간을 위한 특수한 장비 — 선글라스, 쌍안경, 카메라 — 를 갖추고서 모였다. 보이저호가 새하얀 빛을 뿜어내고 노을빛 연기를 피우며 하늘을 찢는 굉음과 함께 솟아오르는 모습을 구경하기 위해서였다. 보이저호가 순식간에 우리 시야를 벗어나고, 더 나아가 우리 관할을 벗어나고, 그리하여 어딘지 알 수 없는 곳으로 편도 여행을 떠나는 모습을 보면서, 우리는 그 우주 탐사선이 마치 마르코 폴로(Marco Polo)처럼 어딘가에 있는 오래되고 위대한 문명의 문턱에 도달하기를 바란다. 보이저 우주선은 우리의 사절이 되어 우리의 인사를 퍼뜨릴

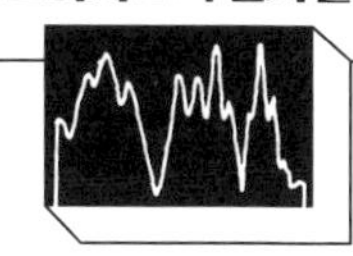

테고, 빅토리아 시대의 예의 바른 손님이 이웃을 방문할 때 그랬던 것처럼 우리의 명함(이 경우에는 레코드판)을 내밀 것이다.

보이저호가 외계의 이웃들에게 건네도록 당부받은 명함은 또 얼마나 매혹적인 물건인가. 그것은 얼마나 흥미롭고 중요한 꾸러미인가. 물론 그들에게 귀가 있어야 할 것이다. 눈도 있으면 큰 도움이 될 것이다. 그러나 나는 고도로 발달한 지적 생명체에게 감각기관이 **없는** 경우는 상상하기 어렵다고 여기기 때문에, 그 존재들이 감각과 지성을 둘 다 이용하여 보이저호를 경험하리라고 가정하겠다.

만일 당신에게 다른 세상에 사는 다른 감각 있는 존재에게 인사말을 보낼 기회가 있다면, 당신에게 허락된 짧은 몇 초 동안 무슨 메시지를 전달하겠는가? 이곳의 모두가 그곳의 모두에게 호의를 품고 있음을 표현하는 일반적인 메시지이겠는가, 당신이 개인으로서 전하는 메시지이겠는가? 먼 친척에게 보내는 안부 인사처럼 들리는 말이겠는가, 좀 더 다정하고 호들갑스러운 어조이겠는가? 어쩌면 전통적으로 정해진 격식 있는 인사말이 더 편할 수도 있겠고, 또 어쩌면 제일 기본적인 내용만을 전달할 수도 있을 것이다. "안녕하세요. 우리는 해치지 않아요. 그곳은 어떤 곳인가요? 마음을 담아, 지구에서."

보이저 레코드판에 실린 55가지 언어들의 인사말에는 내가 지금까지 언급한 요소들이 사실상 다 들어 있다. 인사말을 녹음한 사람들은 해당 언어에 능숙하기 때문에 선택된 것이지, 무슨 특별한 과학 지식을 갖고 있어서 선택된 것은 아니었다. 우리는 그들에게 이것이 어쩌면 존재할지도 모르는 외계인에게 보내는 인사말이라는 점, 그리고 짧아야 한다는 점 외에는 별다른 지침을 주지 않았다. 수메르 어, 아카드 어, 히타이트 어 같은 몇몇 언어들은 현대에는 더 이상 쓰이지 않는다. 라틴 어는 쓰이기는 해도 주로 종교나 기념 의례에서만 쓰인다. 그러나 이런 언어들은 역사적으로 중요하기 때문에, 우리는 그것들을 선반에서 꺼내어 먼지를 떤 뒤 그 나름대로 빛날 기회를 주었다. 거의 성경 문

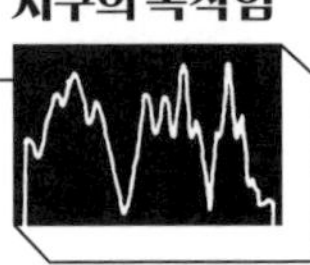

구 같은 라틴 어 인사말을 보라. "당신이 누구이든, 인사를 전합니다. 우리는 당신에게 호의를 품고 있으며, 우주로 평화를 전하고자 합니다." 스웨덴 어 인사말은 개인적이다. "지구라는 행성에 있는 작은 대학 도시 이타카에서 한 컴퓨터 프로그래머가 인사를 보냅니다." 나는 만다린 어 인사말이 특히 좋았다. 격의 없는 분위기가 마치 친구들에게 보내는 엽서를 연상시킨다. "모두들 잘 있기를 바랍니다. 우리는 늘 당신들을 생각하고 있답니다. 시간 나면 놀러 오세요."

외계인에게 연락해 달라고 요청한 사람도 몇 명 있었다. 가령 구자라트 어를 쓴 인도인은 이렇게 말했다. "지구의 인간이 보내는 인사입니다. 연락 바랍니다." 라자스탄 어를 쓴 다른 인도인은 정서가 달랐다. "모두 안녕하십니까. 우리는 여기에서 행복하니 당신들도 그곳에서 행복하길 바랍니다." 터키 어를 말한 사람은 한 술 더 떠, 수신자가 자신의 친구일 뿐 아니라 터키 어에도 능통하리라고 가정했다. "터키 어를 아는 친구들에게. 아침의 영광이 그대들의 머리에 깃들기를."

메시지에서 이 부분을 담당한 우리 작성자들은 외계의 언어학자가 제아무리 성실하더라도, 설령 우리의 탁월한 장 프랑수아 샹폴리옹(Jean François Champollion)보다 더 똑똑하더라도, 우리가 보내는 언어들 중 다수를 결코 해독하지 못하리라고 생각했다. 그러나 레코드판에는 로제타석(Rosetta Stone)을 제공할 만한 물리적 공간이 없었고, 하물며 언어마다 휴대용 사전을 딸려 보낼 공간은 더더욱 없었다. 보이저 레코드판 제작 프로젝트를 진행하는 동안, 우리는 이 메시지를 들을 청중에는 두 부류가 있다는 가정하에 모든 결정을 내렸다. 지구에 거주하는 우리 인간들, 그리고 머나먼 별의 행성에 존재하는 저들이다.

우리가 레코드판에서 인사말 섹션을 준비할 때 주로 염두에 둔 것은 지구에 있는 인간들의 요구였다. 우리는 한두 가지 언어로 된 인사말에 해독의 실마리를 딸려 보내는 대

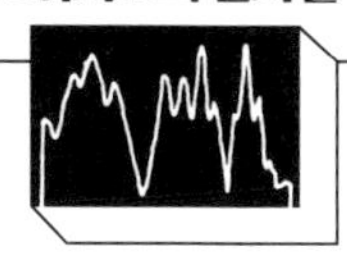

신, 온 지구의 인구를 아울러 사람들이 저마다 자기 부족의 언어로 말하는 메시지들을 녹음했다. 전자를 선택하면 외계인이 우리 말을 정확히 이해할 가능성이 좀 더 커진다는 건 알지만, 그러면 어느 두 언어를 보낼 것인가 하는 곤란한 문제가 제기된다. 우리는 보이저호가 지구라는 하나의 공동체에 대한 대표로서 우주에 인사하는 게 적절하다고 생각했다. 물론 여러 부분으로 나뉜 복잡한 공동체이기는 해도 말이다. 짧은 발언들이 이어지면서 그 사이사이 말이 끊어진다는 점, 그리고 인도 아대륙 언어들의 인사말은 "나마스테"로 시작하는 것이 많다는 점과 같은 내적 증거들이 있으니, 최소한 서로 다른 많은 언어들이 실려 있다는 사실만큼은 분명히 이해될 것 같다. 이 인사말들은 여러 문화들이 하나의 합창단에서 각자 제 목소리를 내어 기여한다는 점에서 청각적 게슈탈트(gestalt, 부분들이 모여 단순한 총합 이상의 전체를 이룬 것 — 옮긴이)와 같다. 우리가 태양계 밖으로 우주 탐사선을 보내는 목적은 결국 우리의 편협함을 타파하고, 국가 이익을 초월하고, 만에 하나 우주를 아우르는 사회들의 연방이라는 게 존재한다면 우리도 거기에 가입하려는 게 아니겠는가.

우리는 지구 인구의 대다수가 사용하는 언어들을 빠짐없이 녹음하고자 노력을 기울였다. 레코드판 제작에 관한 조사와 기술 작업을 몇 주 만에 해내야 했기 때문에, 우선 세상에서 가장 많이 쓰이는 언어들의 목록에서부터 시작했다. 목록은 코넬 대학의 스티븐 소터 박사가 제공해 주었다. 칼은 가장 많이 쓰이는 언어들 중 상위 25개를 녹음하자고 제안했다. 그것을 다 마치고도 시간이 남는다면 다른 언어들도 최대한 많이 포함시키면 될 것이었다.

녹음 작업을 주관하는 일, 그리고 적당한 사람들을 찾고 연락하고 설득하느라 발품을 파는 고된 업무는 칼의 비서인 셜리 아든, 당시 칼의 편집 비서였던 웬디 그래디슨, 스티븐 소터 박사, 그리고 내가 맡았다. 이 책 180쪽에서 197쪽까지 실린 표처럼 언어명,

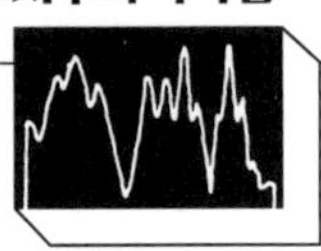

그 언어로 인사한 사람의 이름, 인사말의 내용을 원어로 쓴 것, 영어로 번역한 것, 그 언어를 쓰는 인구의 절대 숫자와 총 지구 인구에서의 비율을 정리해서 보여 주자는 발상은 주로 셜리의 제안이었다. 우리는 코넬 대학 언어학부의 구성원들에게 접촉했다. 그들은 몹시 촉박한 일정이었는데도 기꺼이 협조했고, 학기가 끝나서 다들 여름 방학을 즐기러 떠나는 시점이었는데도 많은 후보자들을 주선해 주었다. 좀 더 찾기 힘든 사람들도 있었다. 가끔은 몇 시간씩 전화기를 붙들고 앉아서 어떤 언어를, 가령 중국어 방언인 우 어를 하는 사람을 알 만한 친구의 친구에게 전화를 돌려야 했다. 적당한 사람을 찾으면, 녹음이 예정된 날 그가 시간에 맞춰 올 수 있는지 확인해야 했다. 우리는 녹음이 진행되는 와중에도 아직 해결하지 못한 언어의 사용자를 수소문하느라 바빴다. 제 녹음 순서를 기다리던 사람들이 우리가 찾는 문제의 언어에 능통한 친구의 이름을 알려 주기도 했다. 그러면 우리는 즉시 그에게 전화를 걸어 우리 프로젝트와 곤란에 대해 설명한 뒤, 당장 와 달라고 부탁했다. 많은 사람들이 그렇게 해 주었다.

코넬 대학 행성 연구소의 수석 물리학자인 비슌 카레(Bishun Khare)는 인도 사람들을 주선하는 일을 거의 도맡아서 처리해 주었다. 자기 친구들이나 코넬 대학의 인도인 공동체에 속하는 사람들에게 개인적으로 연락하여 우리 작업을 설명한 뒤, 협력을 요청하고 대답을 얻어 주었다.

몇 안 되지만 실망스러운 경우도 있었다. 누군가 녹음실에 오겠다고 약속해 놓고는 올 수 없게 되었는데 우리가 얼른 딴 사람을 구할 수 있을 만큼 일찍 알리지도 않은 경우였다. 막판에 대타를 구하는 일이 늘 가능한 건 아니었기 때문에, 안타깝게도 빠진 언어가 몇 있다. 스와힐리 어가 그렇다.

인사말 녹음은 코넬 대학 행정동에서 두 차례로 나누어 진행했다. 첫 번째 녹음은 1977년 6월 8일에 코넬 대학 홍보부의 조 리밍(Joe Leeming)이 진행했다. 한 사람이 인사

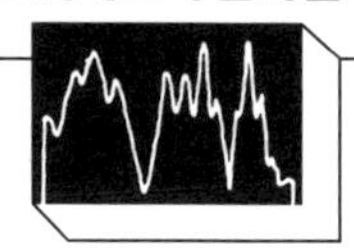

말을 녹음하는 동안 다른 사람들은 스튜디오와 이어진 옆방에서 기다렸다. 리밍은 옆방에도 스피커를 켜 두어, 녹음을 기다리는 사람들이 지금 스튜디오에서 녹음하고 있는 사람의 목소리를 들을 수 있게 했다. 덕분에 참가자들 사이에 훈훈한 동료 의식과 흥분이 감돌았다. 두 번째 녹음은 6월 13일이었고, 코넬 대학의 영상 제작자 데이비드 글루크(David Gluck)와 그 조수 마이클 브론펜브레너(Michael Bronfenbrenner)가 진행했다.

사람들은 보이저호를 그 속에 쪽지를 담아서 배의 난간 너머로 망망대해에 던져 보낸 유리병에 비교하곤 한다. 맞는 말이다. 병은 특수 제작된 것이고 쪽지는 연필이 아니라 컴퓨터로 갈겨 쓴 것이지만 말이다. 우리는 우리의 병을 광활한 하늘에 던져 보낸다. 우주의 해변을 걷던 누군가가 그것을 발견하는 날이 오기나 할까? 우리 세대는 알 수 없을 것이다. 그 답은 우리의 먼 후손이 기대할 문제일 것이다.

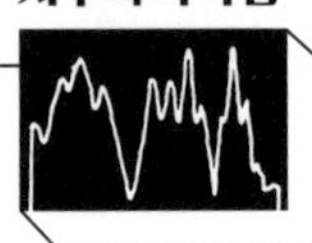

세계에서 가장 많이 쓰이는 언어들

출처: 시드니 S. 컬버트(Sidney S. Culbert), 워싱턴 대학 심리학과 부교수

최소한 100만 명 이상이 사용하는 언어의 총 사용자 수만 표시했다(1978년 중간 기준).

언어(지역)	사용자 수(백만 명)
아체 어 Achinese (인도네시아)	2
아프리칸스 어 Afrikaans (남아프리카)	7
알바니아 어 Albanian	3
암하라 어 Amharic (에티오피아)	9
아랍 어 Arabic	138
아르메니아 어 Armenian	4
아삼 어 Assamese[1] (인도)	13
아이마라 어 Aymara (볼리비아, 페루)	1
아제르바이잔 어 Azerbaijani ((구)소련, 이란)	8
바하사 어 Bahasa (■말레이-인도네시아 어를 볼 것)	
발리 어 Balinese	3
발루치 어 Baluchi (파키스탄, 이란)	3
바탁 어 Batak (인도네시아)	2
벰바 어 Bemba (중앙아프리카 남부)	2
벵골 어 Bengali[1] (방글라데시, 인도)	136
베르베르 어 Berber[2] (북아프리카)	
빌리 어 Bhili (인도)	4
비하르 어 Bihari (인도)	22
비콜 어 Bikol (필리핀)	2
비사야 어 Bisaya (■세부 어, 파나이-힐리가이노 어, 사마르-레이테 어를 볼 것)	
부기 어 Bugi (인도네시아)	2

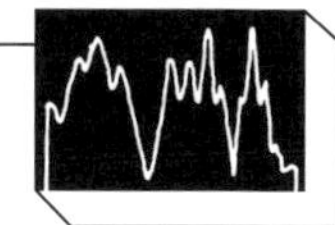

불가리아 어 Bulgarian 9

버마 어 Burmese 24

벨라루스 어 Byelorussian (주로 (구)소련) 9

캄보디아 어 Cambodian (캄보디아 등 아시아) 7

칸나리즈 어 Canarese (■칸나다 어를 볼 것)

광둥 어 Cantonese (중국) 49

카탈루냐 어 Catalan (스페인, 프랑스, 안도라) 6

세부 어 Cebuano (필리핀) 9

중국어 Chinese[3]

좡 어 Chuang[7] (중국)

추바시 어 Chuvash ((구)소련) 2

체코 어 Czech 11

덴마크 어 Danish 5

다약 어 Dayak (보르네오) 1

더치 어 Dutch (■네덜란드 어를 볼 것)

에도 어 Edo (서아프리카) 1

에피크 어 Efik 2

영어 English 374

에스페란토 어 Esperanto 1

에스토니아 어 Estonian 1

에웨 어 Ewe (서아프리카) 3

팡-불루 어 Fang-Bulu (서아프리카) 1

핀란드 어 Finnish 5

플랑드르 어 Flemish (■네덜란드 어를 볼 것)

프랑스 어 French 98

풀라 어 Fula (서아프리카) 9

갈리시아 어 Galician (스페인) 3

갈라 어 Galla (■오로모 어를 볼 것)

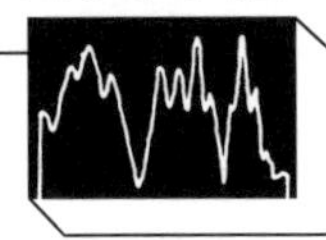

간다 어 Ganda (혹은 루간다 어) (동아프리카)	3
조지아 어 Georgian ((구)소련)	4
독일어 German	120
길라키 어 Gilaki (이란)	2
곤드 어 Gondi (인도)	2
그리스 어 Greek	10
과라니 어 Guarani (주로 파라과이)	3
구자라트 어 Gujarati[1] (인도)	32
하카 어 Hakka (중국)	22
하우사 어 Hausa (서아프리카와 중앙아프리카)	20
히브리 어 Hebrew	3
힌디 어 Hindi[1 4]	224
힌두스타니 어 Hindustani[4]	
헝가리 어 Hungarian (혹은 마자르 어(Magyar))	13
이비비오 어 Ibibio (■에피크 어를 볼 것)	
이보 어 Ibo (혹은 이그보 어(Igbo)) (서아프리카)	11
이조 어 Ijaw (서아프리카)	1
일로카노 어 Ilocano (필리핀)	4
일로코 어 Iloko (■일로카노 어를 볼 것)	
인도네시아 어 Indonesian (■말레이-인도네시아 어를 볼 것)	
이탈리아 어 Italian	61
일본어 Japanese	114
자바 어 Javanese	46
캄바 어 Kamba (동아프리카)	1
칸나리즈 어 Kanarese (■칸나다 어를 볼 것)	
칸나다 어 Kannada[1] (인도)	30
카누리 어 Kanuri (서아프리카와 중앙아프리카)	3
카슈미르 어 Kashmiri[1]	3

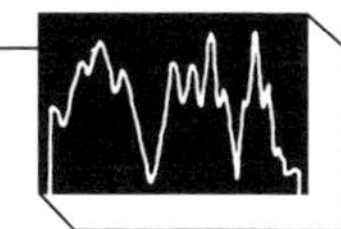

카자흐 어 Kazakh ((구)소련)	6
할하 어 Khalkha (몽골)	2
키콩고 어 Kikongo (콩고 어를 볼 것)	
키쿠유 어 Kikuyu (혹은 게코요 어(Gekoyo)) (케냐)	3
킴분두 어 Kimbundu (■음분두 어(킴분두 어족)를 볼 것)	
키르기스 어 Kirghiz (소련)	2
키투바 어 Kituba (콩고 강)	3
콩고 어 Kongo (콩고 강)	2
콘칸 어 Konkani (인도)	2
한국어 Korean	56
쿠르드 어 Kurdish (카스피 해 남서부)	7
쿠루크 어 Kurukh (혹은 오라온 어) (인도)	1
라오 어 Lao[5] (라오스 등 아시아)	3
라트비아 어 Latvian (혹은 레트 어(Lettish))	2
링갈라 어 Lingala (■응갈라 어를 볼 것)	
리투아니아 어 Lithuanian	3
루바-룰루아 어 Luba-Lulua (자이르)	3
루간다 어 Luganda (■간다 어를 볼 것)	
루히아 어 Luhya (혹은 루이아 어(Luhia)) (케냐)	1
루오 어 Luo (케냐)	2
루리 어 Luri (이란)	2
마케도니아 어 Macedonian (유고슬라비아)	2
마두라 어 Madurese (인도네시아)	8
마쿠아 어 Makua (동남아프리카)	3
말라가시 어 Malagasy (마다가스카르)	8
말레이-인도네시아 어 Malay-Indonesian	103
말라얄람 어 Malayalam[1] (인도)	28
말린케-밤바라-듈라 어 Malinke-Bambara-Dyula (아프리카)	6

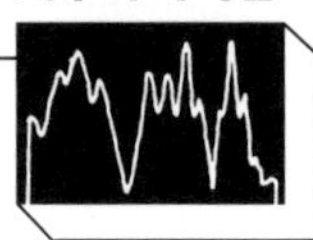

만다린 어 Mandarin (중국)	680
마라티 어 Marathi[1] (인도)	53
마잔다란 어 Mazandarani (이란)	2
음분두 어 Mbundu (움분두 어족) (앙골라 남부)	3
음분두 어 Mbundu (킴분두 어족) (앙골라)	2
멘데 어 Mende (시에라리온)	1
메오 어 Meo (■먀오 어를 볼 것)	
먀오 어 Miao (그리고 메오 어) (동남아시아)	3
민 어 Min (중국)	40
미낭카바우 어 Minangkabau (인도네시아)	4
몰다비아 어 Moldavian (■루마니아 어에 포함)	
몽골 어 Mongolian (■할하 어를 볼 것)	
모르도바 어 Mordvin (소련)	1
모레 어 Moré (■모시 어를 볼 것)	
모시 어 Mossi (혹은 모레 어) (서아프리카)	3
은동고 어 Ndongo (■음분두 어(킴분두 어족)를 볼 것)	
네팔 어 Nepali (네팔, 인도)	10
네델란드 어 Netherlandish (더치 어와 플랑드르 어)	20
응갈라 어 Ngala (혹은 링갈라 어) (아프리카)	2
노르웨이 어 Norwegian	5
니암웨지-수쿠마 어 Nyamwezi-Sukuma (동남아프리카)	2
니안자 어 Nyanja (동남아프리카)	3
오라온 어 Oraon (■쿠루크 어를 볼 것)	
오리야 어 Oriya[1] (인도)	25
오로모 어 Oromo (에티오피아)	7
파나이-힐리가이노 어 Panay-Hiligaynon (필리핀)	4
판자브 어 Panjabi (■펀자브 어를 볼 것)	
파슈토 어 Pashto (■푸슈토 어를 볼 것)	

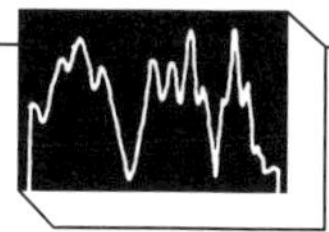

페디 어 Pedi (■북소토 어를 볼 것)	
페르시아 어 Persian	26
폴란드 어 Polish	37
포르투갈 어 Portuguese	137
프로방스 어 Provengal (프랑스 남부)	5
펀자브 어 Punjabi[1] (인도, 파키스탄)	60
푸슈토 어 Pushtu (주로 아프가니스탄)	17
케추아 어 Quechua (남아메리카)	7
라자스탄 어 Rajasthani (인도)	21
루마니아 어 Romanian	22
르완다 어 Ruanda (중앙아프리카 남부)	7
룬디 어 Rundi (중앙아프리카 남부)	4
러시아 어 Russian (대(大)러시아 어만)	253
사마르-레이테 어 Samar-Leyte (필리핀)	2
상고 어 Sango (중앙아프리카)	2
산탈 어 Santali (인도)	4
세페디 어 Sepedi (■북소토 어를 볼 것)	
세르보-크로아트 어 Serbo-Croatian (유고슬라비아)	19
샨 어 Shan (버마)	2
쇼나 어 Shona (동남아프리카)	4
시암 어 Siamese (■타이 어를 볼 것)	
신드 어 Sindhi (인도, 파키스탄)	10
싱할라 어 Sinhalese (스리랑카)	11
슬로바키아 어 Slovak	5
슬로베니아 어 Slovene (유고슬라비아)	2
소말리 어 Somali (동아프리카)	5
북소토 어 Sotho, Northern (남아프리카)	2
남소토 어 Sotho, Southern (남아프리카)	3

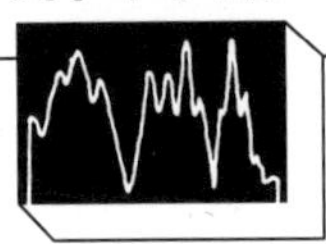

스페인 어 Spanish	231
순다 어 Sundanese (인도네시아)	16
스와힐리 어 Swahili (동아프리카)	25
스웨덴 어 Swedish	10
타갈로그 어 Tagalog (필리핀)	23
타지크 어 Tajiki ((구)소련)	3
타밀 어 Tamil[1] (인도, 스리랑카)	55
타타르 어 Tatar (혹은 카잔-투르크 어) ((구)소련)	7
텔루구 어 Telugu[1] (인도)	55
타이 어 Thai[5]	34
총가 어 Thonga (동남아프리카)	1
티베트 어 Tibetan	6
티그리냐 어 Tigrinya (에티오피아)	4
티브 어 Tiv (중앙 나이지리아 동부)	1
츠와나 어 Tswana (남아프리카)	3
툴루 어 Tulu (인도)	1
터키 어 Turkish	42
투르크멘 어 Turkoman ((구)소련)	2
트위-판티 어 Twi-Fante (혹은 아칸(Akan) 어) (서아프리카)	5
위구르 어 Uighur (중국 신장 자치구)	5
우크라이나 어 Ukrainian (주로 (구)소련)	42
움분두 어 Umbumdu (■움분두 어(움분두 어족)를 볼 것)	
우르두 어 Urdu[1] (파키스탄, 인도)	63
우즈베크 어 Uzbek ((구)소련)	10
베트남 어 Vietnamese	40
비사야 어 Visayan (■세부 어, 파나이-힐리가이노 어, 사마르-레이테 어를 볼 것)	
백러시아 어 White Russian (■벨라루스 어를 볼 것)	
월로프 어 Wolof (서아프리카)	3

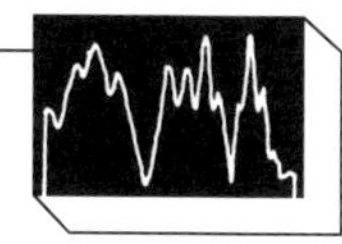

우 어 Wu (중국)	43
코사 어 Xhosa (남아프리카)	5
이 어 Yi (중국)	4
이디시 어 Yiddish[6]	
요루바 어 Yoruba (서아프리카)	13
좡 어 Zhuang[7] (중국)	
줄루 어 Zulu (남아프리카)	6

1. 인도 헌법에 명시된 15개 언어 중 하나다.

2. 여기에서는 방언 어군으로 간주되었다.

3. 만다린 어, 광둥 어, 우 어, 민 어, 하카 어를 보라. '국어' 혹은 '보통화'라고 불리는 표준 중국어는 베이징 지방 사람들이 쓰는 만다린 어를 뜻한다.

4. 힌디 어와 우르두 어는 사실상 같은 언어, 즉 힌두스타니 어이다. 그러나 인도의 공식어로서 데바나가리 문자로 표기될 때는 힌디 어라고 부르고, 파키스탄의 공식어로서 변형된 아랍 문자로 표기될 때는 우르두 어라고 부른다.

5. 타이 어는 중앙 타이 어, 남서부 타이 어, 북부 타이 어, 북동부 타이 어로 나뉜다. 북동부 타이 어와 라오 어는 언어학적 차이보다는 정치적 차이로 구분된다.

6. 이디시 어는 보통 독일어의 변형 형태로 여겨지지만, 고유의 문법과 어휘와 대단히 발달된 문학을 갖고 있으며 히브리 문자로 쓴다. 사용자는 약 300만 명이다.

7. 타이 어와 비슷한 방언 어군으로서 사용자는 약 900만 명이다.

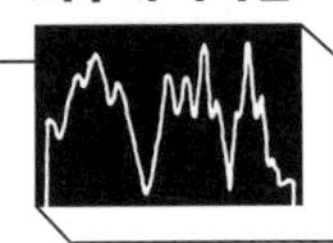

보이저 우주선에 실린 인사말들(수록된 순서대로)

작성자: 셜리 아든

언어	인사말
수메르 어	Silima khemen
그리스 어	οἵτινες, ποτ᾽ ἔστε, χαίρετε. εἰρηνικῶς, πρὸς φίλους ἐληλύθαμεν φίλοι.
포르투갈 어	Paz e felicidade a todos.
광둥 어	各位好嗎？祝各位平安健康快樂。
아카드 어	Adannish lu shulmu.
러시아 어	ЗДРАВСТВУЙТЕ, ПРИВЕТСТВУЮ ВАС!
타이 어	สวัสดีค่ะ สหายในธรณีโพ้น พวกเราในธรณีนี้ขอส่งมิตรจิตรมาถึงท่านทุกคน
아랍 어	تَحِيَّاتُنَا لِلأَصْدِقَاءِ فِي النُّجُوم يَالَيْتَ يَجْمَعُنَا الزَّمَان
루마니아 어	Salutări la toată lumea.

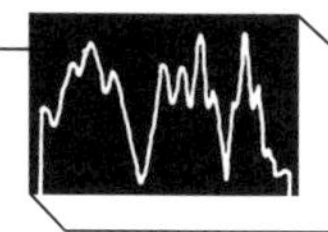

번역	화자의 이름	언어가 사용되는 나라	사용자 수 (백만 명)	세계 인구에서 차지하는 비 (퍼센트)
모두가 평안하기를.	데이비드 I. 오언 (David I. Owen)	고대 수메르(기원전 2000년), 현대 이라크	2×10^{-4} (약 200명의 학자가 사용)	
당신이 누구이든, 인사를 보냅니다. 우리는 친구에게 우정으로 대합니다.	프레더릭 M. 알 (Frederick M. Ahl)	그리스, 키프로스	10	0.2
모두에게 평화와 행복을.	재닛 스턴버그 (Janet Sternberg)	포르투갈, 브라질, 앙골라, 모잠비크, 기니비사우	133	3.3
안녕하세요? 평화와 건강과 행복을 빕니다.	스텔라 페슬러 (Stella Fessler)	중국 남부	48	1.2
모두가 아주 평안하기를.	데이비드 I. 오언	메소포타미아(기원전 500년)	5×10^{-4}	
당신의 건강을 기원합니다.	마리아 루비노바 (Maria Rubinova)	(구)소련	246	6.1
이곳에서 우리가 당신에게 호의를 전합니다.	루치라 멘디온스 (Ruchira Mendiones)	타이	35	0.8
우주에 있는 친구들에게 인사를 전합니다. 언젠가 만날 수 있기를 바랍니다.	아말 샤카시리	알제리, 바레인, 이집트, 이라크, 요르단, 레바논, 리비아, 모로코, 오만, 카타르, 사우디아라비아, 남예멘, 수단, 시리아, 튀니지, 예멘	134	3.3
모두에게 인사를 전합니다.	산다 허프먼 (Sanda Huffman)	루마니아, (구)소련의 몰다비아 지방	22	0.5

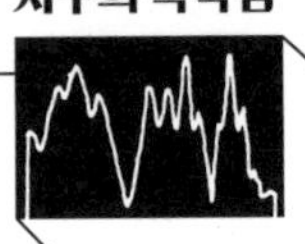

프랑스 어	Bonjour tout le monde.
버마 어	မေ ရဲ့လား: ခင်ဗျာ ။ Ma-ye. la: hkamya
히브리 어	Shalóm
스페인 어	Hola y saludos a todos.
인도네시아 어	Selamat malam hadirin sekalian, Selamat berpísah, Sampai bertemu lagi dilain waktu.
케추아 어	Kay pachamanta pitapas maytapas rimapayastin, runa simipi.
펀자브 어	ਜੀ ਆਇਆਂ ਨੂੰ. ਤੁਹਾਨੂੰ ਮਿਲਕੇ ਬਹੁਤ ਖੁਸ਼ੀ ਹੋਈ.
히타이트 어	Ashshuli.

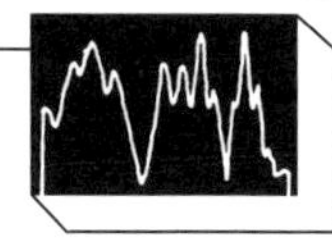

온 세상에게 좋은 하루가 되기를.	알렉산드라 리타워 (Alexandra Littauer)	프랑스, 벨기에, 캐나다의 퀘벡, 스위스, 베냉, 카메룬, 차드, 중앙아프리카공화국, 콩고, 다호메이, 프랑스령 기니, 가봉, 과들루프, 아이티, 코트디부아르, 룩셈부르크, 마르티니크, 말리, 니제르, 누벨칼레도니, 레위니옹(인도양), 세네갈, 토고, 오트볼타	95	2.5
안녕하세요?	마웅 미오 르윈 (Maung Myo Lwin)	버마	24	0.6
평화를.	데이비드 I. 오언	이스라엘	3	0.07
모두에게 인사를 전합니다.	에릭 J. 보이켄캠프 (Erik J. Beukenkamp)	아르헨티나, 볼리비아, 칠레, 콜롬비아, 에콰도르, 파라과이, 트리니다드토바고, 우루과이, 베네수엘라, 코스타리카, 엘살바도르, 과테말라, 온두라스, 니카라과, 파나마, 멕시코, 쿠바, 도미니카 공화국, 아이티, 푸에르토리코, 스페인, 모로코 일부와 서아프리카	225	5.6
모두에게 좋은 밤이 되기를. 다음에 봅시다.	일야스 하룬 (Ilyas Harun)	인도네시아	101	2.5
지구에서 모두에게 케추아 어로 인사를 전합니다.	프레디 아밀카르 론칼라 페르난데스 (Fredy Amilcar Roncalla Fernandez)	페루, 볼리비아, 에콰도르	7	0.17
환영합니다. 모시게 되어 기쁩니다.	자틴데르 N. 파울 (Jatinder N. Paul)	인도, 파키스탄	58	1.4
축복을.	데이비드 I. 오언	터키의 아나톨리아 지방(기원전 1200년까지)	2×10^{-4}	

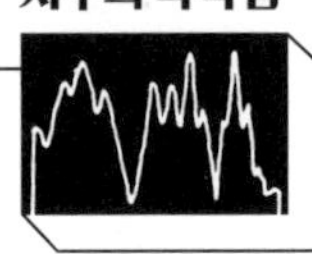

벵골어	নমস্কার ! বিশ্বে শান্তি হোক
라틴어	Salvete quiquumque estis; bonam erga vos voluntatem habemus, et pacem per astra ferimus.
아람어	Shalám
더치어	Hartelghe groeten aen iadereen.
독일어	Harzliche grüsse an alle.
우르두어	ہم زمین کے باشندوں کی طرف سے آپ کو خوش آمدید کہتے ہیں
베트남어	Chân thành giu dén cáo ban lò'i chào thân hu'u.
터키어	**Sayin Türkçe bilen arkadaşlarımiz:** **Sabah şereflerinizi hayırlı olsun!**
일본어	こんにちはお元気ですか。
힌디어	हम धरती के निवासी आप का स्वागत करते हैं।
웨일스어	Iechyd da i chwi yn awr ac yn oes oesoedd.
이탈리아어	Tanti saluti e auguri.
싱할라어	ආයුබෝවන්
응구니어 (줄루어)	Siya nibingelela maqhawe sinifisela inkonzo ende.

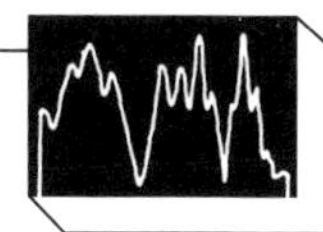

안녕하세요! 모든 곳에 평화가 함께하기를	수브라타 무케르지 (Subrata Mukherjee)	인도의 벵골 지역, 방글라데시	131	3.7
당신이 누구이든, 인사를 전합니다. 우리는 당신에게 호의를 품고 있으며, 우주로 평화를 전하고자 합니다.	프레더릭 M. 알	유럽 국내외 (중기 르네상스까지)	(학계와 성직계에서만 사용)	
평화를.	데이비드 I. 오언	고대의 근동, 오늘날 시리아와 이라크의 일부 시리아 인	3×10^{-2}	
모두에게 진심으로 인사를 전합니다.	요안 더부르 (Joan de Boer)	네덜란드, 수리남, 앤틸리스	20	0.4
모두에게 진심으로 인사를 전합니다.	레나테 보른 (Renate Born)	독일, 오스트리아, 스위스	120	3.0
당신에게 평화가 있기를. 지구에 사는 우리가 인사를 전합니다.	살마 알잘 (Salma Alzal)	파키스탄, 인도 중부	60	1.5
우리의 진심 어린 우정의 인사를 전합니다.	트란 트롱 하이 (Tran Trong Hai)	베트남	38	0.9
터키 어를 아는 친구들에게. 아침의 영광이 그대들의 머리에 깃들기를.	피터 이언 쿠니홀름 (Peter Ian Kuniholm)	터키, 불가리아의 소수 집단, 그리스, 키프로스	41	1.0
안녕하세요?	노다 마리 (Noda Mari)	일본	113	2.8
지구의 거주자가 인사를 전합니다.	오마르 알잘 (Omar Alzal)	인도 중북부 지역의 우타르프라데시, 마디아프라데시	180	4.4
앞으로 영원히 건강하기를 바랍니다.	프레더릭 M. 알	웨일스 서부	0.6	0.01
인사와 축복을 전합니다.	데비 그로스보겔 (Debby Grossvogel)	이탈리아, 스위스 남부	61	1.5
안녕하세요.	카말 더 아브루 (Kamal de Abrew)	스리랑카	11	0.3
그대들에게 인사를 전합니다. 장수를 빕니다.	프레드 두베 (Fred Dube)	동남아프리카	5	0.1

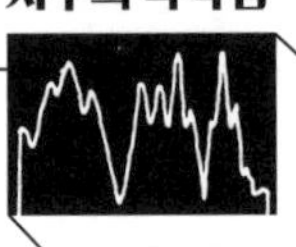

소토어 (세소토어)	Reani lumelisa marela.
우어	祝侬们大家好
아르메니아어	Բոլոր անոնց որ կը գտնուին տիեզերքին [illegible] [illegible] [illegible], ողջոյններ։
한국어	안녕하세요?
폴란드어	Watajcie, istoty zza światów!
네팔어	पृथ्वीवासीहरूबाट शान्तिमय भविष्यको शुभकामना!
중국 만다린어	各位都好吧，我們都很想念你們，有空請到這來玩。
일라어 (잠비아어)	Mypone kabotu noose.
스웨덴어	Hälsmingar från en data programmerare i den lilla universitats staden Ithaca på planeten jorden.
니안자어	Mulibwanji imwe boonse bantu bakumwamba.
구자라트어	પૃથ્વી ઉપર વસનાર એક માનવ તરફથી બ્રહ્માંડના અન્ય અવકાશમાં વસનારાઓને અભિનંદન. વળતો સંદેશો મોકલાવશો.
우크라이나어	ПЕРЕСИЛАЕМО ПРИВІТ ІЗ НАШОГО СВІТУ, БАЖАЕМО ЩАСТЯ, ЗДОРОВЯ, І МНОГАЯ ЛІТА.
페르시아어	درود بر ساکنین ذرات دوردست

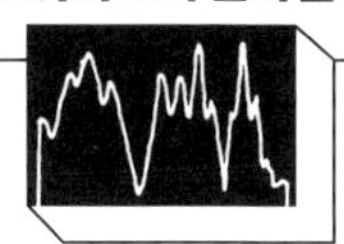

그대들에게 인사를 전합니다.	프레드 두베	소토 족(페디 족), 레소토, 트란스발 북부, 츠와나 족	5	0.6
모두에게 축복을 빕니다.	이본 마인월드 (Yvonne Meinwald)	중국의 상하이, 저장	43	1.1
우주에 존재하는 모든 이들에게, 안녕하세요.	아락시 테르지안 (Araxy Terzian)	아르메니아, 소련의 소수 집단, 레바논, 시리아, 이란, 터키	4	0.1
안녕하세요?	신순희	북한, 남한	55	1.4
반갑습니다. 세상 너머의 존재들이여.	마리아 노바코프스카스티코스 (Maria Nowakowska-Stykos)	폴란드	36	0.9
당신들의 미래가 평화롭기를 지구인들이 바랍니다!	두르가 프라샤드 오자 (Durga Prashad Ojha)	네팔	10	0.2
모두들 잘 있기를 바랍니다. 우리는 늘 당신들을 생각하고 있답니다. 시간 나면 놀러오세요.	리앙 쿠 (Liang Ku)	중국	670	16.7
당신들 모두가 건강하기를 바랍니다.	사울 무볼라 (Saul Moobola)	잠비아	0.75	0.02
지구라는 행성에 있는 작은 대학 도시 이타카에서 한 컴퓨터 프로그래머가 인사를 보냅니다.	군넬 알름그렌 샤르 (Gunnel Almgren Schaar)	스웨덴	10	0.2
다른 행성의 사람들이여, 안녕하세요?	사울 무볼라	말라위, 잠비아	3.0	0.07
지구의 인간이 보내는 인사입니다. 연락 바랍니다.	라데칸트 다베 (Radhekant Dave)	인도 서부	31	0.7
이곳에서 우리는 당신들에게 인사를 전하며, 행복과 건강과 장수를 빕니다.	앤드루 체헬스키 (Andrew Cehelsky)	우크라이나	42	1.0
먼 우주의 거주자들에게, 안녕하세요?	에샤흐 사메예 (Eshagh Samehyeh)	이란, 아프가니스탄	26	0.6

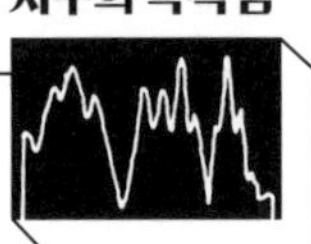

세르비아 어	ЖЕЛИМО ВАМ СВЕ НАЈБОЉЕ СА НАШЕ ПЛАНЕТЕ
오리야 어	'ସୂର୍ଯ୍ୟ' ତାରକାର ତୃତୀୟ ଗ୍ରହ 'ପୃଥିବୀ'ରୁ ବିଶ୍ୱ ବ୍ରହ୍ମାଣ୍ଡର ଅଧିବାସୀମାନଙ୍କୁ ଅଭିନନ୍ଦନ।
루간다 어 (간다 어)	Musulayo mutya abantu bensi eno mukama abawe emirembe bulijo.
마라티 어	नमस्कार. ह्या पृथ्वीतील लोक तुम्हाला त्यांचे शुभविचार पाठवितात. आणि त्यांची आशा आहे कि तुम्हीं ह्या जन्मी धन्य व्हा.
아모이 어	太空朋友 你們好！你們吃過飯嗎？有空來這兒坐坐.
헝가리 어 (마자르 어)	Üdvözletet küldünk magyar nyelven minden békét szeretö lénynek a világegyetemen.
텔루구 어	నమస్తే. తెలుగు మాట్లాడే జనముల నుంచి మా శుభాకాంక్షలు.
체코 어	Mily přátelé, přejeme vam vše nejlepši.
칸나다 어 (칸나리즈 어)	ಕನ್ನಡಿಗರ ಪರವಾಗಿ ಶುಭಾಶಯಗಳು
라자스탄 어	सब भाइयो ने म्हारो राम राम पहूँचे। हमा अठे खुशी हाँ तुम्हा वठे खुशी रहीजो।
영어	Hello from the children of the plan et Earth.

당신들에게 축복이 가득하기를 우리 행성에서 기원합니다.	밀란 M. 스밀랴니치 (Milan M. Smiljanic)	유고슬라비아	19	0.4
우주의 거주자들에게, 태양의 세 번째 행성인 지구에서 인사를 전합니다.	라가바 프라사다 사후 (Raghaba Prasada Sahu)	인도 동부	24	0.5
우주의 모든 사람들에게 인사를 전합니다. 신이 당신들에게 늘 평화를 주시기를.	엘리야 음위마무디냐 (Elijah Mwima-Mudeenya)	우간다 남부와 캄팔라	3	0.07
안녕하세요. 지구의 사람들이 축복을 전합니다.	아라티 판디트 (Arati Pandit)	인도 서부 지역의 마하라슈트라	53	1.3
우주의 친구들, 안녕하세요? 식사는 하셨나요? 시간 나면 놀러 오세요.	마거릿 숙 칭 시 게바우어 (Margaret Sook Ching See Gebauer)	중국 동부	30	0.7
평화를 사랑하는 우주의 모든 존재들에게, 헝가리 어로 인사를 전합니다.	엘리자베스 빌슨 (Elizabeth Bilson)	헝가리, 루마니아의 소수 집단	13	0.3
안녕하세요. 텔루구 어를 쓰는 사람들이 축복을 기원합니다.	프라사드 코두쿨라 (Prasad Kodukula)	인도 남동부 지역의 안드라프라데시	53	1.4
친애하는 친구들이여, 축복을 기원합니다.	V. O. 코스트로운 (V. O. Kostroun)	체코슬로바키아	11	0.2
안녕하세요. 칸나다 어를 쓰는 사람들을 대신하여, 축복을 기원합니다.	시리니바사 K. 우파댜야 (Shrinivasa K. Upadhyaya)	인도 남서부 지역의 카르나타카	29	0.7
모두 안녕하십니까. 우리는 여기에서 행복하니 당신들도 그곳에서 행복하길 바랍니다.	물 C. 굽타 (Mool C. Gupta)	인도 북서부 지역의 라자스탄	22	0.5
지구의 어린이들이 인사를 보냅니다.	닉 세이건 (Nick Sagan)	오스트레일리아, 바하마, 보츠와나, 캐나다, 감비아, 가나, 영국, 그레나다, 가이아나, 아일랜드, 자메이카, 라이베리아, 모리셔스, 뉴기니, 뉴질랜드, 로디지아(현 짐바브웨), 시에라리온, 탄자니아, 트리니다드 토바고, 우간다, 미국, 잠비아	369	9.2
			총	87.13

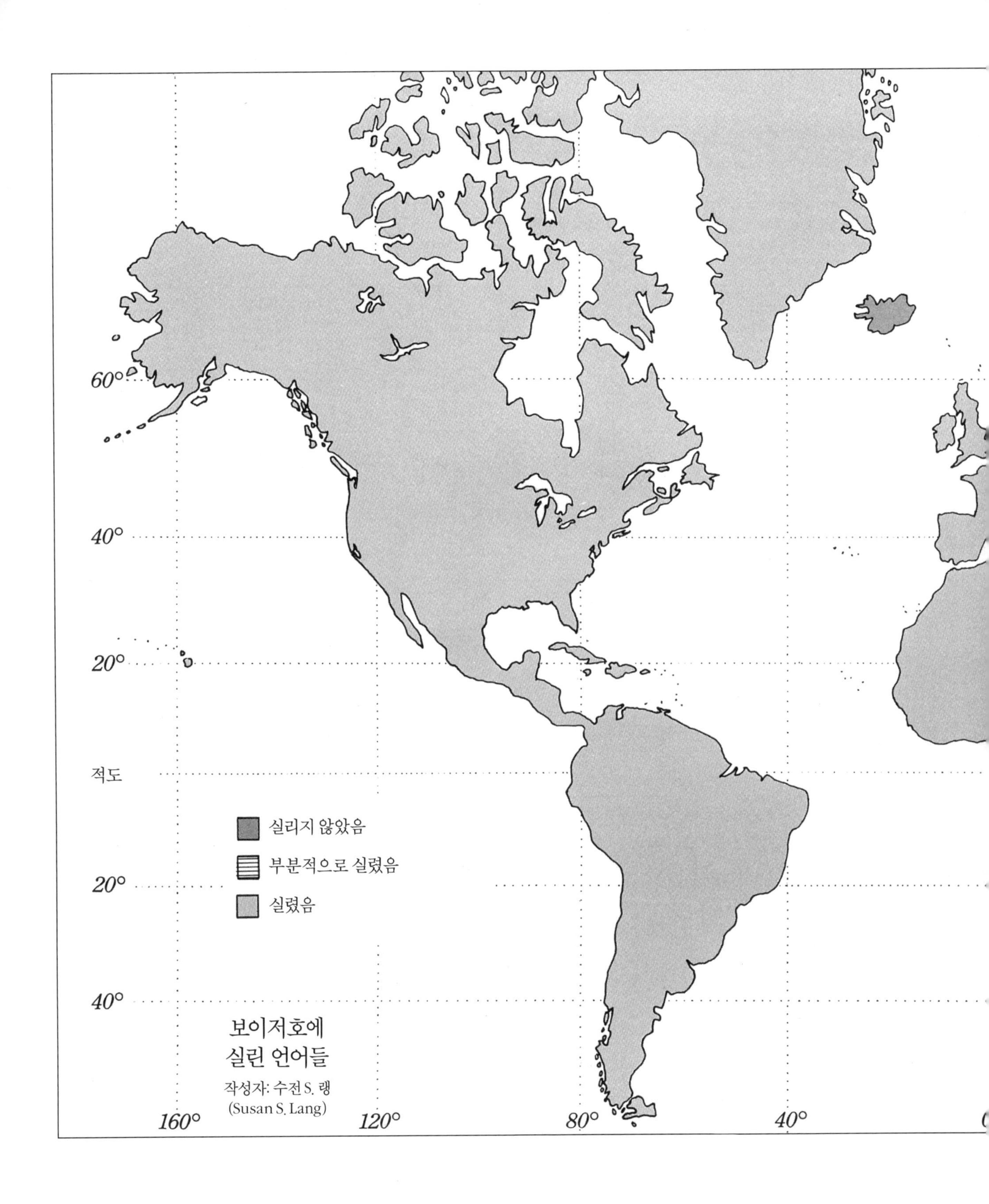
60°
40°
20°
적도
20°
40°
160°
120°
80°
40°
실리지 않았음
부분적으로 실렸음
실렸음
보이저호에
실린 언어들
작성자: 수전 S. 랭
(Susan S. Lang)

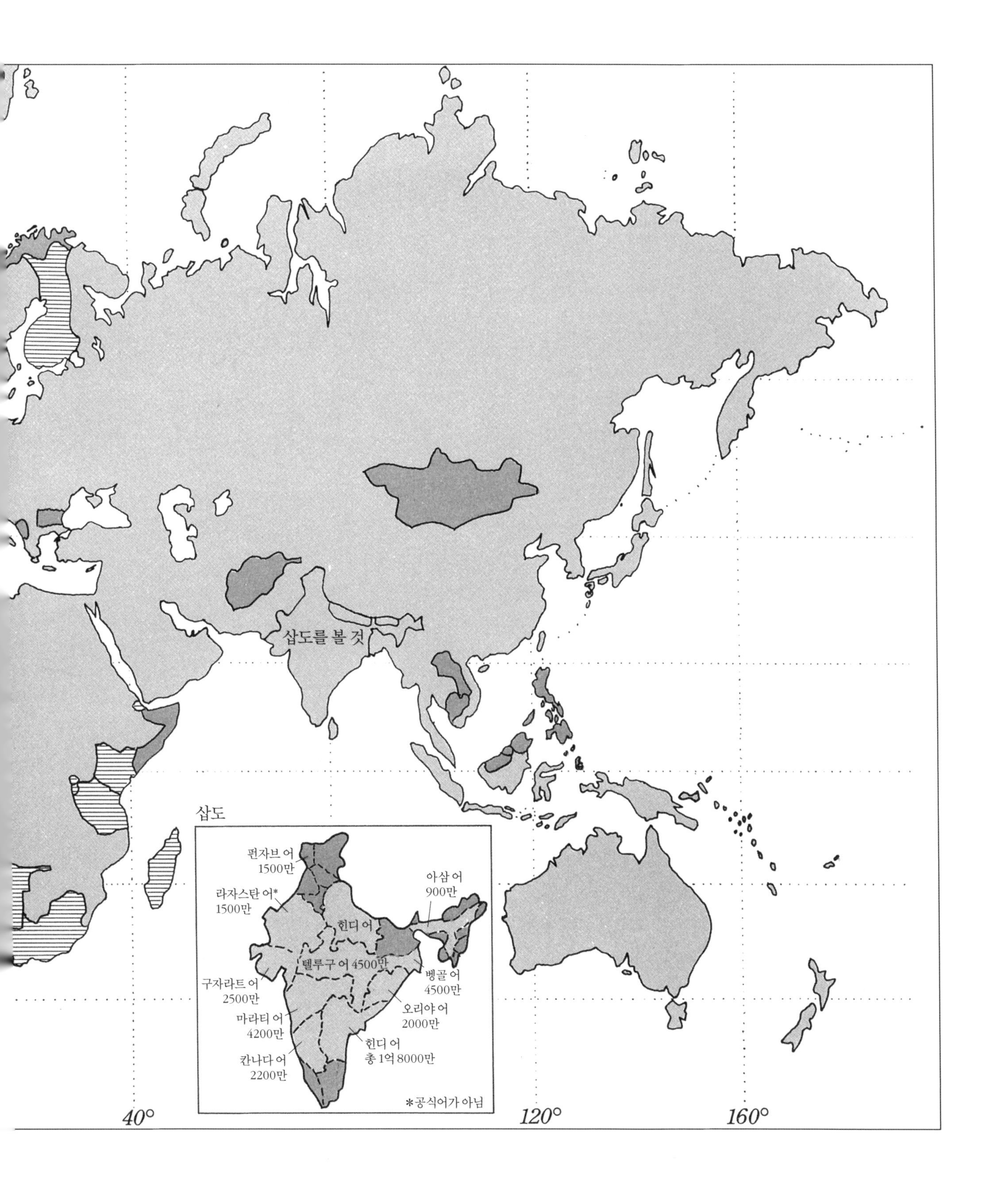

삽도를 볼 것
삽도
펀자브 어
1500만
라자스탄 어*
1500만
아삼 어
900만
힌디 어
텔루구 어 4500만
벵골 어
4500만
구자라트 어
2500만
오리야 어
2000만
마라티 어
4200만
힌디 어
총 1억 8000만
칸나다 어
2200만
*공식어가 아님
40°
120°
160°

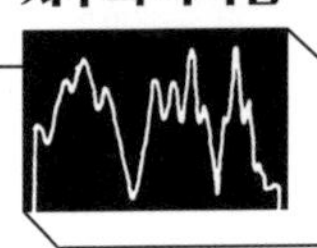

보이저호에 실린 언어들의 지도

작성자: 수전 S. 랭

아래는 공식어가 보이저호에 실리지 않은 나라들의 목록이다.*

나라	언어	인구(명)	세계 인구에서 차지하는 비(퍼센트)
아프가니스탄	파슈토 어(푸슈토 어)	1600만	0.4
	다리-페르시아 어	500만	0.1
알바니아	알바니아 어	300만	0.07
안도라	카탈루냐 어	3만	0.0007
불가리아	불가리아 어	900만	0.2
아이슬란드	아이슬란드 어	22만	0.005
캄푸치아(캄보디아)	크메르 어	830만	0.2
라오스	라오 어	330만	0.08
말레이시아	말레이 어	1230만	0.3
몰디브 공화국	디베히 어(싱할라 어)	12만	0.0029
몽골	할하 몽골 어	200만	0.05
노르웨이	노르웨이 어	500만	0.12
필리핀	필리핀 어	4370만	1.07
스와질란드	스와티 어	50만	0.01
		총	2.6

* 보이저호에 실린 언어들은 세계 인구의 87퍼센트를 대변한다. 공식어가 하나 이상인 14개국의 경우, 그중 하나만 싣고 나머지는 싣지 않았다(싱가포르는 예외로, 공식어가 4개인데 보이저호에는 그중 3개가 실렸다. 인도도 예외로, 공식어가 15개인데 보이저호에는 그중 9개와 공식어가 아닌 언어도 하나 더 실렸다.). 표를 보면 세계 인구의 약 3.6퍼센트는 보이저호에서 대변되지 않았음을 알 수 있다. 한편 공식어가 하나뿐이지만 보이저호에 실리지 않은 나라는 13개국으로, 세계 인구의 2.6퍼센트를 차지한다. 세 가지 표 중 어디에도 반영되지 않은 세계 인구의 나머지 6퍼센트는 자기 나라 공식어를 쓰지 않고 보이저 레코드판에 실린 다른 비공식어도 쓰지 않는 사람들이다. 표의 숫자들은 해당 언어를 모국어로 사용하는 인구를 말하는 것으로, 제2언어나 제3언어로 쓸 줄 아는 다른 수백만 명의 사람들은 포함하지 않았다.

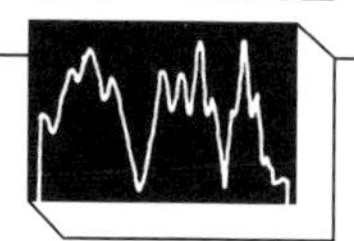

아래는 공식어가 하나 이상이지만 보이저호에는 그중 일부만 실린 나라들의 목록이다.

나라	실린 언어	실리지 않은 언어	실리지 않은 언어의 사용자 수(명)	세계 인구에서 차지하는 비(퍼센트)
부룬디	프랑스 어	키룬디 어	400만	0.09
지부티 공화국	프랑스 어	소말리 어	15만	0.0036
핀란드	스웨덴 어	핀란드 어	500만	0.1
인도	벵골 어	아삼 어	1300만	0.3
	구자라트 어	카슈미르 어	300만	0.07
	힌디 어	말라얄람 어	2700만	0.7
	칸나다 어	산스크리트 어		
	마라티 어	신드 어	1000만	0.2
	오리야 어	타밀 어	5500만	1.7
	펀자브 어			
	텔루구 어			
	우르두 어			
	라자스탄 어 (공식어는 아님)			
케냐	영어	스와힐리 어	거의 모두가 이중 언어를 구사함	
마다가스카르	프랑스 어	말라가시 어	800만	0.2
몰타	영어	몰타 어	모두가 이중 언어를 구사함	
나미비아	영어	아프리칸스 어	50만	0.01
나우루	영어	나우루 어	8천	0.002
르완다	프랑스 어	키냐르완다 어	400만	0.09
사모아	영어	사모아 어	15만	0.003
싱가포르	중국어	사모아 어	15만	0.003
	영어	말레이 어	30만	0.0073
남아프리카 공화국	영어	아프리칸스 어	400만	0.1
탄자니아	영어	스와힐리 어	대부분이 영어를 구사함	
			총	3.57

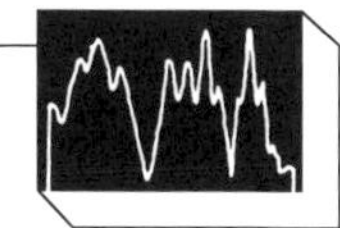

5

지구의 소리들

앤 드루얀

두려워하지 마라, 이 섬은 소음과
소리와 달콤한 노래로 가득하다, 즐거움을 줄 뿐
해치지 않음.

—윌리엄 셰익스피어, 『템페스트』

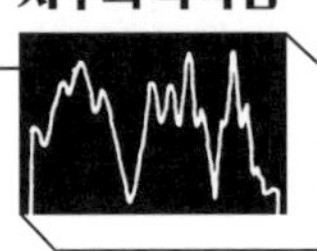

12분 분량의 소리 에세이는 인간과 외계인이라는 두 부류의 청중을 염두에 두고 작성되었다. 우리는 전자로부터 승인의 미소를 끌어내기를, 그리고 후자에게는 지구 생명의 한 측면인 청각적 경험이란 참으로 다채롭구나 하는 느낌을 주기를 바랐다. 또한 마이크를 귀의 카메라처럼 씀으로써, 보이저호에 실린 우리 행성과 우리 자신의 초상을 좀 더 향상시키기를 기대했다.

우리가 상상하는 외계인들이 사는 세상은, 다윈(Darwin)이 "끊임없이 갈라지며 분화한 생명의 아름다운 산물"이라고 묘사했던 패턴과는 전혀 다른 패턴의 산물일 것이다. 그런 장소의 소곤거림은 우리의 소곤거림과는 전혀 다를 것이다. 우리가 그들과 공유하리라고 예상해도 좋은 것은 가장 기본적인 지질학, 기상학, 그리고 어쩌면 기술 영역의 용어들뿐이다. 사실, '음악적' 소리와 '비음악적' 소리를 구분하는 것만 해도 상당히 어려운 문제다. 우주의 다른 곳에서는 여기에서보다 그 구분이 더 흐릿할지도 모른다. 외계인의 감각에는 귀뚜라미 울음소리, 가보트(gavotte, 17세기 프랑스 춤곡 — 옮긴이), 항구가 떠나가라 울려 퍼지는 원양 정기선의 호각이 다 비슷비슷하게 들릴지도 모른다. 어차피 우리 메시지가 그들에게 어떻게 인식될지는 알 수 없으므로, 우리는 스스로를 최대한 많이 보여주기 위해서 약간 뻔뻔하기까지 한 지구 중심주의를 채택하기로 결정했다.

소리를 고르는 작업은 뉴욕 주 이타카 외곽에서 시작되었다. 상서롭게도 5월의 자연이 내는 소음으로 수선스러운 화창한 봄날이었다. 티머시 페리스, 웬디 그래디슨, 그리고 나는 세이건 부부와 함께 그 집 식탁에 둘러 앉아 한바탕 소란스럽게 온갖 의성어를 쏟아 냈다. 우리는 살면서 들었던 모든 소리들을 떠올리려고 애썼고, 내가 그 대부분을 받아 적었다. 다음 날, 나는 뉴욕으로 돌아와서 각각의 소리에 대한 최선의 예시를 수색하기 시작했다. 나는 먼저 북아메리카 전역의 소리 자료실들과 대학들에 전화를 걸었다.

"제가 듣기로 선생님께서는 가장 훌륭하게 개굴거리는 개구리 울음소리를" 혹은

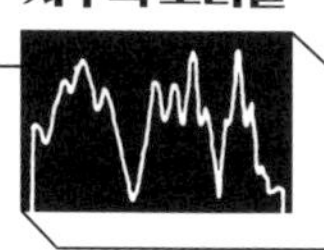

“가장 야비한 하이에나 울음소리를” 혹은 “가장 파괴적인 지진 소리를 갖고 계시다고 하던데요. 그 복사본을 구할 수 없을까요?”

표준적인 반응은 “뭐 하려고요?”였다.

“우리는 우주로 레코드판을 보내려고 합니다.” 나는 최대한 안 미친 사람처럼 들릴 것 같은 어투로 설명했다. “그래서 우리 지구에서 들을 수 있는 갖가지 소리들을 모으는 중입니다.” 그러면 보통 전화선 너머에서 한참 정적이 흘렀고, 그동안 나는 내 말의 신빙성을 높이기 위해서 연방 기관이나 유명한 과학자의 전화번호를 줄줄이 읊었다. 많은 사람들이 지당한 의심을 표현했지만, 내 말을 끝까지 듣기 전에 전화를 끊어 버린 사람은 한 명도 없었다.

그중 몇 명은 보이저호로 방대한 시공간을 가로지르겠다는 발상에 즉각 매료되었다. 록펠러 대학의 로저 페인 박사가 그런 사람이었다. 박사는 레코드판에 고래의 인사말을 포함시키고 싶다는 우리 바람에 무척 흥분했다. 내가 우리와 지구를 공유하는 지적인 이웃들에 대해 좀 늦은 감은 있지만 존중을 표시하는 의미에서 그들의 인사말을 의원들과 외교관들의 인사말 사이에 끼워 넣고 싶다고 말하자, 박사는 열광하며 외쳤다.

“적절한 존중이로군요! 누구라고 하셨죠? 아, 마침내! 멋집니다! 제가 가진 걸 다 써도 좋습니다. 제가 직접 가져다 드리죠. 고래의 인사말 중에서 가장 아름다운 건 1970년에 버뮤다 앞바다에서 들었던 소리입니다. 그 소리야말로 영원히 보존되어야 합니다. 그걸 우주로 보내 주세요.”

테이프를 들은 우리는 우아하고 활기차게 퍼져 나가는 일련의 환성에, 우리와는 다른 방식으로도 지구에서 움직이고 존재할 수 있음을 알려 주는 그 자유로운 소리에 매료되었다. 우리는 그 소리를 듣고 또 들었으며, 그때마다 우리에게는 불가해하게만 들리는 이 이웃의 메시지를 지금으로부터 한 10억 년 뒤의 외계인들은 이해할지도 모른다는 생

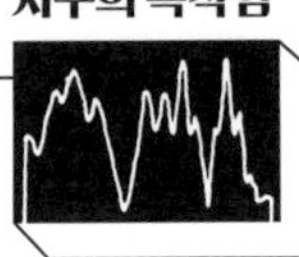

각에 아이러니를 느꼈다.

뉴저지 주 프린스턴 대학의 앨런 보토(Alan Botto)도 우리 프로젝트의 친구였다. 보토 씨에게 연락해서 "최고의 로켓 발사 소리"를 얻으라고 알려 준 사람은 스미스소니언 협회 국립 항공 우주 박물관의 프레드 듀랜트(Fred Durant)였다. 확인 결과 그것은 새턴(Saturn) 5호 로켓이 이륙하는 소리였는데, 사람들의 열기가 뜨거운 통제실에서 카운트다운이 울리고, 로켓이 점화하면서 굉음이 나고, 박수가 터지고, 환호가 터지고, 그 순간 인간의 능력에 감동한 누군가가 진심 어린 목소리로 "훨훨 잘 가라."라고 내뱉은 소리가 녹음되어 있었다. 보토는 굉음을 내며 돌진하는 화물 열차 소리도 제공했다.

워너 스페셜 프로덕트(Warner Special Products, 워너브러더스 레코드의 하위 부문이었다. — 옮긴이)의 사장인 미키 캡(Mickey Kapp)과 연락이 닿았을 때, 그는 휴가 차 로마에 있었다. 예전부터 우주광이었던 그는 목성이나 토성이 마치 오래된 출퇴근길의 정류장들인 것처럼 말했다. 그는 엑셀시오르 호텔의 자기 방에서 뉴욕 웨스트 74번가의 내 집에 있던 내게 이렇게 말했다. "물론 좋습니다. 우리 소리들을 마음껏 쓰세요. 필요한 만큼 다 가져가세요." 그는 일렉트라 사운드 아카이브(Elektra Sound Archives)에 보관된 모든 자료를 우리에게 공개했고, 우리가 고른 것들을 손수 배달해 주었다. 대단히 친절한 그의 협조가 없었다면 우리는 그토록 짧은 시간 만에 소리 에세이를 완성할 수 없었을 것이다.

참여를 거부한 사람들 중 몇 명은 정부가 후원하는 작업이라면 뭐가 되었든 못 믿겠다는 점을 이유로 들었다. 어떤 사람들은 바람이 한순간 숲을 흔드는 소리나 강물이 흐르는 소리를 제공하는 대가로 적잖은 돈을 요구했다. 그러나 우리는 테이프 값과 우송료 외에는 더 지불할 여유가 없었다. 골목에서 아이들이 떠드는 소리에 관한 한 최고의 컬렉션을 갖고 있다고 정평 난 남자는 나를 자기 사무실에서 내쫓으면서 내 등에다 대고 NASA가 "나 같은 우람한 '사운드맨(soundman)'에게 당신처럼 쪼끄만 여자를 보내다니

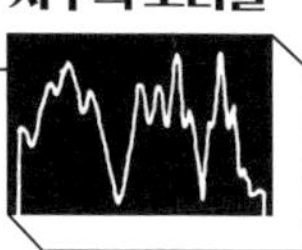

간도 크군!" 하고 소리 질렀다. 그러나 그 밖의 사람들은 거의 다들 상냥했고, 앞으로 수백만 년 동안 특별한 비행을 할 보이저호의 불멸성을 조금이나마 함께 누리고 싶어 했다.

티머시 페리스와 나는 워싱턴 D. C.로 가서 세이건 부부와 머리 시들린을 만나 밤늦게까지 음악 선곡에 관한 회의를 했는데, 그곳에 간 김에 낮에는 내셔널 지오그래픽 협회의 본부를 방문하여 오랑우탄이 씩씩거리는 소리를 구했다. 국회 도서관의 음향 녹음 자료실도 찾아갔다. 우리가 끔찍한 소리를 들은 곳은 바로 그곳이었다.

그곳에 도착했더니, 웬 엔지니어가 쇼핑 카트에 한가득 음반을 싣고서 우리를 기다리고 있었다. 재킷에 든 음반도 있었고, 찢어진 마닐라지 봉투에만 담긴 음반도 있었다. 엔지니어는 우리에게 음반에 손대지 말라고 일렀다. 우리는 그가 음반을 차례차례 보여주는 동안 그중에서 듣고 싶은 소리를 얘기했다. 늑대와 브라인슈림프(brine shrimp) 사이의 어딘가, 역사상 최초로 전투 중에 전장에서 녹음했다는 소리를 담은 묵직한 래커 음반이 있었다. 틀어 보니, 제1차 세계 대전 중 프랑스에서 벌어졌던 소규모 전투의 소리가 귀에 거슬리게 반복되었다. 한 미국 병사가 겨자탄(mustard gas)을 발포하라고 지시하는 목소리가 함께 녹음되어 있었는데, 병사의 목소리는 끔찍하리만치 명랑하고 무신경하게 들렸으며, 그의 지시에 응답하여 딸꾹질처럼 열렸다 닫혔다 하는 독가스 통의 소리마냥 기계적이었다. 그 소리는 60년 전으로부터 현재의 우리에게 말을 걸고 있었다. 팀과 나는 그 병사가 목격한 광경은 과연 어땠을지 상상해 보았지만, 영화에서 보았던 이런저런 장면들과 약간의 연기 외에는 떠오르는 것이 없었다.

우리는 하마터면 그 소리를 하루 종일 듣고 있을 뻔했다. 그 소리는 우리의 의도를 심하게 훼손시키는 사례였기 때문에, 팀과 나는 저녁에 다른 사람들에게 그 소리를 언급하는 일이 망설여질 지경이었다. 결국 우리는 지구의 생명에 대해서 얼마나 현실적인 그림을 전달하고자 하는가 하는 문제를 토론하게 되었다. 보이저호의 메시지는 역사적 제

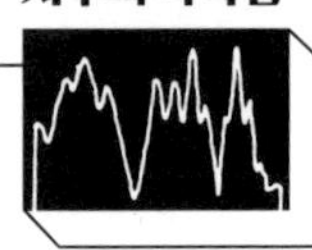

스처여야 하는가? 아니면 그냥 사회적 제스처인가?

머리는 우리의 좋은 점만 보내야 한다고 단호하게 주장했다. 나머지 사람들이라고 해서 우리의 폭력성과 같은 인류의 완벽하지 못한 측면을 생생하게 보여 주지 않는다면 레코드판이 불완전해진다고 믿는 건 아니었지만, 그래도 진실해야 하지 않을까 하는 기분도 들었다. 설령 현재로서는 우리 문화의 한계 때문에 그 진실성의 가치를 깨닫기 어렵더라도 말이다. 우리가 지난 10년 동안 애지중지했던 신념들의 대부분은 벌써 얄팍한 생각들이었던 것으로 드러났다. 우리가 지금 이 순간 품고 있는 편견들도 차츰 인기를 잃으면서 다른 것들로 바뀌고 있다. 그런데 10년이나 60년의 100만 배는 될 만큼 기나긴 보이저호의 미래를 상상하자니, 그 시대의 사람들이 무엇을 이해하고 무엇을 소중하게 여길지 알기란 불가능하다는 체념이 들었다. 우리가 스스로를 있는 그대로 보여 준다면, 달리 말해 서로 싸우는 종으로 보여 준다면, 이 레코드판이 최소한 정확한 문서로서의 가치는 가진다고 말할 수 있지 않을까?

그날 저녁에는 어떤 쪽으로도 결론이 나지 않았다. 대신 우리는 선곡에 대한 토론으로 돌아갔다. 이튿날 팀과 나는 뉴욕으로 돌아왔다. 나는 아버지를 모시고 메츠 게임을 구경하러 갔다. 시어 스타디움에는 6만 명쯤 되는 관중이 모여 시끌벅적했다. 나는 나도 모르게 몇 번이나 눈을 질끈 감고서 무슨 소리가 들리는지 귀를 기울였다.

일주일 뒤, 우리는 그동안 찾던 50가지 소리들을 전부 구했다. CBS가 제공한 스튜디오에서 작업을 개시할 준비가 다 되었다. 음향 엔지니어 러스 페인(Russ Payne)은 적갈색 머리카락에 차분한 50대 초반의 남자였다. 그는 참을성이 대단했고, 남부 억양을 쓰는 자이나 철학 신봉자였다. 쉬는 시간에는 과일을 먹고 담배를 피우면서 영혼의 삶에 대해 이야기했다. 기관차 소리를 녹음하는 대목에서는 기술자였던 자기 아버지가 정확히 그런 소리를 내는 기차에 자기를 태워 준 적 있다고 말했다.

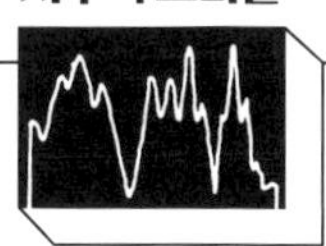

브루클린 출신의 천재 로큰롤 프로듀서인 지미 아이어빈(Jimmy Iovine)도 두어 번 나타나서 코끼리 소리를 키우거나 파도 소리를 확인했다. 그는 로켓 앞에서 기념사진을 찍어 어머니에게 보내고 싶어 죽겠다고 말했다. 그러나 소리 에세이를 담는 기술 작업은 러스와 팀이 거의 도맡았다. 그들은 16트랙 암펙스 녹음기를 사용했다.

에세이 속에서 소리들을 어떻게 배열할 것인가 하는 문제에 대해서 다른 사람들도 유용한 제안을 많이 주었다. 특히 팀과 존 롬버그의 제안이 주목할 만했다. 나는 연대순으로 배열하는 것이 가장 많은 정보를 담는 방법이리라고 생각했다. 개략적인 틀 내에서는 맘껏 자유를 발휘했지만, 기본적으로는 몽타주가 지구의 진화 방향을 따르도록 구성했다. 즉 지질학적인 소리에서 시작해 생물학적인 소리로, 그다음에 기술적인 소리로 나아가는 식이다.

마차 소리, 나무 패는 소리, 버스가 끽 서는 소리와 같은 우리 시대의 소리들이 원시의 물웅덩이 소리와 거의 비슷한 시간을 차지하기 때문에, 이 소리 에세이도 인류의 역사 기록과 마찬가지로 우리 종의 연대기에 앞섰던 수백만 년을 희생한 채 마지막 수천 년을 과도하게 강조한다는 비판을 면할 수 없다. 그러나 만일 45억 년에 걸친 지구의 이야기에서 각 시대의 시간을 정확하게 반영하도록 소리들을 구성한다면, 마지막 한순간을 제외하고는 쏴 하고 파도가 치는 소리와 바람이 황량한 벌판을 스치는 소리만 내내 들릴 것이었다. 포유류는 몇 초 안에 포효하고 싶은 걸 다 포효해야 할 테고, 인류 문명의 자랑스러운 모든 업적들은 모스 부호가 한 번 삑 거리는 동안 끝날 것이다. 만일 머나먼 행성의 거주자들이 이 에세이를 이해한다면 — 확실하진 않지만, 아마도 이 섹션은 외계의 지성이 이해하기에 가장 쉬운 부분일 것이다. — 그들도 시간의 역설을 전혀 모르진 않을 것이고, 따라서 너그럽게 감상해 줄 것이다.

그렇다면 지금부터 「지구의 소리들」을 순서대로 소개하겠다.

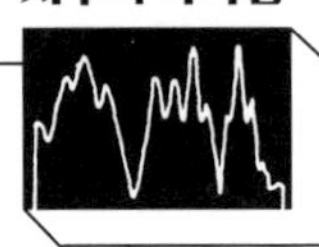

1. 천체들의 음악

에세이는 태양의 행성들이 각자의 궤도에서 움직이는 모습을 반영한 어지러운 소용돌이 소리로 시작한다. 이 곡은 요하네스 케플러(Johannes Kepler)의 『세계의 조화(*Harmonica Mundi*)』를 음악으로 표현한 것인데, 그 16세기 수학책의 메아리는 보이저호를 가능하게 만든 공식들 속에서도 울리고 있을 것이다. 케플러의 개념을 현실화한 사람은 작곡가 로리 스피걸(Laurie Spiegel)이었다. 그녀는 예일 대학의 존 로저스(John Rogers) 교수, 윌리 러프(Willie Ruff) 교수와 함께 벨 전화 연구소(Bell Telephone Laboratories)의 컴퓨터로 이 곡을 만들었다. 각각의 주파수는 서로 다른 행성을 뜻한다. 가장 높은 음은 수성이 태양을 도는 모습을 지구에서 바라본 걸 뜻하고, 가장 낮은 음은 목성의 궤도 운동을 뜻한다. 내행성들은 외행성들보다 더 빠른 속도로 공전한다. 대강의 계산이기는 해도, 레코드판에 실린 부분은 대충 한 세기의 행성 움직임에 해당한다. 케플러는 말 그대로 '천체들의 음악'에 매료되었던 사람이므로, 이 인상적인 표현을 마음에 들어 했을 것이다.

2. 화산, 지진, 천둥

우리 행성의 초기 역사에서 벌어졌던 극적인 격변을 상징하는 굉음들이다. 여기에는 1971년 오스트레일리아 지진을 녹음한 귀한 음원도 포함되었는데, 라몬트-도허티 지질학 연구소(Lamont-Doherty Geological Laboratories)의 데이비드 심프슨(David Simpson) 박사가 제공했다. 지구 대기의 대부분은 지질학적 역사에서 최초의 몇 억 년 동안 우리 행성의 표면을 뒤덮었던 화산, 분기공, 균열에서 새어 나온 것으로 알려져 있다. 태양의 자외선과 폭풍의 전기가 화학 반응을 유도했고, 그 화학 반응이 꼬리를 물고 이어져서 결국 생명을 낳았다.

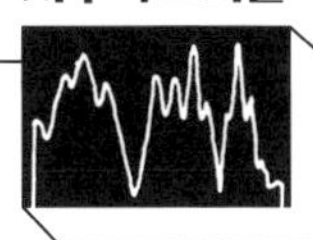

3. 끓어오르는 진흙탕(mud pot)

불 위에 올린 초콜릿 푸딩이 꿀떡거리는 소리와 비슷하게 꼬르륵거리는 지질학적 소리다. 생명이 부글부글 끓는 모습을 암시하는 것으로 느껴진다면 좋겠다.

4. 바람, 비, 파도

이곳에 오로지 지구의 소리들만 존재했던 수억 년의 세월을 잠시 환기시키는 대목이다. 또한 우리가 탄생한 장소는 바다라는 사실을 강조했다. 바다 자체도 지구 내부로부터 분출된 물로 생성되었다.

5. 귀뚜라미, 개구리

지상에 시끄러운 생명들이 데뷔할 것임을 알리는 전조다. 대부분의 소리는 CBS 자료실에서 구했지만, 텔레오그릴루스 오케아니쿠스(*Teleogryllus oceanicus*)라는 귀뚜라미 종의 수컷 성체가 암컷들에게 세레나데를 부르는 소리는 예외이다. 녀석의 소리는 코넬 대학의 랭뮤어 실험실(Langmuir Laboratory)에서 로널드 R. 호이(Ronald R. Hoy) 박사가 녹음했다.

6. 새, 하이에나, 코끼리

동물상이 점차 다양해지면서 지구가 생명으로 붐비게 되었다는 점을 암시하는 동물들의 합창이 이어진다.

7. 침팬지

한 영장류의 목소리가 친구들의 목소리를 뚫고 높이 솟으며, 의식의 출현을 성마르게 선언하는 듯하다.

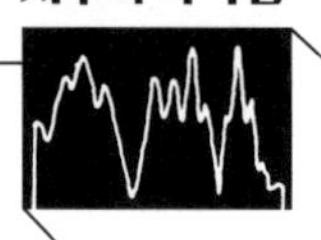

8. 들개

개 한 마리가 짖어 대는 이 소리는 우리 인류가 위험하고 불확실한 환경에서 시작했음을 암시하는 듯하다.

9. 발자국 소리, 심장 뛰는 소리, 웃음소리

드디어 두 발로 서고 두 손이 자유로운 인간이 등장했다. 인간은 그 손으로 세상을 바꿀 것이다.

10. 불과 언어

인간은 불을 이용해서 환경을 바꾸기 시작했으며, 화로는 아마도 언어와 문화가 탄생한 장소였을 것이다. 여기에서 들리는 목소리는 토론토 대학의 리처드 리(Richard Lee) 교수가 칼라하리 부시먼 부족의 !쿵 어로 인사하는 소리이다. 부시먼 족은 인간이 수백만 년의 역사에서 거의 대부분의 기간에 영위했던 수렵 채집 사회를 최후까지 유지했던 부족들 중 하나다. 이 책에 소개된 보이저 레코드판에 실린 사진들 중 그림 61~62에 부시먼 사냥꾼들의 모습이 나온다.

11. 최초의 도구

인간은 두 발로 직립함으로써 손이 자유로워졌고, 그래서 손으로 환경을 조작할 수 있었다. 인류 역사에서 결정적인 순간은 200만 년도 더 전에 부드러운 돌멩이로 최초의 석기를 제작한 시점이었다. 여러 구석기 유적지들에서 무언가를 자르고, 긁고, 뚫고, 치는 데 쓰는 석기들이 엄청나게 많이 발굴된다. 우리는 석기 제작 과정에서 돌과 돌이 부딪치는 소리를 포함시키고 싶었다. 칼이 뉴욕 거리를 걸으면서 적당한 돌멩이를 찾아보는 비장

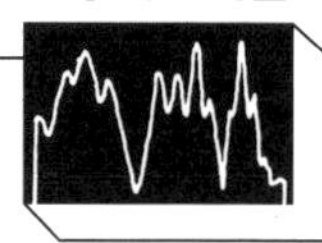

한 시도를 감행했지만, 적당한 돌이 없는 것은 물론이거니와 종류를 불문하고 아예 돌이 없었다. 칼은 하버드 대학의 비교 동물학 박물관(Museum of Comparative Zoology)에 있는 알렉산더 마샥(Alexander Marshack)에게 도움을 구했다. 마샥은 부드러운 돌을 어디서 구할 수 있는지 알려 주었고, 석기를 만드는 방법도 짧게 설명해 주었다. 이후 린다 세이건이 컬럼비아 대학 인류학과의 랠프 솔레키(Ralph Solecki) 박사에게 적당한 부싯돌 표본을 얻었다. 박사는 두꺼운 장갑과 보안경도 제공했다. 부싯돌은 날카로우므로, 고대의 도구 제작 현장에서는 사고가 다반사였을 것이다. 부싯돌을 다른 돌로 세게 쳤을 때 부싯돌이 쪼개지면서 부서지는 소리가 만족스럽게 잘 담겼다. 이 방식으로 만들어진 결과물은, 초보적인 수준이기는 해도, 고대에 칼이나 창으로 쓰기에 적절했을 것이다.

12. 길들여진 개

다시 개 짖는 소리가 들린다. 그러나 이번에는 위협의 기색이 싹 사라졌다. 우리가 동물을 길들인 것이다. 이후로 에세이에 나오는 소리들은 거의 모두 인간의 활동에서 비롯한 소리들이다. 개는 그림 44, 그림 62, 그림 69에서도 등장한다.

13. 양치기, 대장간, 톱질, 트랙터와 리베터

농업과 건축의 소리들이다. 닭과 소도 여러 마리 시험해 봤지만, 하나같이 끔찍할 정도로 부자연스럽게 들렸다.

14. 모스 부호

모스 부호로 담을 메시지로 뭐가 좋을까 결정할 때, 칼이 서슴없이 ‘아드 아스트라 페르 아스페라’를 제안했다. ‘역경을 뚫고 별까지’라는 뜻이다. 고맙게도 CBS의 무선 통신 기

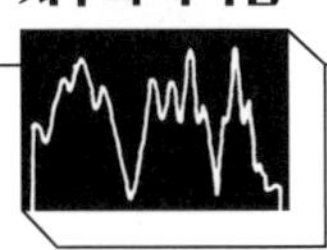

사인 윌리엄 R. 쇼페 주니어(William R. Schoppe, Jr., WB2FWS)가 모스 부호를 쳐 주었다(괄호 속 대문자 알파벳과 숫자로 구성된 단어는 쇼페의 아마추어 무선 통신 콜사인(호출 부호)을 뜻한다. — 옮긴이).

15. 배, 말과 마차, 기차, 트럭, 트랙터, 버스, 자동차, F-111의 저공비행, 새턴 5호 로켓의 이륙

이 운송 수단 열전에서 인간은 상당한 거리를 이동한다. 말이 끄는 마차가 처음에 흙길을 달리다가 나중에 포장도로를 달린다. 이후에는 교체 속도가 아주 빠르다. 지난 100년 동안 놀랍도록 빠르게 진행된 교통수단의 발달 과정을 정확히 반영한 속도이다. 스테레오로 녹음된 기차 소리와 초음속 비행기 소리는 운동감을 만족스럽게 전달한다. 이 순서는 그림 102, 그림 105, 그림 113의 순서와 대충 일치한다.

16. 키스

이 멋진 소리는 녹음하기가 제일 어려웠다. NASA가 우리에게 반드시 이성 간의 키스여야 한다는 지침을 내렸기 때문에, 우리는 그 제약 내에서 생각할 수 있는 모든 조합을 시도해 봤다. 그러나 성공하지 못했다. 마침 그날 스튜디오에 있었던 지미 아이어빈은 자기 팔을 빨아서 그럴싸한 키스 소리를 내려고 무진장 애썼다. 하지만 이것은 지상에서는 존재할 수 없는, 영원히 지속되는 키스일 것이기에, 우리는 가급적 진짜 키스 소리이기를 바랐다. 소리가 너무 희미하거나 거꾸로 너무 끈적해서 쓸 수 없는 키스들을 수없이 시도한 끝에, 팀이 내 뺨에 부드럽게 입을 맞췄다. 느낌도 소리도 좋았다.

17. 어머니와 아기

갓난아기가 첫 울음을 터뜨리는 소리, 그리고 6개월 된 남자아이를 어머니가 달래는 이

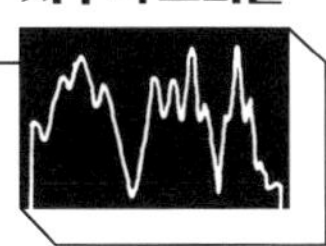

소리는 MIT의 마거릿 불로와(Margaret Bullowa) 박사와 리즈 멘(Lise Menn) 박사가 제공했다.

18. 생명의 신호

뇌파의 패턴은 생각의 변화를 일부 기록한다고 한다. 나는 궁금했다. 그렇다면 지금으로부터 수백만 년 뒤의 고도로 발전한 기술은 내 생각을 해독할 수 있을까? 그럴지도 모르는 노릇이므로, 나는 뉴욕 대학 병원의 줄리어스 코라인(Julius Korein) 박사에게 연락했다. 그리고 팀의 도움을 얻어, 내 내면의 자아를 기록하는 녹음을 진행했다. 의료 데이터 기록계를 오디오 녹음기에 연결한 뒤, 나 혼자 방에 남아서 1시간 동안 명상을 했다. 그동안 내 뇌, 심장, 눈동자, 근육의 움직임이 기록되었다. 다음 쪽에 나오는 그림은 내 바이탈 사인(vital sign, 활력 징후)을 보여 주는 그래프 중 짧은 일부이다.

누군가 이런 방식으로 내 마음을 읽어 낼 가능성이 극히 작긴 하지만, 어쨌든 내가 그 순간에 했던 생각들은 진지하게 들어 볼 만한 내용이었던 것 같다. 나는 여러 역사적 사상들과 인물들 중에서 그 기억이 영원히 간직되기를 바라는 것들을 골라 머릿속에서 일종의 순례를 했다. 나 자신에 대한 생각을 억누르지 못했던 순간도 두어 차례 있었지만, 그 외에는 비교적 훌륭하게 원래 하려던 생각에 집중했다. 우리는 컴퓨터를 써서 1시간을 1분으로 압축했다. 그 결과 폭죽이 연달아 터지는 것처럼 날카로운 소리가 되었다.

19. 펄서

에세이의 마지막을 장식하는 소리는 얄궂게도 축음기용 레코드판이 다 돌아갔는데 바늘을 떼지 않고 내버려 둘 때 나는 거친 소리와 비슷하다. 이것은 빠르게 맥동하는 전파를 방출하는 천체로서 우리로부터 600광년쯤 떨어져 있는 펄서 CP1133의 소리이다. NAIC의 프랭크 드레이크와 아말 샤카시리가 소리를 제공했다. 펄서가 처음 발견되었을

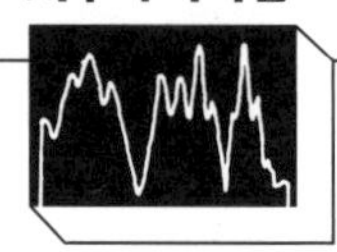

때, 사람들은 그 맥동의 규칙성으로 보아 모종의 지적 생명체가 보내는 신호가 아닐까 하고 생각했다(지금은 펄서가 빠르게 회전하는 중성자별이란 사실이 밝혀졌다.). 이 녹음에서는 인간과 별의 전기적 서명이 크게 다르지 않게 들린다. 우리가 우주와 이어져 있으며 우주에게 빚을 지고 있다는 사실을 상징하는 듯하다.

지금으로부터 1900년 전, 호라티우스(Horatius)는 "언어는 영원에 도전한다."라고 썼다. 우리가 그의 경구를 기억한다는 사실이야말로 그가 옳았다는 증거이다. 보이저호가 방랑

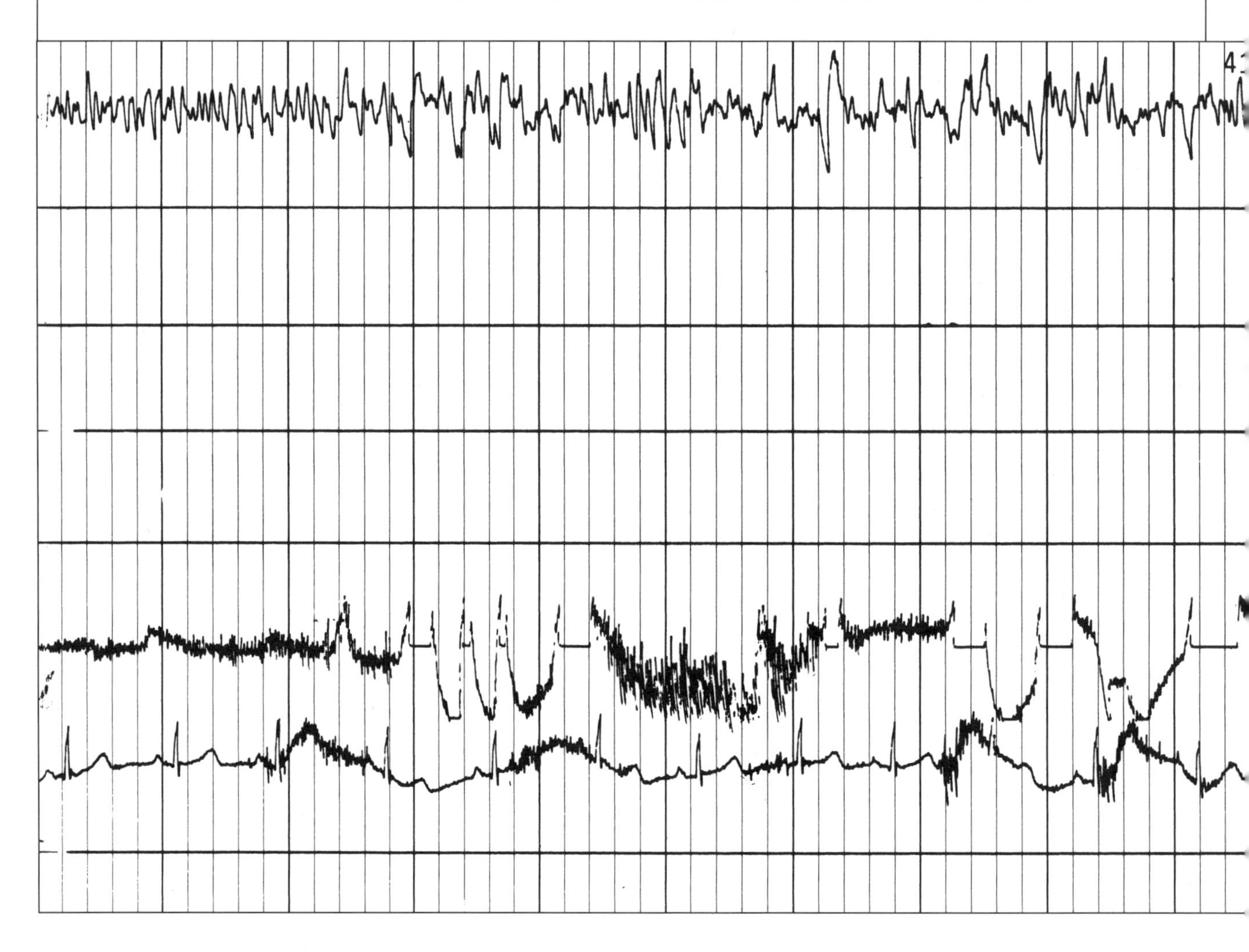

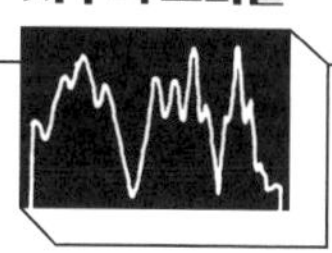

을 멈추는 시점에 우리 아름다운 행성에서는 얼마나 많은 것들이 진작 사라졌을지, 우리는 알 길이 없다. 이 레코드판이 칭송했던 목소리들 중 얼마나 많은 것들이 우리의 부주의 때문에, 혹은 그저 세월 때문에 영영 목소리를 잃었을지, 역시 알 길이 없다. 보이저호는 우리의 메아리와 이미지를 싣고서 우주를 여행하고 있으며, 머나먼 그 여정만큼 오랫동안 우리를 계속 살아 있게 할 것이다.

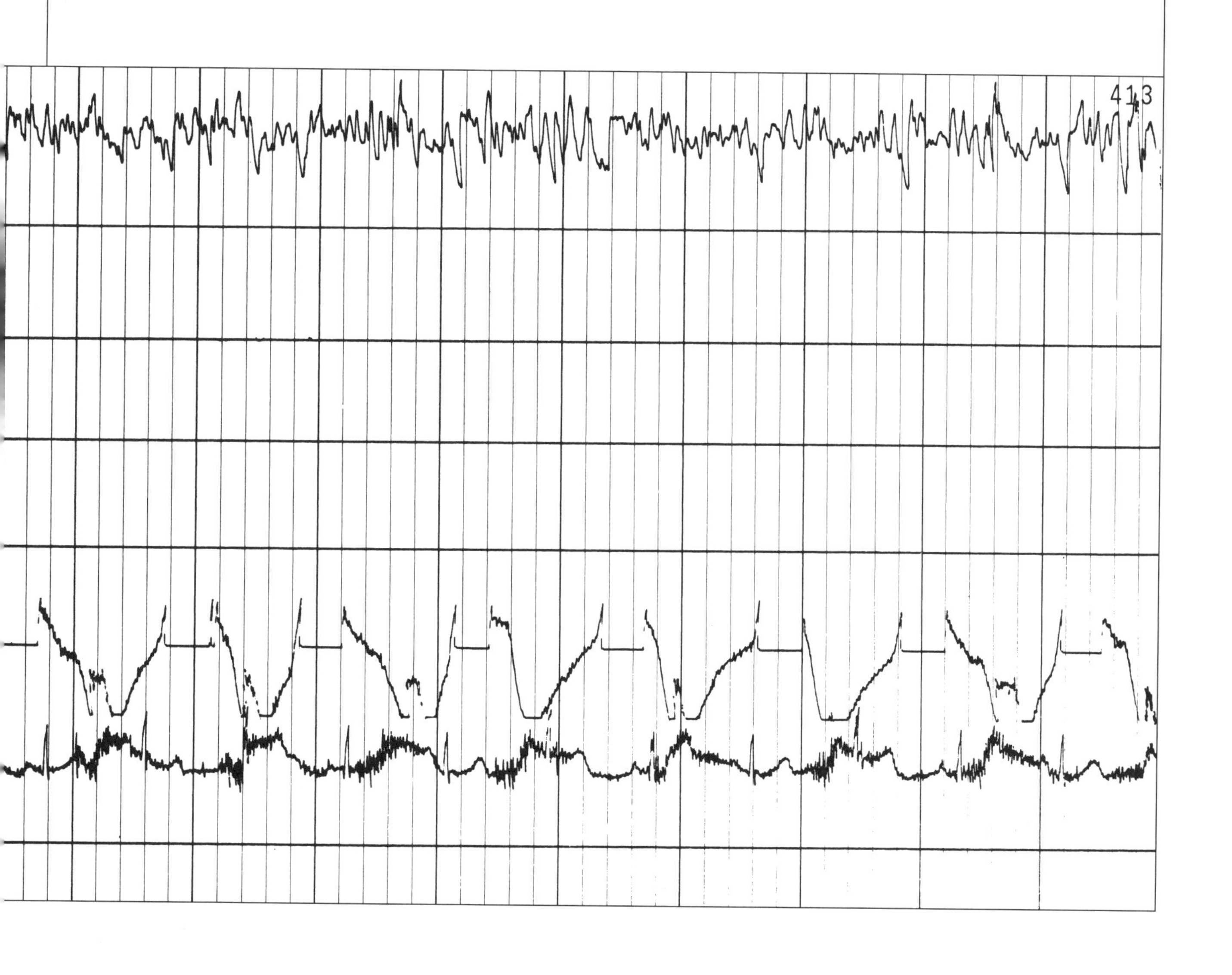

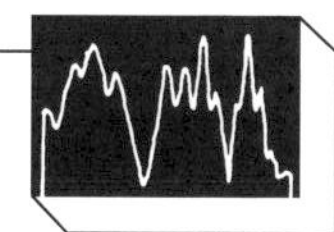

6

보이저호의 음악들

티머시 페리스

눈이 천문학에 맞게 만들어졌듯이, 귀는 화음의 움직임에 맞게 만들어졌다.

—플라톤, 『국가』

음악은 천지의 조화이다.

—기원전 2세기에 쓰인 중국의 음악서 『예기』

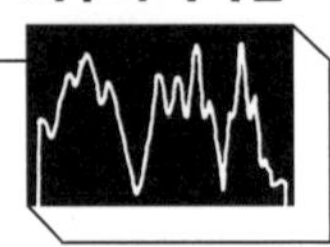

1. 음악 고르기

세상의 음악에는 — 고대 이집트의 태양 찬가, 불교에서 말하는 '천상의 오케스트라'부터 현대 서양의 대중음악 가사에 '달'이나 '별' 같은 단어들이 자주 등장한다는 점까지 — 밤하늘에서 영감을 얻은 주제들이 무수한 별들처럼 박혀 있다. 태양이 물러난 밤하늘은 우리에게 사물의 더 넓은 구조를 엿보게 한다. 이제 보이저호에 실려 우주로 발송된 87분 30초 길이의 음악은 우리가 빚진 영감에 대한 약소한 대가이다. 우리는 그 유산의 우아함에 필적하는 훌륭한 음악들을 보내고 싶었고, 지구에 사는 인간들의 다양성을 조금이나마 암시하도록 충분히 다채로운 음악들을 보내고 싶었다.

그런 야심을 충족하기 위해서, 우리는 두 가지 기준을 세웠다. 첫째, 우주 탐사선을 쏜 사회가 친숙하게 느끼는 음악만이 아니라 여러 문화들의 음악을 폭넓게 아울러야 한다. 둘째, 그저 의무감에서 무언가를 포함시키지는 말아야 한다. 선곡된 곡 하나하나가 머리뿐 아니라 가슴에도 와 닿아야 한다. 음악학자 로버트 브라운이 프로젝트 초기에 말했듯이, "우리가 열렬히 아끼는 것들을 보내지 않을 거라면, 애초에 왜 보내겠습니까?"

나중에 깨달은 바, 첫 번째 기준은 아무리 잘 해 봐야 불완전하게만 만족시킬 수 있는 희망이었다. 우리가 품은 문화적 편향과 빠듯한 제작 시간 외에도, 자신의 문화 너머를 살펴볼 때는 정보량이 급격히 준다는 사실을 받아들여야 했다. 서양에는 바흐의 음반이 수천 장 있지만, 조지아의 합창곡이나 아프리카 피그미 족의 노래를 녹음한 것은 몇 장 되지 않는다. 글렌 굴드(Glenn Gould)의 기예를 보여 주는 녹음은 많아서 편리하게 가져다 쓸 수 있지만, 중국의 고금 연주자 구안핑후(管平湖)의 녹음은 없다시피 하다. 스트라빈스키의 음악은 그가 직접 쓴 글을 읽으면서 이해를 도울 수 있지만, 자바의 가믈란 곡들

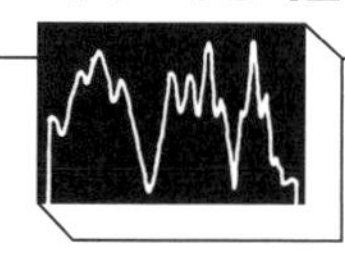

을 작곡한 사람들의 말은 가뭇없이 사라졌다. 지구는 많은 세상들 중 하나일지도 모르지만, 그 속에도 또한 많은 세상들이 담겨 있다.

우리가 비서구 문화의 음악을 담는 데 조금이라도 성공했다면 — 보이저 레코드판의 절반이 그런 음악이다. — 그것은 모두 브라운, 앨런 로맥스, 그 밖의 친구들과 조언자들이 도와준 덕분이다. 우리와는 다른 사회들의 음악을 녹음하고 이해하는 데 헌신하는 연구자들의 수는 한 손에 꼽을 정도로 적다. 그들은 대부분 빠듯한 예산으로 일한다. 자기 문화의 예술이 다른 문화의 예술보다 더 낫다는 착각에서 비롯한 대중의 무관심 속에서 말이다.

우리가 깊이 감동하는 곡만을 레코드판에 실어야 한다는 두 번째 기준은 자연히 사람마다 다른 의견 차이를 낳았다. 우리 중 누구는 동양이든 서양이든 이른바 '민속 음악'보다는 고전 음악에 더 감동했다. 반대인 사람도 있었다. 선곡에 참여한 사람들은 — 핵심 인물은 칼 세이건과 린다 세이건, 소설가 앤 드루얀, 그리고 나였지만, 때에 따라 다른 사람들도 많이 관여했다. — 다들 그 과정에서 저마다 좋아하는 곡을 하나쯤은 포기했다. 칼은 드뷔시의 곡을, 앨런 로맥스는 시칠리아의 유황 광산 광부들이 부르는 고요한 노래를, 나는 바흐의 파사칼리아(passacaglia)와 푸가를 옹호했다. 뒤의 두 곡은 시간 제약 때문에 잘렸고, 맨 앞의 곡은 서양 고전 음악의 경우에 같은 작곡가의 여러 작품에 집중하는 편이, 즉 바흐와 베토벤의 작품을 여러 곡 싣는 편이 외계 청취자의 '해독'을 용이하게 하리라는 결정에 따라 잘렸다. 그러나 누락된 음악에 대한 실망은 포함된 음악에 대한 흥분으로 상쇄되었다. 세상의 모든 음악에서 곡을 고른다는 것은 무해한 약탈이라는 꿈을 이루는 것이나 마찬가지였다.

레코드판을 분당 $33\frac{1}{3}$ 회전이 아니라 $16\frac{2}{3}$ 회전으로 제작함으로써 음악에 할당된 시간을 세 배로 늘리자는 결정은 프로젝트가 시작되고서 시간이 꽤 흐른 뒤에 내려졌기

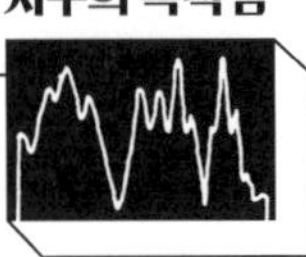

때문에, 우리는 두 달도 안 되는 시간 안에 선곡과 취합을 다 해내야 했다. 사람들에게 좋은 곡을 제안해 달라고 요청할 때, 우리는 우리가 만드는 것이 앞으로 10억 년을 버틸 레코드판이지만 그 아이디어는 **오늘 당장** 주셔야 한다고 말할 수밖에 없었다. 사람들은 이해해 주었고, 수백 곡을 권해 주었다. 그중 몇 곡은 당장 레퍼토리에 한 자리를 차지했다. 두 음악학자가 각자 권했던 수르슈리 케사르 바이 케르카르의 인도 라가 음악이 그랬고, 고금 연주곡인 「유수」가 그랬다. 우리는 레코드판을 커팅(cutting, 레코드판에 홈을 새겨 넣는 작업 — 옮긴이)하기 몇 시간 전에도 곡을 고르고 있었다. 막판에 캐롤 쿨리그(Carol Kulig)가 「차크룰로」라는 조지아 합창곡을 찾아냈는데, 들어 보니 이전 몇 주 동안 (구)소련 음악의 대표로서 레퍼토리에 올라 있었던 다른 평범한 곡보다 훨씬 더 나았다. 문제는 「차크룰로」가 조지아 어로 부르는 노래라는 점이었다. 우리 중에는 가사를 알아들을 수 있는 사람이 없었다. 결국 로맥스가 퀸스에 사는 어느 조지아 인을 찾아냈고, 산드로 바라텔리(Sandro Baratheli)라는 그 품위 있는 신사는 래커 원판을 커팅하기로 한 날 아침에 스튜디오로 와 주었다. 그는 노래를 들었다. 그러고는 담뱃불을 붙이고, 동(東)조지아 민속 음악에 관해 이야기하기 시작했다. 이야기는 흥미로웠지만, 위층 커팅하는 방에서 엔지니어들이 기다리고 있었고, 그들이 작업을 끝낸 뒤에는 그 원판을 즉각 로스앤젤레스로 보내서 보이저 우주선에 실제로 실을 금속 레코드판을 제작해야 했다.

"알겠습니다, 바라텔리 씨." 우리가 끼어들었다. "그런데 가사가 무슨 **내용**입니까?"

바라텔리 씨는 서두르지 않았다. 그는 정상적인 조지아 인답게 미국인의 성급함을 경멸했다. 결국 설명을 해 주긴 했는데, 지주에 대한 농민들의 봉기를 다룬 내용이라고 했다. 강인한 독립심을 자랑하는 조지아의 전통에 걸맞게, 노래는 활달했고 교조적이지 않았다. 우리는 안도의 한숨을 쉬면서 벌떡 일어났다. 오래된 노래였기 때문에 가령 곰 곯리기 놀이를 칭송하는 가사일 가능성도 얼마든지 있었던 것이다. 엔지니어는 마스터 릴

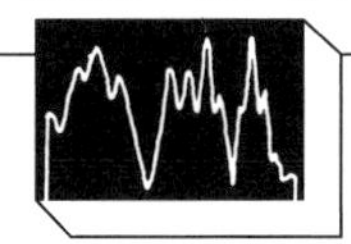

테이프에 테이프를 이어 붙였고, 우리는 위층으로 올라갔다.

이 레코드판을 제작하는 일은 커팅 스튜디오의 엔지니어들에게 보기 드문 과제였다. 엔지니어들은 허니웰 데이터 녹음기를 커팅 선반에 바로 꽂아, 최대한 왜곡을 줄이면서 사진 데이터를 레코드판의 홈으로 새겨 넣었다. 바로 전날, 우리는 사진 데이터가 예상보다 10분 더 길다는 사실을 알게 되었다. 프랭크 드레이크가 허니웰 엔지니어들과 전화로 통화하면서 문제를 해결했는데, 사진 데이터를 두 채널로 나누어 스테레오 홈의 양쪽 벽에 각각 새기면 될 것 같았다. 이렇게 개선하고도 재생 시간이 빠듯했다. 첫 번째 래커판이 완성될 때까지, 우리는 원래 속도의 절반으로 재생되도록 재프로그래밍된 커팅 선반이 데이터를 전부 레코드판에 욱여넣을 수 있을지 없을지 확신할 수 없었다.● 원판 커팅이 끝나자, 엔지니어는 레코드판 중앙의 리드아웃 홈(레코드판에서 소리가 끝나는 부분의 마지막 홈 — 옮긴이) 사이 빈 공간에 이런 말을 새겨 넣었다. 우리가 한 달 전에 모여서 음악을 들었을 때 마닐라지 봉투의 뒷면에 적어 두었던 헌사였다. "모든 세상과 모든 시대의 음악가들에게."

나는 가끔 혹 다른 문명이 만든 물체를 실은 우주 탐사선이 우주를 떠돌고 있진 않을까 상상한다. 100억 년 혹은 150억 년이나 되는 우리 은하의 역사에서 성간 우주선을 쏘아 올린 생명체가 우리뿐이라면 오히려 그게 더 놀라울 것이다. 그야 어떻든지 간에 우리가 음악을 내보내기로 결정한 유일한 행성, 혹은 여러 행성들 중 하나라고 생각하면 기

● 레코드판을 분당 $16\frac{2}{3}$ 회전으로 커팅한 결과, 재생 충실도는 최상은 아니지만 괜찮은 정도였다. 거의 대부분의 구간에서 주파수 응답은 20~15000헤르츠에 오차 범위가 2데시벨 정도였고, 17000헤르츠 부근에서는 감쇠가 6데시벨쯤 일어났다. 채널 분리도는 평균 40데시벨이었다. 외계의 학생들은, 이 레코드판의 여러 예스러운 매력들 중에서도, 노래 중 일부는 모노인데 나머지는 스테레오라는 사실을 알아차릴지도 모른다. 그들이 이 사태에 대해 지구에서 녹음 기술이 비교적 최근에 발달했다는 식의 정확한 해석을 내릴 수도 있겠지만, 노래 중 일부는 귀가 하나뿐인 종이 작곡했다는 식의 부정확한 해석도 가능할 것이다.

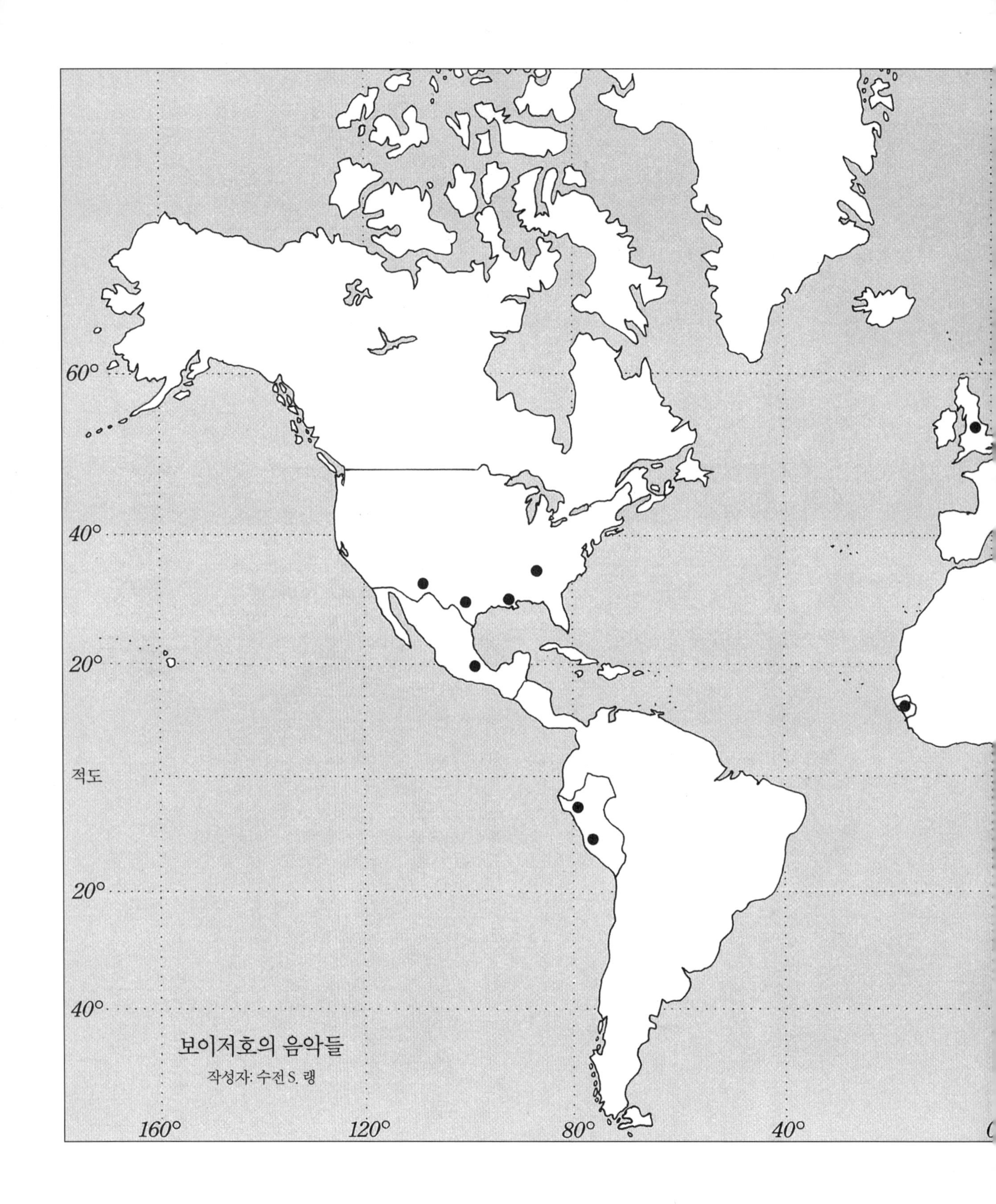
60°
40°
20°
적도
20°
40°
보이저호의 음악들
작성자: 수전 S. 랭
160°
120°
80°
40°

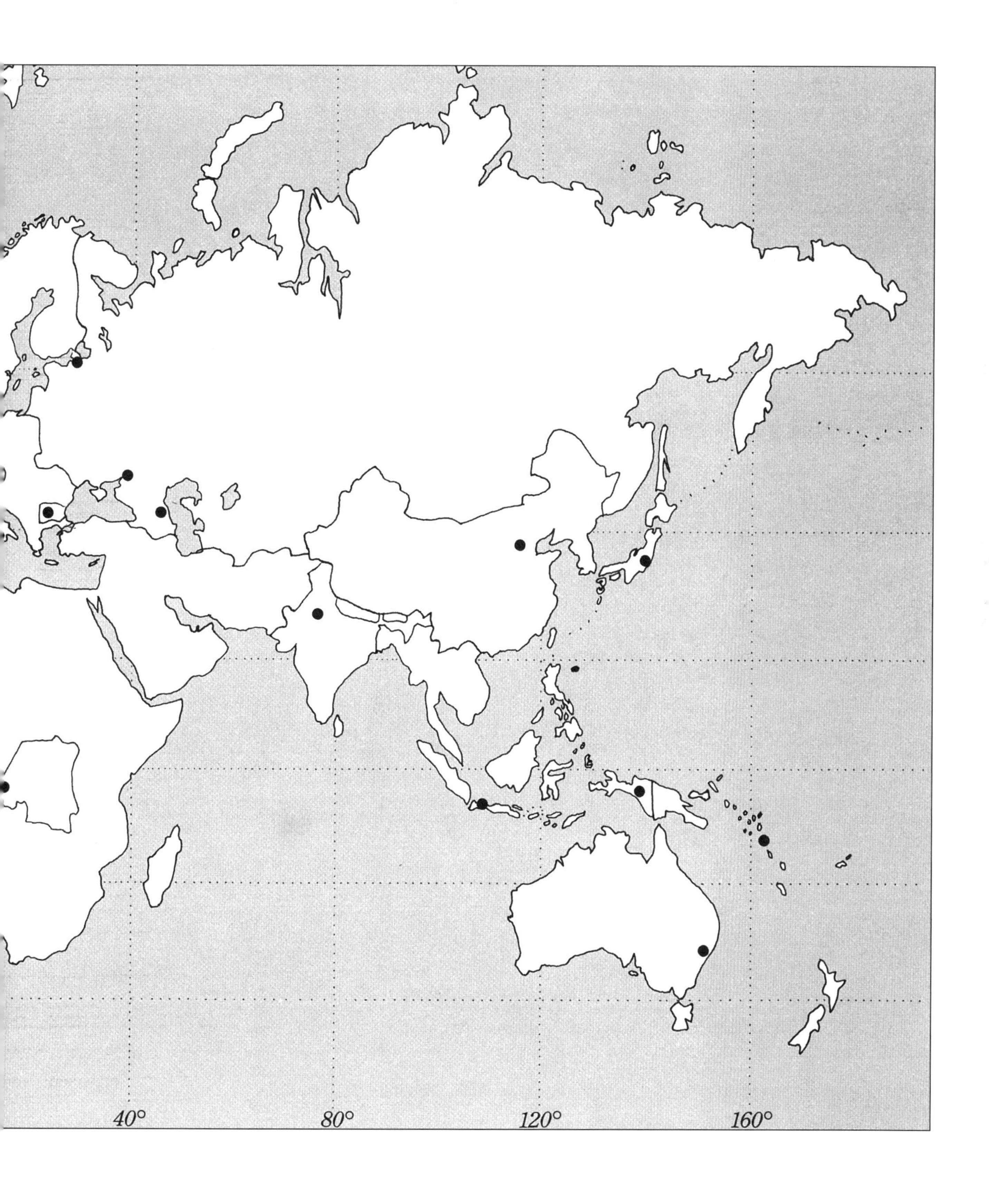
40°
80°
120°
160°

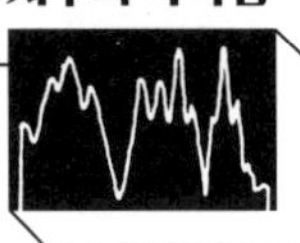

분이 좋다.

인간의 음악이 다른 행성의 다른 지적 생명체에게 조금이라도 의미가 있을지, 우리는 알 수 없다. 그러나 우연히 보이저호를 만나고 그것에 실린 레코드판이 인공물임을 인식한 생명체라면 그것이 귀환의 희망 없이 발송된 물건이라는 사실도 알아차릴 수 있을 것이다. 어쩌면 음악보다도 그 제스처가 우리 메시지를 좀 더 분명하게 전달할지도 모른다. 레코드판은 이렇게 말하는 셈이다. 우리가 아무리 원시적인 존재로 보여도, 그리고 이 우주 탐사선이 아무리 조악해도, 우리는 스스로를 우주의 거주자로 여길 만큼은 알고 있답니다. 레코드판은 또 이렇게 말한다. 우리가 아무리 작은 존재라도, 우리 안에는 스스로가 이미 멸종했거나 못 알아볼 만큼 변했을 게 분명한 머나먼 미래에 미지의 발견자에게 닿고 싶어 할 만큼 크나큰 무언가가 있었답니다. 레코드판은 또 이렇게 말한다. 당신이 누구이고 무엇이든, 우리도 한때 별들의 거주지인 이 우주에서 살았고, 그리고 당신을 생각했답니다.

II. 음악

바흐

바흐가 그 수혜자이자 최고의 예시였던 바흐 시대의 음악 문화는 음악을 성문화하고, 음악가를 훈련하거나 후원하는 단체를 만들고, 교회 오르간이나 바이올린 같은 중요한 악기들을 완벽하게 개량하고, 멀게는 아시아로부터 당도한 여러 음악적 영향들을 자신의

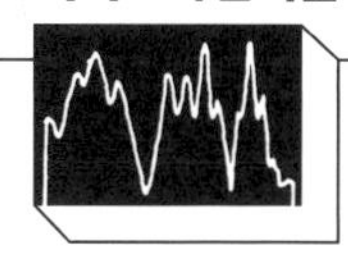

구조에 성공적으로 통합함으로써 탄생했다. 그 음악의 뿌리는 유럽 농부들의 수확처럼 거의 자연스럽게 생겨났던, 실제로도 수확과 관련이 없지 않았음 직한 민속 음악에서 찾을 수 있다. 중세부터 르네상스 시기까지 사람들은 오늘날 우리가 유정에서 원유를 캔 뒤 정류하는 것처럼, 어디에나 음악을 끌어들이고 정련하여 인간을 고양시키려는 목적으로 사용했다. 그리하여 역사상 가장 음악적인 사회가 탄생했다. 바흐의 시대에는 조금이라도 중요한 궁정, 교회, 대학이라면 다들 음악으로 자신을 보였다.

우리는 바흐의 예술이라는 렌즈를 통해서 그의 시대와 그보다 더 오래된 시대를 둘 다 볼 수 있다. 과거를 보자면, 버나드 제이컵슨(Bernard Jacobson, 1936년~, 미국의 음악 비평가 — 옮긴이)은 이렇게 썼다. "바흐의 작품들 뒤에 깔린 진정한 배경은 16세기 합창 음악의 걸작들이나 팔레스트리나 학파의 걸작들에 뿌리를 둔 온전한 다성 음악의 전통이다. 그 전통에도 나름의 기원이 있는데, 전례적인 측면에서는 조지아의 고대 음악 체계이고 세속적인 측면에서는 중세에 연주된 유럽의 민속 음악이다." 미래를 보자면, 바흐에게서는 뛰어난 분석 감각과 조직 감각, 음악의 모든 것을 그 근본까지 살핀 뒤 그것을 악보에 적고자 했던 욕망, 오늘날 우리 예술과 사회 전체를 관류하는 어떤 기질이 시대를 앞서서 나타난 것을 엿볼 수 있다. 그는 워낙 냉철하게 이론을 계산했기 때문에 그의 음악은 요즘에도 현대적으로 들린다. 웬 피아노 연주자가 바흐의 곡을 신곡처럼 내보이더라도 아무도 알아차리지 못할지 모른다.

이런 두 기질, 즉 새로운 기질과 오래된 기질은 오늘날 사람들이 곧잘 바흐의 음악에서 '정신'을 선호하는 쪽과 '가슴'을 선호하는 쪽으로 나뉘어 경합을 벌이는 데서도 드러난다. 음악이 아니라 순수 수학을 대상으로 삼아도 될 것 같은 음악학자들의 분석에서는 주로 정신을 옹호하는 발언이 우세하다. 반면에 보다 감정적인 언어를 써 가면서 가슴을 옹호하는 사람들도 있다. 하프시코드 연주자 반다 란도프스카(Wanda Landowska)의 말을

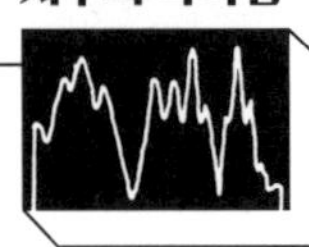

보라. "푸가의 지고한 수학적 대위법을 겁내지 말자. 아버지 바흐의 엄격한 외모와 무거운 가발에 위압될 필요도 없다. 모두들 그의 곁에 모여서 사랑을 느끼고, 하나하나의 악구마다 흘러나와서 우리에게 활력을 주고 강하고 따뜻한 끈으로 우리를 묶는 고결한 탁월함을 느끼자."

바흐의 음악을 가능케 했던 통합은 오늘날 예술뿐만 아니라 다른 분야에서도, 당연히 보이저호를 가능케 한 기술 분야에서도 진행되고 있다. 그것이 좋은 일인지 아닌지 우리는 아직 모른다. 독일에서 발흥한 예술적 음악은 귀족들에게 하이든, 텔레만(Telemann), 바흐, 모차르트, 베토벤을 주었지만, 한편으로는 작위 없는 민중의 민속 음악을 거의 죽이다시피 했다. 오늘날 기술의 한 분야(라디오와 축음기용 레코드판)는 보통 사람들도 예술적인 음악을 들을 수 있게 해 주지만, 한편으로 기술의 다른 분야들은 소수에게 제공될 목적으로 다수에게 속한 천연자원을 과도하게 개발하고 있다. 이런 거래가 가치 있다고 생각하는 사람들은 바흐의 '정신'에 더 끌리는 편일 테고 우리가 잘못된 궤도에 올랐다고 의심하는 사람들은 바흐의 '가슴'에 더 끌리는 편일 것이라고 생각한다면 나의 억측일까? 어느 관점에서 보든 — 적어도 지구에서만큼은 — 바흐는 거의 보편적인 작곡가이다. 바흐의 작품 중에서 세 곡이 보이저호에 실렸다.

『평균율 클라비어 곡집』 2권 중 전주곡과 푸가 C장조

바흐의 시대에는 이전까지 전통적으로 사용되었던 조율 기법이 능력의 한계에 다다랐다. 악기들이 개량된 탓도 있었고, 갈수록 복잡해지는 곡을 연주하기 위해서 갈수록 많은 연주자들이 합주하게 된 탓도 있었다. 고대 그리스의 유산인 피타고라스 조율법은 소수의 조성으로 선율과 화음을 연주할 때는 잘 통했지만, 그보다 더 야심 찼던 바로크 시

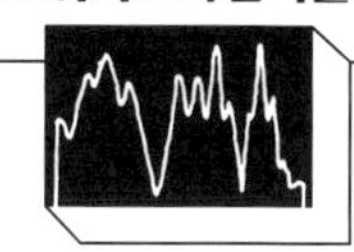

대 작곡가들에게는 갑갑하게 느껴졌다.

문제는 서양 음악의 기본 단위인 옥타브에는 불협화음이 얼마간 내재되어 있다는 점이다. 피타고라스 조율법에서는 장3도, 장6도와 같은 특정 음정들을 희생함으로써 5도와 같은 다른 음정들이 완벽하게 조율되게끔 했다. 작곡가들은 불협화음을 내는 음정은 되도록 쓰지 않았다. 그러다 16세기 초가 되자, 작곡가들은 내재된 불협화음을 옥타브 전체에 좀 더 공평하게 나누는 방법을 실험했다. 그러면 어느 한 음정이라도 피타고라스 조율법에서처럼 순수하게 들리진 않았지만, 그 대신 장3도나 장6도 같은 위험한 함정을 애써 피하지 않아도 어떤 조성으로든 모든 화음을 다 써서 작곡할 수 있었다. 청중은 옥타브 전체에 얇게 퍼뜨린 불협화음을 거의 알아차리지 못했다.

불협화음을 옥타브에 고르게 퍼뜨리는 방법도 다양한 방식이 제안되었다. 불협화음을 희석시켜서 누그러뜨린다는 의미에서, 그런 기법들은 모두 '템퍼링(tempering)'이라고 불렀다. 하프시코드, 클라비코드, 피아노 등은 배음을 발생시키기 때문에 템퍼링에서 발생하는 약간의 고르지 못한 소리를 가려 주었고, 따라서 템퍼링의 미덕을 보여 주기에는 그런 악기가 알맞았다. 바흐가 어떤 템퍼링 체계를 선호했고 어떤 악기를 위해서 『평균율 클라비어 곡집』을 썼는지는 알려지지 않았지만, 템퍼링이 부여하는 자유로움과 유연함을 보여 주고자 이 작품을 작곡했다는 점은 분명하다.●

옥타브의 음조를 차례차례 올리면서 총 24곡의 전주곡과 푸가를 연주하게 되어 있는 1권은 1722년에 출간되었다. 바흐는 그로부터 20년이 흐른 뒤 똑같은 작업을 반복하여 24곡의 전주곡과 푸가를 더 썼다. 이즈음에는 조율 문제가 평균율을 선호하는 방향

● 템퍼링 기법은 다른 문화들에서도 독자적으로 발견되었던 듯하다. 가장 주목할 만한 사례는 1596년경 중국의 주재육(朱載堉)이 남긴 기록이다(명나라 시절에 주재육이 편찬한 『악률전서(樂律全書)』를 말한다. — 옮긴이).

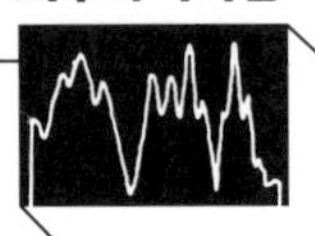

으로 정리된 상황이었으니, 바흐가 2권을 작곡한 것은 교육 목적이라기보다 구조에 대한 열정 때문이었을 것이다. 두 번째로 작곡한 곡들은 '평균율 클라비어 곡집 2권'이라고 불리게 되었다. 바흐 자신이 붙인 이름은 아니었다.

원래 전주곡은 공연 전에 연주자들이 악기를 조율하던 휴식 시간에서 비롯한 음악이었다. 그것이 교회 오르간 음악의 서곡과 전주곡으로 발전했고, 그 전주곡이 세속 작품에서 푸가와 결부되었다. 바흐는 이 형식을 좀 더 중요한 수준으로 부상시켜, 전주곡과 푸가의 대비를 새로이 탐구했다. C장조에서는 정교하고 섬세한 전주곡이 연주된 뒤 그와는 대조적으로 간결한 푸가가 따른다. 바흐는 푸가 주제를 이전 작곡가에게서 빌린 뒤, 시간은 반으로 줄이고 주제는 더 확장시켰다. 전주곡의 네 성부와 푸가의 세 성부는 서로 바싹 붙은 상태로 맘껏 자유롭게 달리면서도 한편으로는 줄곧 절제한다. 그 절제가 분명 자발적인 것이라는 점이 우리에게 더욱 기분 좋게 들린다. 이 푸가의 속도를 가리켜, 반다 란도프스카는 얼마든지 내달릴 수 있지만 명령을 받으면 언제든 우뚝 설 준비가 된 잘 조련된 종마에 비유했다.

「무반주 바이올린을 위한 소나타와 파르티타」의 파르티타 3번 E장조 중 '론도 풍의 가보트'

여기, 민속 음악에서 생겨난 예술의 사례가 있다. 가보트는 프랑스의 전통 춤곡이다. 한편 피들(현악기)로 다성부를 연주하는 것은 독일의 오래된 관습이었다. 피들 연주자는 작은 오르간에 앉아서 페달을 밟아 직접 반주하곤 했다. 바흐는 가보트를 돌림 노래로 만든 뒤, 춤곡의 단순한 선율을 다성적으로 다듬었다. 다성부의 효과는 '암시된 다성 음악'이라고 불리는 기법에서 나온다. 이것은 연주자의 솜씨가 좋을 경우 실제로는 짧은 베이

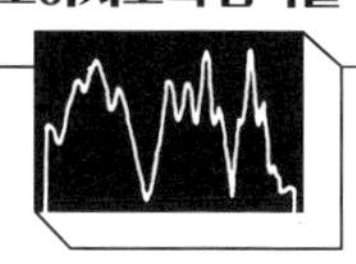

스 라인(bass line) 마디가 마치 도로 표지판처럼 이후에도 내내 세워져 있어서, 청취자에게는 실제 연주된 길이보다도 훨씬 더 오랫동안 악보를 채우는 것처럼 느껴지는 기법이다. 덜 분석적인 차원에서, 이 곡은 바흐가 오래된 춤곡의 복잡할 것 없는 즐거움을 여전히 음미했음을 알려 준다. 선율 자체가 대단히 매력적이다.

보이저 레코드판에 실린 고금 연주와 마찬가지로, 바흐의 무반주 바이올린을 위한 여섯 편의 소나타와 파르티타는 독주자에게 도전적인 과제이다. 독주자는 다소 다루기 힘든 악기로 저 먼 한계까지 뻗어나가는 음악을 만들어 내야 한다. 작곡가와 연주가가 성공한다면, 음악에서 국가의 경계는 희미해진다. 가령 이 곡에서는 주제 면에서 프랑스 음악이 미친 영향과 연주 기법 면에서 이탈리아의 기교가 미친 영향이 하나로 흡수되고 변형되어 거의 국적을 초월한 음악으로 탄생했다.

'론도 풍의 가보트(Gavotte en rondeaux)'는 대단히 압축적인 곡이다. 보이저 레코드판에 실린 다른 곡들, 이를테면 「엘 카스카벨(El Cascabel)」, 베토벤 교향곡 5번 1악장, 바흐의 전주곡과 푸가도 갖고 있는 특징이다. 보이저 우주선은 무게를 중요한 요소로 고려하여 설계된 압축적인 물체인데, 레코드판에 실린 음악들도 똑같은 조건을 어느 정도 반영한 듯하다. 예술가가 빠듯한 시간만으로 해내는 모습에는 어쩐지 만족스러운 데가 있다.

「브란덴부르크 협주곡」 2번 F장조 1악장

보이저 레코드판의 음악 섹션은 활기차고 낙천적인 이 곡으로 시작한다. 외계 청취자가 인간의 낙관주의나 비관주의를 인식할 줄 안다고 가정할 근거는 없다. 따지자면 인간의 '음악' 자체를 이해하리라는 근거도 없다. 따라서 우주로 보낼 레코드판을 선곡할 때 감정을 고려하는 것은 우리의 신념에 따른 행위에 지나지 않는다. 그러나 우리가 달리 어떻

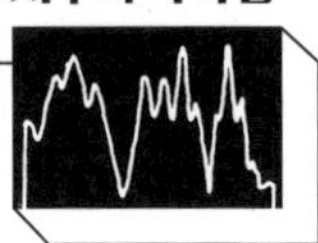

게 하겠는가? 우리는 바흐로 시작했다.

바흐는 「브란덴부르크 협주곡」을 36세에 썼다. 그의 인생에서 가장 행복한 시기 중 하나였다. 아량 있는 후원자 레오폴트(Leopold) 공과의 우정을 즐겼으며, 아내 마리아 바르바라(Maria Barbara)의 죽음은 아직 먼일이었다. 바흐는 코렐리(Corelli)와 비발디 등이 발전시킨 콘체르토 그로소(concerto grosso, 합주 협주곡) 형식에 익숙했지만, 여느 때처럼 기존 한계 내에서만 작곡하는 것에는 만족하지 않았으며, 이번 기회에 이 형식을 혁신하면서도 종합하고자 했다. 바흐의 혁신 취향은 기존 형식을 산산조각 내는 게 아니라 마치 하이쿠 시인처럼 그 속에서 뜻밖의 기지를 펼쳐 보이는 형태로 나타났다.

무반주 바이올린을 위한 파르티타의 두 성부를 비롯해 『평균율 클라비어 곡집』 2권 전주곡과 푸가 C장조의 세 성부와 네 성부에서도 발휘되었던, 다성 음악에 대한 바흐의 재능은 이 곡에서 오케스트라의 풍성한 음색으로 드러난다. 그래서 알베르트 슈바이처(Albert Schweitzer, 1875~1965년, 흔히 슈바이처 박사라고 불리는 이 의사는 또한 오르간 연주자이자 바흐 연구자였다. — 옮긴이)는 「브란덴부르크 협주곡」을 가리켜 주저 없이 "바흐의 다성 음악 스타일 중에서 가장 순수한 결과물"이라고 말했다.

첫 여덟 마디에서 리코더, 오보에, 솔로 바이올린, 제1바이올린들은 트럼펫과 비올라의 트릴(떤꾸밈음) 아래에서 일제히 연주를 시작하며, 솔로 바이올린이 협주곡의 주제를 소개한다. 그다음에는 오보에가, 그다음에는 리코더가 주제를 연주한다. 트럼펫의 변주가 이어지고, 바흐의 알레그로 악장에 늘 활기를 부여하는 요소인 오르락내리락 추격하는 듯한 대목이 시작된다. 그동안 앞쪽 마디들에서 16분음표로 반주되던 베이스는 트럼펫의 솔로 주제로 바뀌고, 원래 비올라가 연주하던 화음부가 아래로 내려가서 베이스를 맡는다. 악장 전반에 나타난 이런 효과야말로 바흐 그 자체이다. 질서 속의 다양성, 절제 속의 재치, 시를 읊으면서 춤추는 곡예사들로 구성된 카라반이 행진하는 듯한 음악.

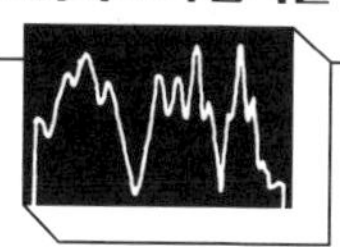

「브란덴부르크 협주곡」 2번은 트럼펫 연주의 기예를 한계까지 밀어붙였다. 후대의 학자들은 밸브도 없었던 당시에 이 곡을 연주하려면 트럼펫이 어떻게 생겨야 했을까 하는 문제에 상당한 관심을 쏟았다. 바흐는 자신이 원한 트럼펫 음형 중 일부는 연주될 수 없다는 사실을 인정하고, 악기의 한계에 맞추기 위해서 1악장의 21번째 마디와 22번째 마디에서 협주곡 주제를 살짝 바꿨다. 계획에서 벗어난 이 대목은 음악을 분석하는 사람이라면 누구나 감지할 수 있는 것이므로, 머나먼 시대와 장소의 음악학자들에게도 흥미롭게 여겨질지 모른다.

자바의 가믈란
「다채로운 꽃들」

첫눈에 가믈란은 — '오케스트라'라는 뜻이다. — 산업 혁명의 비전이 명랑한 방향으로 잘못 발전한 것처럼 보인다. 주된 재료는 청동이며, 타악기들이 연주된다. 그 모양새는 요리용 냄비, 증기 보일러, 기름 통, 기차 엔진 따위를 연상시킨다. 진용을 온전히 갖춘 가믈란은 우주가 지금과는 약간 다르게 만들어졌다면 10여 량의 화차를 끌면서 높은 고개라도 넘을 수 있었을 것처럼 보인다. 그러나 가믈란은 속도가 아니라 음악을 만들기 위해서 모였다.

주로 종과 징 소리로 구성된 소리는 슬로 모션으로 내리는 빗소리처럼 들린다. 템포를 높이면, 비가 바람으로 바뀐다. 노래는 깊이 있으면서도 꾸밈없다. 현재만을 바라보는 사람들의 노래이다. 리듬은 음높이에 조응하여, 고음을 내는 악기는 더 짧은 간격으로 연주되고 저음을 내는 악기는 더 긴 간격으로 연주된다. 사람보다 큰 청동 징 같은 것은 아주 가끔 울린다. 일단 가믈란이 결성되면 거기에는 이름이 붙으며, 사람들은 그 오케

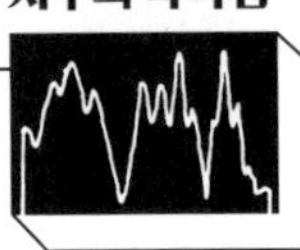

스트라를 한동안 유지하려 애쓴다. 100년 넘은 가믈란도 드물지 않다.

서양에서 가믈란에 대한 흥미는 늦어도 1899년까지 거슬러 올라간다. 그때 드뷔시가 파리에서 가믈란 연주를 들었다. 가믈란 음악은 아름답지만, 익숙해질 시간이 좀 필요하다. "동양 음악은 아직 요람기이며 단순하고 단조로운 악기로만 연주된다."라고 말했던 19세기 동인도 회사 대사의 견해는, 1977년에 「다채로운 꽃들」을 듣고 "이 곡에서는 **리듬**을 전혀 찾아볼 수 없군요."라고 말했던 NASA 변호사의 견해에서도 살아 있다. 사실 이 곡에서 리듬은 『리어 왕(*King Lear*)』에서 예언이 수행하는 역할과 비슷한 것을 수행하고 있는데 말이다.

어떻게 이 독특한 음악이 자바 섬과 이웃 발리 섬에서 생겨났는지는 완전히 알려지지 않았다. 힌두 점령자들이 자바로 올 때 청동 타악기를 가져오긴 했지만, 그들이 들어오기 전에도 섬에서는 청동 북이 사용되었다. 중국과 인도 음악가들도 자바에 유입되었으나, 어떻게 그들이 본국과는 전혀 다른 음악을 만들 수 있었는지는 아무도 모른다. 가믈란이 5음계 조율을 선호한다는 점을 가리켜 중국의 영향을 드러내는 증거라고 본 의견도 있지만, 5음계는 세계 곳곳에서 발생한 특징이다.

「다채로운 꽃들」은 짧은 가믈란 음악을 뜻하는 '케타왕(ketawang)' 형식이다. 이 녹음에서는 35명쯤 되는 연주자들과 10명쯤 되는 가수들이 연주했다. 녹음 일시는 1971년 1월 10일, 장소는 자바 섬 중부의 주요한 네 궁궐 중 한 곳의 연회장이었다. 녹음한 사람은 현재 캘리포니아 주 버클리에서 미국 동양 예술 학회와 월드 뮤직 센터를 이끌고 있는 로버트 E. 브라운이었다. 자연스럽고 맛깔나게 부르는 노래의 가사는 힌두교에서 이야기하는 아홉 가지 '라사(rasa)'들, 즉 아홉 가지 풍미들을 상징하는 아홉 가지 꽃들 중 두 가지에 관한 것이다. 끝에서는 리듬이 살짝 변하여 잠시 빨라졌다가 점점 느려지면서 마무리된다.

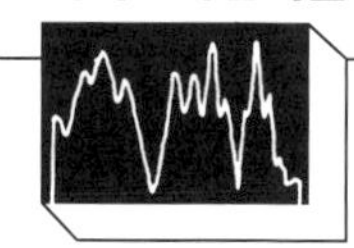

피그미 소녀들의 성년식 노래

자이르의 이투리 숲에서 사는 피그미 족은 자연스러운 외유내강을 보여 주는 좋은 사례이다. 타인에게 우호적인 그들은 수단, 반투, 아랍, 서양에서 온 여행자들을 반겼다. 그들과 함께 살았던 인류학자들에 따르면, 그들에게는 정부가 없으며 문제는 우호적인 토론으로 해결한다. 경쟁을 억제하고, 협동을 장려한다. 피그미 족의 놀이 중에 대여섯 명의 아이들이 어린 나무에 올라가서 나무 꼭대기가 구부러져 땅에 닿으면 일시에 함께 뛰어내리는 놀이가 있다. 너무 일찍 뛰어내리는 아이는 놀이를 망친다. 자신이 남들보다 용감하다는 사실을 과시하려고 너무 늦게까지 매달리는 아이는 공중에 내동댕이쳐질 것이다. 피그미 족에게는 사제가 없다. 열대 우림을 숭앙하는 것 외에는 이렇다 할 종교 행위가 없다. 그들은 수용의 철학을 따른다. 숲속의 밤에 관한 노래에서 그들은 "어둠이 존재한다면 어둠은 좋은 것"이라고 스스로에게 이른다. 그들은 유랑민이라서 한 장소에서 몇 달 이상 머물지 않는다. 최소한 이집트 제4왕조가 그들의 존재를 기록했던 기원전 25세기부터 그들은 이런 방식으로 이투리 숲에서 살아왔다.

음부티 족(이투리 숲에 사는 여러 피그미 부족들을 통칭하여 이렇게 부른다.)은 이집트 인이 그들에 관해서 기록했던 때처럼 지금도 기념물을 세우지 않고, 시각 예술에 흥미가 없고, 악기도 드물게만 연주한다. 그들은 오로지 이야기와 노래와 춤에서 즐거움을 찾는다.

당연히 이런 예술들은 대단히 세련되었다. 음부티 족은 둥글게 앉아서 한 사람당 한 음씩 맡은 뒤 어지러운 속도로 각자 선율을 뽑아내는 방식으로 노래한다. 돌림 노래도 있는데, 성부들이 서로 반대 방향으로 진행할 때도 있다. 2도 음정으로 밀집 화성을 노래하는 경우도 흔하고, 가끔은 사람들이 노래하는 동시에 서로 닿을 듯이 가까운 거리를 유지하면서 춤을 추기 때문에 꼭 음악의 구조를 춤으로 표현하는 것처럼 보인다. 음부티

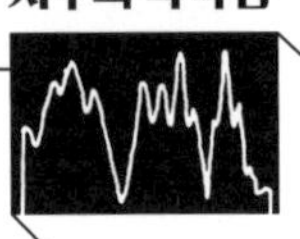

족의 노래는 다성 음악이다. 숲에서 반사되어 메아리로 돌아온 자신들의 목소리를 다시 노래에 통합시키는 경우도 있다고 한다.

보이저호에 실린 노래는 음부티 소녀들이 사춘기가 되었을 때 치르는 성인식인 '알리마(alima)'에서 부르는 노래이다. 알리마라는 단어는 반투 어로 달을 뜻하는 '리마(lima)'에서 왔다. 소녀의 초경을 기념하는 의식이기 때문이다. (피그미 족은 원래의 언어를 잃어버린 것 같고, 이웃 부족들에게서 가져온 단어들을 쓴다.) 노래를 녹음한 사람은 6년 동안 음부티 족과 함께 살았던 인류학자 콜린 턴불(Colin Turnbull)이다. 턴불은 성인식을 이렇게 묘사했다. "피그미 족에게 여자아이의 초경은 엄청나게 기쁜 일이다. 그들은 그 사실을 사방팔방에 알린다. 마을 사람들은 여자아이의 가족에게 축하를 보낸다. 이제 소녀는 어머니가 될 수 있기 때문이다. 여자아이에게 그보다 더 기쁜 일이 어디 있겠는가? 동시에 그들은 책임감이 커졌다는 사실도 인식한다. 음부티 족에서는 사생아가 있을 수 없다. 인류학자들이 50년 동안 그들을 관찰했지만, 사생아가 태어난 경우는 한 건도 기록되지 않았다. 초경을 치른 여자아이는 종종 친구도 초경을 치를 때까지 기다렸다가, 알리마를 치를 때 한 달 동안 머물러야 하는 특별한 집으로 함께 들어간다. 자기들보다 나이가 더 많거나 적은 친구들도 초대한다.

그 기간 동안, 소녀들에게 구애하려는 소년들은 알리마 집으로 들어가서 자신이 고른 소녀와 동침한다. 다만 소녀와 소녀의 어머니가 둘 다 허락해야 한다. 어머니들은 탐탁지 않은 청년들이 들어가지 못하도록 집을 지킨다. 그런 청년이 있으면 한바탕 싸움을 불사한다. 일단 안으로 들어간 청년은 서로 합의하기만 한다면 한 명하고만 잘 수도 있고 여러 명하고 잘 수도 있다. 이 시기는 장기적으로 결혼을 염두에 두고 실험하는 기간으로 여겨진다. 이전에는 성교가 그저 쾌락을 위한 것이었지만, 이제부터는 책임도 따르게 되는 것이다.

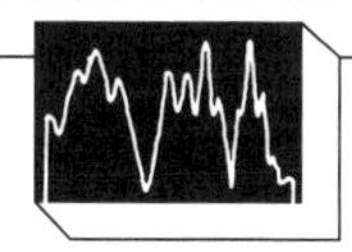

소년 소녀들은 육체적 만족과 감정적 만족 양쪽에 대해서 이야기를 나누고 고민한다. 항상 그런 것은 아니지만, 보통은 알리마의 경험에서 혼인이 맺어진다. 이혼은 드물다…… 두 사람이 서로 평생의 배우자로 알맞다고 확신하면, 소년은 소녀의 부모에게 활과 화살 같은 명목상의 선물을 바친다. 그 선물이 받아들여지면, 다음에는 자신이 직접 죽인 큰 영양을 선물한다. 자신이 사냥꾼 역할을 해낼 수 있다는 사실을 증명하는 것이다. 소녀의 부모가 이 선물도 수락하면, 소년 소녀는 함께 가정을 꾸린다.

알리마는 음부티 문화에서 가장 즐거운 축제이다. 생명, 그리고 부모로서의 책임과 관련된 행사이기 때문이다."

턴불은 또 이렇게 덧붙였다. "이들은 세계에서 가장 원시적인 부족에 속한다. 이들에게는 석기가 없다. 대나무를 비롯하여 숲에서 나는 산물을 이용할 뿐이다. 그러나 내가 개인적 경험과 학문적 판단에 기반을 두고 진지하게 장담하건대, 인간관계 면에서는, 그리고 그 관계를 사회 전체에 바람직한 방향으로 통제하는 능력 면에서는 이들이 우리보다 한참 앞서 있다. 우리 문화를 비판하려는 것은 아니다. 문명이 발달함에 따라 우리 문화의 문제들이 갈수록 복잡해져서 이제 우리는 음부티 족이 최우선으로 여기는 인간적 측면들을 고려할 여유가 없다는 사실을 보여 줄 뿐이다."

세네갈의 타악기

모든 아프리카 음악에는 약 2000년 전에 남쪽에서 이주해 왔던 사람들의 흔적이 남아 있다. 그들의 언어가 훗날 반투 어로 발전했고, 그들이 모든 예술 분야에 미쳤던 영향 때문에 온 대륙의 예술이 통일성을 갖게 되었다. 요즘도 온 대륙의 사람들이 여행하거나 노동할 때 리듬이 넘치는 음악과 움직임을 곁들인다는 점이 그 사실을 말해 준다. 오래된

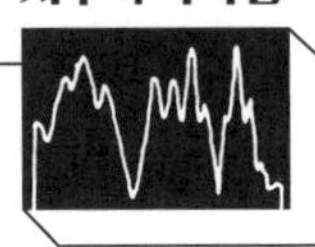

태피스트리는 지금도 계속 짜이고 있다.

아프리카 음악이 리듬을 강조한다는 점을 원시성의 증거로 해석하는 사람도 있다. 아프리카 음악에 비교적 공감하는 학자들조차 그러곤 한다. 미적 취향뿐 아니라 정치적 취향도 따르는 듯한 주장에 따르면, 아프리카의 타악기 음악은 아직 세련된 선율과 화음이라는 더 우월한 매력을 발견하지 못한 문화의 특징을 보여 준다는 것이다. 이런 오해는 최소한 두 가지 근거에서 잠재울 수 있다. 첫째, 아프리카 음악에도 선율과 화음이 풍성하다. 일부는 대단히 복잡하기까지 하다. 보이저 레코드판에 실린 피그미 족의 노래가 수많은 사례들 중 하나이다. 둘째, 아프리카 음악을 녹음한 수백 건의 자료들을 컴퓨터 데이터 처리 기법으로 분석한 결과, 아프리카 음악은 다양한 음악의 가능성들을 실험한 사람들이 선호에 따라 진화시킨 음악인 듯하다. 달리 말해, 다른 대안을 모른다는 점이 아프리카 음악 역사에서 중요한 역할을 수행하지는 않았다.

1963년에 샤를 듀벨(Charles Duvelle)이 세네갈에서 녹음한 이 곡은 발일할 때 연주하는 음악이다. 악기는 북, 종, 피리 세 대이다. 피리는 일종의 구두점으로서만 적용된다. 이 곡을 들으면 기원후 1세기 중국의 음악서인 『예기(禮記)』의 한 구절이 떠오른다. "음악은 즐거움을 낳는다…… 사람은 즐거움 없이 살 수 없고, 즐거움은 움직임 없이 존재할 수 없다."

멕시코의 마리아치

「엘 카스카벨」

유명하고 오래된 멕시코 노래를 급행열차처럼 연주한 이 곡은 로렌소 바르셀라타(Lorenzo Barcelata)와 마리아치 멕시코 밴드의 솜씨이다. 바르셀라타는 멕시코 중부 태평양 연안의

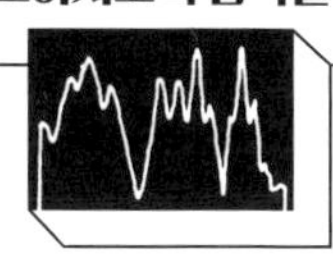

미초아칸 주 출신인데, 그곳 음악은 그곳에 많이 거주하는 흑인들의 영향을 받았다. 솔로를 줄곧 바꿔 가며 연주하는 것은 지중해 음악의 특징이지만, 그 교환 속도가 빠른 점과 성부가 겹쳐지는 점은 아프리카 음악의 특징이다. 미국 재즈와 리듬 앤드 블루스의 특징이기도 하다. 그런 특징들이 「엘 카스카벨」에 영향을 미쳐, 아주 활기찬 노래가 되었다. 바르셀라타의 마리아치 오케스트라는 적잖은 규모와 풍성한 소리에도 불구하고 날치 떼처럼 민첩해 보인다.

피들과 관악기가 화려하게 주제를 연 뒤, 바르셀라타가 스페인 풍 기교를 뽐내면서 노래한다. 가사는 이중 의미를 띠는데("참 예쁜 종이군요. / 이걸 누가 그대에게 줬나요? / …… 나한테 판다면, 키스를 드리리다."), 대부분의 멕시코 청자들에게 익숙한 이 가사는 이 노래에서는 크게 중요하지 않다. 바르셀라타의 목소리는 금세 피들에게 자리를 내준다. 피들은 자유자재로 리듬을 바꾸면서 솟아오르고, 간간이 트럼펫이 끼어든다. 고음의 플루트 연주와 함께 백업 가수들이 교대로 노래하다가, 피들이 시소처럼 주고받으면서 하강하기 시작한다. 기타들과 기타론들은 가라앉는 배를 구하기 위해서 석탄을 떠 넣는 남자들처럼 맹렬하게 리듬을 쏟아 낸다. 코넷과 피들이 가세하여 빠르게 주고받는다. 남자들로만 구성된 코러스의 목소리가 피들과 트럼펫이 그리는 하강 음형 속에서 점점 느려지다 끝난다. 시작만큼 끝도 순식간이다.

블라인드 윌리 존슨

「밤은 어둡고 땅은 춥네」

20세기에 전 세계인이 사랑한 미국 음악의 한 갈래는 아프리카 출신의 노예들로부터 탄생했다. 전문가들은 블루스, 재즈, 지터버그, 로큰롤 사이의 경계를 어떻게 정의하느냐를

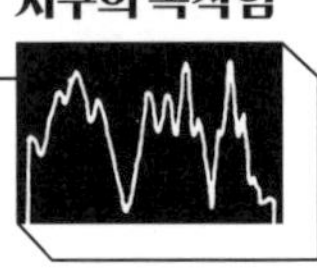

두고 논쟁하지만, 어차피 그 모두는 하나의 천에서 재단되었다. 그중 세 필이 보이저호에 실렸다.

"누구나 속마음으로는 말 없고 이름 없는 밀턴을 믿지 않는다."라고 단언했던 거트루드 스타인(Gertrude Stein)에게 도전하고 싶은 사람이라면, 대공황기 미국 남부와 그곳 음악, 그러니까 그 이름도 적절한 블루스에서부터 찾아보면 좋을 것이다(18세기 영국 시인 토머스 그레이(Thomas Gray)의 시에 나오는 "말 없고 이름 없는 밀턴"이란 표현은 '안타깝게도 그 창조성을 인정받지 못한 예술가'라는 뜻으로, 스타인은 사실 그런 경우는 드물다고 꼬집었던 것이다. — 옮긴이). 남부의 거의 모든 도시들은, 후원이라는 표현이 적당한지는 모르겠지만, 저마다 흑인 블루스 가수들을 후원했다. 길거리, 교회, 술집에서는 늘 그들의 노래가 들렸다. 가수들에게 행인들의 평가는 그날 아늑한 잠자리에서 잘 수 있으냐 노숙해야 하느냐의 차이를 뜻했다. 그 노래들 가운데 한 줌만 녹음되었다는 사실, 그중 최고는 정말로 훌륭했다는 사실, 그 노래들이 시와 음악에 남긴 유산에 이후 서양의 대중음악 작곡가들이 꾸준히 이끌렸다는 사실은 결코 우연이 아니다.

블라인드 윌리 존슨(Blind Willie Johnson)은 20세기로 들어서기 한두 해 전에 텍사스주 말린에서 태어났다. 그가 장님이 된 것은 일곱 살 때 계모가 팬에 든 양잿물을 홧김에 그의 얼굴에 뿌렸기 때문이다. 20대 중반에 그는 댈러스 길거리에서 기타 연주 실력과 힘있는 목소리에 의지하여 가까스로 살아갔다. 눈먼 블루스 가수들 중에서 뛰어난 이들이 더러 그랬듯이, 그는 음악을 통해서 헌신적인 한 여인의 환심을 사고 결혼하는 데 성공했다. 여인의 이름은 앤젤린(Angeline)이었다. 둘은 1927년에 결혼하여 1949년 겨울에 존슨이 죽을 때까지 함께했다.

존슨은 기타를 오픈 코드로 잡고 병목 같은 딱딱한 물체를 현 위로 미끄러뜨려 현을 누르는 슬라이드 주법의 대가였다. 존슨은 주머니칼을 썼다. 슬라이드 주법은 선율 면

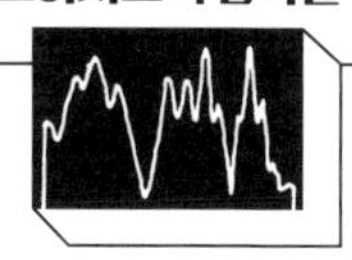

에서 유연성을 부여하여 피들을 연상시키는 소리를 냈고, 금속성 날카로움을 부여함으로써 거리의 소음 속에서도 잘 들리게 만들었다.

「밤은 어둡고 땅은 춥네」는 스코틀랜드의 옛 장률 찬송가에 바탕을 두었다. 1927년 12월 3일에 댈러스에서 녹음된 이 버전에서 존슨은 선율을 바꾸었고, 가사도 뭐라고 말하는지 알아들을 수 없는 신음으로 대체했다. 그 결과, 내가 느끼기에 지금까지 녹음된 모든 음악들 중에서도 가장 깊은 차원에서 심금을 울리는 곡이 탄생했다.

존슨은 텍사스 주 보몬트에서 폐렴으로 죽었다. 집에 불이 나서, 그와 앤젤린은 흠뻑 젖은 침대에서 자야 했다. 앤젤린은 이렇게 회상했다. "우리는, 어, 노스엔드에서 살 때 불이 났어요.…… 불이 났는데, 아는 사람이 별로 없어서, 그래서 내가, 그이를 집으로 도로 끌고 가서, 축축한 침대에 누웠어요, 신문지를 많이 깔고요. 나는 아무렇지도 않았지만 그이는 속상했나 봐요. 네. 돌아눕더라고요. 나는 그냥 신문지 위에 누웠어요. 내 생각에는, 신문지를 많이 덮으면, 감기에 걸리지 않을 것 같았어요. 몸이 젖진 않았어요, 축축하긴 했지만. 그리고 그이는 노래를 했는데, 그러니까 혈관이 열리고, 그런 거죠. 그래서 그이가 병이 들었어요.…… (병원은) 그이를 받아 주지 않았어요. 받아만 줬어도 지금 살아 있을 텐데. 그이는 장님이었으니까요. 눈먼 사람들은 힘들어요. 병원에도 못 들어가요……."

존슨의 노래는 그가 여러 차례 맞닥뜨렸던 상황, 밤이 되었는데 잘 곳이 없는 처지에 관한 내용이다. 지구에 인간이 등장한 이래, 밤의 장막이 그런 곤란에 처한 사람을 한 명도 덮지 않은 날은 하루도 없었다.

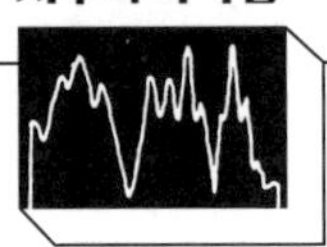

루이 암스트롱

「멜랑콜리 블루스」

블라인드 윌리 존슨이 「밤은 어둡고 땅은 춥네」를 녹음한 해, 루이 암스트롱은 뉴욕에서 재즈를 변혁시킬 일련의 음반들을 녹음했다. 음악은 군주제가 아니고, 평론가들이 암스트롱에게 부여한 '재즈의 왕'이라는 칭호를 그가 달가워했다는 증거도 없지만, 20세기 음악가 중 분야를 막론하고 그보다 더 영향력이 컸던 사람을 찾기 힘든 것은 사실이다.

암스트롱이 고수했던 낙천주의와 말년의 성공 때문에 우리는 그의 유년기가 가혹했다는 사실을 잊기 쉽다. 그의 아버지는 그가 다섯 살일 때 가족을 버렸고, 소년은 잠시 뉴올리언스의 고아원에도 머물렀다. 자서전에서 그는 자신의 첫 여자 친구, 첫 아내, 그리고 아마 어머니도 창녀였다고 적었다. 자신이 자란 공동체의 폭력성에 대해서는 다음과 같이 쾌활하게 회상했다. "칼이 그렇게 많이 울부짖는 건 처음 봤다. 맞대결이었다. 한쪽이 상대를 베고, 상대가 이쪽을 베고. 세상에! 메리 잭도 그러다가 죽었다."

해독제는 음악이었다. 암스트롱은 이렇게 말했다. "사방에 음악이 있었다. 파이 장수도 와플 장수도 다들 손님을 끌려고 법석이었다. 파이 장수는 나팔로 뭔가 스윙을 불었고 와플 장수는 커다란 트라이앵글을 울렸다." 남자들은 집회소 밴드, 행군 밴드, 댄스 밴드를 결성했으며, 토요일과 일요일 오후에는 재즈 밴드들이 평상형 왜건에 탄 채 거리를 지나가면서 연주했다. (암스트롱은 '왜건에 오르다'는 표현이 '금주하다'는 뜻을 갖게 된 것은 뉴올리언스 음악가들이 주말에 왜건 공연을 하느냐 술이나 마시느냐 중에서 선택했던 데서 유래했으리라고 추측했다.)

앨런 로맥스는 뉴올리언스 재즈의 진화 과정을 이렇게 묘사했다. "1800년대 말은 남부 흑인들에게 어려운 시절이었다. 뉴올리언스는 특히 그랬다. 거기서는 흑인이 거의 권력을 잡을 뻔했기 때문이다. 살인이 많이 벌어졌다. 흑인들에게 남은 보잘것없는 힘은

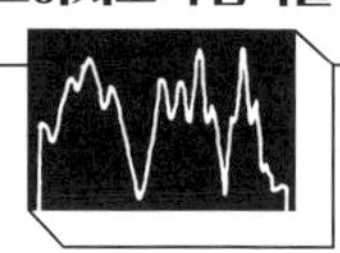

뉴올리언스의 초기 흑인 집회소들에 집중되었다. 그들은 행군 밴드를 결성해 장례식에서 연주했다. 뉘라서 장례식 치르는 걸 막겠는가? 장례식은 누구든 치러야 하는 법이다.

흥미로운 점은, 관악기와 북이 폴리리듬 관계를 띠는 형식은 아프리카의 주된 합주 형식이라는 점이다. 뉴올리언스의 흑인들은 집회소 밴드를 조직함으로써 선조들의 뿌리로 거슬러 올라간 셈이었다. 그들의 밴드에는 관악기와 북이 많았다. 그들은 구부러진 관악기와 곧바른 관악기와 트롬본을 쥐고서 그것을 통해 **말했다.** 그것은 언어였고, 남성의 강인함과 힘에 대한 선언이었다. 흑인 남자들은 과거에 아프리카에서 그랬던 것처럼 다시 행진하게 되었다. 노예 시절에는 할 수 없는 일이었다.

아프리카 사람들은 악기를 말하는 것처럼 연주하는 데 익숙했고, 악기가 이야기를 하게끔 만들었다. 그리고 모든 훌륭한 음악가들 중에서도 루이야말로 관악기로 **노래를 부른** 사람이었다. 그럼으로써 그는 서양의 악기 연주 기법을 영영 바꿔 놓았다."

「멜랑콜리 블루스」를 들으면, 이것은 자신의 목소리를 재발견한 음악가들의 노래라는 로맥스의 주장을 반박하기 어렵다. 노래의 뿌리인 순수 블루스는 흑인들의 컨트리 음악에 귀 기울였지만, 여기에서 블루스는 새롭고 대담한 리듬을 취한다. 이 곡에서는 밴조와 튜바가 그 리듬을 다룬다. 1927년의 녹음 엔지니어들이 드럼 소리를 처리하는 데 애먹었기 때문에, 여기에서 드러머는 심벌즈만 연주한다. 그 위로 트롬본, 클라리넷, 그리고 암스트롱의 트럼펫이 활기찬 솔로를 펼친다.

척 베리

「조니 B. 구드」

재즈가 블루스에서 생겨나 도시로 간 뒤, 블루스를 배출했던 시골의 토양은 뒤에 남겨지

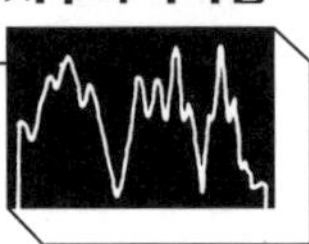

고 말았다. 1950년대 말에 벌써 암스트롱은 모던 재즈가 자신이 싫어하는 거의 유일한 종류의 음악이 되어 버린 걸 깨달았다. 시골로 돌아가는 사람이 나타나는 건 시간 문제였다.

세인트루이스에서 자동차 공장 노동자로 일하면서 부업으로 이런저런 임시 밴드에서 연주했던 척 베리(Chuck Berry)는 스스로를 블루스 가수로 여겼다. 그는 특히 느린 블루스를 좋아했고, 노래 중간중간 공들인 전기 기타 연주를 펼쳐 보였다. 그러나 그는 자신이 분위기 잡는 가수가 되진 못한다는 사실을 깨달았다. 청중은 그가 느린 곡을 연주할 때면 지겨워했고, 템포가 빨라져야만 호응했다. 경쾌한 음악을 탐색하던 베리는 흑인과 백인의 컨트리 음악에서 예전부터 사용되던 기타 리프들을 이용한 곡을 쓰기 시작했는데, 다만 거기에 당김음을 적용하고, 템포를 더 빠르게 하고, 소리를 더 키웠다. 청중은 벌떡 일어나서 춤을 췄다. 베리는 한 세대 전에 재즈가 그랬던 것처럼 곧 전 세계로 퍼질 로큰롤을 발명하는 데 일조한 것이었다. 1958년에 발표된 「조니 B. 구드」는 가난한 시골 소년 이야기이다. 소년은 루이 암스트롱을 비롯한 여러 사람들이 깨달았던 사실, 즉 음악이 자신을 무명에서 건지고 사람들의 존경을 얻게 해 줄지도 모른다는 깨달음을 얻는다. 첫 번째 절은 흡사 영국의 발라드나 19세기 소설에 나올 법한 단정한 장면 — 조니가 기타를 연습하는, 루이지애나의 어느 통나무집 — 을 연출한다. 두 번째 절은 겨우 네 문장 속에서 시점이 세 번이나 매끄럽게 바뀌는 점이 놀랍다. 우리는 처음에 조니가 혼자 있는 걸 보고, 다음에는 기차에 탄 엔지니어의 시점으로 보며(1926년생인 베리는 기차를 대도시로의 탈출을 뜻하는 상징으로 여겼던 세대였다.), 그다음에는 나중에 그가 스타가 되면 그에게 애정을 퍼부을 대중을 예상하기라도 하듯이 그가 청중의 칭찬을 받는 대상으로 묘사되는 걸 본다. 세 번째 절은 조니의 어머니가 "언젠가 네 이름이 불빛으로 번쩍이게 될 거야."라고 말한 예언이 중심이 된다. 이야기는 여기에서 끝난다. F. 스콧 피츠제럴드(F. Scott Fitzgerald)가

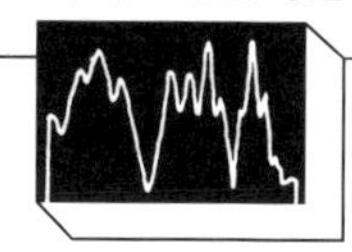

미국의 삶에 대해서 말했듯이, 로큰롤 곡에는 보통 2막이 없다.

베리의 가사가 그리는 생생한 이미지는 앞선 재즈 연주자들도 살짝 엿보았던 개념, 즉 대중음악이 시의 수단이 될 수 있다는 개념을 정립하는 데 기여했다. 그러나 베리 자신은 이후 몇 년 동안만 줄줄이 곡을 쏟아 낸 뒤에는 호메로스 시대의 음유 시인에 상응하는 혁신을 일구는 데 흥미를 잃은 듯했다. 곡은 연주할 때마다 달라지는 법이라는 상당히 설득력 있는 주장을 내세우며, 그는 50세가 되어서도 같은 곡을 연주했다. 작은 기타 케이스만 들고 여행하며, 어디에서든 현지에서 장비와 백업 연주자들을 구했다. 그는 이렇게 즐겨 말했다. “자랑스럽게 말하건대, 만일 당신이 아침에 나를 부른다면, 그리고 그곳까지 가는 비행기가 있다면, 내가 저녁에 연주로 당신을 즐겁게 해 주겠소.”

일본의 샤쿠하치

「둥지의 학들」

다른 많은 것들이 그랬던 것처럼, 샤쿠하치(しゃくはち, 尺八)라고 불리는 대나무 피리는 중국에서 일본으로 건너왔다.

중국의 궁정 악단에는 악기들을 조율하는 데 쓰는 율관이라는 큰 피리들이 있었다. 그들은 천지의 질서를 유지하기 위해서는 음높이를 일정하게 맞추는 것이 중요하다고 설파했다. 길이가 다양한 대나무 관들을 한데 묶어서 큰 팬파이프처럼 만든 악기는 보이저호의 음악 섹션에 자주 등장한다. 중국 음악가들은 언젠가부터 율관을 하나하나 떼어서 연주하기 시작했고, 대나무에 지공(指孔)을 뚫었다. 피리의 종류는 길이에 따라 규정되었다. 길이가 피리의 기본 음높이를 결정하는 요소였기 때문이다. 샤쿠하치라는 단어는 중국에서 그런 피리들 중 한 종류의 길이를 가리키던 말을 일본어로 발음하면서 왜곡된 것

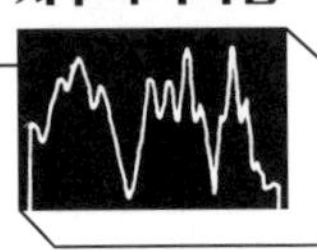

으로 보인다. 잇샤쿠(いっしゃく, 一尺) 핫순(はっすん, 八寸), 즉 약 22인치(56센티미터)에 해당하는 한 척 여덟 치라는 말을 줄인 것이다.

일본에서 샤쿠하치는 에도 시대에 인기를 얻었는데, 고무소(虛無僧)라는 승려 집단의 활동에 힘입은 결과였다(선종의 일파인 보화종 승려들을 뜻한다. ― 옮긴이). 떠돌이 승려였던 그들은 싸리 바구니를 머리에 뒤집어써서 얼굴을 숨겼다. 16세기 말과 17세기 초의 고무소들은 한때 사무라이였으나 지금은 지위와 특권을 빼앗긴 이가 많았다. 칼을 차고 다니는 특권도 마찬가지였다. 그들은 얼굴을 가린 종단에 듦으로써, 자신이 과거에 무장했을 때 괴롭혔던 사람들과 대면하는 난처한 상황을 면할 수 있었다. 그렇게 조심하는 것만으로 부족할 때에 대비하여, 사무라이에서 승려로 변신한 이들은 위급할 때 곤봉처럼 쓸 수 있도록 샤쿠하치를 들고 다니는 경우가 많았다. 이 용도로는 좀 더 크고 무거운 피리, 대나무 아랫동아리를 베어 만든 피리가 선호되었으며, 바로 이 형태로부터 현대의 샤쿠하치가 진화했다. 이 이야기는 일리노이 대학의 음악학자 윌리엄 맘(William Malm)의 저작에서 재구성했는데, 맘은 "호신술이라는 현실적 필요성이 악기 제작의 중요한 요소로 기여한 사례는 음악 역사상 샤쿠하치가 유일할 것이다."라고 썼다.

쇼군 정권은 샤쿠하치 연주자들에게 허가증을 의무로 규정함으로써 대응했다. 그러자 사무라이 승려들은 허가증을 위조했다. 당국은 기본적으로 잘 훈련된 무사들인 그들의 화를 더 돋우는 대신, 그들에게 정부의 밀정으로 일하는 조건으로 승인해 주겠다고 제안했다. 승려들은 동의했다. 맘의 말을 빌리면, 그들은 곳곳에 지부를 설립하고 "거리마다 골목마다 퍼져서 …… 부드러운 선율을 연주하며" 싸리 광주리 가면 뒤에서 "남들의 은밀한 대화를 엿들었다." 맘은 "요즘도 도쿄의 낭인 고무소 승려들은 경찰과 친분이 많다고 한다."라고 덧붙였다.

그런 전직 사무라이 중 한 명이었던 구로사와 긴코(黑澤琴古, 1710~1711년)는 전국을 떠

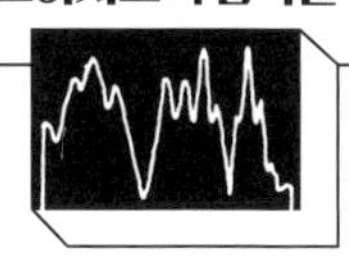

돌며 보화종 승려들의 샤쿠하치 노래들을 수집했다. 그가 모은 36개의 샤쿠하치 곡들은 오늘날 '혼쿄쿠(本曲)'라고 불리며, 「둥지의 학들(鶴の巣籠)」은 그중 한 곡이다.

현대의 샤쿠하치는 17세기 사무라이의 곤봉을 빼닮았다. 대나무 피리에 지공 여러 개와 엄지 구멍 하나가 뚫려 있고 마우스피스는 없으며 대나무 관 꼭대기 근처에 난 틈을 통해서 바람을 불어 넣는다. 숙련된 연주자라면 풍성한 음악적 어휘를 구사할 수 있다. 샤쿠하치를 만들려면 굵기와 크기가 적당한 대나무를 세심하게 골라야 하는데, 가급적 동그란 것이 좋다. 성질을 개선하기 위해서 공방에서 대나무를 살짝 휘는 경우도 있다. 내부에는 유약을 칠해서 음색을 개선한다.

전통에 따라 샤쿠하치 혼쿄쿠를 연주할 때는 고음과 저음을 역동적으로 자주 오가고, 모든 음들에 약한 떨림을 주며, 대부분의 악구 끝에서 소리를 줄인다. 맘은 샤쿠하치 소리를 이렇게 잘 묘사했다. "그 소리는 속삭이는 듯한 고음의 **피아노** 소리에서 시작하여, 낭랑한 금속성 **포르테** 소리로 커졌다가, 천으로 감싼 듯 부드러운 소리로 도로 가라앉은 뒤, 마치 뒤늦게 떠올린 생각인 것처럼 가까스로 귀에 들리는 우아한 음으로 끝맺는다. 이런 음악 어법들이 모두 결합하여, 듣는 사람들의 마음에 막연하고 우수 어린 감정을 일으킨다." 리듬은 정해져 있지 않기 때문에, 연주자가 재량껏 달리할 수 있다. 음높이는 연주되는 피리의 공명에 맞게 정한다.

일본 음악에서 독주 연주의 이상은 최소한의 요소들만 갖고서 최대한의 폭넓은 효과를 내는 것이다. 곡에 연주에 관한 지시가 딸려 있지 않기에, 즉흥 연주의 여지가 풍부하다. 곡명은 표제적이지만, 청중은 명시된 주제를 넘어서서 마음껏 상상력을 발휘해도 좋다. 이 곡의 경우, 곡명에 드러난 주제는 학이 새끼에게 보이는 애정이지만, 어떤 사람들은 이 곡을 듣고서 새소리 같은 샤쿠하치의 울음소리가 우주를 홀로 나는 보이저호의 비행에 어울린다고 생각할 수도 있다.

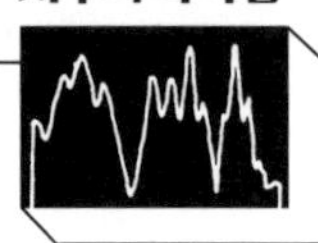

모차르트
오페라 「마술피리」 중 '밤의 여왕의 아리아'

모차르트의 마지막 오페라인 「마술피리」는 1791년 9월 30일에 초연되었다. 모차르트는 이로부터 세 달도 지나지 않아서 35세의 나이로 죽었다. '밤의 여왕의 아리아'는 "음악 역사상 가장 뛰어난 성격 묘사 중 하나"라고 불리는데, 이때 묘사된 성격이란 악(惡)이다. "지옥의 복수가 내 마음에서 들끓는다. 죽음과 절망이 불꽃처럼 나를 휘감는다!" 별들이 장식된 왕좌에서 다스리는 여왕은 이렇게 노래한다. 모차르트는 이 오페라를 마무리한 뒤 이전에 쓰던 레퀴엠 작업으로 돌아갔다. 레퀴엠은 익명의 누군가가 의뢰한 작품이었는데, 건강이 나빠져 가던 모차르트는 그 의뢰인이 레퀴엠을 요구한 것은 모차르트 자신의 레퀴엠이 되라는 아이러니한 의도가 아니었을까, 그럼으로써 자신을 망치려는 게 아닐까 하고 의심했다. 모차르트는 레퀴엠을 마무리하지 못한 채 죽었고, 빈자들의 묘지에 묻혔다. 이런 음울한 정황 때문에 이 오페라를 레퀴엠만큼이나 비극적인 시각에서 보는 사람도 있지만, 사실 작곡가는 이 작품을 훨씬 더 쾌활하게 느꼈다고 볼 만한 근거가 충분하다.

「마술피리」를 의뢰한 사람은 빈 근교 비덴의 극장에서 대중적인 오페라를 상연하던 흥행사 에마누엘 시카네더(Emanuel Schikaneder)였다. 시카네더는 공연과 술과 여자를 즐겼다. 모차르트 또한 생판 낯설지 않은 쾌락들이었다. 연출은 가족 행사 비스무리했다. 시카네더는 직접 대본을 썼을 뿐 아니라 새잡이 파파게노 역을 맡아서 관객에게 애드리브와 과장 연기를 선보였다. 밤의 여왕 역은 모차르트의 처형 요제파 호퍼(Josepha Hofer)가 맡았다. 모차르트는 요제파를 "게으르고 추잡하고 교활하며 여우처럼 간교한 여자"라고 묘사했고, 그녀가 여왕 역에 적합하다고 생각했다. 공연은 성공이었다. 중간중간 관

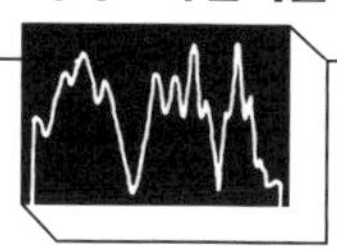

중의 박수와 웃음이 터졌다. 웃음이라면 무대의 친구들을 노린 모차르트의 장난 때문에 터지기도 했다. (파파게노 역의 시카네더가 차임을 연주하는 시늉만 하는 동안 무대 뒤에서 연주자가 소리를 내는 장면이 있었는데, 모차르트가 차임을 가로채어 눈부신 즉흥 연주를 펼치는 바람에 관객들은 그 소리를 따라잡으려고 쩔쩔매는 시카네더를 보면서 박장대소했다.)

이탈리아 오페라 애호가라면 보이저호에 실린 유일한 오페라 곡이 오스트리아 작품이란 점이 마뜩잖겠지만, 모차르트가 이탈리아에서 오페라 작곡을 배웠으며 특히 이 아리아는 이탈리아 특유의 브라부라(bravura) 스타일로 쓰였다는 사실로 마음을 달랠 수 있을 것이다. 한편 팬파이프 소리에 질릴 줄 모르는 사람이라면, 모차르트도 팬파이프에 매료되었다는 사실에 흥미를 느낄지 모르겠다. 모차르트는 유럽이 아시아 음악에 대한 흥미를 일깨우던 시기에 수입된 인도네시아 팬파이프 소리에 매료되어, '밤의 여왕의 아리아'에서는 나오지 않지만 「마술피리」에 팬파이프를 많이 응용했다.

우리가 선곡할 때 얼마나 의식했는지는 잘 기억나지 않지만, 캄캄한 성간 공간을 항해할 우주 탐사선에 실을 음악 중 밤을 주제로 한 곡이 네 곡 포함되었다. 블라인드 윌리 존슨의 「밤은 어둡고 땅은 춥네」, 나바호 족의 밤의 찬가, 오스트레일리아 원주민의 샛별 노래, 그리고 모차르트의 이 곡이다.

조지아의 합창곡

「차크룰로」

아제르바이잔의 백파이프 곡

「우감」

보이저호에 실린 (구)소련 음악 두 곡은 모두 그 중추에 해당하는 지역, 캅카스에서 왔다.

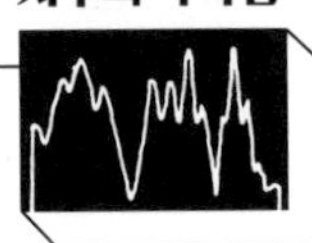

흑해와 카스피 해 사이에 놓인 그 산악 지대의 계곡들은 까마득한 선사 시대부터 아시아, 중동, 지중해를 오가는 사람들의 물결이 멎을 줄 몰랐다. 지정학적 위치 때문에 인구 이동을 겪을 수밖에 없는 지역이었지만, 한편으로는 산맥이라는 장애물이 이동 빈도를 줄이는 효과를 냈기 때문에 그곳에 남은 사람들이 문화를 증류시킬 수 있었다. 그렇게 탄생한 문화는 이후 수백 년 동안 여행자들의 관심을 사로잡았다. 이아손이 황금 양털을 찾으러 갔던 곳이 바로 캅카스였다. 아랍 인들은 그곳을 '언어들의 산맥'이라고 불렀으며, 캅카스에 다다른 로마 제국의 부대는 80여 가지 언어들의 통역자를 구해야 한다는 사실을 발견했다. 그리고 많은 여행자들이 그곳에서 들었던 세련된 음악을 언급했다.

아제르바이잔 인은 오래전에 동쪽에서 이주해 온 투르크 족이다. 종교적으로는 이슬람교도들이다. 보이저호에 실린 백파이프 독주는 버금딸림음이 풍성한 저음 위에서 일련의 인상적인 변주를 들려준다. 우리는 그 속에서 그들이 도착했던 땅과 떠나왔던 땅의 단서를 엿들을 수 있다. 스페인에서 아프가니스탄까지 폭넓은 지역의 청중이 익숙하게 느낄 만한 요소들을 담은 음악이다.

이 곡을 수집한 사람은 미국의 작곡가이자 피아니스트인 헨리 카웰(Henry Cowell)이다. 그는 중년에 접어든 뒤 차츰 세계의 민속 음악에 흥미를 느끼게 되어, 자신의 작곡 양식도 스스로 '신원시주의(neoprimitive)'라고 명명한 스타일로 바꿨다.

조지아의 노래는 라디오 모스크바 방송국에서 민속 음악 연주자들을 격려하는 취지로 마련했던 국영 프로그램의 일환으로 녹음되었다. '다성 음악의 섬'이라는 별명으로 불리는 지역답게 노래는 세 성부로 연주되며, 코러스와 두 독창자가 주거니 받거니 한다. 조지아 말로 '차크룰로'란 건초 다발처럼 뭔가를 '묶다'는 뜻도 되고 '단단하다' 혹은 '강인하다'는 뜻도 된다. 가사는 지방 군주의 부정 행위를 농민들에게 고발하며 평범한 사람들이 세상을 바로잡을 것이라고 단언하는 내용이니, 제목의 두 가지 뜻을 모두 건드

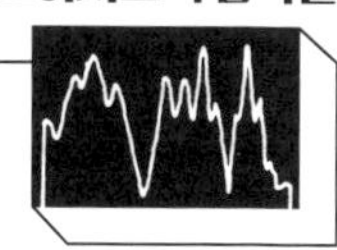

리는 셈이다. 절묘한 솜씨로 연주되는 이 노래는 오늘날 서양 고전 음악에 흐르는 특징들을 보여 주어, 조지아 인들이 서양 다성 음악을 발명했다는 주장에 대한 설득력 있는 증거가 되기도 한다.

불가리아 양치기의 노래
「이즈렐 예 델요 하그두틴」

보이저호에 백파이프 곡이 두 곡, 불가리아의 것과 아제르바이잔의 것이 실렸다는 사실을 떠올리면, 천문학과 음악은 양치기의 역사 속에서 하나로 통합되는 게 아닐까 싶다. 양치기는 밤마다 양 떼를 보살펴야 하는 의무 때문에 별을 공부하는 학생이자 별자리를 그리는 작성자가 되었다. 세계 각지에서 양치기들은 어둠 속에서 양들을 달래고 한곳에 모아 두기 위해서 백파이프를 이용했다. 앨런 로맥스는 옛날 백파이프의 소리가 양 울음소리를 닮았을 뿐 아니라 백파이프 자체도 양을 닮았다는 점을 지적했다. 백파이프는 양 가죽으로 만들었는데, 발굽까지 달린 것을 그대로 쓴 경우도 많았다. 로맥스는 이렇게 말했다. "백파이프가 양치기들의 악기가 된 것은 양들이 백파이프를 자기 동료처럼 여겨 반응하기 때문이 아닐까 싶습니다. 백파이프는 아픈 새끼 양처럼 양치기의 팔에 안겨 있죠. 불가리아에서는 그 위에 양모 천을 덮어 두는 경우도 많습니다. 게다가 백파이프는 매 하고 울죠. 양들은 그 소리를 쫓아와서 양치기 곁에 머무릅니다. 덕분에 양치기는 밤에 양들이 풀을 뜯고 있을 때라도 녀석들을 한곳에 모아 둘 수 있죠. 스페인 양치기들이 밤새도록 연주하는 걸 곁에서 본 적이 있습니다. 어떤 사람은 수백 곡을 알아요. 어쩌면 유럽 음악 곡조의 대부분을 양치기들이 창작했을지도 모릅니다. 그들에게는 흘러넘치는 시간과 꼼짝없이 듣고 있을 수밖에 없는 청중이 있었으니까요."

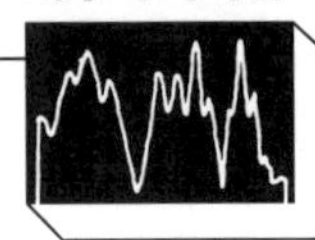

아르다 지역의 산간벽지 마을에서 채록된 이 노래에서, 백파이프 소리는 양치기의 외침과 아주 비슷하게 들린다. 가사는 그 지역을 점령한 군인들을 괴롭혔다는 전설 속의 무법자 영웅을 칭송하는 내용이다. '델요(Delyo)'가 그의 이름이고, '하그두틴(Hagdutin)'은 그의 직업이 『로빈 후드(*Robin Hood*)』나 「황야의 브레넌(Brennan on the Moor)」 같은 데 등장하는 의적임을 뜻한다. 델요는 농민들의 편이다. 그는 투르크 관리들에게 자신들을 이슬람교도로 개종시키려고 시도하지 말라고 경고한다. 투르크 인은 500년 동안 불가리아를 지배했는데, 비록 가사는 그 상황에 대한 저항을 표현했지만 선율에서는 언뜻 투르크의 영향이 느껴진다. 가수 발랴 발칸스카는 산을 세 개 넘어서까지도 들릴 것 같은 풍부한 성량과 그럼에도 여전히 매력적인 목소리로 노래하고, 백파이프도 그에 전혀 뒤지지 않는 엄청난 힘으로 연주한다.

불가리아 민속 음악은 질뿐만 아니라 양도 굉장하다. 바실 스토인(Vasil Stoin)이라는 수집가는 1939년에 죽을 때까지 1만 2000곡의 민요를 채록했다고 한다. 작곡가 벨러 버르토크(Béla Bartók)의 제안에 따라, 이후에는 채록보다는 현장에서 직접 테이프에 녹음하는 방식으로 기록 활동이 바뀌었다. 오늘날 불가리아 음악원의 자료실에는 10만 곡이 넘는 민요가 수집되어 있다.

스트라빈스키

「봄의 제전」 중 '신성한 춤'

「봄의 제전」은 오늘날 우리가 '원시적'이라고 묘사하는 사회와 비슷한 곳에서 우리 선조들이 살았던 시절에 생겨난 상상의 공간을 예리한 지성을 지닌 작곡가가 급습한 결과물이다. 스트라빈스키는 이 작품의 발상을 꿈에서 얻었다. 그는 "이교도적인 의식이 펼쳐지

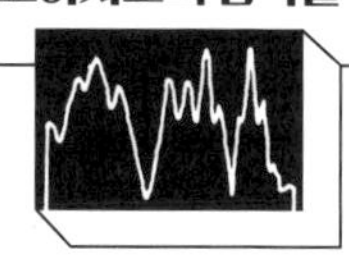

는 동안 제물로 선택된 처녀가 지쳐 죽을 때까지 춤추는 장면"을 보았다고 했다. 또 이렇게 덧붙였다. "나는 러시아인이므로, 내게 그 이미지는 선사 시대 러시아라는 형태를 취했다." 스트라빈스키는 정확한 연대를 알 수 없는 옛 카르파티아 지역 양치기의 노래에 바탕을 둔 민요의 곡조로부터 이 작품의 오프닝 주제를 빌려 왔다. 그리고 그를 원시주의와 연결 짓는 데 가장 크게 기여한 특징을 작품 내내 구사했는데, 바로 리듬을 강조한 점이었다.

1913년에 파리 샹젤리제 극장에서 작품이 초연되었을 때 청중이 보였던 반응은 역사로 남았다. 관중의 야유 때문에 무용수들이 오케스트라 소리를 들을 수 없을 지경이었다. 언론은 "흉측한", 그리고 "야만적인" 곡이라고 묘사했다. 그로부터 7년 뒤, 뉴욕의 비평가 딤스 테일러(Deems Taylor)는 이렇게 썼다. "이 곡이 불협화음처럼 들리는 것은 내게 낯설기 때문이다. 이 곡이 내내 비슷하게 들리는 것은 모든 중국인이 내게 똑같아 보이는 것과 비슷한 이유에서일 것이다. 내가 익숙하지가 않은 것이다."

그보다 더 나중에, 「봄의 제전」이 작곡된 해로부터 6년 뒤에 태어났으므로 이미 오래전에 그 작품을 문제없이 수용할 만한 것으로 받아들인 음악계에서 성장한 루마니아의 작곡가 겸 작가, 로만 블라드(Roman Vlad)는 이렇게 썼다. "**아마도 음악 역사상 최초로**(강조는 내가 했다.) 이 곡에서는 리듬이 음악적 담론의 주역을 맡아 다른 선율적, 화성적 요소들을 소용돌이 속으로 몽땅 쓸어 내버린다."

리듬이 "음악적 담론의 주역"을 맡은 지 수천 년이나 된 세상에서 저런 문장을 썼다는 게 황당하기는 하지만, 어쨌든 저 발언에는 「봄의 제전」이 초연되던 날 밤에 청중이 내질렀던 분노의 야유를 이해하게끔 하는 단서가 담겨 있다. 오늘날 서구 사회는, 세상에서 자신이 우위를 차지하는 시절을 살고 있다 보니, 편리하게도 남들은 별로 할 말이 없을 것이라고 치부해 버린다. 자기 목소리가 제일 크니까 말이다. 「봄의 제전」은 원시적이라고

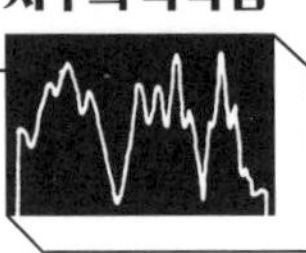

폄하되는 선사 시대 선조들의 음악, 그리고 그들과 비슷해 보이는 우리 시대 '저개발' 지역 사람들의 음악을 본뜬 것을 공연장에서 소개함으로써, 서양인들의 그릇된 가정을 위협했다. 이 작품은 음악으로서 성공하는 만큼 분노를 야기할 수밖에 없는 운명이었다. 이 음악은 우리가 지금까지 잊고 살았던 이들에게 많은 빚을 지고 있다는 사실을 일깨운다.

분노는 곧 누그러졌다. 우리 문명은 뱀이 토끼를 삼키듯이 「봄의 제전」을 조용히 흡수했다. 공연장에서 벌어졌던 소동 때문에 세상이 조금이라도 바뀌진 않았다. 스트라빈스키는 신석기 시대를 탐구하는 예술가로서의 경력을 계속 쌓기를 거절했고, 이와 비슷한 작품은 두 번 다시 쓰지 않았다. 「봄의 제전」은 문화들 사이에 다리를 놓는 작품이 아니었다. 그보다는 강 건너편을 향해 내지른 외침에 더 가까웠다.

나바호 족의 밤의 찬가

오늘날 아메리카 원주민 중에서 인구가 가장 많은 나바호 족은 아파치 족과 관계있는 집단이다. 나바호 족은 약 1000년 전에 미국 남서부로 이주한 사냥꾼들이었고, 나중에 푸에블로 족의 영향으로 농업과 양치기를 받아들였다.

밤의 찬가는 나바호 족이 거행하는 35가지 주요 의식들 중 하나로 "신(神)들의 할아버지 신"에게 바치는 의식에서 쓰인다. 의식은 아흐레 동안 진행되고, 그 목적은 소년 소녀들을 부족의 의식에 입문시키는 것이다. 의식을 집전하는 춤꾼들은 — 뉴기니 사람들과 오스트레일리아 원주민들의 관악기, 그리고 솔로몬 제도 사람들의 백파이프와 마찬가지로 — 이전 몇 주 혹은 몇 달 동안 엄격한 규칙에 따라 만든 가면을 쓰고서 반주에 맞춰 춤춘다. 노래는 제창이다. 가수들은 사전에 몇 달 동안 연습하면서 새로운 곡이나 변주를 도입하려고 애쓰는데, 그 변화가 충분히 매력적이라면 의식의 일부로 영구히 채택

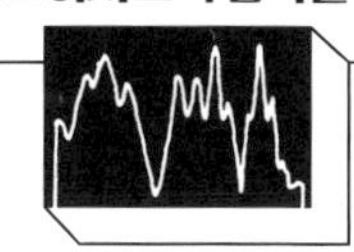

될 수도 있다. 지금 이 곡에서 새로운 점은 남성이 보통 목소리와 으스스한 가성을 번갈아 쓴다는 점이다.

노래를 부르는 목소리들에 딸리는 반주는 조롱박 소리뿐이다. 춤꾼들은 춤사위에 맞춰서 조롱박을 흔든다. 그 덕분에 녹음만 들어도 춤을 눈앞에서 보는 것 같은 묘한 효과가 난다.

이 곡을 녹음한 사람은 당시 컬럼비아 대학에 있었던 윌러드 로즈(Willard Rhodes)였다. 그는 아메리카 원주민들의 음악을 1000곡 넘게 녹음했다.

앤서니 홀번

「파반, 갤리어드, 알망드와 그 밖의 짧은 노래들」 중 '요정의 원무'

시간 제약 때문에, 보이저 레코드판에서 음악의 역사를 묘사하려는 시도는 거의 할 수 없었다. 리코더 콘소트(recorder consort, 16, 17세기에 영국에서 퍼졌던 기악 합주 형태와 그 합주를 위한 곡 — 옮긴이)를 위한 이 짧은 곡이 유일한 예외이다. '요정의 원무(The Fairie Round)'를 뉴기니 남자들의 노래나 멜라네시아의 팬파이프 곡과 연결 지어 들어 보면, 리코더가 목관 악기와 팬파이프의 계통에서 나온 악기라는 사실이 명백해진다. 한편 바흐와 나란히 들어 보면, 이 소리가 후대와도 이어져 있다는 사실 또한 분명해진다.

르네상스 음악을 잠시나마 맛보게 하는 이 곡은 데이비드 먼로(David Munrow)의 지휘 아래 녹음되었다. 먼로가 1976년 5월 15일에 33세의 나이로 죽었을 때, 대서양 양편의 모든 중세 및 르네상스 음악 애호가들이 애도했다. 짧은 경력 중에도 그는 런던 고음악 콘소트를 결성하여 그때까지 거의 잊혔던 고음악을 공연함으로써 청중에게 즐거움과 배움을 선사했다. 그는 고음악 음반을 33장 냈고, 다섯 버전의 「브란덴부르크 협주곡」을 비

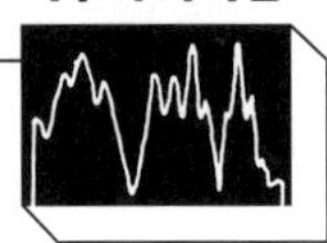

롯하여 여러 표준적인 레퍼토리에서도 바순 주자로 녹음에 참가했다. 그의 동료였던 스코틀랜드 오페라단의 합창 감독인 존 커리(John Currie)는 그의 사망 소식에 이렇게 말했다. "다행스럽게도 그는 그저 오래되었기 때문에 죽은 음악이란 없다는 사실을 대중에게 널리 알릴 수 있을 만큼은 살았다."

페루

결혼 노래 / 팬파이프와 북

페루를 침략한 스페인 인들은 페루의 음악가들이 나무, 돌, 뼈, 금속으로 만든 갖가지 악기를 연주하는 모습을 보았다. 그곳의 음악이 예나 지금이나 워낙 융성한 탓에, 다른 남아메리카 사람들을 폄하하려는 의도는 전혀 없지만, 우리는 "안데스 사람들은 음악적인 면에서 신세계의 나머지 모든 소수 민족들을 능가한다."라고 말했던 음악학자 로버트 스티븐슨(Robert Stevenson)에게 동의하지 않을 수 없다. 고지대 사람들에게서 충분히 예상되는 능력인 바, 세계에서 가장 뛰어난 심폐 능력을 갖춘 페루 사람들은 노래를 부르거나 목관 악기를 부는 것을 유달리 좋아한다.

15세쯤 된 페루 시골 소녀가 순수하고 꾸밈없는 목소리로 부른 이 결혼 노래는 미국의 유명 포크 가수인 존 코언(John Cohen)이 1964년에 녹음했다. 코언은 이렇게 회상했다. "평화 유지군에 소속된 캐런 번디(Karen Bundy)가 내게 멋진 노래를 부를 줄 아는 여자아이들을 좀 안다고 하더군요. 아이들이 우리에게 기꺼이 노래를 들려주겠다는 거예요. 한창 녹음 중이었는데, 아이의 엄마가 문을 두드리고는 무슨 일인지 묻더군요. 다행히 문 두드리는 소리는 테이프에 녹음되지 않았지만요." 그곳은 안데스에서도 고지대인 후안카발리카였다.

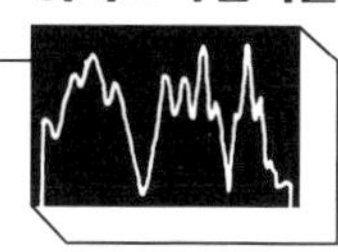

잉카 족의 이 노래 가사는 물정 모르는 어린 나이에 얼떨결에 결혼한 소녀의 탄식을 담고 있다. "당신이 일요일에 나를 성당으로 데려갔죠. 나는 미사 시간인 줄 알았어요.……" 소녀는 노래한다. "밴드가 연주하기에 당신의 생일인 줄 알았어요. (내가) 바보였어요." 코언이 목소리를 녹음한 소녀 자신은 그런 경험을 겪지 않았는데, 내가 볼 때는 그 사실이 노래의 매력을 더하는 것 같다. 말이 나왔으니 말인데, 빌리 홀리데이(Billie Holiday)의 「내가 사랑한 그 남자(The Man I Love)」는 반대편 극단이라 할 수 있다. 갈망이 가득한 이 노래는 가수가 솔직한 심정으로는 자신이 노래하는 가사를 믿지 않는다는 사실 때문에 더욱 효과적으로 들린다.

남아메리카 악기들이 중국, 인도, 남태평양의 악기들과 비슷하다는 점은 선사 시대 사람들이 태평양을 항해했음을 암시하는 증거이다. 그중에서도 특히 충격적으로 비슷한 것은 태평양 양쪽의 팬파이프 제작 방식이다. 관습적으로 적용하는 음계와 음조가 서로 같거니와, 고대 중국과 남아메리카의 악사들은 둘 다 파이프 여섯 개를 한 줄로 묶은 뒤 그 줄을 두 개 겹쳐서 팬파이프를 만들곤 했다.

보이저호에 실린 이 곡은 그런 두 줄짜리 팬파이프로 연주한 것이다. 속이 빈 나무 작대기를 다양한 길이로 자른 뒤, 윗부분은 막지 않고 열어 둔다. 입으로 그 구멍들을 스치면서 불어서 소리를 낸다. 반주하는 북소리가 덜컥거리듯 불규칙한 것은 기량이 부족해서가 아니라 의도적인 것이다. 고수는 일부러 예측하기 어려운 방식으로 리듬을 조작하기도 한다. 이런 곡을 한 사람이 연주할 수도 있다. 악사가 팬파이프와 북을 동시에 연주하는 모습은 잉카에게 정복되기 이전의 페루 도자기에도 그려져 있고 오늘날 페루의 길거리에서도 목격할 수 있다.

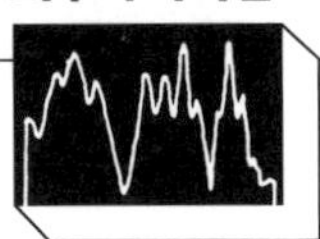

멜라네시아의 팬파이프

태평양 솔로몬 제도에 있는 길이 115마일(약 185킬로미터)의 섬, 말레이타에서 주된 음악은 팬파이프 앙상블이다. 팬파이프는 대단히 섬세하게 제작되며 아름답게 장식된다. 솔로몬 제도 사람들이 쓰는 팬파이프는 한 줄짜리와 두 줄짜리가 있는데, 말레이타 주민들은 한 줄짜리를 선호한다.

그들의 음악은 자연의 풍광과 소리에 관한 내용인데, 곡마다 자신들이 느끼는 감정과 자신들이 가르쳐 줄 수 있는 교훈을 서술한 이야기가 딸려 있다. 이야기는 보통 청중에게는 공개되지 않고, 길드처럼 악사들 사이에서만 은밀하게 전해진다.

함께 연주하려고 모인 팬파이프 악사들은 자기들끼리 곡을 처음부터 끝까지 부드럽게 불어 보는 리허설을 하곤 한다. 이 연주도 상당히 사랑스럽다. 그다음에는 온전한 음량으로 다시 연주한다. 대위법을 적용한 곡들이 많지만, 보이저호에 실린 이 곡은 단순한 화음으로만 연주된다.

멜라네시아의 전통 음악은 빠르게 사라지는 중인데, 멜라네시아 외에도 세계 곳곳에 이와 비슷한 슬픈 사연이 있다. 멜라네시아의 기독교 선교사들은 그동안 전통 음악 연주에 반대하며 젊은 섬사람들에게 전통 음악은 '구식'이라고 여기게끔 부추겼다. 일부 지역에서는 아직도 그런 교조적인 생각이 남아 있다. 멜라네시아 음악을 녹음했던 한 프랑스 음악학자는 이렇게 보고했다. "말레이타의 두 개신교 교단, 남양복음선교단(SSEM)과 제7일예수재림교(SDA)의 선교사들은 요즘도 이런 충격적인 태도를 옹호한다.…… 지난 수십 년 동안 식민 권력은 멜라네시아 사람들에게 오래된 관습은 모조리 경멸스러운 것이라는 생각을 세뇌시켰다. 1970년에 솔로몬 제도의 라디오 방송국이 전통 음악과 구전문학에 투자한 시간은 전부 다 합해서 일주일에 15분이었다."

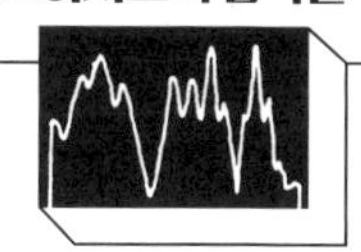

파와 마을의 선교사인 D. A. 로클리프(D. A. Rawcliffe) 목사는 이런 경향을 되돌리지 않는 한 팬파이프로 연주하는 음악은 물론이거니와 악기 자체도 사라질 것이라고 경고했다. 그는 이렇게 썼다. "예전에는 팬파이프가 대부분의 섬에서 흔했지만 지금은 몇몇 섬에서만, 그중에서도 주로 말레이타에서만 보인다.…… 말레이타에서도 요즘은 악기를 만들 줄 아는 사람이 손가락으로 꼽을 정도밖에 안 된다."

오스트레일리아의 디저리두와 토템송

오스트리아 원주민인 애버리지니의 음악과 춤과 미술을 수집해 온 존경받는 활동가 샌드라 르브런 홈스(Sandra LeBrun Holmes)는 뉴사우스웨일스 주 서부에 있는 브로큰힐 근처의 작은 양 목장에서 애버리지니 산파의 손에 태어났다. 홈스는 30년 넘게 애버리지니들과 어울려서 살고 일했다. 그녀의 팔과 가슴팍에는 그들의 부족에 입문하는 의식에서 얻은 채찍질 상처가 나 있다.

홈스는 이렇게 적었다. "나는 어릴 때부터 애버리지니를 내 사람들로 여겼다. 이후에는 그들의 노래, 춤, 그리고 **그들**을 보존하고 기록하려고 애썼다. 언제나 그들에게 깊은 애정을 느꼈고, 자라면서 점점 더 그들에게 동일시하게 되었으며, 관심과 사랑과 평생의 작업이 갈수록 깊어지다 못해 급기야 그것만이 내게 유일한 의미이자 행복이 되었다. 나는 그들의 시각적 역사와 기록된 역사, 성스러운 장소들, 그들의 자존심을 일부나마 보존하려고 애쓰고 있다. 그렇다 보니 피치 못하게 가혹한 인종주의에 직면했고, 괴짜라거나 '흰 검둥이'라고 비난하는 말도 들었다. 내 원대한 꿈은 어딘가에 박물관을 세워서 백인들이 애버리지니를 이해하고 애버리지니도 자신들만의 종교와 정체성을 지닌 인간이라는 사실을 깨닫도록 가르치는 것이다."

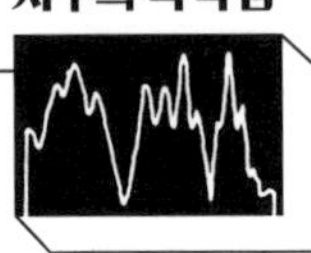

홈스가 1958년에 아넘랜드의 크로커다일 제도에서 녹음한 음악 중에서 두 곡이 발췌되어 보이저 레코드판에 실렸다. 노던 준주(準州)의 아넘랜드는 애버리지니 보호 거주지들 중에서 제일 넓은 곳으로 총 면적이 3만 1200제곱마일(약 8만 800제곱킬로미터)이다. 사용된 악기는 단단한 나무로 만든 딱따기와 저음을 내는 거대한 나무 트럼펫인 디저리두다. 디저리두에는 지공이 없다. 그것으로 소리를 내려면 엄청난 부피의 바람을 불어 넣어야 한다. 그래서 악사들은 오랫동안 폐활량과 등허리 근육을 단련시킨다. 두 번째 곡은 가수가 홀로 부르는 노래이다.

아넘랜드의 삶은 애버리지니의 기준으로 보면 그다지 가혹하지 않은 편이지만 — 오스트레일리아 중부에 사는 부족들 중에는 곤충만 먹고사는 부족도 있다. — 그래도 모질기는 마찬가지라, 그곳 음악에는 애버리지니 예술이 흔히 집착하는 주제인 자연의 변덕에 대한 불안이 반영되어 있다. 자급자족 사회에서 기후의 풍파는 고난이나 죽음으로 귀결될 수 있다. 애버리지니의 의식들은 자연을 달래는 것, 하루하루와 계절이 비교적 온화하고 예측 가능한 방식으로 흘러가기를 간구하는 것이 많다.

발췌되어 실린 노래의 한 대목에서, 밀링김비 부족의 가수는 사악한 새를 흉내 낸다. 사악한 새는 세계 여러 문화들에서 위험한 운명을 상징하며 소포클레스(Sophokles)의 작품에서도 등장한다. 다른 대목에서는 가수가 '바르눔비르(Barnumbirr)'라고 불리는 샛별을 망자들의 땅으로부터 동쪽 하늘로 띄워 올리는 의식에 대해서 노래한다. 샛별이 솟으면 따스한 새벽이 오는 법. 노래의 심각한 분위기는 노래를 빚어낸 근심에 어울린다.

뉴기니

옛 부족 음악의 또 다른 표본은 뉴기니 섬에서 왔다. 두 대의 커다란 목관 악기로 연주하

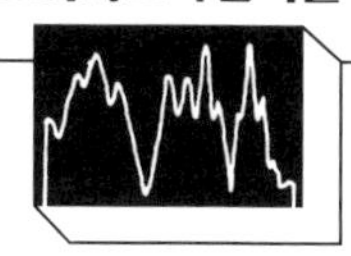

는 음악이다. 잘 들어 보면, 시작과 끝에서 아름다운 알토 주제를 눈치챌 수 있다. 그 사이의 이중주는 언뜻 반복적인 것처럼 들리지만, 좀 더 면밀히 들어 보면 같은 음형이 완전히 같은 방식으로 두 번 연주되는 경우는 절대로 없다는 걸 알 수 있다. 나름의 구조에 따라 변주가 이뤄지고 있는 게 분명하며, 그 점에 유념하여 귀 기울이면 — 바흐의 푸가에서 실제로는 들리지 않는 성부를 재구성하려고 애쓰는 것과 약간 비슷하다. — 특별한 음악을 듣게 된다. 나더러 그 속성을 표현하라면 최면적인 음악이라고 말하고 싶다. 자연에서 이것과 가장 비슷한 소리는 서로 맞물리듯 진행되는 귀뚜라미들의 울음소리일 것이다. 그 소리 또한 유심히 귀 기울인다면 가없이 다양한 패턴들을 읽어 낼 수 있다.

뉴기니는 선사 시대부터 인간이 거주했던 지역이자 주변의 여러 문화들이 꾸준히 상호 작용해 온 지역인데, 알다시피 이것은 종종 뛰어난 음악을 낳았던 조건이다. 파푸아뉴기니의 원주민들은 보통 남성이 지배하는 사회에서 살아간다. 그리고 멜라네시아의 다른 지역들과 마찬가지로 그 사회는 부족의 대장 격인 '빅맨(big man)'이 이끈다. 빅맨은 혈통만으로 얻는 자격이 아니며, 지도자에 걸맞은 능력을 보여 주었느냐 하는 점도 중요하다. 그와 추종자들은 '남자들만의 집'('탐바란(tambaran)' 혹은 '영혼의 집'이라고도 불리는 의례용 가옥이다. — 옮긴이)에서 많은 시간을 보낸다. 그 집은 정교하게 지어진다. 조각을 새긴 서까래가 높이 30피트(약 9미터) 혹은 40피트(약 12미터)까지 마을 위로 우뚝 솟은 경우도 있다. 중요한 의식을 앞두고 있을 때, 남자들은 그 집에 모여서 무아지경의 이 음악을 큰 목관 악기들로 연주한다. 남성의 상징인 목관 악기는 여성이 연주할 수 없으며, 어떤 경우에는 아예 보는 것도 금지된다.

앨런 로맥스는 이런 생활 양식이 뉴올리언스 흑인 남성들의 집회소 문화, 즉 루이 암스트롱을 배출한 관악기 음악을 자랑했던 문화와 비슷하다고 보는데, 지나친 비약은 아니다. 로맥스는 뉴기니 사람들의 의식을 이렇게 묘사했다. "뉴기니 남자들의 음악은 참

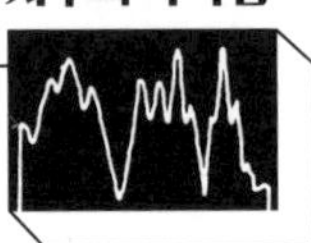

마/돼지 경제에서 중요한 역할을 한다. 그들에게는 더 많은 땅을 확보하고 더 많은 참마를 길러서 더 많은 돼지와 인구를 먹여야 한다는 압박이 있다. 그들은 결속을 다지기 위해서 의식적 만찬을 여는데, 그 김에 부족의 양식을 축내는 돼지를 몇 마리 잡으려는 목적도 있다. 남자들은 만찬에서 공격적인 노래와 춤을 선보인다. 천둥 같은 합창과 쿵쿵 구르는 발소리는 몇 마일 밖에서도 들릴 정도이다. 무용수들은 나뭇잎과 깃털로 정교하게 만든 어깨 장식과 머리 장식을 쓰는데, 어떤 경우에는 장식이 하늘로 10피트(약 3미터) 혹은 15피트(약 4.5미터)나 솟아서 바람에 흔들리는 나무처럼 나부낀다. 그런 의상은 피카소(Picasso)나 마티스(Matisse)에 맞먹을 정도로 훌륭한 디자인이지만, 하루쯤 지나면 시들어서 버려진다. 남자들은 사전에 며칠이나 몇 주 동안 남자들만의 집에 모여서 의식에 쓸 장식을 계획하고 제작한다. 뉴기니 서부의 한 집단은 악어를 조각하는데, 길이가 보통 18~20피트(약 5.5~6미터)에 달한다. 의식이 끝나면 사람들은 만든 것을 모두 버리거나 강에 내던진다. 이듬해에는 또 새로 만들 테니까. 이들은 환상적인 예술가들이다."

녹음은 로버트 매클레넌(Robert MacLennan)이 했다.

중국의 고금

「유수」

「유수」는 중국 송나라 시절의 위대한 산수화가들을 연상시킨다. 그 화가들은 두루마리에 강을 그리기에 앞서 강의 유장한 흐름을 속속들이 외웠다. 우리 시대에 마크 트웨인(Mark Twain)이 강을 항해하는 키잡이들의 풍성한 지식을 묘사했던 것처럼, 화가들은 강을 속속들이 파악하여 그 굴곡을 **느낄** 정도가 되어야만 그릴 수 있다고 생각했다. 그래야만 그림이 강을 만든 힘과 (중국의 지관(地官)들은 강을 '땅의 혈맥'이라고 불렀다.) 화가로 하여금 그

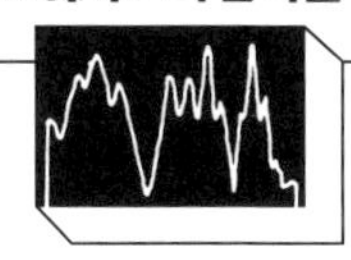

힘을 깨닫게 한 힘이라는 두 가지 신령한 힘 사이에서 균형을 이룰 수 있다고 여겼다.

원래 「유수」는 「고산유수(高山流水)」라는 더 긴 곡의 일부였다. 이 곡은 기원전 8세기와 기원전 5세기 사이에 백아(伯牙)가 작곡했다고 알려져 있다. 산과 강은 요즘도 중국인들이 의례나 기도를 치를 때 우러르는 대상이며, 중국의 미술과 시와 철학에서도 줄곧 중요한 상징으로 기능했다. 가령 노자(老子)는 바다와 강이 개천보다 밑에 있기 때문에 개천을 지배한다고 썼는데, 이런 개념은 도교는 물론이거니와 중국 철학 전반에서 중요하게 여겨진다. 「고산유수」는 당나라 시절에 두 곡으로 쪼개졌고, 이후 두 곡은 지역에 따라 여러 형태로 진화했다. 보이저 레코드판에 실린 곡은 쓰촨 지방 버전이다.

고금은 정묘하게 만들어진 것이 많다. 연주 전에는 청중이 악기 뒷면에 새겨진 상감무늬를 감상할 수 있도록 악기를 엎어 두곤 한다. 올바로 뒤집으면, 유약이 칠해진 상자 같은 몸통에 비단으로 된 현이 일곱 줄 걸려 있다. 연주자가 화성을 연주할 때 짚어야 하는 위치에는 작게 자개가 박혀 있다. 5음계로 조율된 현들은 오른손으로 뜯고 왼손으로 누른다. 줄받이(발)는 없다. 대단히 다채로운 음조가 가능하다.

고금 기보에는 왼손으로 현을 누르는 방식이 100가지가 넘게 나열되어 있다. 100여 세대에 걸쳐 가르침이 전수되는 동안, 각각의 운지법에는 시적인 장식 문구가 겹겹이 덧붙었다. 예를 들어 '희미하게 잦아드는 절의 종소리'라고 명명된 중간-느림 속도의 비브라토(진동음)에는 현에 댄 손가락을 '개천에 떠내려가는 꽃잎'처럼 떨라는 주석이 달려 있다. 화려한 꾸밈 악구로 끝나는 세 손가락 화음에는 '물고기가 튀어 오르는 소리'라는 이름이 붙어 있다. 넷째 손가락을 뒤집어 그 첫째 마디로 현을 멈추는 기법은 '표범이 와락 덮치는 것'이라고 부른다. 화음은 '물에 앉은 잠자리'처럼 가뿐하게 연주하라고 하고, 현을 스타카토(단음)로 뜯는 것은 '까마귀가 눈밭을 쪼듯이' 하라고 한다.

중국 독주 음악에서는 연주자가 올바른 정신으로 연주에 임하는 것이 중요하다고

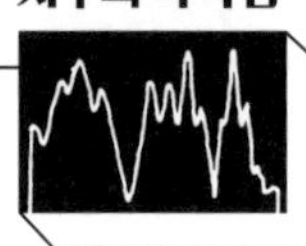

강조한다. 보이저 레코드판에 「유수」를 포함시킬 것을 권유했던 컬럼비아 대학 예술학부의 저우원종은 유가(儒家)에 전하는 「악기(樂記)」(『예기』의 한 편이다. — 옮긴이)를 인용하여 이렇게 해설했다. "훌륭한 음악은 기예의 완성이 아니라 **덕(德)**의 달성에 있습니다. 덕은 종종 '미덕'이나 '정신력'으로 번역되지만, 그보다는 '사물의 본성'으로 이해해야 옳습니다. 달리 말해, 음 하나하나를 강조함으로써 음의 본성에 해당하는 타고난 덕 혹은 힘을 강조하는 것입니다." 저우원종에 따르면, 동양 음악과 서양 음악은 같은 기원에서 나왔지만 이후 서양은 다성 음악으로 나아간 데 비해 동양은 덕을 추구하는 방향으로 나아갔다.

드뷔시의 「라 메르(La Mer)」가 바다를 환기하듯, 「유수」는 강의 정경을 떠올리게 한다. 그러나 그보다 더 중요한 것은 표상 너머의 영역이다. 강을 볼 때든 자연의 다른 어떤 풍경을 볼 때든, 우리는 우리가 인지하는 것 너머에 존재하지만 우리로서는 그 속성을 알아차리기 어려운 무언가를 인식하곤 한다. '우주' 같은 단어들을 사용하면서 마치 그 단어의 대상을 속속들이 다 안다는 듯한 뻔뻔한 태도를 취하는 우리에게, 이런 인식은 좋은 치료제로 작용한다. 그런데 「유수」 같은 곡이 펼쳐 보이는 전망을 감상하노라면, 자연의 다른 측면들에 대한 인식에서도 그런 전망이 존재한다는 사실을 깨치게 된다. 예술이란 바로 이런 것이 아니겠는가. 중국의 『예기』에서 말하듯, "고금은 …… 겸양을 낳는다."

라가

「자트 카한 호」

내가 보이저 레코드판에서 좋아하는 전이의 순간 중 하나는 「유수」가 끝난 뒤에 까딱 절하는 것처럼 재빨리 히말라야 산맥을 넘어서 인도 북부로 이동하는 대목이다. 즉 구안핑후라는 음악 천재의 소리로부터 또 다른 천재인 수르슈리 케사르 바이 케르카르의 소리

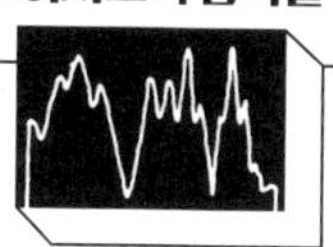

로 넘어가는 대목이다. 케사르 바이 케르카르는 1893년에 고아 주에서 태어났다. 1938년에 라빈드라나트 타고르(Rabindranath Tagore)가 캘커타 사람들을 대표하여 그녀에게 '수르슈리(Surshri)'라는 존칭을 수여했으며, 나중에는 인도 대통령이 나라 전체를 대표하여 똑같은 존칭을 수여했다('수르슈리'는 '수라슈리'라고도 하며, 말 그대로 풀면 '훌륭한 목소리'라는 뜻이다. — 옮긴이). 그녀의 따뜻한 음색은 불가리아의 발랴 발칸스카와 비교할 만하고, 세 옥타브를 자유자재 넘나드는 음역은 에다 모저(Edda Moser)와 비교해도 손색없다. 그녀는 이런 재능들에 풍성한 즉흥성까지 결합시킨다. 그녀가 이 곡을 녹음했을 때 70세가 넘은 나이였다는 사실을 안다고 해서 이 라가에 대한 우리의 감상이 달라지진 않겠지만, 그녀의 실력에 대한 감격은 조금 더 커질 것이다.

'라가'는 '색깔', '분위기', '열정'을 뜻한다. 여느 문화들과 마찬가지로, 인도의 전통 음악은 어떻게 하면 음악의 열정과 직접성을 후대에 고스란히 전수할까 하는 문제를 상당히 깊게 고민했다. 인도 음악이 선택한 방식은 22개의 음으로 구성된 음계를 개발하는 것이었다. 특정 라가에서는 그중 다섯이나 여섯이나 일곱 개의 음을 골라서 기본음으로 삼는다. 그 사이사이의 음들은 즉흥 연주나 장식용이다. 이때 기본음은 힌두 어로 '선조'라고 부르고, 사이사이의 미분음(微分音)은 '후예' 혹은 '후손'이라고 부른다. 연주자는 충실한 자녀에게 걸맞는 태도로 선조들의 수칙을 지키지만, 그 틀 속에서는 마음껏 즉흥 연주와 기교를 더한다. 그런 방식으로 과거와 현재를 두루 받든다.

연주의 기준을 더 복잡하게 만드는 요소가 또 있다. 즉흥 연주의 여러 형식들 중 다수가 인도 문화에서, 심지어는 특정 지역 문화에서 특유한 어떤 감정과 지적 의미를 띤다는 점이다. 그런 변칙의 의미를 익히 아는 세련된 청자는 연주자로부터 모종의 메시지를 받는 셈이며, 연주자는 거기에 자신의 메시지를 추가로 덧붙일 수도 있다.

이런 일은 전 세계 음악에서 두루 벌어진다. 아프리카 인이 북을 둥둥 두드림으로써

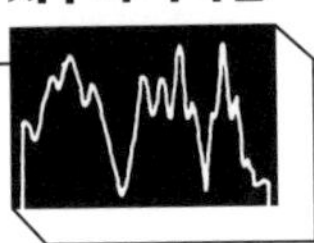

동료들에게 코끼리를 죽였던 날을 상기시키는 것이 그렇고, 애버리지니가 피리의 특정한 음들을 자기 증조부의 영혼과 결부시켜서 연주하는 것도 그렇고, 캐나다 피아니스트가 템포를 두 배로 빠르게 함으로써 낭만주의 연주 전통을 공격하는 것도 그렇다. 그러나 연주자와 청중의 대화, 또한 전통과 혁신의 대화에 깃든 복잡성으로 따지자면 인도 음악을 능가할 음악은 어디에도 없다.

보이저호에 실린 라가는 원래 형식에 따르면 아침에 연주하는 곡이지만, 워낙 인기 있는 곡이라서 밤낮 가리지 않고 공연장에서 앙코르처럼 맨 마지막에 연주하는 곡이 되었다. 시타르, 북, 그리고 저음을 담당하는 악기가 쓰이지만, 전면에 나서는 악기는 케사르 바이의 목소리다. 그녀는 일곱 개의 기본음으로 노래하며, 거의 모든 악구마다 부차적인 미분음으로 솟구치듯이 벗어난다. 북은 '디프찬디(dipachandi)' 형식으로 반주한다. 14/4박자의 당당한 리듬은 인도 예술이 높이 사는 무궁함의 감각을 일으킨다('디프찬디'는 정확히 말하면 14박자를 4부분으로 나누어 강세를 주는 형식이다. — 옮긴이). 가사는 어머니가 딸에게 너는 아직 너무 어리니까 축제에 가지 말라고 당부하는 내용이다. 케사르 바이는 어쨌든 아이가 갈 거라고 생각하는 듯한 분위기로 노래한다.

케사르 바이는 대가라는 사실이 더없이 명백한데도 거드름이라곤 없는 목소리로 노래한다. 이 음악은 수수하다. 그야 물론 인도의 거장들도 여느 음악가들처럼 자만에 빠질 소지가 다분하겠으나, 인도 음악가들이 직업적 이상으로 삼는 태도는 다음 옛이야기에 잘 요약되어 있다. 무굴 제국의 황제 아크바르(Akbar)가 총애하던 궁정 악사 미안 탄센(Mian Tansen)에게 물었다. "그대는 음악을 얼마나 아는가?"

탄센은 대답했다. "제 지식은 방대한 가능성의 바다에서 한낱 물 한 방울에 불과합니다."

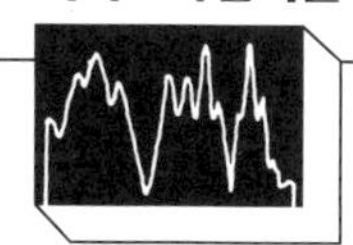

베토벤

바로 뒷세대 후배들에게 낭만주의 운동의 창시자로 묘사되었던 것은 베토벤의 숙명이었다. 그리하여 적어도 두 가지 베토벤이 탄생했는데, 둘 다 꾸며진 모습이다. 하나는 결연한 반항아로서의 베토벤으로, 나팔로 예리코 성을 무너뜨렸던 여호수아처럼 자신의 음악으로 부정한 세상을 허물어뜨리려고 싸웠던 인간이다. 많은 일화들이 이런 베토벤을 묘사했는데, 예를 들면 그가 임종의 자리에서 천둥소리를 듣고는 폭풍우를 향해 주먹을 휘둘러 댔다는 유명한 일화가 그렇다. 그에 비해 낭만주의자 베토벤은 애처로운 알랑쇠 같다고나 할 모습으로, 사람들에게 영영 오해받는 찬밥 신세로 그려진다. 두 베토벤은 모두 후대가 위대한 인물에게 덧씌운 연극적 과장이다.

진짜 베토벤이 어떤 사람이었든, 그가 살았던 세상은 낭만적 묘사가 암시하는 세상보다는 차라리 그와 함께 보이저호에 실린 '원시' 음악가들의 세상과 좀 더 비슷했다. 가령 태평한 지휘자였던 베토벤을 생각해 보라. 교향곡 5번을 초연할 때, 그는 리허설을 어찌나 대충 했던지 연주 중에 오케스트라를 중단시키고는 "다시!"라고 외치면서 다시 했다. (나중에 출판업자들에게는 그저 덤덤하게 "청중은 이 곡을 즐기는 기색이었습니다."라고만 적어 보냈다.) 아니면 바이올리니스트 루트비히 슈포어(Ludwig Spohr)가 들려준 일화를 생각해 보라. 베토벤이 새 피아노 협주곡을 연주한 날이었다. "(그는) 첫 번째 총주에서 자신이 독주자라는 사실을 잊고선 벌떡 일어나 평소대로 지휘하기 시작했다. 첫 번째 스포르찬도(sforzando, 전후를 고려해 특히 세게) 대목에서는 양팔을 하도 활짝 내던지는 바람에 피아노 위에 있던 등불을 쳐서 둘 다 바닥으로 떨어뜨렸다. 청중이 웃자, 베토벤은 산란한 분위기에 격분하여 오케스트라를 중단시킨 뒤 다시 시작했다. 자이프리트(Seyfried)는 똑같은 구절에서 똑같은 사고가 반복될까 두려워, 합창단의 두 소년에게 베토벤 양옆에서 각각 등불을 쥐고 있

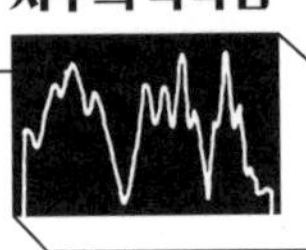

으라고 시켰다. 둘 중 한 소년은 순진하게도 좀 더 가까이 다가가서 악보의 피아노 파트를 읽었다. 문제의 스포르찬도가 닥치자 베토벤이 내던진 오른손이 소년의 턱을 세게 갈겼고, 가엾은 소년은 무서워서 등불을 떨어뜨리고 말았다. 좀 더 조심스러웠던 다른 소년은 초조한 눈길로 베토벤의 움직임을 일일이 좇다가 문제의 순간에 얼른 몸을 굽힘으로써 얼굴을 맞지 않을 수 있었다. 청중은 이전에도 웃음을 참지 못했지만 이번에는 당연히 더 더욱 참을 수 없었으므로, 한바탕 떠들썩하게 폭소가 터졌다."

베토벤은 말장난과 추잡한 유머를 즐겼다. 나쁜 음악을 들으면 크게 웃어 댔다. 아끼는 사람들에게는 다정하고 따뜻한 면도 보였지만, 대체로는 고약한 태도였다. 그는 빈정거리고 비웃었다. 그리고 허술했다. 어찌나 너절했던지 가정부들이 금세 관뒀으며, 그 때문에 설거지가 쌓이고 음식물이 썩어서 견디기 힘든 지경이 되면 그는 짐을 싸서 다른 건물로 이사했다. 그는 옷이 너덜너덜해질 때까지 같은 옷을 입었다. 가끔 친구들이 관심을 갖고서 새 옷으로 바꿔 주었다. 그러면 그는 갑자기 멋진 모습으로 둔갑했지만, 본인은 차이를 알아차리지 못하는 눈치였다. 괴테(Goethe)는 베토벤을 가리켜 "조금도 길들여지지 않은 인간"이라고 말했다.

베토벤의 삶은 불운으로 충만했다. 어머니는 아기 때 죽은 그의 형 이름을 따서 그의 이름을 지었고, 그의 말을 빌리자면 그가 스스로를 "가짜"로 여길 만큼 그에게 그 사실을 자주 상기시켰던 모양이다. 그는 11세에 학교를 그만두었고, 알코올 중독자였던 음악가 아버지가 일을 구하지 못하자 19세부터 대신 가족을 부양했다. 만성 이질과 난청을 겪었던 그는 자신이 30세도 못 되어 죽을 것이라고 확신했다. 그래서 시골로 내려가서 유언을 썼다.

"이 얼마나 굴욕적인가! 내 옆에 선 사람들은 다들 멀리서 울리는 피리 소리를 듣는데 나는 듣지 못하고, 남들은 다들 양치기의 노래를 듣는데 나는 하나도 알아차릴 수 없

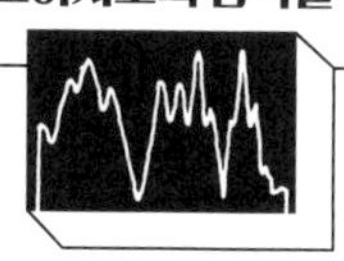

다니!" 그는 유언장에서 또 이렇게 썼다. "내 나이 28세에 철학자가 된다는 것은 쉽지 않은 일이다. 특히 예술가는 남들보다 더 어렵다. 오, 신이시여! 당신은 내 비참함을 굽어보고 계시며, 내게 다른 인간들에 대한 사랑과 선한 기질도 갖춰져 있다는 사실 또한 아십니다. 오, 인간들이여! 이 글을 읽는다면, 그대들이 나를 부당하게 대했음을 깨우치길 바라오. 그리고 고통 받는 자가 다만 자신과 비슷한 사람을 발견하는 데서 위안을 느끼도록 내버려 두시오. 그는 자연의 온갖 방해에도 불구하고 훌륭한 예술가와 인간의 반열에 오르기 위해 온 힘을 기울인 사람이니." 창작력이 절정에 달했던 시기에 베토벤은 소리를 전혀 듣지 못하는 상태였다. 그가 지휘하는 오케스트라의 단원들은 그의 지시를 무시하라는 지침을 받았고, 그의 집에 모인 손님들은 베토벤이 **피아노** 악절을 너무 살살 연주해서 아예 아무 소리도 안 나더라도 정중하게 고개를 끄덕거렸다.

베토벤은 친구들에게 결혼과 가정을 갈구한다고 말했지만, 그 이상에 가장 가깝게 다가갔던 관계는 조카 칼(Karl)에게 독재자 같은 후견인 노릇을 한 것이었다. 그 바람에 칼은 사회에서도 학교에서도 실패했고, 심지어 자살마저 실패했다. 1826년에 권총을 머리에 대고 방아쇠를 당겼지만 부상으로 그쳤던 것이다. 베토벤은 여러 여자들에게 청혼했다. 그중 한 명이었던 마그달레나 빌만(Magdalena Willmann)은 나중에 청혼을 거절한 이유를 "그가 너무 못생기고 반쯤 미치광이였기 때문"이라고 말했다. 결혼을 할 수 있을 것 같을 때에는 도리어 그가 피했다. 그가 이른바 '불멸의 연인'에게 쓴 유명한 편지, 그녀에게 사랑을 맹세하면서 좀 더 일찍 편지를 쓰지 못한 것을 극구 사과하는 그 편지에 대해 사람들이 종종 간과하는 사실은 베토벤이 결국 그 편지를 부치지 않았다는 점이다.

그런 불운들에도 불구하고, 베토벤은 용기를 내어 놀라운 작품들을 써 냈다. 아마도 그 때문에 우리가 그를 이토록 신비롭게 여기는 것이며, 후대의 모든 세대들은 그 신비로움을 어떻게 봐야 할지 알 수 없어 초조해진 나머지 각자 좋을 대로 그를 바라보게 될

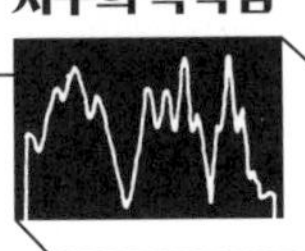

것이다. 용기 그 자체도 신비롭다. 용기는 생존에 도움이 되는 특질이므로, 좀 더 소심했거나 좀 더 무모했던 수많은 사람들을 제치고서 수많은 선조 세대들을 거쳐서 우리에게까지 전수되었다. 각자 물려받은 용기가 얼마나 되든, 우리는 그것이 몸소 만들어 낼 순 없는 특질임을 잘 알며 다만 찾아낼 수 있기를 희망할 뿐이다. 이 이야기는 인류가 지구에서 우세를 차지하고자 악전고투했던 역사의 시초까지 거슬러 올라가는 오래된 이야기이며, 우리는 이 이야기의 대상일 뿐 작가는 아니다. 그러나 베토벤의 음악 속에서, 우리는 이 이야기가 기록된 것을 목격한다. 베토벤은 그것을 **작곡했다.**

'작곡하다(compose)'라는 단어는 무언가를 적절한 자리에 놓는다는 뜻, 무언가를 수선한다는 뜻, 그리고 — 어원을 좀 더 거슬러 올라가면 — 무언가의 결과에 대해 굳건한 입장을 취한다는 뜻이다. 베토벤이 다른 작곡가의 작품이 연주되는 것을 듣고 떠나면서 "내가 저걸 작곡했어야 했는데."라고 말했을 때, 그는 아마도 이런 뜻으로 말했던 게 아닐까. 그는 저기 무언가가 있긴 하지만 그 작곡가는 그것을 모으고 떠받치고 고수하는 데 실패했다고 말한 셈이었다. 한편 베토벤에게는 우리가 아는 다른 어떤 작곡가보다도 **저기에** 무언가가 많았다. 그에게는 우리가 다른 누군가에게 바랄 수 있는 것보다 더 많은 부드러움과 활력이, 더 많은 비통함과 외로움이, 더 많은 분노와 유머가 있었다. 그리고 그는 그런 감정들을 우아하고 힘차고 탁월하게 작곡해 냈다. 그의 스케치북을 보면, 새소리나 대장장이의 망치 소리에 돌연 영감이 떠올라서 황급히 집으로 달려가 교향곡을 쏟아내는 작곡가라는 낭만적 개념을 지지할 만한 요소는 전혀 없다. 대신 우리는 끈질긴 지성으로 상상력을 다스렸던 예술가를 발견한다. 가령 베토벤 교향곡 5번 1악장의 첫 마디에 나오는 주제는 언뜻 고통의 비명처럼 더없이 자연스럽게 들리지만, 스케치북을 보면 이전 악상들을 힘들게 다듬어서 만들어 낸 결과임을 알 수 있다. 베토벤이 한 인간으로서는 '미치광이'였을지라도, 예술가로서는 균형이 잡혀 있었다.

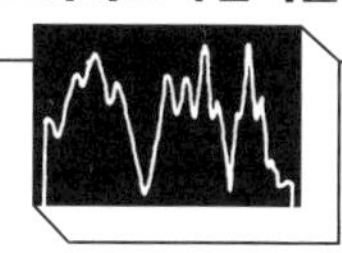

또한 베토벤이 제아무리 혁명적인 예술가였을지라도, 자기 시대와 무관하게 뚝 떨어진 존재는 아니었다. 그는 수 세대를 거치면서 조리된 음악적 스튜 속에서 성장했다. 그는 하이든을 사사했고, 어쩌면 모차르트에게도 배웠으며, 『평균율 클라비어 곡집』을 탐독하여 푸가를 배웠다. 그의 음악은 음악적인 사회에서 생겨났다. 그가 살고 죽었던 빈은 초기 구석기 시대부터 인간이 거주한 지역이었다. 숲을 숭배했던 켈트 족, 침략자 로마 인, 독일계 부족들, 기독교 십자군들, 그리고 발칸 족, 슬라브 족, 프랑크 족 이민자들이 그곳에서 살았으며, 그들 모두가 자신들의 음악을 가져왔다. 조지 그로브 경(Sir George Grove, 1820~1900년, 『그로브 음악과 음악인 사전(*Grove's Dictionary of Music and Musicians*)』으로 유명한 영국 비평가 — 옮긴이)은 베토벤이 작곡할 때 따랐던 규칙과 원칙에 관해서 이렇게 상기시킨 바 있다. "그것은 어느 한 독재자의 금언이나 명령이 아니었다. 그것을 정한 사람보다 더 뛰어난 천재가 간단히 무시할 수 있는 어떤 것이 아니었다. 그런 규칙들은 음악이 오랜 세월에 걸쳐 저속한 민요로부터, 또한 조스캥 데 프레(Josquin des Prés)나 팔레스트리나(Palestrina)와 같은 르네상스 작곡가들의 초창기 작품들로부터 발전하는 동안, 그러니까 음악이 점차 자유로워지고, 새로운 상황들이 등장하고, 악기가 목소리를 대신하고, 음악이 교회를 벗어나 세상과 관계 맺는 동안 꾸준히 발달하여 누적된 결과물이었다. 그 규칙들은 참나무나 느릅나무의 생장을 관장하는 법칙들처럼 절대적이고 엄격하고 강제적이지만, 그 찬란하고 아름다운 형식들 내부에서는 무한히 다양한 여러 모습들을 허락했다."

교향곡 5번 C단조, 1악장

어린 학생들은 베토벤 교향곡 5번 1악장의 주제를 노래로 부르고, 제2차 세계 대전 중에 연합군은 선전 방송에 그 선율을 썼으며, 그 선율이 팝송으로 만들어져 베스트셀러 음

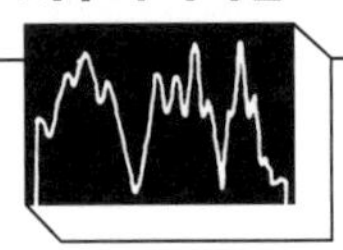

반이 되기도 했다. 그러나 이 곡이 우리에게 이토록 친숙하다는 사실은 우리가 보이저 레코드판의 수신자로 간주하는 외계인 청취자들에게는 전혀 문제가 되지 않을 테고, 사실은 지구에 있는 우리에게도 별로 문제가 되지 않는다. 어쩌면 베토벤의 곡을 대중화함으로써 곡의 생명력을 고갈시키는 일이 가능할지도 모르겠지만, 아직까지는 그 묘기에 성공한 사람이 아무도 없었다. 교향곡 5번은 베토벤의 동시대 청중에게 그랬던 것처럼 오늘날 우리에게도 인상적이다. 그로브는 이렇게 썼다. "이 곡은 소위 '베토벤 교'를 알리는 전령이었다. 이 곡은 음악의 세계에 그야말로 새로운 면모를 끌어들였다. 이 곡은 사람을 놀라게 하고, 어리둥절하게 하고, 심지어 웃음을 터뜨리게 하지만, 어쨌든 결코 손에서 놓을 수 없게 하며, 결국에는 듣는 이를 굴복시킨다……"

베토벤이 교향곡 5번을 쓴 시기는, 그가 늘 그랬듯이, 개인적인 혼란에 빠져 있던 시기였다. 그는 이 곡을 1805년에 작곡하기 시작했고, 테레즈 브룬스비크(Teréz Brunszvik) 백작 부인과 약혼하면서 — '영웅' 교향곡을 낳은 행복한 막간의 시절이었다. — 중단했다가, 두 사람이 결별하고 파혼한 뒤에 재개하여 1807~1808년에 마무리했다. 초연은 약간 망했는데, 베토벤이 오케스트라에게 "다시!"라고 호통치고 다시 시작했던 바로 그 공연이었다. 두 번째 공연은 좀 더 성공적이었다. 이후 교향곡 5번은 금세 찬사를 얻기 시작하여 지금까지 명성을 누리고 있다. 훗날 작곡가 엑토르 베를리오즈(Hector Berlioz)는 이 곡의 1악장에 대해 "기악곡 역사상 그 어떤 작품보다도 멀리, 또한 높이" 나아갔다고 평했다. 반대 의견도 있었다. 괴테는 펠릭스 멘델스존(Felix Mendelssohn)이 연주해 준 교향곡 5번을 듣고는 "놀랍고 거창할 뿐 아무런 감정도 일으키지 않는다."라고 말했다. 하지만 나중에 곡의 주제가 자꾸만 머릿속에서 흘러서 좀처럼 떨칠 수가 없다고 불평했다.

베토벤 자신도 이 주제에 깊은 인상을 받았던 듯하다. 교향곡이 끝나는 대목에서 일종의 메아리처럼 다시 도입했기 때문이다. 어쩌면 하이든의 교향곡 14번에서 빌려 온

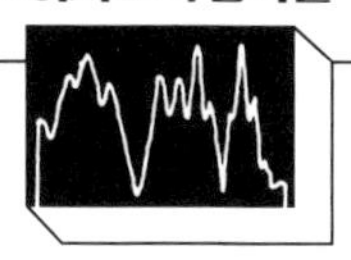

수법이었을 수도 있지만, 하여간 그에게는 유례없는 방식이라고 여겨지는 특이한 선택이었다. 영국의 에세이스트이자 음악가였던 도널드 프랜시스 토비 경(Sir Donald Francis Tovey)은 그 스케르초(scherzo, 3박자의 쾌활한 곡 — 옮긴이)의 반복을 "기억"으로 묘사하며, 베토벤이 그 기억을 좀 더 다듬지 않기로 한 이유를 다음과 같은 인상적인 문장으로 추측했다. "당신이 지진 중에 느꼈던 감각을 고스란히 되찾지 못하는 한, 그 순간에 알았을 리 없는 것들을 당신이 겪은 체험인 양 말해 봐야 별 쓸모없는 일이다."

교향곡 5번의 첫 악장에서, 우리는 대편성 관현악단이 자연 법칙처럼 적나라한 구속들을 따르면서도 열정을 위해 기능하는 소리를 듣는다. 격변에 우아함을 부여하는 그 규칙들을 베토벤의 발명으로 보아야 하는가, 아니면 그가 따른 음악 전통의 발명으로 보아야 하는가, 그것도 아니면 자연 자체의 발명으로 보아야 하는가 하는 문제는 이 교향곡이 살아 있는 한 언제까지나 토론될 것이다. 이 작품은 구조가 상당히 미묘한지라 정확히 어느 지점에서 주제가 끝나고 변주가 시작되는가 하는 문제에 대해서 요즘도 학자들의 의견이 갈리며, 또한 대단히 대칭적인지라 악보를 그냥 바라보기만 해도 아름답다. 베토벤은 서양 고전 음악의 핵심적 결핍으로 여겨지는 문제, 즉 덜 발달된 리듬이라는 단점에 감염되지 않은 듯하다. 그의 작품들이 대체로 그렇듯이, 교향곡 5번에서 리듬은 주제나 화음 요소들과 동등한 위치를 차지한다. 토비는 "놀랍게도 베토벤의 많은 주제들은 선율을 전혀 노출하지 않고 리듬만 들려줘도 뭔지 알 수 있다."라고 적었다.

다른 장점들에 더하여, 교향곡 5번 1악장은 그 간명함 때문에라도 보이저 레코드판에 추천될 만하다. 이 악장은 "음악 역사상 최고로 간결한 표현"이라고 일컬어지곤 한다.

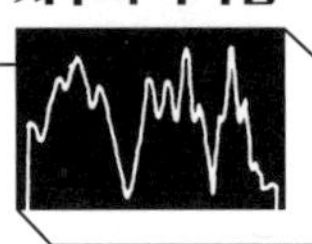

현악 사중주 13번 B플랫 장조, 작품 번호 130번 중 카바티나

베토벤의 마지막 사중주들은 폴리네시아의 섬들과 같다(1825~1826년에 쓰인 현악 사중주 12~16번을 흔히 '마지막 사중주들'이라고 통칭한다. — 옮긴이). 그곳에 거주하는 사람들은 섬들의 매력에 빠져서 항해자가 된다. 당신은 섬들을 탐사하는 데 평생을 바칠 수 있으며, 당신이 가고 없더라도 섬들은 그 자리에 남아서 다른 탐험자들을 유혹할 것이다. 보이저 레코드판에는 그중 한 섬인 13번 사중주의 한 석호에 해당하는 카바티나 악장이 실렸다.

'카바티나'는 명쾌하고 템포가 고르고 단순한 오페라 풍의 노래를 뜻한다. 베토벤의 이 카바티나에서는 제1바이올린이 가수를 대신한다. 베토벤 특유의 기법을 엿보게 하는 특징들이 작품 전체에 흐른다. 그중 주목할 만한 것을 꼽으라면 B플랫에서 F로 상승하는 악구인데, 이것은 그의 피아노 소나타 작품 번호 106번과 작품 번호 109번(각각 피아노 소나타 29번 B플랫 장조 하머 클라비어(Hammer Klavier), 30번 E장조 소나타를 가리킨다. — 옮긴이)에서도 발견되는 특징이며, 교향곡 9번 아다지오 악장의 목관 악기들을 연상시키는 반향 기법으로 여기에서도 적용되었다. 오페라 「피델리오(Fidelio)」에서 플로레스탄이 부르는 아리아 중 안단테 대목을 예고하는 듯한 악장의 구조 자체도 그런 특징이다. 그럼에도 불구하고, 이 곡은 그의 다른 음악들과는 또 다르게 들린다.

대부분의 청자들은 베토벤이 이 곡에서 어떤 깊은 감정을 불러일으킨다는 데 동의할 것이다. 그런 청자 중 한 명인 음악학자 조지프 커먼(Joseph Kerman)은 "카바티나는 베토벤의 느린 악장들 가운데 가장 감정적인 곡"이라고 썼다. 그러나 정확히 어떤 감정일까? 이 곡은 분명 슬프다. 베토벤은 죽음이 2년도 남지 않은 비통한 시기에 이 곡을 썼으며, 가장 가슴을 메는 여덟 마디의 악절 아래에 '괴로운' 혹은 '옥죄는'을 뜻하는 단어 '베클렘트(beklemmt)'를 적어 두었다. 베토벤이 이 곡을 쓰던 시절에 곁을 지켰던 친구 카

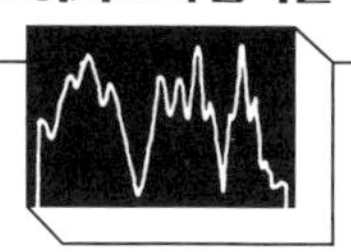

를레스 홀츠(Charles Holtz)에 따르면, 베토벤은 머릿속에서 이 카바티나를 떠올리기만 해도 눈물이 난다고 말했다고 한다. 음악학자 조제프 드 마를리아브(Joseph De Marliave)는 이 악장을 "고통에 겨운 간청, 행복과 평화에 대한 견디기 힘든 갈망, 음악가의 생생한 목소리가 표현할 수 있는 것보다도 더 강렬한 감정이 실려 있으며 음악에서 풀려 나오는 듯한 흐느낌으로 간간이 중단되는 갈망"이라고 묘사했다. 그러나 슬픔만으로는 카바티나를 정의할 수 없다. 여기에는 희망의 기색도 흐르고 있고, 평생 고통을 견뎌 왔으며 이제 일말의 망상도 없이 자신의 존재를 받아들이게 된 한 인간의 평온함이라고 부를 만한 것도 느껴진다.

어쩌면 이런 모호함이야말로 보이저 레코드판의 결말로 적절할 것이다. 지구에서 인간의 삶이라는 드라마를 살고 있는 우리는 우리 존재에 어느 정도의 슬픔 혹은 희망이 적절한지를 알지 못한다. 우리가 비극을 사는지, 희극을 사는지, 위대한 모험극을 사는지 알지 못한다. 죽어 가는 베토벤도 이런 질문에 대한 답을 몰랐다. 그러나 그는 답이 없다는 사실을 알았고, 답 없이 사는 법을 익혔다. 그리고 이 카바티나에서 우리에게도 권한다. 그 상황을 정면으로 응시하라고.

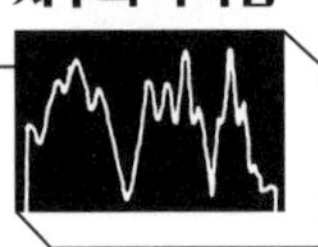

보이저 레코드판에 실린 곡들

(실린 순서대로)

1. 바흐, 「브란덴부르크 협주곡」 2번 F장조, 1악장, 뮌헨 바흐 오케스트라, 카를 리히터 지휘. 4:40.
2. 자바, 궁정 가믈란, 「다채로운 꽃들」, 로버트 브라운 녹음. 4:43.
3. 세네갈, 타악기, 샤를 듀벨 녹음. 2:08.
4. 자이르, 피그미 소녀들의 성년식 노래, 콜린 턴불 녹음. 0:56.
5. 오스트레일리아, 애버리지니의 샛별 노래와 사악한 새 노래, 샌드라 르브런 홈스 녹음. 1:26.
6. 멕시코, 「엘 카스카벨」, 로렌소 바르셀라타와 마리아치 멕시코 밴드 연주. 3:14.
7. 「조니 B. 구드」, 척 베리 작사 작곡 및 연주. 2:38.
8. 뉴기니, 남자들만의 집에서 노래, 로버트 매클레넌 녹음. 1:20.
9. 일본, 샤쿠하치, 「둥지의 학들」, 야마구치 고로 연주. 4:51.
10. 바흐, 「무반주 바이올린을 위한 소나타와 파르티타」의 파르티타 3번 E장조 중 '론도 풍의 가보트', 아르튀르 그뤼미오 연주. 2:55.
11. 모차르트, 「마술피리」 중 '밤의 여왕의 아리아', 소프라노 에다 모저, 뮌헨의 바이에른 국립 오페라단, 볼프강 자발리슈 지휘. 2:55.
12. 조지아, 합창곡, 「차크룰로」, 라디오 모스크바 방송국 녹음. 2:18.
13. 페루, 팬파이프와 북, 리마의 카사 데 라 쿨투라(문화의 집) 녹음. 0:52.
14. 「멜랑콜리 블루스」, 루이 암스트롱과 핫 세븐 연주. 3:05.
15. 아제르바이잔, 백파이프, 라디오 모스크바 방송국 녹음. 2:30.

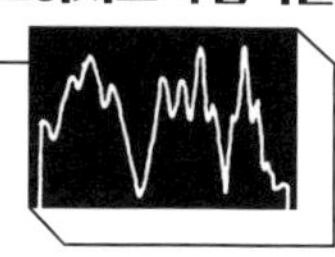

16. 스트라빈스키, 「봄의 제전」 중 '신성한 춤', 콜롬비아 심포니 오케스트라, 이고리 스트라빈스키 지휘. 4:35.
17. 바흐, 『평균율 클라비어 곡집』 2권 중 전주곡과 푸가 C장조, 글렌 굴드 피아노. 4:48.
18. 베토벤, 교향곡 5번 1악장, 필하모니아 오케스트라, 오토 클렘퍼러 지휘. 7:20.
19. 불가리아, 「이즈렐 예 델요 하그두틴」, 발랴 발칸스카 노래. 4:59.
20. 나바호 아메리카 원주민, 밤의 찬가, 윌러드 로즈 녹음. 0:57.
21. 홀번, 「파반, 갤리어드, 알망드와 그 밖의 짧은 노래들」 중 '요정의 원무', 데이비드 먼로와 런던 고음악 콘소트 연주. 1:17.
22. 솔로몬 제도, 팬파이프, 솔로몬 제도 방송국 녹음. 1:12.
23. 페루, 결혼 노래, 존 코언 녹음. 0:38.
24. 중국, 고금, 「유수」, 구안핑후 연주. 7:37.
25. 인도, 라가, 「자트 카한 호」, 수르슈리 케사르 바이 케르카르 노래. 3:30.
26. 「밤은 어둡고 땅은 춥네」, 블라인드 윌리 존슨 작곡 및 연주. 3:15.
27. 베토벤, 현악 사중주 13번 B플랫 장조, 작품 번호 130번 중 카바티나, 부다페스트 현악 사중주단 연주. 6:37.

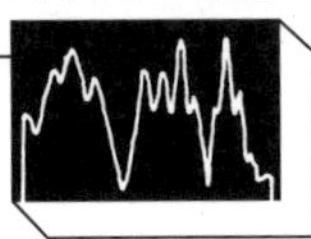

참고 자료

Arnold, Denis, and Fortune, Nigel, eds. *The Beethoven Reader.* New York: Norton, 1971.

Batley, E. M. *A Preface to The Magic Flute.* London: Dennis Dobson,, 1969.

Blom, Eric. *Grove's Dictionary of Music and Musicians,* 5th ed. New York: St. Martin's, 1955.

Boyden, David. *The History of Violin Playing from Its Origins to 1761.* London: Oxford University Press, 1965.

Brown, Robert. Private communication re "Kinds of Flowers."

Bukofzer, Manfred. *Music in the Baroque Era.* New York: Norton, 1947.

Burk, John. *The Life and Works of Beethoven.* New York: Modern Library, 1943.

Carrell, Norman. *Bach's "Brandenburg" Concertos.* London: George Allen and Unwin, 1963.

Chailey, Jacques. *The Magic Flute: Masonic Opera.* New York: Knopf, 1971.

Charters, Samuel Barclay. "Blind Willie Johnson," liner notes to Folkways Album FG3585.

Cho Wen-chung. Private communication re "Flowing Streams."

Cohen, John. Liner notes to the album *Mountain Music of Peru,* Folkways Records FE4539.

______, Private communication re Peruvian wedding song.

Colodin, Irving. *The Critical Composer.* Port Washington, N.Y.: Kennikat Press, 1969.

Courlander, Harold. *Negro Folk Music USA.* New York: Columbia University Press, 1969.

Cowell, Henry. Notes to *Folk Music of the USSR,* Folkways Record FE4535.

Craft, Robert, and Stravinsky, Igor. *Expositions and Developments,* Garden City, N.Y.: Doubleday, 1962.

Danilou, Alain. *A Catalogue of Recorded Classical and Traditional Indian Music.* New York: UNESCO, 1966.

David, Hans, and Mendel, Arthur, eds. *The Bach Reader,* rev. ed. New York: Norton, 1966.

Emsheimer, Ernst. "Georgian Folk Polyphony." *The Journal of the International Folk Music Council,* vol. XIX, 1967.

Feather, Leonard. *The New Encyclopedia of Jazz.* New York: Bonanza Books, 1955.

Forbes, Elliot, ed. *Beethoven: Symphony No. Five in C Minor.* New York: Norton, 1971.

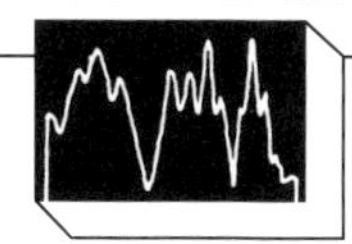

Goffin, Robert. *Jazz: From the Congo to the Metropolitan*. Garden City, N.Y.: Doubleday, 1944.

Goldovsky, Boris. *Accents on Opera*. Freeport, N.Y.: Books for Libraries Press, 1953.

Graham, Desmond. "Cool Command," *Opera News*, vol. 35, no. 21, March 20, 1971.

Gray, Cecil. *The Forty-Eight Preludes and Fugues of J. S. Bach*. London: Oxford University Press, 1937.

Grew, Eva Mary, and Grew, Sidney. *Bach*. New York: Collier, 1947.

Grove, Sir George. *Beethoven and His Nine Symphonies*. New York: Dover, 1962.

Harris, Rex. *Jazz*. London: Pelican.

Holmes, Sandra LeBrun. Private correspondence.

Holroyde, Peggy. *The Music of India*. New York: Praeger, 1972.

Hood, Mantle. "Music of the Javanese Gamelan." Paper presented at the Festival of Oriental Music and the Related Arts, UCLA, May 8-22, 1960.

Horgan, Paul. *Encounters with Stravinsky*. New York: Farra, Straus, 1972.

Hutchings, Arthur. *The Baroque Concerto*. London: Faber and Faber, 1961.

Iliffe, Frederick. *The Forty-Eight Preludes and Fugues of Johann Sebastian Bach*. London: Novello and Company.

Kalischer, A. C., ed. *Beethoven's Letters*. New York: Dover, 1972.

Kaufmann, Walter. *Musical References in the Chinese Classics*. Detroit Monographs in Musicology, Information Coordinators, 1976.

______, *The Ragas of North India*. Bloomington: Indiana University Press, 1968.

Keller, Hermann. *The Well-Tempered Clavier by Johann Sebastian Bach*. New York: Norton, 1976.

Kishibe, Shigeo. *The Traditional Music of Japan*. Tokyo: Japan Cultural Society, 1969.

Kunst, Jaap. *Music in Java: Its History, Its Theory and Its Technique*. The Hague: Martinus Nijhoff, 1973.

______, *Music in New Guinea*. The Hague: Martinus Nijhoff, 1967.

Landon, H. C. Robbins. *Beethoven: A Documentary Study*. New York: Collier, 1974.

Lao Tsu. *Tao Te Ching*. New York: Knopf, 1972.

Lentz, Donald. *The Gamelan Music of Java and Bali*. Lincoln: University of Nebraska Press, 1965.

Lomax, Alan. *Cantometrics: A Method for Musical Anthropology*. Teaching cassettes and a handbook, by Extension Media Center, University of California, Berkeley, California.

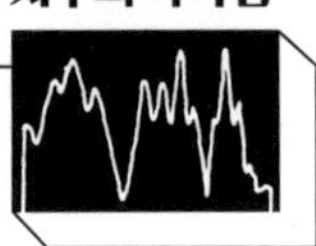

______, and the Cantometrics Staff. *Folk Song Style and Culture*. Washington, D. C.: American Association for the Advancement of Science, 1968; 2nd ed., New Brunswick, N.J.: Transaction, 1978.

______, Private communication and conversations re Voyager music.

Lydon, Michael. *Rock Folk*. New York: Dial, 1971.

Malm, William. *Japanese Music and Musical Instruments*. Rutland, Vt.: Charles E. Tuttle Company, 1959.

______, "Practical Approaches to Japanese Music," from *Readings in Ethnomusicology*, David McAllester, ed. New York: Johnson Reprint, 1971.

Marcuse, Sibyl. *A Survey of Musical Instruments*. New York: Harper & Row, 1975.

de Marliave, Joseph. *Beethoven's Quartets*. New York: Dover, 1961.

Meryman, Richard, ed. *The Life and Thoughts of Louis Armstrong — A Self Portrait*. New York: Eakins Press, 1971.

Miles, Russell. *Johann Sebastian Bach: An Introduction of His Life and Works*. Englewood Cliffs, N.J.: Prentice-Hall, 1962.

Moberly, R. B. *Three Mozart Operas*. New York: Dodd, Mead, 1967.

Morgenstern, Sam, ed. *Composers on Music*. New York: Pantheon, 1956.

Munrow, David. *Instruments of the Middle Ages and Renaissance*. London: Oxford University Press, 1976.

David Munrow obituary, *Musical Times*, vol. 117 (July 1976).

Nettl, Paul. *Mozart and Masonry*. New York: Philosophical Library, 1957.

Orito, Hizan. "Shakuhachi." Distributed at the October 17, 1971, meeting of the Koto Music Club of New York.

Needham, Joseph. *Science and Civilization in China*, vol. 4, pt. 3. New York: Cambridge University Press, 1970.

Panassi, Hugues. *Louis Armstrong*. New York: Scribner's, 1971.

Radcliffe, Philip. *Beethoven's String Quartets*. New York: Dutton, 1968.

Raim, Ethel, and Koenig, Martin. Liner notes to *Village Music of Bulgaria*, Nonesuch Records.

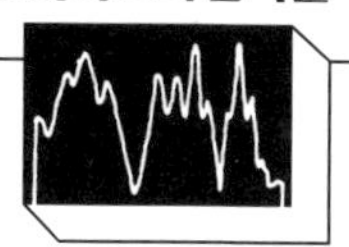

Rawcliffe, Reverend D. A. "Notes on a Set of Records of Solomon Islands Music," mimeographed letter, undated.

Rhodes, Willard. Liner notes to the album *Music of the Sioux and the Navajo*, Folkways Records FE4401.

Sachs, Curt. *The History of Musical Instruments*. New York: Norton, 1940.

Sackheim, Eric. *The Blues Line*. New York: Grossman, 1969. (Mrs. Johnson's account of Blind Willie Johnson's death comes from here, p. 459).

Sadie, Stanley. *Mozart*. New York: Grossman, 1970.

Schweitzer, Albert. *J. S. Bach*. New York: Dover, 1911.

Seaman, Jerald. "Russian Folk Song in the Eighteenth Century." From *Music and Letters*, vol. 40, Oxford University Press, July 1959.

Siegmeister, Ellie. *The New Music Lovers' Handbook*. Irvington-on-Hudson, N.Y.: Harvey House, 1973.

Sonneck, O. G., ed. *Beethoven: Impressions by His Contemporaries*. New York: Dover, 1967.

Spitta, Philipp. *Johann Sebastian Bach*. London: Novello & Company, 1889.

Stevenson, Robert. "Ancient Peruvian Instruments." *Galpin Society Journal*, vol. XII (June 1969).

______, *Music in Mexico*. New York: T. Y. Crowell, 1952.

______, *The Music of Peru*. Washington, D. C.: Pan American Union, General Secretariat of the Organization of American States, 1960.

Stravinstky, Igor. *An Autobiography*. New York: Simon & Schuster, 1936.

Taylor, Deems. "Review of 'The Rite of Spring.'" *The Dial*, September 1920.

Tovey, Donal Francis. *Essays in Musical Analysis*. London: Oxford University Press, 1935.

"Tributes to David Munrow." *Early Music*, vol. 4, no. 3 (July 1967).

Turnbull, Colin. Liner notes to *Music of the Ituri Forest*, Folkways Records FE4483.

______, Private communication re pygmy girls' initiation song.

Vlad, Roman. *Stravinsky*. London: Oxford University Press, 1960.

Wilkinson, Charles. *How to Play Bach's Forty-Eight Preludes*. London: New Temple Press.

Yurchenco, Henrietta. Private communication re "El Cascabel."

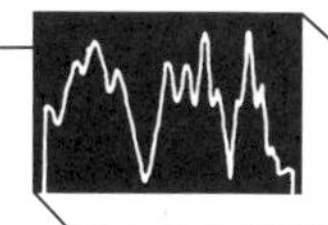

7

보이저호의 외행성계 탐사

칼 세이건

여기를 보라, 이 그림을, 이것을 ……

목성의 앞면을.

— 윌리엄 셰익스피어, 『햄릿』 3막 4장

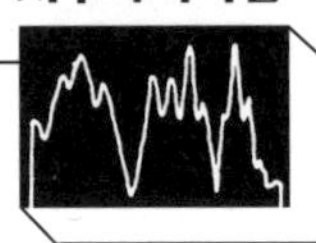

지구는 작은 세상이다. 핵은 액체 철로 이뤄져 있으며 놀랍도록 얇은 껍질에 대기와 대양, 산맥과 심해의 해구, 미생물과 인간이 모두 담겨 있는 자그만 돌덩어리이다. 지구는 비슷한 다른 천체들, 수성, 금성, 달, 화성, 소행성들과 함께 내행성계에서 태양을 돈다. 돌과 금속으로 이뤄진 이 작은 행성들은 사소한 차이는 있지만 — 주로 얇은 바깥 껍질의 세부 사항이 다르다. — 사실상 다 같다고 봐도 좋다. 우리는 이 행성들을 그 전형인 지구의 이름을 따서 지구형 행성이라고 부른다.

화성과 소행성대를 넘어가면, 우리는 전혀 다른 태양계로 들어선다. 그곳은 태양에서 더 멀고 더 춥다. 그곳에서는 크기가 지구만 하고 부분적으로나마 바위로 이뤄졌을 듯한 천체들을 만날 수 있다. 외행성계라고 불리는 그곳에는 지구를 초라하게 만들 만큼 크고 지구와는 전혀 다른 종류임에 분명한 행성이 네 개 있다. 목성, 토성, 천왕성, 해왕성이다. 이들은 주로 수소 기체로 이뤄졌다. 목성의 경우에는 기체가 압축되어 액체가 되었고, 내부로 가면 아예 금속이 되었다. 목성의 질량은 지구의 317배다. 대적반(혹은 대적점)이라고 불리는 목성의 폭풍 전선 하나에만도 지구가 여섯 개는 들어간다.

거인 같은 크기에도 불구하고 네 목성형 행성들은 몹시 빠르게 자전한다. 가령 목성은 9시간 55분마다 한 번씩 자전한다. 그렇게 크고 기체로 이뤄진 천체가 그렇게 빠르게 돌면 흥미로운 패턴의 움직임이 나타나기 마련이라, 목성에서는 적도에 나란한 일련의 띠들, 기류가 하강했다가 상승했다가 하는 지역들, 휘발성 물질이 휘발했다가 응축되었다가 하는 지역들이 눈에 띈다. 더구나 목성과 천왕성, 그리고 아마도 토성은 태양에서 받는 양보다 더 많은 복사를 꾸준히 내뿜는다. 항성(별)과 행성을 구분하는 잣대가 무엇인가 하면, 항성은 스스로 빛을 냄으로써 밝아 보이는 데 비해 행성은 모(母)항성의 빛을 받아 반사함으로써 빛난다는 점이다. 이 정의에 따르면, 목성형 행성들은 빛스펙트럼 중 우리 눈이 감지할 수 있는 가시광선 영역에서는 분명 행성이다. 그러나 스펙트럼 중 적외

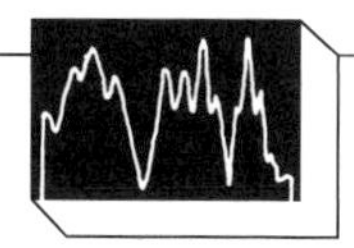

선이나 열선 영역에서는 항성과 더 비슷하다는 주장도 가능하다. 잉여의 에너지는 이 천체들이 눈치채기 어려울 만큼 조금씩, 천천히 중력에 의해 수축하기 때문에 나오는 것일지도 모른다. 이것은 항성이 수명 초기에 그러하리라고 추측되는 것과 비슷한 현상이다. 목성을 비롯한 목성형 행성들의 내부 온도가 태양 빛의 근원인 열핵 반응을 추진할 만큼 높을 리는 없지만, 목성을 별이 되는 데 실패한 천체로 묘사하는 것은 어느 정도 일리가 있다는 말이다. 목성형 행성들은 지구형 행성과 항성의 중간에 놓이는 게 분명하다.

우리 태양, 항성들, 성간 매질, 다른 은하들은 — 사실상 우주 전체는 — 주로 수소로 이뤄졌다. 목성형 행성들도 마찬가지다. 다만 지구형 행성들은 변칙이다. 이 차이는 우리 태양계가 형성되던 역사 초기, 주로 수소로 이뤄진 거대한 성간 기체 및 먼지 구름이 압축되어 태양과 행성들이 만들어지던 때 생긴 듯하다. 태양이 켜지자 내행성계는 따뜻해졌고, 장차 지구형 행성이 될 운명인 조그마하고 중력이 작은 천체들은 기체 중 가장 가볍고 빠른 수소를 더 이상 붙들고 있을 수 없었다. 그래서 수소는 행성 간 공간으로 흘러 나갔다. 반면에 외행성계는 온도가 더 낮았고, 형성되는 행성들이 더 거대했다. 여기에서 수소는 탈출 속도를 확보하지 못했기 때문에 행성에 남았다.

따라서 목성형 행성은 어떤 의미에서는 초기 지구와 흡사하다. 목성에 만일 바위로 된 단단한 표면이 있더라도, 깊은 핵 속에 있을 것이다. 우리가 눈으로 볼 수 있는 영역보다 훨씬 더 깊은 곳이라, 우리로서는 영영 접근할 수 없을 것이다. 목성, 토성, 천왕성, 해왕성에서 우리 눈에 보이는 것은 대기와 구름뿐이다. 이 대기와 구름은 어떤 면에서 탄생 초기의 지구와 비슷할지 모른다. 따라서 목성과 토성 표면에 밝은 색깔을 띤 영역들이 존재한다는 사실은 흥미롭다. 붉은색, 갈색, 노란색, 오렌지색뿐 아니라 푸른색도 선명하다. 흰 구름은 아마도 응축된 암모니아, 응축된 물, 그리고 그것들로부터 만들어진 화합물들이다. 최상층에 있는 흰 구름은 목성에 뜬 암모니아 권운 같은 것일 것이다. 하지

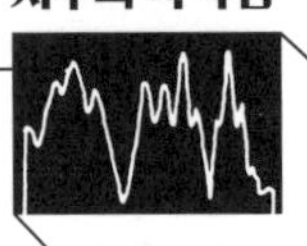

만 색깔은 어디에서 왔을까? 목성 대기의 주된 구성 요소는 수소 외에 헬륨, 암모니아, 메탄, 물이다. 다른 물질들도 극소량 존재한다는 증거가 있고, 그중 일부(가령 저마늄 수소화물인 GeH_4)는 대단히 특이하다. 그러나 이런 물질들 중에서 그 자체로 색깔을 띠는 것은 아무것도 없다. 수소화인(PH_3)이 목성 분광기 촬영에서 감지되었으니, 붉은 인 화합물이 대적반 색깔에 약간 기여했을 수는 있다. 그러나 목성의 전반적인 갈색 색조를 인 탓으로 설명하기에는 문제가 많다. 황과 황 화합물은 직접 감지된 바는 없으나 그래도 분명히 존재할 것이다. 수소가 목성을 빠져나가지 못했다면 그보다 훨씬 더 무거운 황도 빠져나가지 못했을 테니 말이다. 그러나 적어도 우리의 현재 연구 수준으로는 황과 황 화합물로도 목성의 색깔을 다 설명할 수 없는 듯하다.

하지만 실험실에서 수소, 헬륨, 메탄, 암모니아, 물을 섞고 에너지를 공급하면 — 햇빛 대용으로 자외선을 쪼이거나 번개 대용으로 전기 방전을 가하면 — 목성의 색깔을 내는 물질들의 특성을 많이 지닌 복잡한 유기 분자들이 다양하게 만들어진다. 그중에는 단백질의 구성단위인 아미노산을 비롯하여 지구 생명이 이용하는 다양한 유기 분자들이 있다. 이런 실험은 생명의 기원 문제에 대단히 큰 의미가 있다. 왜냐하면 초기 지구는 수소가 많은 환경이었으며 그 대기에는 메탄, 암모니아, 수증기가 포함되어 있었을 것이기 때문이다. 수소가 비교적 풍부한 환경에서 생명의 구성 물질들이 이토록 쉽게 만들어진다는 사실은 외계 생명의 가능성을 점치는 사람들에게 격려가 되었다. 현재 목성과 다른 목성형 행성들에서 유기 물질이 쉽게 만들어질지도 모른다는 사실은 무척 흥분되는 전망이다. 그래도 그곳에 존재하는 유기 물질의 양은 극히 적을 것이다. 목성 대기는 대류가 극도로 활발하기 때문에, 대기 상층에서 생성된 유기 물질은 비교적 짧은 시간 — 이를테면 한 달 — 만에 더 뜨거운 하층 대기 깊숙이 운반되어 타 버릴 것이다. 우리가 풀어야 할 중요한 문제는 정상 상태 — 반응에서 생성되는 양과 파괴되는 양이 균형을 이룬 상

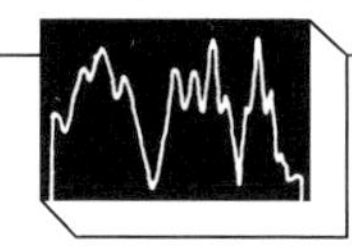

태 — 의 풍부한 유기 물질로 목성의 색깔을 충분히 설명할 수 있는가 하는 점이다.

그보다 더 모호한 문제는 목성 구름에 생명이 존재할 가능성이 있는가 하는 문제이다. 지금까지는 우리가 목성 환경을 자세히 살펴본 적이 없었기 때문에 그 가능성에 대한 조사를 시작할 수조차 없었지만, 내가 볼 때 터무니없는 생각만은 아니다. 목성 대기에는 온도가 지구 표면과 얼추 비슷한 지점, 구름 속에 액체 상태의 물이 풍부하게 함유된 듯한 지점, 유기 분자들이 마치 천국에서 떨어지는 만나(manna, 이스라엘 인들이 이집트를 탈출해 사막을 건널 때 여호와가 내려 준 양식 — 옮긴이)처럼 하늘에서 떨어져 내리는 지점이 있다. 가끔 상층 구름이 걷히면 우리 눈에도 구름 아래에 있는 그런 지점이 들여다보인다. 대류가 활발한 목성 대기에서 과연 생명이 발생하고 존속할 수 있는가 하는 문제에는 아직 답이 없다. 그러나 쾌적해 보이는 장소들이 존재한다는 사실만으로도 우리는 마음을 (또한 눈을) 활짝 열어 두게 된다.

목성은 전파를 끊임없이 방출하며 때로 전파 폭발도 일으키는데, 둘 다 지구에서 전파 망원경으로 수신할 수 있다. 오래전부터 천문학자들은 목성의 강력한 자기장에 사로잡혀 목성 둘레에서 거대한 복사대를 이룬 태양풍의 하전 입자 — 양성자와 전자 — 들이 그런 전파를 방출하는 것이라고 추측해 왔다. 파이오니어 10호와 11호가 목성 복사대를 통과한 순간, 그 추측이 사실임이 극적으로 확인되었다. 목성의 강한 자기장은 내부의 금속성 수소가 회전함으로써 발생하는 현상일 것이다. 목성에 사로잡힌 복사대의 세부 특징, 자기장의 구성, 특히 사로잡힌 입자들과 목성의 위성들 사이의 상호 작용은 대단히 흥미로운 주제들이다. 목성의 기후와 마찬가지로, 이 문제에서도 우리는 다른 행성을 연구함으로써 우리 행성에 대한 지식을 상당히 늘릴 수 있을 것이다. 지구 복사대에서 새어 나간 하전 입자들은 극지방에서 오로라를 발생시키며, 지상의 전파 전달 같은 실용적인 문제들은 물론이거니와 어쩌면 기후와도 깊은 관계가 있다.

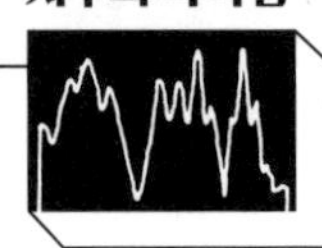

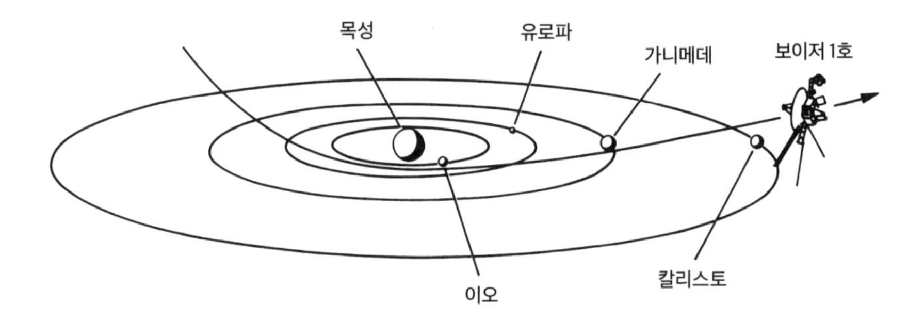

보이저 1호가 목성계를 통과할 궤적. 위성 중 이오, 가니메데와 가깝게 만난다.

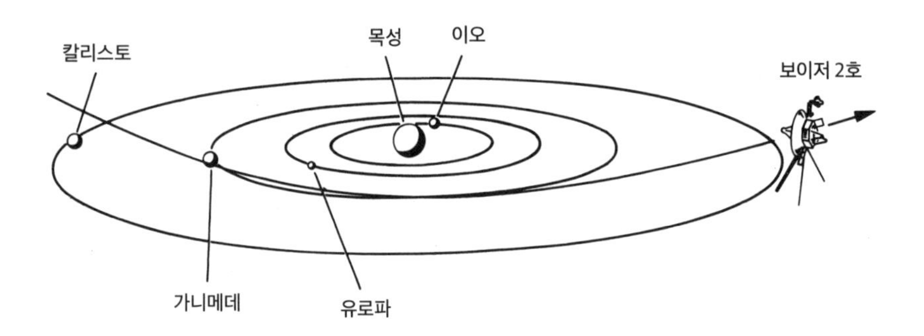

보이저 2호가 목성계를 통과할 궤적. 위성 중 칼리스토, 가니메데와 가깝게 만난다.

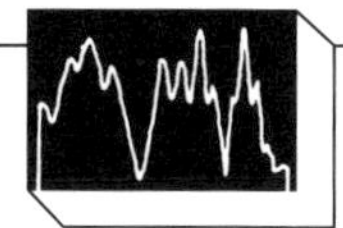

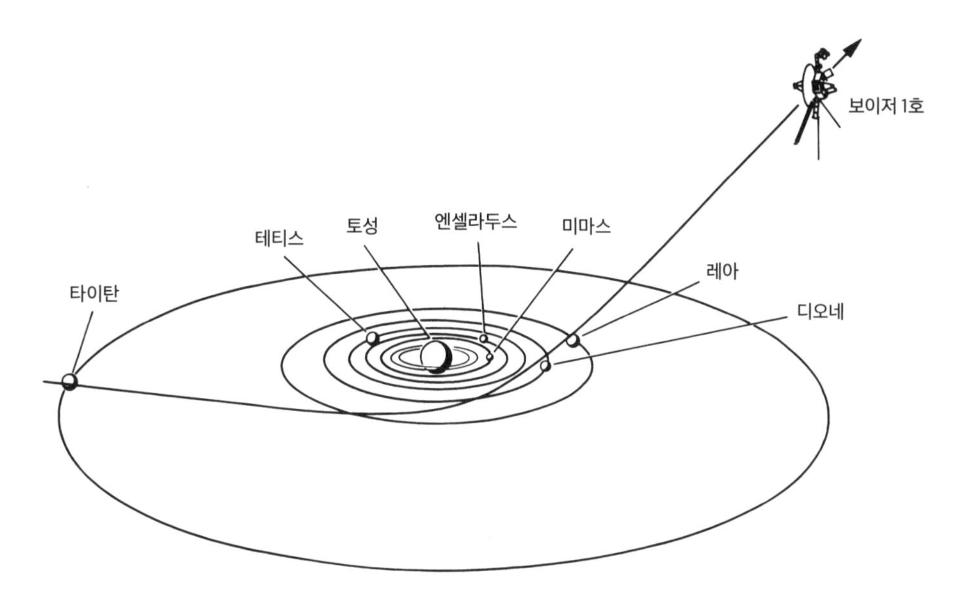

보이저 1호가 토성계를 통과할 궤적. 위성 중 타이탄, 디오네, 레아와 가깝게 만난다.

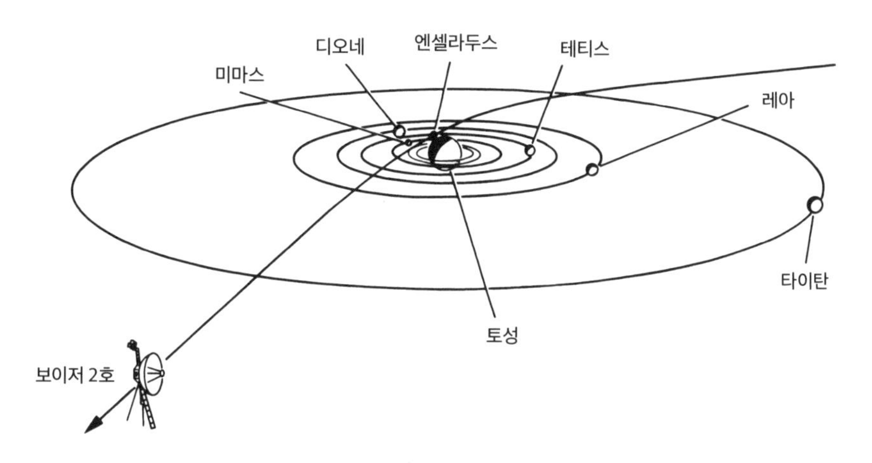

보이저 2호가 토성계를 통과할 궤적. 위성 중 엔셀라두스, 미마스, 그리고 토성의 고리와 가깝게 만난다.

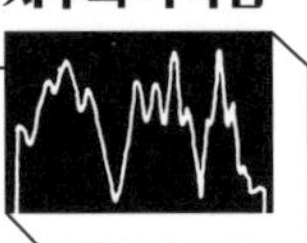

목성에는 위성이 14개가 넘게 있지만, 그중에서 제법 큰 네 위성만 발견자의 이름을 따서 '갈릴레이 위성들'이라고 불린다. 갈릴레이 위성들 중 가장 안쪽에 있는 것은 이오(Io)이다. 그 위치 때문에 이오는 목성에 사로잡혀 거대한 복사대를 이루고 있는 하전 입자들 속을 헤치며 나아가야 하고, 그렇다 보니 목성에서 지구 쪽으로 방출되는 전파 폭발을 얼마간 제어하게 된다. 이오 자신도 나트륨, 황, 인, 그 밖의 원자들로 구성된 거대한 구름을 끌고 다니는 듯하다. 납작한 도넛처럼 생긴 이 구름은 목성을 공전하는 이오를 늘 따라다닌다. 어떤 사람들은 이오에 한때 소금물로 된 바다가 있었다고 주장한다. 바닷물은 작은 중력 때문에 진작 우주로 빠져나갔고, 뒤에 남은 소금이 목성 복사대의 하전 입자들 때문에 이오 표면에서 튀어 오르거나 늘어져 나와 도넛 모양 구름을 형성했다는 것이다.

이오에 말라붙은 대양 분지가 존재할 가능성은 외행성계의 위성들이 우리의 위성, 즉 여기저기 난타당한 죽은 돌덩어리로서 우리가 — 내 생각에는 약간의 애정을 담아 — **달**이라고 부르는 위성을 빼닮은 복사판은 아닐 것임을 시사한다(영어 단어 'moon'은 그냥 소문자로 쓸 때는 '위성'이라는 일반 명사가 되고 'the Moon'이라고 쓸 때는 지구의 위성인 달을 뜻한다. — 옮긴이). 외행성계의 위성들은 우리 달과는 다르다. 그중 다수는 밀도가 몹시 낮은 것으로 보아 주성분이 바위일 리가 없으며, 사실상 얼음덩어리일 것이다. 일부 위성들에는 대기가 있다. 또 어떤 위성들 — 가령 토성의 아홉 번째 위성인 이아페투스(Iapetus) — 은 모행성을 공전할 때 공전 방향을 향한 쪽의 반구와 뒤쪽을 향한 반구의 밝기 차이가 엄청나다. 이아페투스는 운동 방향에서 앞쪽 반구와 뒤쪽 반구의 밝기 차이가 여섯 배나 된다. 이런 상황에 대해서는 반쯤 그럴싸한 설명조차 없는 형편이다.

40억 년 동안 강렬한 복사대를 헤쳐 온 바위 덩어리 혹은 얼음덩어리 위성의 표면은 어떨까? 아무도 모른다. 일부는 바위이고 일부는 얼음인 위성이 복사를 쬐면, 바위 표면

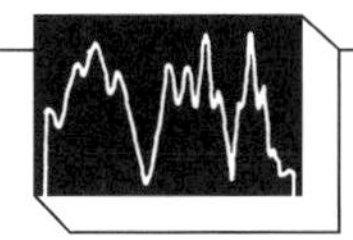

아래의 얼음이 녹아서 진창 같은 상태가 될 것이다. 그러나 외행성계의 얼음은 물로만 된 것이 아니라 메탄 얼음, 암모니아 얼음이기도 할 것이다. 그런 곳의 장기적 지질 상태는 어떨까? 메탄 바다와 암모니아 화산이 존재할까? 아무도 모른다. 달의 운석 구덩이들은 작은 소행성들과 부딪혀서 생겼다. 달에는 바람도 물도 없고 풍화 작용도 없기 때문에 그렇게 생긴 구덩이들이 수십억 년 동안 고스란히 보존되었다. 한편 얼음으로 된 천체에 작은 소행성이 부딪히면, 얼음이 녹을 것이다. 그러면 이 움푹 패인 상처들이 '치유'될까? 외행성계의 위성들을 가까이 살펴보면 운석 구덩이를 발견할 수 있을까, 없을까? 특히 얼음으로 된 부분에도 구덩이가 있을까? 지구형 행성에서는 볼 수 없었던 새로운 표면 특징들이 있을까? 아무도 모른다.

타이탄(Titan)은 또 어떤가? 타이탄은 토성의 최대 위성이자 태양계를 통틀어서도 최대 위성이다. 타이탄은 태양과의 거리에 비해 너무 따뜻한 듯한데, 어쩌면 대기가 가둔 열 때문일 것이다. 타이탄에는 대기가 제법 많다. 화성보다 대기 밀도가 훨씬 더 높다. 타이탄 대기는 메탄으로 이뤄졌으며, 어쩌면 수소와 다른 기체들도 더 있을지 모른다. 그 위에는 갈색이 도는 구름층이 덮여 있는 듯한데, 만일 실제로 그런 구름층이 존재한다면 그 구성 요소는 틀림없이 유기 물질이리라는 게 거의 모든 사람들의 생각이다. 원래는 메탄만 있더라도, 그곳에 방사선을 쬐면 아스팔트나 석유와도 약간 비슷한 복잡한 탄화수소들이 생성된다. 타이탄은 표면 온도가 낮기 때문에, 기나긴 역사 동안 그곳에서 생성된 유기 분자들이 목성 대기에서처럼 순식간에 타 버렸을 리는 없다. 따라서 이 위성의 표면에는 40억 년 전에 지구에서 생명을 낳았던 분자들 중 일부가 흩어져 있을 것이다. 타이탄 표면은 정확히 어떻게 생겼을까?

타이탄 표면에서 하늘을 우러르면, 구름이 걷힌 틈으로 토성이 보일지도 모른다. 열

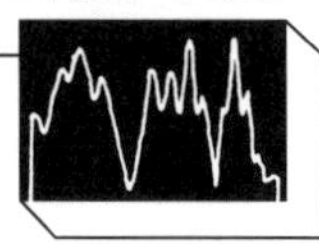

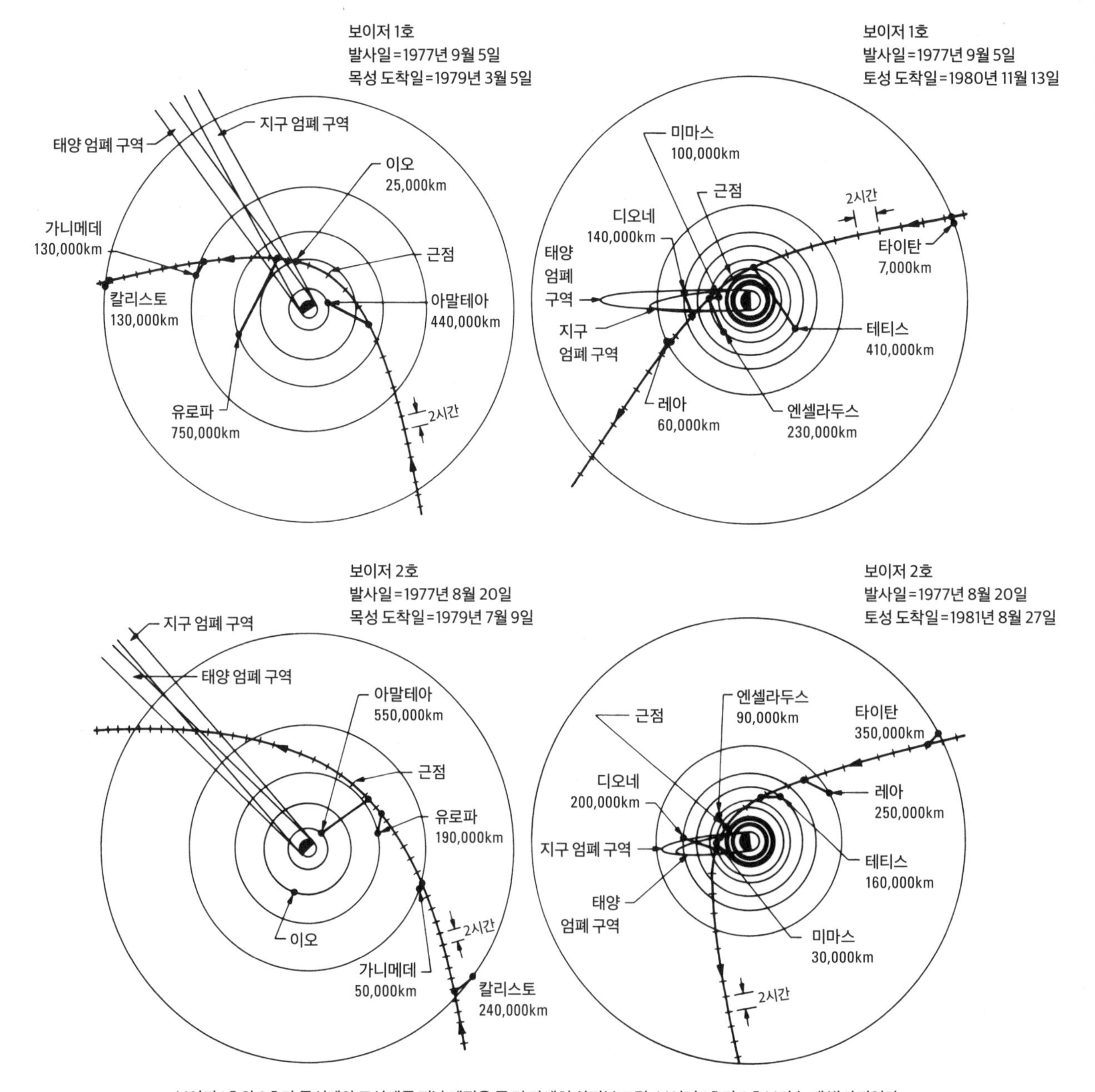

보이저 1호와 2호가 목성계와 토성계를 지날 궤적을 좀 더 자세히 살펴본 그림. 보이저 1호가 2호보다 늦게 발사되었다.

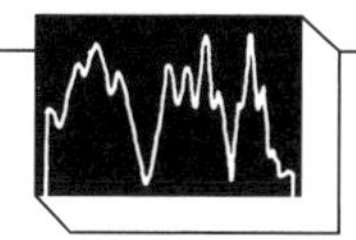

은 노란색 행성이 푸른 하늘을 배경으로 장대하게 떠 있을 테고, 근사한 고리들이 구름 낀 행성의 몸체에 그림자를 드리우고 있을 것이다. 토성에는 고리가 많다. 정확히 몇 개인지는 모른다. 어쨌든 고리들 사이에 난 틈이 여러 개 관찰되는데, 제일 유명한 것은 A고리와 B고리를 나누는 카시니 간극(Cassini division)이다. 토성의 고리들은 놀랍도록 얇다. 면적 대비 두께가 종잇장보다 얇은 수준이다. 그러나 고리들은 이따금 텔레비전이나 영화에서 묘사되는 모습과는 달리 기체가 아니고, 단단한 평면도 아니다. 토성의 고리는 너비가 몇 미터쯤 되고 표면이 자잘한 요철로 울퉁불퉁한 얼음덩어리가 엄청나게 많이 떼 지어 있는 것이다. 그러나 이것은 어디까지나 추정이고, 토성의 고리를 구성하는 돌덩어리, 혹은 얼음덩이, 혹은 입자를 가까이서 본 사람은 아직 아무도 없다.

1976년에 중요한 발견이 이뤄졌다. 토성뿐 아니라 천왕성에서도 고리가 발견된 것이다. 다만 천왕성의 고리들은 토성의 고리를 이루는 환한 얼음덩어리와는 사뭇 다른 새까만 천체로만 이뤄져 있다. 어쩌면 응집력이 약했던 위성이 행성에서 너무 가까운 지점을 공전하다가 행성의 밀고 당기는 중력 때문에 산산조각이 나는 바람에 그런 고리들이 만들어졌을지도 모른다. 아니면 그 고리들은 행성의 밀고 당기는 힘 때문에 애초에 위성이 형성될 수 없는 지점을 뜻할 수도 있는데, 이 경우라면 고리들은 한창 위성들이 형성되던 태양계 초기에서 지금까지 남은 찌꺼기인 셈이다. 천왕성 고리의 발견은 많은 행성 천문학자들에게 모종의 안도감을 주었다. 이제 왜 토성에만 고리가 있는지를 고민하지 않아도 되기 때문이다. 고리는 어느 정도는 일반적인 현상임에 분명하다.

천왕성과 해왕성은 지구에서 워낙 멀기 때문에 우리가 아는 바가 거의 없다. 자전 주기조차도 여태 약간의 논란이 있다. 태양계의 거의 모든 행성들은 자전축이 태양에 대한 공전 궤도면과 대충 수직을 이룬다. 그러나 천왕성은 사뭇 다르다. 천왕성의 자전축은 공전 궤도면에 눕다시피 하여, 마치 당구공처럼 태양을 둘러싼 평면 위를 데굴데굴 구른다.

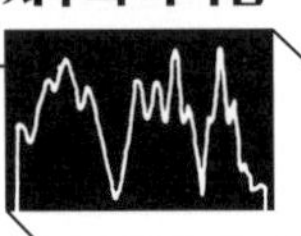

1980년대에는 천왕성의 자전축이 태양계 안쪽을 향하는 방향, 즉 지구와 태양을 가리키는 방향일 것이다. 그런 시기에는 태양 광선이, 비록 천왕성만큼 먼 곳에서는 어차피 희미하겠지만, 천왕성의 양극 중 한쪽에 거의 정통으로 내리쬘 것이다. 극지방보다 적도에서 햇빛이 더 강렬한 지구와는 전혀 다른 상황이다. 천왕성의 기후는 무진장 흥미로운 연구 대상일 것이다.

천왕성의 다섯 위성들은 행성의 적도면에서 행성을 돈다. 따라서 1980년대 중반에 지구로부터 다가가는 우주 탐사선이 천왕성을 바라보면, 그 위성들의 공전 궤도는 꼭 과녁 중앙을 둘러싼 동심원들처럼 보일 것이다. 천왕성과 해왕성은 목성이나 토성보다 밀도가 제법 더 큰데, 그것은 기체 중에서 밀도가 가장 낮은 수소는 적게 갖고 있고 그보다 더 무거운 원소들은 더 많이 갖고 있다는 뜻이다. 그러나 태양이 처음 깜박이던 역사 초기에 춥고 어두운 외행성계에서 어떻게 수소가 고갈되었는가 하는 문제는 거의 완벽한 수수께끼로 남아 있다.

외행성계의 거주자는 그 밖에도 최소한 둘 더 있다. 그러나 우리가 그것들에 대해서 아는 바는 천왕성이나 해왕성보다도 더 적다. 하나는 우리가 아는 행성들 중에서 가장 바깥에 있는 명왕성(그러나 2006년 수정된 행성 지위 기준에 따라 현재 명왕성은 행성이 아닌 왜행성으로 강등되었다. — 옮긴이)이고, 다른 하나는 얼마 전에 새로 발견된 작은 행성 혹은 큰 소행성으로서 토성과 천왕성 궤도 사이에서 태양을 도는 키론(Chiron)이다(1977년 발견된 키론은 처음에 소행성으로 여겨졌으나 지금은 소행성과 혜성의 특징을 다 지닌 켄타우루스 소행성족의 일원으로 간주된다. — 옮긴이). 우리는 이 천체들의 크기조차 정확히 모르고, 조성이나 내부 구조 따위는 더더욱 모른다. 명왕성 너머는 캄캄한 어둠의 영역이다. 그곳에서는 태양이 밝은 별로만 보일 테고, 폭이 1마일(1.6킬로미터)쯤 되는 얼음덩이 수십억 개가 천천히 태양을 돌고 있을 것이다. 그런 얼음덩이가 가끔 내행성계로 들어와서 열을 받으면, 기화한 얼음이 태양풍에 휘날려

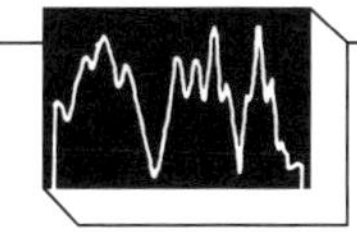

서 태양 반대 방향으로 기다란 꼬리처럼 늘어진다. 우리는 그런 얼음덩어리를 혜성이라고 부른다. 그러나 그 천체도 평소 제 영역에 있을 때는 훨씬 덜 화려한 모습이다.

한낱 하나의 행성인 지구의 천문학자들은 뻔뻔하게도 지구에서 태양까지의 거리를 '천문단위(Astronomical Unit)'라고 부른다. 1천문단위는 9300만 마일, 즉 1억 5000만 킬로미터이고, 줄여서 'AU'라고 표기한다. 주 소행성대는 태양으로부터 약 4천문단위 지점에 존재한다. 따라서 지구형 행성들은 태양으로부터 약 0.4AU 거리인 수성부터 약 4AU 거리인 소행성대 사이에 존재한다. 한편 해왕성은 태양으로부터 30AU 거리에 있고, 혜성들은 최대 10만 AU 거리에 있다. 우리가 살고 있고 알기도 제일 많이 아는 내행성계는 태양의 방대한 제국에서 보잘것없는 변방에 지나지 않는다. 태양계가 정확히 어디에서 끝나는지는 아무도 모른다. 지구에서 가장 가까운 다른 별까지의 거리는 수십만 AU이며, 우리 태양과 가까운 켄타우루스자리 알파 항성계 중 하나 이상의 별을 동시에 도는 — 아마도 8자 모양의 궤적일 것이다. — 혜성도 상상할 수 있다. 그러나 행성 간 공간에는 태양풍이 내는 자기장이 속속들이 퍼져 있고, 성간 공간에는 그와는 다른 하전 입자들과 자기장이 있다. 태양계 경계를 정의하는 한 가지 유용한 방법은 성간 기체에 태양풍이 가하는 압력과 성간 자기장이 가하는 압력이 서로 상쇄되는 지점으로 규정하는 것이다. 태양의 영향력이 — 최소한 이런 측면에서는 — 멎는 지점이라는 뜻에서 그런 지점을 헬리오포즈(heliopause), 즉 태양권계면이라고 부른다. 그러나 태양권계면의 위치가 어디인지, 그 전이 지점에서 행성 간 입자들과 자기장은 어떤 흥미로운 속성을 띠는지 측정해 본 사람은 아직 아무도 없다(2013년 9월, NASA는 보이저 1호가 감지한 태양풍 입자 변화를 근거로 우주선이 2012년 8월에 태양권계면에 도달했다고 발표했다. — 옮긴이).

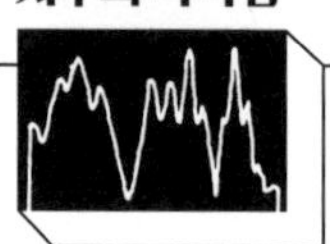

아이작 뉴턴의 말을 바꿔 표현하자면, 지금까지 우주 탐사선으로 내행성계만을 탐사했던 우리는 망망대해와도 같은 태양계가 우리의 발견을 기다리며 펼쳐져 있는데 그 물가에서만 놀았던 셈이다. 그러나 곧 상황은 극적으로 바뀔 것이다. 보이저호는 1979년에 목성과 14개 남짓한 위성들을 처음으로 가까운 거리에서 체계적으로 살펴볼 예정이고, 1980년과 1981년에는 토성과 그 고리들과 10개 남짓한 위성들을 살펴볼 예정이며, 1986년에는 아마 천왕성도 살펴볼 것이다. 자체 컴퓨터로 제어될 뿐 아니라 지구의 지시도 받을 수 있고 그 밖에도 각종 과학 도구를 잔뜩 싣고 있는 두 보이저 우주선은 외행성계에 대한 지식에 혁신을 가져올 것이다. 두 우주선은 목성의 중력을 이용하여 가속됨으로써 그러지 않을 경우에 비해 훨씬 더 빨리 토성에 다다를 테고, 마찬가지로 토성의 중력을 이용해서 — 결국 이 선택지가 채택된다면 말이다. — 천왕성까지 갈 것이다. 보이저호가 결국 태양계를 벗어나게 되는 것도 이렇듯 다른 천체들의 중력에서 도움을 얻기 때문이다. 보이저 레코드판이 우주선에 실리게 된 것은 이처럼 천상의 역학이 용케 맞아떨어진 덕분이다.

두 보이저호는 각각 11가지 과학적 조사를 수행할 예정이다. 각각의 조사마다 용도에 맞게 설계된 특수한 과학 도구가 있고, 각각의 도구마다 과학자와 엔지니어로 구성된 지원팀이 있다. 대부분 10년 가까이 해당 과제를 연구해 온 사람들이다. '부록 E'에 그들의 이름이 나열되어 있다. 이런 임무에는 뛰어난 기술은 물론이거니와 엄청난 헌신이 요구된다.

보이저호가 목성계와 토성계를 관통할 궤적은 서로 경쟁하는 여러 과학적 목표들을 복잡하고 종종 쓰라리게 절충한 결과이다. 보이저호가 목성에 가깝게 접근한 뒤 위성들 사이를 뚫고 나가는 데 걸리는 시간은 겨우 몇 시간이다. 그동안 가능한 과학적 측정의 가짓수는 한계가 있다. 이오의 자기장 튜브를 관통하여 하전 입자와 천체 자기권의 상

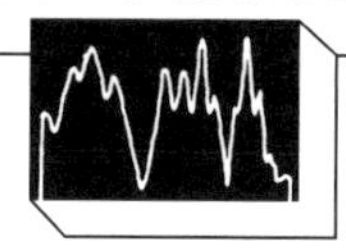

호 작용 그리고 전파 폭발을 조사하는 데 탐사의 방향을 맞출 것인가, 아니면 어느 위성의 뒤로 들어가서 전파 엄폐(Radio Occultation) 기법으로 위성의 대기를 조사하는 데 집중할 것인가, 아니면 위성들을 카메라와 분광기로 촬영하는 데 집중할 것인가, 그도 아니면 목성 자체를 조사하는 데 집중할 것인가? 목성계에서 몇몇 과제를 수행하기에 최고로 알맞은 궤적을 택한다면 토성계에서 하고 싶은 일, 가령 고리 뒤를 날거나 타이탄을 가까이 살펴보는 것 따위를 전부 할 수는 없을지도 모른다. 토성계에서 최적의 궤적을 선택한다면, 천왕성에는 아예 갈 수 없을지도 모른다.

이 책에 실린 여섯 장의 그림들은 보이저 1호와 2호가 목성계와 토성계를 지날 궤적을 보여 준다. 두 보이저 우주선이 두 행성계의 많은 위성들, 토성의 고리, 그리고 물론 두 행성 자체에 가까이 다가갈 것임을 알 수 있다. 300쪽과 301쪽의 표는 목성계와 토성계에 관한 기본 자료이다. 사랑스럽고 이국적인 위성 이름들은 모두 그리스 신화에서 가져왔다. 과거에는 발음하기 어려운 이름들이었을지라도, 그중 일부는 곧 누구나 아는 이름이 될 것이다. 보이저 탐사 이전에 목성의 위성들을 찍은 최고의 영상은 파이오니어 10호와 11호가 보내온 것이었는데, 몇몇 갈릴레이 위성들이 가까스로 식별 가능한 얼룩처럼 보이는 사진들이었다. 반면에 표에서 알 수 있듯이 보이저호는 — 기술 장애가 발생하지 않는다는 가정하에 — 갈릴레이 위성들의 사진을 수 킬로미터의 표면 분해능으로 찍을 것이고, 표면적의 수십 퍼센트를 망라할 것이다. 위성 표면에도 여러 가지 특징이 있구나 하고 막연히 인식하는 데서 더 나아가, 작은 도시만 한 천체들을 사진에 담을 수 있을 것이다. 매리너 10호는 처음으로 수성의 근접 사진을 찍은 탐사선이었는데, 그 표면 분해능은 수 킬로미터 수준이었고 망라한 면적은 전체의 수십 퍼센트 수준이었다. 보이저호는 2~3개의 행성들과 8~10개의 위성들에 대해서 그런 수준의 데이터를 얻을 것이다. 그 결과가 환상적일 것이라는 점에는 의문의 여지가 없다.

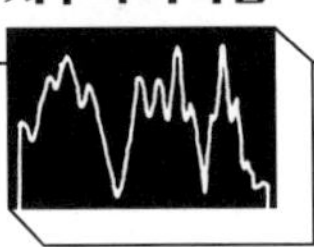

목성과의 근점(近點)에 다다르기 약 100일 전부터, 보이저호의 촬영 시스템은 지구에서 최대의 망원경으로 찍은 최고의 사진보다 더 나은 사진을 찍을 것이다. 이후 몇 주 동안 행성을 찍은 사진이 착실히 쌓일 것이고, 컬러 사진도 많이 찍힐 것이며, 카메라 밑에서 자전하는 목성의 기후를 담은 동영상도 취합될 것이다. 목성에 가장 가까이 다가간 지점에서는 구름의 형상을 비롯한 여러 대기 요소들을 최소 수백 미터 수준의 작은 규모까지 알아볼 수 있을 것이다. 목성에 도착하여 몇 시간이 지나면, 목성 역사 초기였던 수백만 년 전부터 형성된 거대 회오리 전선이라고 여겨지는 대적반을 찍은 사진들이 모자이크처럼 그 모습을 구성하기 시작할 것이다. 모자이크를 구성할 대여섯 장의 사진들은 각기 약 100만 개의 화소들로 이뤄진다. 신문의 유선 전송 사진과 비슷한 수준이다. 이후 토성계에 도착한 보이저호는 고리 평면을 내려다보면서 비슷한 수준의 사진을 10여 장 차례차례 찍음으로써 토성의 고리들을 훑을 것이다. 일찍이 갈릴레오 시절부터 작은 망원경밖에 없는 아마추어 천문학자들까지 사로잡고 매료하고 애태우게 했던 바로 그 고리들 말이다. 보이저호가 보내올 토성 고리 사진들은 과학적으로는 물론이거니와 미적으로도 새로운 차원의 이미지로 안내할 것이다.

보이저 탐사에 대한 대중의 관심은 대체로 촬영에 관련된 조사에 쏠려 있지만, 다른 실험들도 대단히 흥미롭고 중요하다. 목성, 천왕성, 그리고 아마도 토성은 태양에서 받는 것보다 더 많은 에너지를 우주 공간으로 방출한다. 따라서 적외선 도구로 행성 열 수지(planetary heat budgets)를 조사하는 것은 흥미로운 작업이다. 또한 그 도구로는 목성형 행성들과 타이탄의 대기에 관한 화학적 정보도 알아낼 수 있고, 어쩌면 유기 화합물에 대한 정보도 알아낼 수 있으며, 토성의 위성들과 고리들 표면의 광물질과 얼음 조성에 관해서도 조금 알아낼 수 있을 것이다. 대기가 있는 천체라면 대기의 수직 구조와 기후도 조사할 수 있다. 자외선 분광계도 목성, 토성, 천왕성, 타이탄, 갈릴레이 위성들(대단히 희박하나마

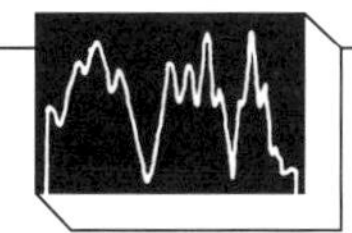

보이저호 비행 경로

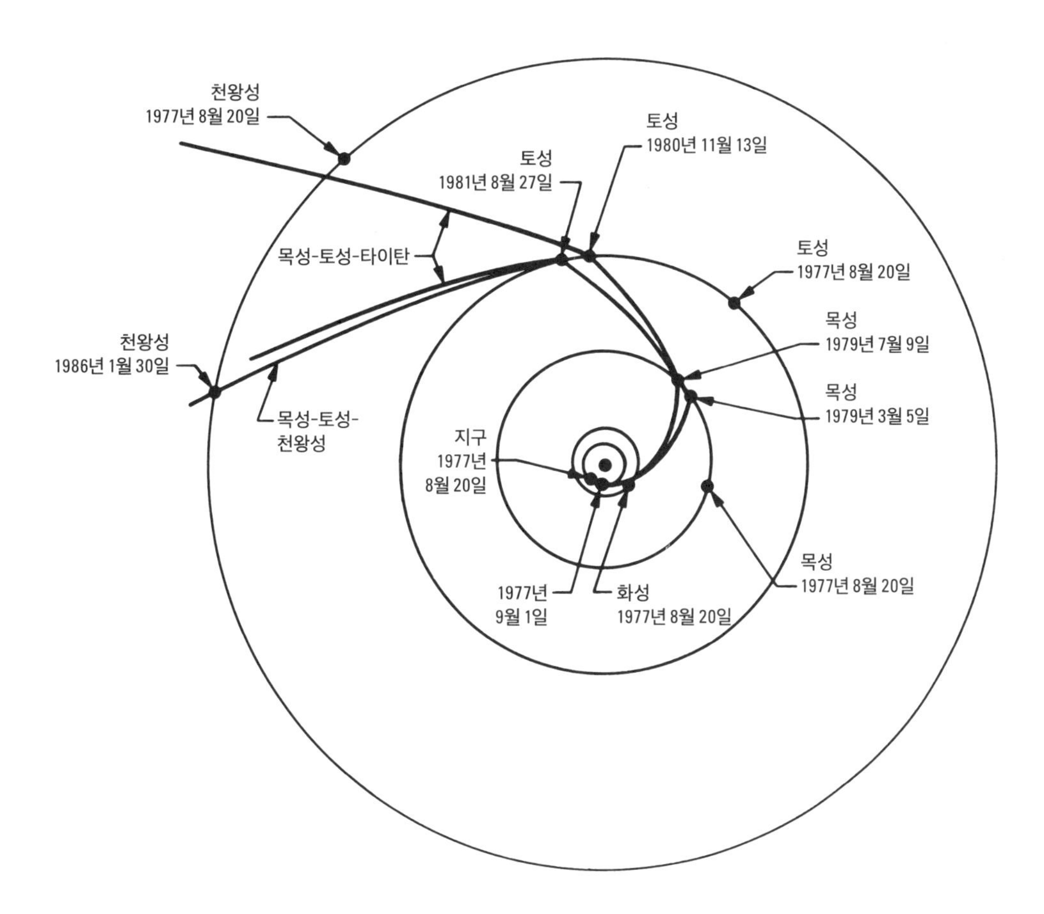

보이저 1호와 2호가 외행성계를 비행할 궤적. 표시된 날짜는 각 행성이 그 지점에 위치할 시점이다. '목성-토성-타이탄'이라고 표시된 것은 보이저 1호의 예상 궤적이고, '목성-토성-천왕성'이라고 표시된 것은 보이저 2호의 예상 궤적이다.

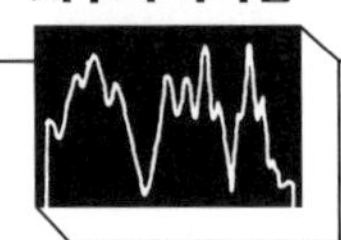

목성과 토성의 위성들, 그리고 보이저호 촬영 시스템이 아우를 범위

행성	위성	지름(km)	태양으로부터 거리 (km)	행성으로부터 거리 (km)
지구		12,756	149,600,000	
	달	3,476		384,400
목성		142,800	778,400,000	
	아말테아(Amalthea)	240		181,300
	이오(Io) (갈릴레이 위성들)	3,640		421,600
	유로파(Europa) (갈릴레이 위성들)	3,050		670,900
	가니메데(Ganymede) (갈릴레이 위성들)	5,270		1,070,000
	칼리스토(Callisto) (갈릴레이 위성들)	5,000		1,880,000
	레다(Leda)	~10		11,110,000
	히말리아(Himalia)	170		11,470,000
	리시테아(Lysithea)	~20		11,710,000
	엘라라(Elara)	80		11,740,000
	아난케(Ananke)	~15		20,700,000
	카르메(Carme)	~25		22,350,000
	파시파에(Pasiphae)	~30		23,300,000
	시노페(Sinope)	~15		23,700,000
토성		120,000	1,424,600,000	
	야누스(Janus)	?		168,700
	미마스(Mimas)	400		185,800
	엔셀라두스(Enceladus)	550		238,300
	테티스(Tethys)	1,200		294,900
	디오네(Dione)	1,150		377,900
	레아(Rhea)	1,450		527,600
	타이탄(Titan)	5,800		1,222,600
	하이페리온(Hyperion)	~500		1,484,100
	이아페투스(Iapetus)	1,800		3,562,900
	포에베(Phoebe)	~200		12,960,000

'~'는 '아주 대략'을 뜻한다. 위성과 태양의 거리는 모행성과 태양의 거리와 거의 같다. 행성들의 (태양을 도는) 공전 주기나 위성들의 (모행성을 도는) 공전 주기는 지구 날짜의 일과 년으로 표시했다. 대부분의 위성들은 자전 주기가 공전 주기와 같다.

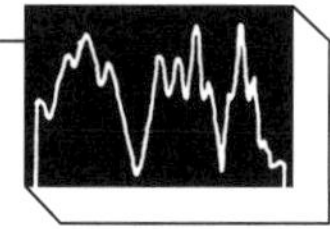

행성	위성		공전 주기	보이저호의 전형적인 표면 분해능(km)	보이저호가 망라할 표면 범위(%)
지구			1년		
	달		27.32일		
목성			11.86년	0.1	
	아말테아(Amalthea)		0.49일	9	35%
	이오(Io)	갈릴레이 위성들	1.77일	1	50%
	유로파(Europa)	갈릴레이 위성들	3.55일	5	40%
	가니메데(Ganymede)	갈릴레이 위성들	7.16일	2	40%
	칼리스토(Callisto)	갈릴레이 위성들	16.69일	3	35%
	레다(Leda)		240일		
	히말리아(Himalia)		251일		
	리시테아(Lysithea)		260일		
	엘라라(Elara)		260일		
	아난케(Ananke)		617일		
	카르메(Carme)		692일		
	파시파에(Pasiphae)		735일		
	시노페(Sinope)		758일		
토성			29.46년	0.1	
	야누스(Janus)		0.82일		
	미마스(Mimas)		0.94일	2	30%
	엔셀라두스(Enceladus)		1.37일	7	30%
	테티스(Tethys)		1.89일	5	30%
	디오네(Dione)		2.74일	3	30%
	레아(Rhea)		4.52일	3	30%
	타이탄(Titan)		15.95일	3	50%
	하이페리온(Hyperion)		21.28일	11	15%
	이아페투스(Iapetus)		79.33일	22	15%
	포에베(Phoebe)		550.45일		

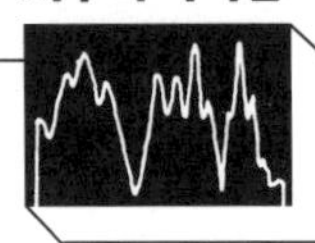

대기가 있다는 증거가 있다.)의 대기 조성과 구조를 조사하여 정보를 보충할 것이며, 이오의 공전 궤도에 도넛 모양으로 퍼진 입자 구름도 조사할 것이다. 후자는 어쩌면 다른 갈릴레이 위성들에 대해서도 이뤄질지 모른다. 망원 사진 편광계(photopolarimeter)라고 불리는 또 다른 기구는 우주 탐사선이 행성들과 위성들을 바라보는 시야각이 차츰 변함에 따라 천체들에서 반사되는 햇빛이 얼마나 편광 되는지를 측정할 것이다. 그 정보를 알면 천체들의 대기에 있는 에어로졸(aerosol), 그리고 천체들과 토성 고리들의 표면이 어떤 물리적, 화학적 성질을 띠는지 연구할 수 있다.

두 보이저호는 방사성 동위 원소 열전기 발전기로 전기를 얻으며, 두 가지 주파수를 사용하는 커다란 포물형 안테나를 통해서 모든 과학적, 기술적 정보를 지구와 소통한다. 그런데 보이저호는 여정 중에 행성 간 공간의 기체 구름을 통과할 테고, 목성 자기권의 하전 입자들을 통과할 테고, 토성의 고리들 뒤를 지나갈 테고, 목성과 타이탄의 대기와 구름 뒤를(지구에서 바라본 시점에서 말이다.) 지나갈 것이다. 보이저 우주선의 전파 발신기와 지구의 수신 기지 사이에 뭔가 물질이 끼어들 때마다 신호가 특징적인 방식으로 희미해질 텐데, 우리는 그로부터 사이에 낀 물질에 관한 정보를 알아낼 수 있다. 예를 들어 우리는 타이탄 엄폐 실험을 통해서 타이탄 표면의 기압과 온도를 처음으로 알게 되리라 기대하는데, 그에 비해 기존의 다른 도구들로는 상층 구름 근처의 정보만 알 수 있었다. 게다가 우리는 전파를 분석함으로써 보이저호가 행성이나 위성이나 고리를 스칠 때 정확히 어떤 길을 따르는지 알 수 있을 텐데, 그로부터 그런 천체의 질량에 관한 중요한 정보를 끌어낼 수 있을 뿐 아니라 — 목성과 토성의 경우에는 — 천체의 기원을 이해하는 데 결정적인 자료인 깊은 내부 구조에 관해서도 알 수 있다. 보이저호는 행성들을 지날 때 전파를 송출할 전파 안테나를 갖추고 있을 뿐 아니라, 목성이 일으키는, 어쩌면 토성과 천왕성도 일으키는 전파 폭발을 비롯한 각종 신호를 탐지하기 위해서 특수한 전파 감지기도

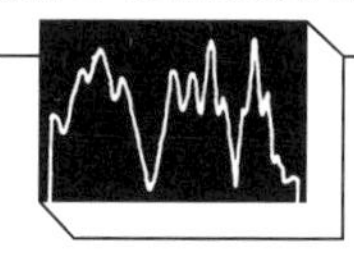

갖추고 있다. 그것을 써서 특히 목성의 위성들이 목성의 전파 폭발에 미치는 영향을 주의 깊게 살펴볼 것이다.

마지막으로, 행성 간 공간 및 목성형 행성들과 위성들 주변의 공간에서 하전 입자와 자기장을 조사하는 네 가지 과제가 있다. 미약한 자기장까지 측정할 수 있는 기기 두 개가 엄청나게 긴 봉 끝에 부착되어 있는데, 보이저 우주선의 다른 기기들에 담긴 전기 회로의 자기장 때문에 이 측정기가 교란되면 곤란하기 때문에 봉은 우주선으로부터 멀리 뻗어 나와 있다. 이 기기가 수행할 여러 과제들 중 하나는 태양권계면을 찾는 것이다. 태양계와 성간 우주 공간을 나누는 자기장 경계를 넘기 한참 전에 보이저호의 전파 발신기가 죽어 버릴 가능성도 있지만 말이다.

보이저 탐사의 주된 목표는 이렇듯 대단히 풍성한 과학적 정보를 얻는 것이다. 보이저 탐사는 역사상 최초로 외행성계를 상세히 정찰할 작업이며, 태양계의 다른 행성 가족들에 대한 우리의 시각을 영영 바꿔 놓을 것이다. 그뿐 아니라 우리를 둘러싼 우주에 대한 미적 감각에도 지대한 영향을 미칠 것이다.

그러나 보이저호에는 또 다른 것도 실려 있다. 전파 발신기가 죽은 지 한참 지난 뒤에도, 보이저 우주선이 태양권계면을 넘은 지 한참 지난 뒤에도, 그 까마득한 미래에도, 지구의 인사를 담은 두 장의 레코드판은 언제까지나 꿋꿋하게 우주를 항해할 것이다.

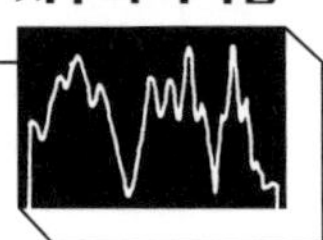

참고 자료

Gehrels, T., ed., *Jupiter.* University of Arizona Press, 1976.

Sagan, Carl, in *The Solar System*, A Scientific American Book. W. H. Freeman and Company, 1975.

______, and Salpeter, E. E., "Particles, Environments and Hypothetical Ecologies in the Jovian Atmosphere." *Astrophysical Journal Supplement*, vol. 32 (1976), 737-755.

Smith, B., et al., "Voyager Imaging Experiment." *Space Science Reviews*, vol. 21 (1977), 103-128.

사진 1. 1977년 8월 20일, 플로리다 주 케이프커내버럴의 케네디 우주 비행 센터에서 보이저 2호가 발사되는 모습. NASA 제공.

2

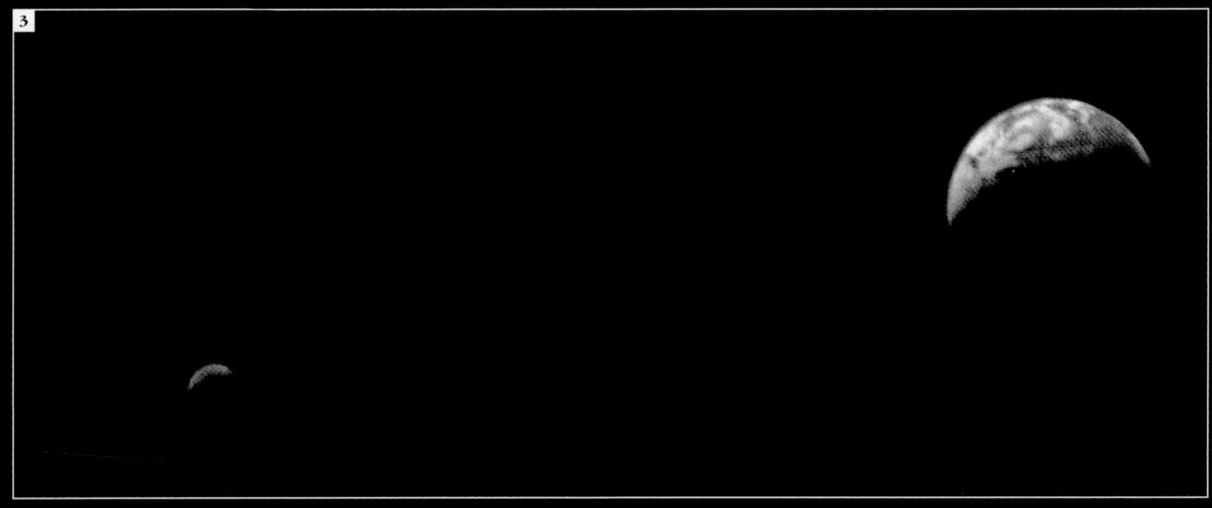
3

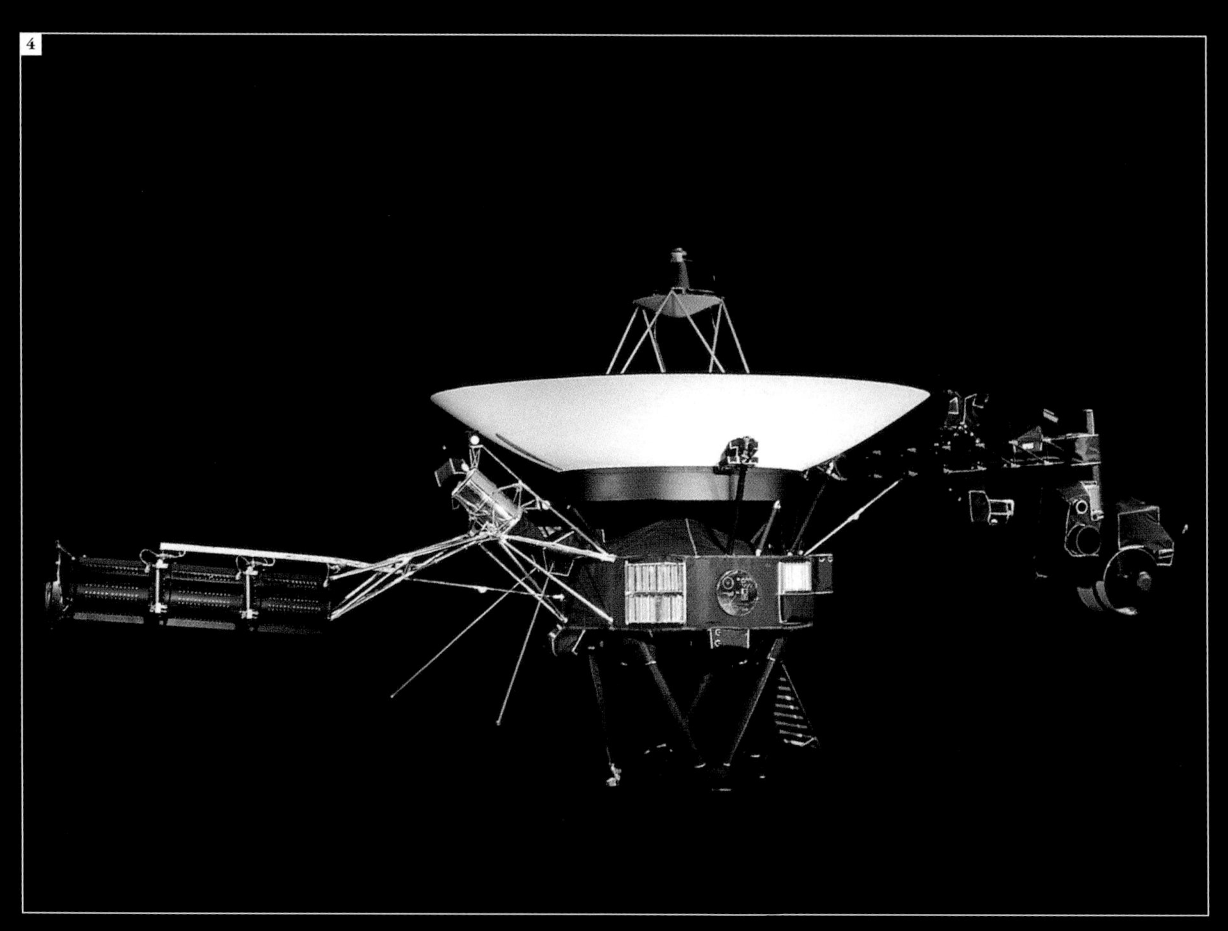

사진 2. 알루미늄 덮개에 덮여 우주선에 부착된 보이저호 레코드판. NASA 제공.

사진 3. 오른쪽은 초승달 모양의 지구, 왼쪽은 초승달 모양의 달. 보이저 1호가 태양계 밖을 향해 나아가는 길에 찍었다. 지구와 달이 함께 찍힌 최초의 사진이다. 지구에 보이는 대부분의 무늬들은 구름이다. 달은 단위 면적당 반사율이 지구의 5분의 1에 불과하기 때문에 훨씬 더 희미하다.

사진 4. 행성 간 혹은 성간 공간에서 빛을 충분히 받을 경우 보이저호는 이런 모습으로 보일 것이다. 만일 지금으로부터 가령 10억 년 뒤에 외계 우주선이 보이저호로 접근해서 대형 탐조등을 비춘다면 아마 이런 모습을 보게 될 것이다. 물론 그때쯤 우주선에는 수많은 상처와 흠이 나 있겠지만 말이다. NASA 제공.

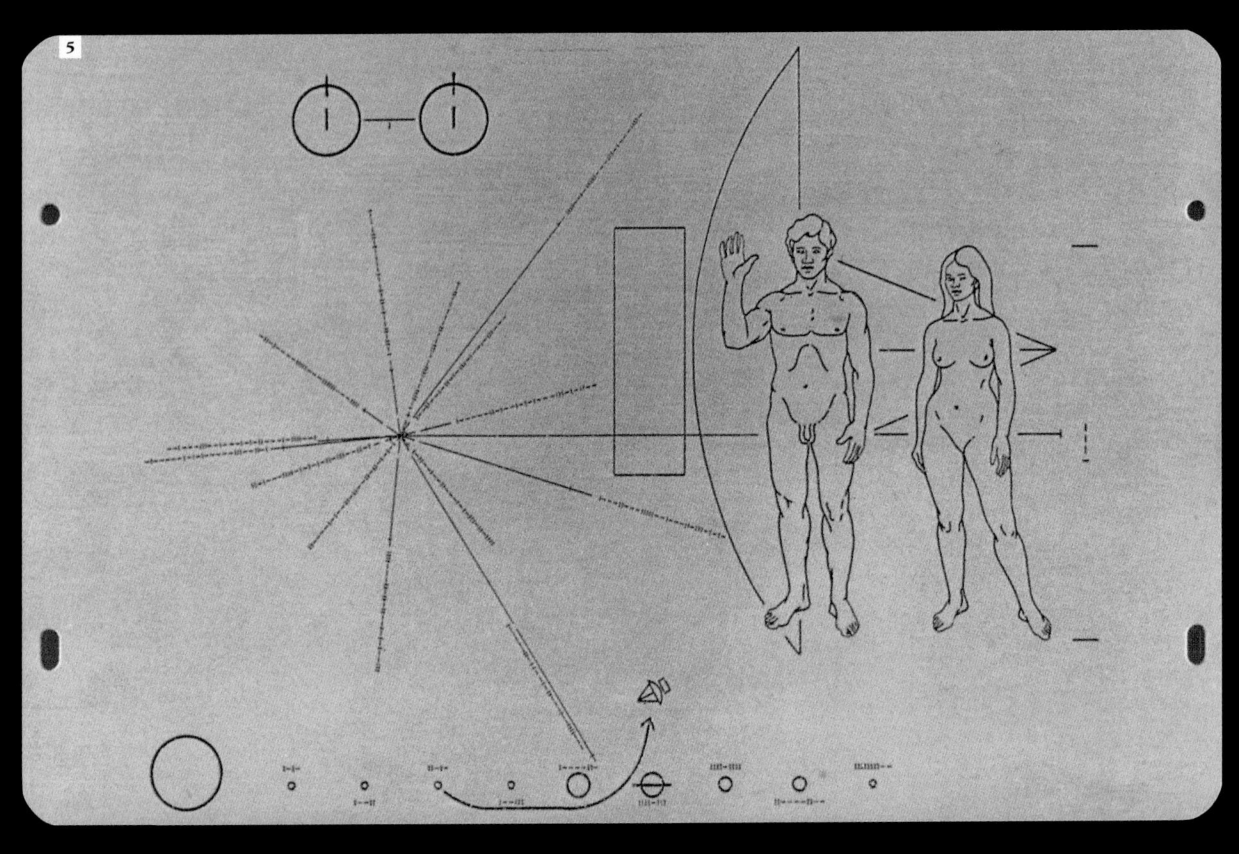

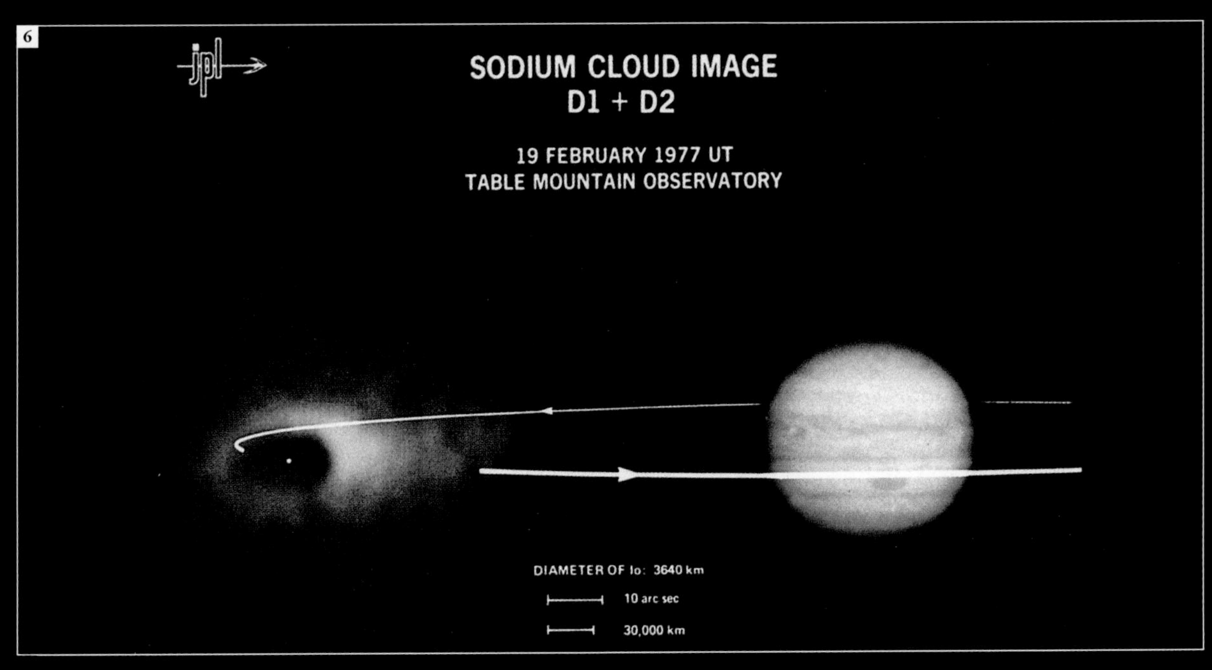
6
SODIUM CLOUD IMAGE
D1 + D2
19 FEBRUARY 1977 UT
TABLE MOUNTAIN OBSERVATORY
DIAMETER OF Io: 3640 km
10 arc sec
30,000 km

사진 5. 파이오니어 10호와 11호에 부착된 금속판 사진.

사진 6. 제트 추진 연구소의 테이블 산 관측소(Table Mountain Observatory)에서 나트륨 필터를 통해 찍은 이 사진에는 목성의 위성 이오 근처에 나트륨 구름이 짙게 낀 것이 잘 드러나 있다. 이오의 목성 공전 궤도도 나와 있다. 제트 추진 연구소 T. V. 존슨(T. V. Johnson) 제공.

사진 7. 보이저호의 일부 특징들을 보여 주는 우주선 구조도. 행성 쪽을 향한 기기들이 대부분 설치되어 있는 이른바 스캐닝 플랫폼이 맨 위쪽에 있다. NASA 제공.

사진 8. 목성과 토성의 큰 위성들의 상대 크기. 수성, 그리고 지구의 위성인 달과 비교했다. 색깔과 표면의 무늬들은 그린 것이다.

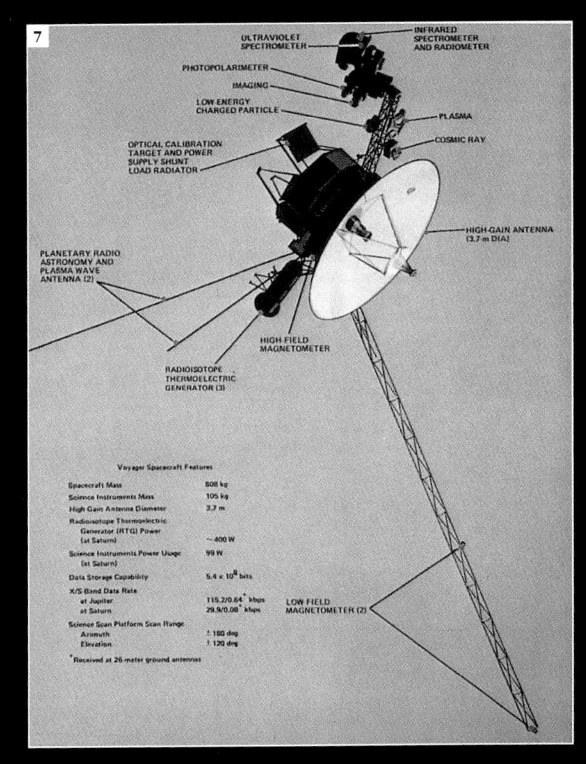

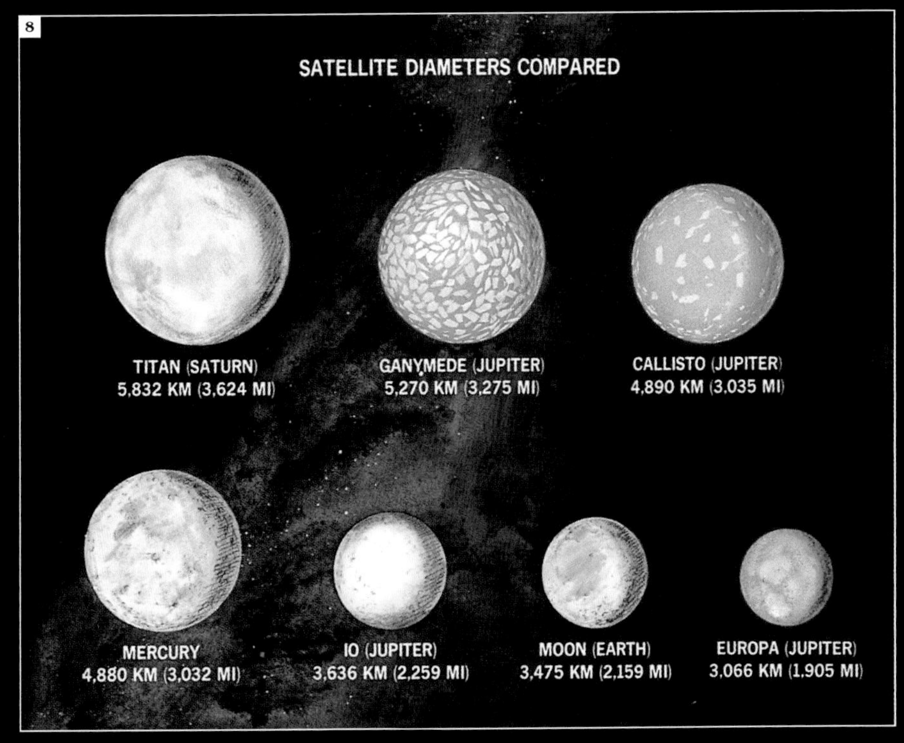

사진 9. 뉴멕시코 주 라스크루시스의 뉴멕시코 주립 대학에서 찍은 토성과 그 고리들 사진.
브래드퍼드 A. 스미스(Bradford A. Smith) 박사 제공.

사진 10. 파이오니어 11호가 찍은 목성의 사진. 중앙에 대적반이 보인다. NASA 제공.

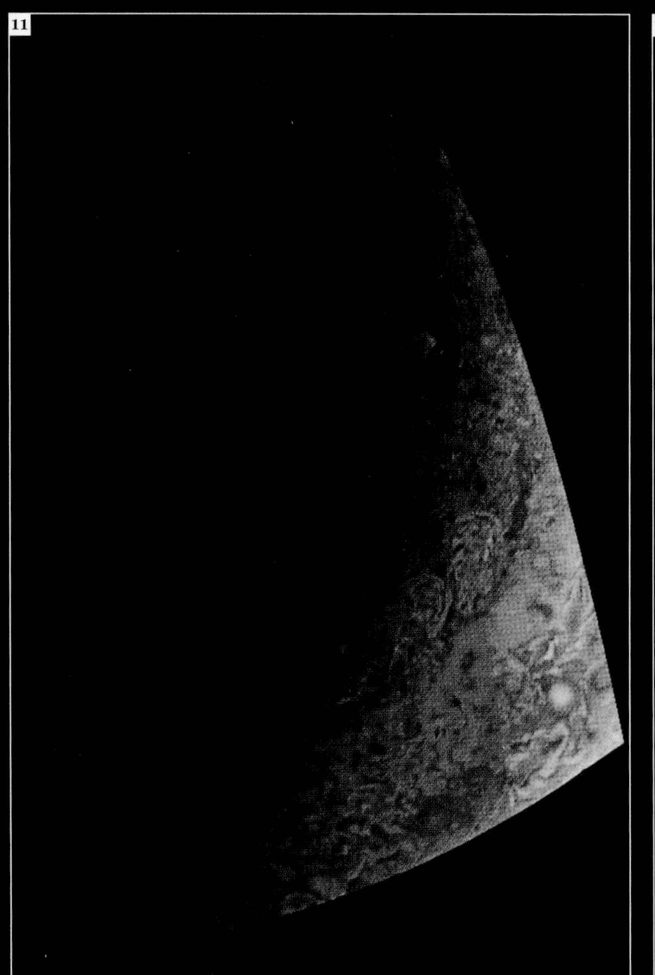

사진 11. 파이오니어 11호가 찍은 목성의 극점 쪽 사진. 제트 추진 연구소의 영상 처리 실험실에서 컴퓨터로 세부를 다듬은 이미지이다. 파이오니어 10호와 11호 사업 이전에는 목성의 구름에 이런 우아한 세부 무늬들이 있다는 걸 아무도 짐작하지 못했다.

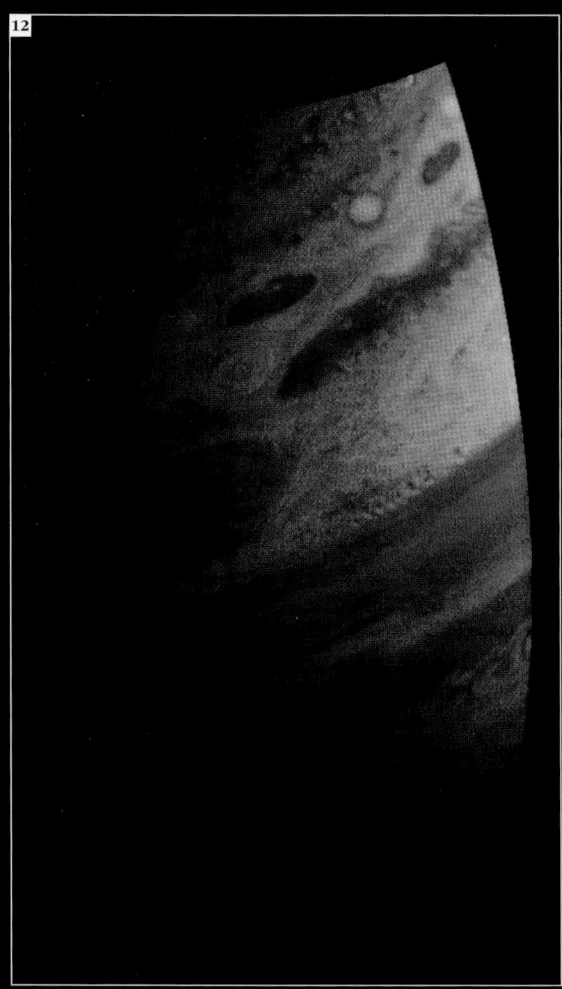

사진 12. 역시 파이오니어 11호가 찍은 목성의 대적반 근처 사진. 과학자들은 아직 이런 작은 규모의 무늬들을 목성 대기의 어떤 기상 현상으로 설명해야 하는지 명확하게 알지 못한다.

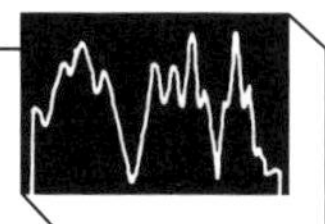

에필로그

칼 세이건

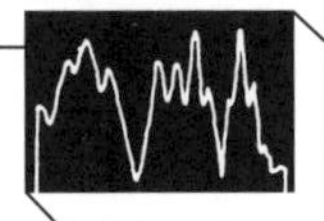

빽빽하게 펼쳐진 작은곰자리의 별들. 이중 하나가 AC+79 3888일 것이다. 사진은 내셔널 지오그래픽 협회의 『팔로마 천문대 전천 성도(*Palomar Observatory Sky Survey*)』에서 가져왔다. 저작권은 캘리포니아 공대에 있다.

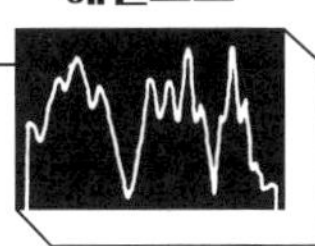

보이저호를 실은 타이탄 로켓이 마지막 불꽃을 날름거리며 케이프커내버럴을 떠나는 모습을 지켜볼 때, 나는 레코드판의 운명을 생각하지 않을 수 없었다. 레코드판은 보이저 우주선 곁에 부착되어 있다. 우주선(宇宙線, cosmic ray), 그리고 태양과 다른 별들의 복사가 약간 손상을 일으키겠지만, 그보다도 주된 위협은 미소 운석이다. 미소 운석이란 행성 간 공간에 퍼져 있는 보풀처럼 미세한 알갱이를 말하는데, 아마도 혜성의 부스러기일 것이다. 미소 운석들은 저마다의 속도로 태양을 공전한다. 그러나 우주 탐사선이 태양계 바깥으로 멀리 나갈수록 그곳에서 만날 미소 운석의 속도는 점점 느려질 것이다. 오히려 초속 약 15킬로미터의 속도로 미소 운석 무리를 헤치고 나아가는 우주 탐사선 자체의 속도가 더 심각한 위협이다. 레코드판이 입을 피해를 최대한 보수적으로 추산하기 위해서, 보이저 우주선이 레코드판을 앞세운 자세로 난다고 가정하자. 레코드판이 알루미늄 덮개에 싸여 있지 않다면, 레코드판 홈의 절반보다 큰 흠을 내는 입자라면 뭐든지 음질을 손상시킬 것이다. 그 경우, 무게가 약 0.01마이크로그램 이상인 (지름으로 따지면 약 0.007센티미터 이상인) 미소 운석은 모두 손상을 입힐 것이다.

내행성계에서는 혜성들이 태양열을 받아 기화하여 해체되기 때문에, 혜성들이 딱딱하게 얼어 있는 외행성계보다 미소 운석이 더 많을 것이다. 이번에도 손상 정도를 보수적으로 계산하기 위해서, 명왕성 궤도를 한참 넘어선 지점에도 지구 근처만큼 미소 운석이 많다고 가정하자. 그렇다면, 우주 탐사선이 지구에서 가장 가까운 다른 별과의 거리의 약 4분의 1에 해당하는 1광년을 여행하는 동안 누적된 흠으로 레코드판의 약 10퍼센트가 망가졌을 것이다. 이런 계산은 레코드판의 바깥 면에만 해당된다.

설령 외계 문명이 소실된 정보를 쉽게 유추하여 복원할 수 있더라도, 10퍼센트의 손상은 너무 심하다. 우리가 보이저 레코드판에 두께 0.08센티미터의 알루미늄 덮개를 씌운 것은 그 때문이다. 미소 운석 중에서도 무게가 약 5마이크로그램을 넘는 무거운 것들

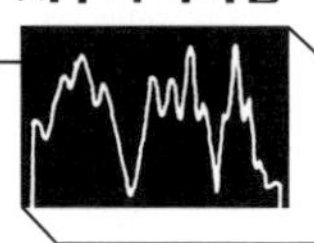

만 덮개를 뚫을 수 있을 텐데, 그렇게 큰 미소 운석은 작은 미소 운석보다 훨씬 적다. 앞에서와 마찬가지로 보수적인 가정을 적용한다면, 보이저 우주선이 1광년을 여행했을 무렵에는 레코드판의 2퍼센트 미만이 손상되었을 것이다. 이것은 곧 우주선이 혜성 부스러기들의 구름을 벗어나기 전에 약 4000번의 작은 충격을 입는다는 뜻이다. 성간 공간으로 나아가면 그때부터는 미소 운석이 훨씬 더 적을 것이므로, 레코드판의 바깥 면은 50광년을 여행할 때마다 면적의 약 0.02퍼센트가 피해를 입는 느린 속도로 손상될 것이다. 따라서 5000광년을 더 간 뒤에야 추가로 2퍼센트의 손상을 입을 것이다. 5000광년이라 하면 태양에서 우리 은하 중심까지의 거리의 6분의 1에 해당한다. 보이저호가 그만큼을 여행하는 데는 1억 년쯤 걸릴 것이다. 보이저호가 우연히 다른 항성의 행성계에 진입한다면, 그리고 그 행성계에도 우리처럼 혜성과 미소 운석이 있다면, 레코드판은 여기에서 나갈 때만큼 그곳에 들어갈 때 추가로 피해를 입을 것이다. 그러나 그런 우연한 진입의 가능성은 대단히 작다.

이 계산에서 말하는 손상은 — 계산은 제트 추진 연구소의 폴 펜조(Paul Penzo)가 대부분 맡아 주었다. — 레코드판의 바깥 면에만 일어난다. 안쪽을 향한 면은 레코드판 자체와 보이저 우주선으로 보호되기 때문에 사실상 전혀 손상되지 않는다. 따라서 우리가 레코드판의 수명을 대충 10억 년으로 잡은 것은 충분히 합리적인 듯하다. 레코드판은 1면이 안쪽을 향하게끔 부착되었다. 그러니 모든 사진들, 사람과 고래의 인사말들, 「지구의 소리들」은 (또한 음악 섹션의 첫 3분의 1, 그러니까 「브란덴부르크 협주곡」 2번 1악장에서 「무반주 바이올린을 위한 소나타와 파르티타」 3번까지는) 사실상 영원히 살아남을 것이다.

그런데 보이저호는 어디를 향해 가는 걸까? 보이저호가 만에 하나라도 다른 행성계와 조우할 가능성이 있을까? 최종적으로 보이저 우주선이 향할 방향은 목성, 토성, 천왕성 근처에서 탐사 프로젝트의 각 단계마다 그 경로가 얼마나 정확하게 조정되느냐에 좌

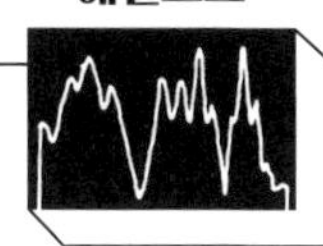

우된다. 잠정적 계획에 따르면 보이저 1호는 1980년 11월 13일에 토성에 도착할 예정이고, 이후 적위 10.1도와 적경 260.0도를 가리키는 방향으로 태양계를 벗어날 것이다. 이는 땅꾼자리 방향이다. 보이저 2호는, 매사가 순조롭다면 1986년 1월 30일에 천왕성에 도착할 예정이며, 이후 적위 −14.9도와 적경 315.3도를 가리키는 방향으로 태양계를 벗어날 것이다. 이는 황도 12궁의 염소자리 방향이다. 보이저 2호가 이 방향으로 태양계를 떠난다면 나가는 길에 해왕성을 마주치진 못할 것이다. 현재 계획은 그렇다.

모든 별에게는 '고유 운동'이라는 각자의 움직임이 있다. 보이저호는 몹시 느리게 난다. 앞으로 수만 년이 흐르면, 태양계의 이웃 별들은 지금과는 상당히 다른 상대 위치로 재배열될 것이다. 지금으로부터 5만 년이나 10만 년 뒤에 어떤 별이 보이저호의 경로에 놓일까 하는 문제는 컴퓨터로 계산해야 하는 복잡한 문제이다. 제트 추진 연구소의 마이크 헬턴(Mike Helton)이 그 계산을 시도해 보았는데, 그가 우리에게 특히 주목하라고 말한 후보는 현재 작은곰자리에 있는 희미한 별, AC+79 3888이었다. 이 별은 지금 태양에서 17광년 거리에 있지만, 앞으로 4만 년 뒤에는 태양에서 3광년 거리에 놓여 현재 켄타우루스자리 알파별보다 가까워진다. 그때 보이저 1호는 AC+79 3888로부터 1.7광년 거리 안에, 보이저 2호는 1.1광년 거리 안에 들어가 있을 것이다. 후보 별을 두 개만 더 꼽으라면 황소자리의 DM+21 652와 사수자리의 AC-24 2833 183이다. 그러나 보이저 1호든 2호든 AC+79 3888과의 거리보다 더 가깝게 두 별에 다가가진 않을 것이다.

천문학자들은 AC+79 3888을 스펙트럼형이 M4형인 적색 왜성으로 분류한다. 그런 별은 태양에 비해 상당히 더 작고 더 차갑다. 또한 훨씬 더 오래되었을 수도 있다. 쌍성이나 다중성에 속하지 않은 M형 왜성 가운데 지구에서 제일 가까운 것은 '바너드별(Barnard's Star)'이라는 별로, 지구에서 약 6광년 떨어져 있다. 다른 별을 도는 행성이 있는지 탐지하는 기술은 현재로서는 대단히 제한적이지만, 빠르게 발전하고 있다. 바너드별

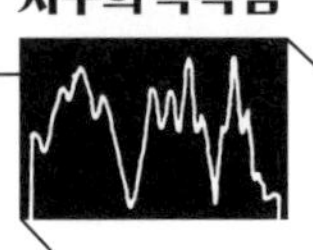

에도 질량이 목성이나 토성만 한 행성이 하나 이상 딸려 있음을 암시하는 잠정적 증거가 있으며, 일반적인 이론적 고찰로 보더라도 그런 종류의 별에는 행성이 흔하게 딸려 있을 것이다.

추후 연구를 통해서 AC+79 3888에 정말로 행성계가 있다는 사실이 증명된다면, 우리는 영원하고 막막한 우주의 공허함에서 비롯하는 불리한 조건, 즉 우리가 가만히 놔두는 한 두 보이저호 중 어느 쪽도 행성이 딸린 다른 항성계로 진입할 일은 거의 없을 게 분명하다는 사실을 극복하고자 모종의 조치를 취하고 싶을지도 모른다. 왜냐하면 과학 탐사 임무를 다 마친 뒤에 보이저 우주선에 실린 로켓 추진 장치를 마지막으로 딱 한 번 더 가동함으로써 확실히 AC+79 3888과 조우할 수 있도록 최대한 가깝게 방향을 틀 수 있을지도 모르기 때문이다. 그런 조작이 가능하다면, 지금으로부터 약 6만 년 뒤, 지구라는 희한하고 머나먼 행성이 파견했던 자그만 전령 하나나 둘이 AC+79 3888의 행성계로 진입할지 모른다. 그 별은 아마 우리 태양보다 훨씬 더 오래되었을 것이므로, 그곳에서도 오래전에 지적 생명체가 진화했을지 모른다. 하지만 지능이 어디에서나 균일한 속도로 진화하는 것은 아니다. 6만 년 뒤의 그 행성계는 지능과 기술 문명이 생겨난 지 얼마 안 되는 상황일 수도 있다. 당연히 그곳 거주자들은 가장 가까운 다른 별인 우리 태양과 태양에 딸린 행성들에 대한 관심이 지대할 것이다. 그런 그들에게 하늘에서 내려온 선물인 보이저 레코드판은 얼마나 놀라운 발견일까!

그들은 우리를 궁금해할 것이다. 6만 년은 문명의 역사에서 기나긴 시간이라는 사실을 알 것이다. 우리 사회가 일시적인 존재라는 사실, 우리가 익힌 기술과 지혜는 미약한 수준이라는 사실도 알 것이다. 우리는 이미 자멸했을까? 아니면 더 위대한 존재로 발전했을까? 보이저호의 음악들 중에는 우주적 외로움을 표현했다고 할 만한 곡들이 몇 곡 담겨 있다. 어쩌면 그 노래들이 몇 광년의 머나먼 거리와 진화 역사의 차이를 넘어서

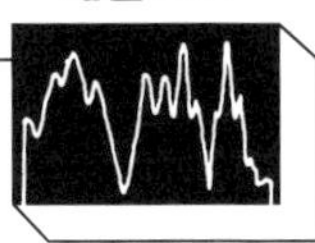

그들에게도 그 외로움을 느끼게 할지 모른다. 그리하여 그들은 한때 우리가 이렇게 타임캡슐을 만들었고, 하늘을 살폈고, 소통할 수 있는 다른 문명을 찾으려 했다는 사실을 깨달을지 모른다.

어쨌든 그들은 우리에 대해서 한 가지 사실만큼은 분명히 알 것이다. 미래에 대해 긍정적인 열정을 품지 않은 존재라면, 그런 메시지를 담은 그런 우주 탐사선을 다른 세상과 다른 존재에게 띄워 보낼 리 없다. 메시지가 엉뚱하게 해석될 가능성이야 얼마든지 있지만, 어쨌든 그들은 분명히 알 것이다. 우리가 희망과 인내를, 최소한 약간의 지성을, 상당한 아량을, 그리고 우주와 접촉하고자 하는 뚜렷한 열의를 지닌 종이었다는 사실을.

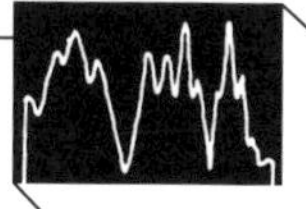

감사의 말

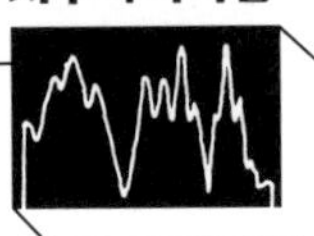

칼 세이건

보이저 레코드판 제작 프로젝트는 말 그대로 수백 명의 사람이 너그럽게 자신의 시간, 헌신, 노력, 전문 지식을 제공한 결과였다. 그중 많은 사람들 — 가령 우주로 인사말을 보낸 사람들이나 118장의 사진을 제공한 사진가들 — 에게는 본문에서 인사했다. 또 어떤 사람들 — 가령 CBS 음반사의 많은 조력자들 — 은 수가 너무 많아서 일일이 거명하기 어렵다. 그러나 이 자리에서 꼭 감사를 표해야겠다 싶은 분들이 있다. 다른 분들에게는 다른 공저자들이 감사를 전했다. 보이저 프로젝트 관리자였던 제트 추진 연구소의 존 카사니는 파이오니어 10호와 11호의 선례를 따라 보이저호에 메시지를 싣는 게 좋겠다는 발상을 떠올렸고, 자원 면에서나 사기 면에서나 우리를 지원했다. NASA 본부에서는 달 프로그램과 행성 프로그램을 관리하는 A. 토머스 영(A. Thomas Young), 우주 과학부 부장 노엘 히너스(Noel Hinners)의 지지가 결정적이었다. NASA의 국장 대행이었던 앨런 러블레이스(Alan Lovelace), NASA 법무부 실장 제럴드 모싱호프(Gerald Mossinghoff)는 프로젝트가 일으키는 특수한 정치적, 법적 문제에 관해 지원을 아끼지 않았다. NASA 국제 협력부 부장 아널드 프룻킨은 유엔의 꽉 막힌 상황을 해소하는 데 결정적인 역할을 했다. 대통령실 과학 기술 정책국의 국장 프랭크 프레스는 보이저호에 실릴 카터 대통령의 친서를 받아 주었다. 레코드판을 실제 제작하는 작업에서는 당시 NBC 방송국 사장이었던 허버트 슐로서(Herbert Schlosser), RCA 음반사의 톰 셰퍼드, CBS 방송국 전 사장 아서 테일러(Arthur Taylor), CBS 음반사 사장 브루스 룬드발(Bruce Lundvall), 전 세계 저작권 사용 허가를 확보해 준 CBS 음반사의 조 아그레스티(Joe Agresti)와 앨 셜먼(Al Shulman), 모범적인 인내와 기술로 레코드판을 믹싱해 준 CBS의 러스 페인이 중요했다. CBS 음반사에서 래커 원판을 커팅해 준 사람은 블라디미르 멜러(Vladimir Meller)였다. 사진들은 콜로라도 주 볼더의 콜

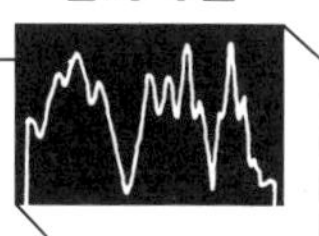

로라도 비디오에서 저장했고, 구리 원판은 캘리포니아 주 가디나의 제임스 G. 리 레코드 프로세싱(James G. Lee Record Processing)에서 커팅했다. 알루미늄 덮개의 메시지는 캘리포니아 주 어바인의 리트로닉 인더스트리즈(Litronic Industries)에서 새겼다. 미니애폴리스 허니웰(Minneapolis Honeywell) 사는 5600-C 모델 녹음기를 기꺼이 빌려 주었다. 사진들에 대한 저작권 사용 허가는 코넬 대학 행성 연구소의 웬디 그래디슨, 코넬 대학 NAIC의 아말 샤카시리, NASA 본부의 니나 로런스(Nina Laurence)가 확보해 주었다. 이 책에 대한 사용 허가를 확보하는 일은 코넬 대학 행성 연구소의 수전 S. 랭이 맡았으며, 그녀는 55가지 언어로 된 인사말들에 딸린 두 장의 지도를 마련하고 인사말들을 표로 정리하는 일도 맡았다. 행성 연구소의 셜리 아든에게도 큰 빚을 졌다. 그녀는 이 책의 모든 국면에서 이런저런 준비를 거들었으며, 특히 코넬 대학에서 인사말을 녹음할 때 작업을 진행해 주었다. 제트 추진 연구소의 폴 펜조와 마이크 헬턴은 우리 요청에 따라서 보이저 우주선이 성간 공간을 여행할 때 침식을 얼마나 겪겠는가 하는 중요한 계산을 해 주었다. NASA 홍보부, 유엔의 미국 사절단, 유엔의 우주 공간 위원회, 유엔 사무총장실 사람들의 도움에도 감사하며, 인사말을 남겨 준 카터 대통령과 발트하임 사무총장에게도 고맙다. 스미스소니언 협회의 재즈 담당 학예관 마틴 윌리엄스, 국회 도서관의 대니얼 J. 부어스틴(Daniel J. Boorstin), 보스턴 어린이 박물관의 필리스 모리슨(Phyllis Morrison), 샌프란시스코 과학관의 프랭크 오펜하이머(Frank Oppenheimer), 스미스소니언 협회의 프레더릭 C. 듀랜트 3세(Frederick C. Durant III), 코넬 대학 인문 과학 대학 학장 해리 레빈(Harry Levin), 코넬 대학 행성 연구소의 스티븐 소터와 비슌 카레, 코넬 대학 NAIC의 많은 사람들, 시카고 대학의 프레드 에건스에게도 고맙다. 본문에 이미 언급되었지만 보이저 레코드판 팀에 소속되어 나와 함께 일하고 조언해 준 사람들, 로버트 E. 브라운, A. G. W. 캐머런, 아서 클라크, 프랭크 도널드 드레이크, 앤 드루얀, 티머시 페리스, 웬디 그래디슨, 로버트 하인라인, 앨런

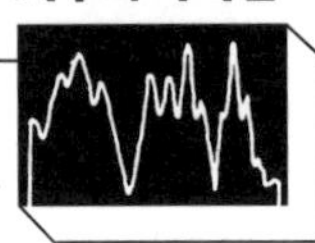

로맥스, 존 롬버그, 필립 모리슨, 버나드 M. 올리버, 레슬리 오글, 린다 세이건, 머리 시들린, 스티븐 툴민에게 감사한다.

프랭크 도널드 드레이크

프로젝트가 성공하도록 거든 사람들의 이름을 모조리 나열할 수 있다면 좋겠다. 그러나 너무 많은 이름들, 너무 다양한 직업들, 온 대륙을 포괄하는 장소들이라서 불가능하다. 어디에 선을 그어야 할지 모르겠다. 그들의 기여는 작은 것에서 큰 것까지 다양했지만, 절대로 이 기준으로 그들의 노력을 줄 세우고 싶진 않다. 우리가 받은 도움은 아무리 작은 것이라도 당시 우리에게는 모두 대단한 것이었다. 전국에서 우리를 도왔던 동료들과 친구들의 이름을 알파벳순으로 나열하려 시도하더라도 결코 모두에게 제대로 인사할 수 있을 것 같지 않다. 누군가를 잊을 수도 있고, 더 나쁘기로는 외부 조직을 통해서 기여했던 사람들의 노고를 내가 인식조차 못할 수도 있기 때문이다.

그럼에도 불구하고, 본문에서 언급된 사람들에 더하여, 그 밖에도 두드러지게 기여한 사람들이 몇 명 있었다. 다음과 같다.

로스코 바럼(Roscoe Barham). 워싱턴 D. C.의 국립 과학 아카데미 직원이다. 그는 여유 시간에 우리를 위해서 메신저 노릇을 하기로 하고 조지 워싱턴 대학, 내셔널 지오그래픽 협회, 워싱턴 공항 등을 차로 오가면서 인간 태아 슬라이드를 제때 받을 수 있게 해 주었다. 그는 정말이지 무진장 신속하게 슬라이드를 전달해 주었다! 그가 돕지 않았다면 우리는 대체할 사진을 마련하기 어려웠을 것이다. 태아 사진으로 쓸 만한 다른 슬라이드는 스웨덴에만 있었으니까!

바버라 보에처. NAIC의 제도사이다. 그녀는 우리가 요구하는 특수한 물체들을 스

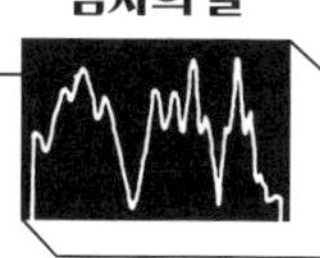

케치하느라 무수한 시간을 쏟았다. 그녀는 이 프로젝트에 한껏 흥분하여, 자신이 제도한 그림들이 불멸을 얻는다는 사실보다 더 의미 있는 보상은 없을 거라고 말하곤 했다.

발렌틴 보리아코프. NAIC의 연구원인 발(발렌틴)은 사진 신호를 기록하는 데 필요한 전자 장비를 찾는 데 상당한 시간과 노력을 기울였다. 프로젝트를 성공시키려고 그가 기울인 노력은 정말로 감동적이었다. 그는 연구 시간을 희생해서 콜로라도를 여러 차례 방문했고, 더군다나 종종 복잡한 경로로 급박하게 가야 했으며, 그곳에 가서는 녹음 작업을 감독하고 참여했다. 발은 우리가 직접 찍은 특별한 사진들 중 하나에 등장할 인물로 자신이 선택됨으로써 노력을 충분히 보상받았다고 말한다. 발은 앞으로 수십억 년 동안 인간이 샌드위치를 먹는 방식에 있어서 인류를 대표할 것이다.

허먼 에컬먼. NAIC의 전속 사진가이다. 나는 내 글에서 에크(에컬먼)를 언급했고, 존 롬버그도 자기 글에서 언급했다. 그러나 자신을 희생하면서까지 지칠 줄 모르고 프로젝트에 헌신한 그의 모습은 정말이지 놀라울 따름이었다. 그가 암실에서 자정 넘어 작업한 밤이 얼마나 많았던지. 가끔 그는 샌드위치로 식사를 때웠는데, 잡지며 책이며 기타 등등을 찍느라 카메라를 눌러 대다 보면 막상 먹으려 할 때는 샌드위치가 바싹 말라 있곤 했다. 에크는 가족 여행을 위해서 잡아 둔 휴가마저 미룬 채 이타카를 돌아다니면서 고속도로, 슈퍼마켓, 공항, 병원 등을 찍었다. 그의 결의가 없었다면 레코드판의 사진들은 시간 내에 마련되지 못했을 것이다.

웬디 그래디슨. 웬디는 이 프로젝트에 열광했다. 그녀에게 밤낮이 하나로 이어진 작업 시간이 되어 버린 적이 얼마나 많았던지. 그녀는 처음에는 존 롬버그와 함께 발품을 팔면서 사진 후보들을 엄청나게 많이 모아 주었고, 마지막에는 보이저 우주선에 싣기로 선택된 사진들의 사용 허가를 저작권자에게 일일이 받아 내는, 어렵지만 별 보람도 없는 일을 NASA를 대신하여 맡아 주었다. 그녀는 사진에 두 번이나 등장한 유일한 인물이다.

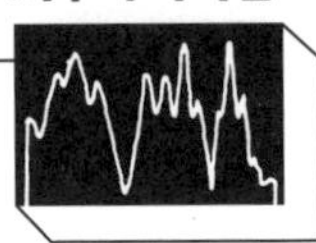

앨프리드 히치콕(Alfred Hitchcock)을 능가한 셈이다!

존 롬버그. 존은 창조적 재능으로 말미암아 늘 에너지와 활기가 넘치는 듯한 특별한 사람들 중 하나이다. 그는 사진 섹션을 취합하기 위해서 정상적인 생활을 완전히 내팽개쳤다. 이타카에 머물 곳을 마련하고는 매일 13시간에서 15시간씩 일했으며, 작업에 어찌나 몰두했던지 프로젝트가 진행되는 동안 그의 온 존재가 이 메시지 작성을 중심으로 돌아갔다. 보이저 레코드판을 손에 넣을지 모르는 여러 형태의 외계 생명체들 중에서 최고의 행운아는 존 롬버그의 '쌍둥이' 같은 존재가 아닐까. 그보다 더 이 레코드판을 즐기고, 이 레코드판에서 배우고, 이 레코드판을 좋아할 존재는 없을 테니까.

댄 미틀러. NAIC의 엔지니어인 댄은 텔레비전 영상 품질의 신호를 그보다 더 낮은 주파수로 바꾸어 레코드판에 기록하는 일을 성사시키기 위해서 발렌틴 보리아코프와 함께 애썼다. 댄은 허니웰 녹음기를 지참한 채 콜로라도로 날아갔고, 며칠 동안 뉴욕 이타카와 볼더를 오가는 불편을 감수했다. 댄은 우리의 대타자였다. 과묵하지만 필요할 때 그 자리에 있는 그런 사람.

아말 샤카시리. NAIC 소장인 내 비서인 그녀는 (지금은 내 아내이기도 하다.) 레코드판 제작의 기치를 잘 이해했다. 그녀는 팀의 일원으로서 사진 취합의 거의 모든 측면에 간여했다. '초고' 컬렉션에 포함되지 않은 개념을 잽싸게 지적해 주었고, 빈틈을 메울 적절한 사진을 금세 찾아 주었다. 사진들을 놓고서 최종 선정을 고민할 때는 며칠 밤을 희생했으며, 사진을 구할 수 있는 곳에 대한 의견뿐 아니라 배열 순서에 대해서도 귀중한 제안을 주었다. 그녀가 아랍 어로 인사하는 목소리가 레코드판의 인사말 섹션에 포함되었다.

콜로라도 비디오 사. 콜로라도 주 볼더에 있는 작은 회사인 콜로라도 비디오는 공익 차원에서 회사의 장비와 인력을 제공해 주었다. 사장 글렌 사우스워스(Glen Southworth)는 사진을 저장할 때, 심지어 꼭두새벽에도 직접 도왔다. 기술자 해너웨이(Hannaway)와 엔지

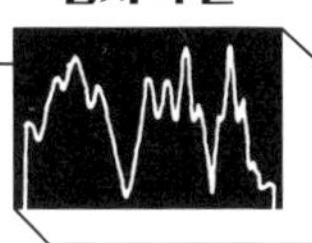

니어 매클렐런드(McClelland)는 장비 조작에 많은 시간을 쏟았고, 녹음 품질을 최상으로 유지하기 위해서 적절한 조정을 가해 주었다. 콜로라도 비디오는 우리가 덴버의 허니웰 사에서 허니웰 5600-C 녹음기를 빌릴 때도 중요한 역할을 해 주었다. 콜로라도 비디오가 프로젝트에 보여 준 열의와 열정은 감동적이었다. 정상적인 운영을 멈추는 피해를 감수하면서까지 최종 녹음 전에 시험 녹음을 해 보고 싶다는 우리 바람을 들어주었고, 막판에 카터 대통령의 메시지와 우주 관련 위원회에 소속된 상하원 의원 명단을 그림 형태로 포함시키게 되었을 때 빠듯한 시간에도 불구하고 정신없는 작업을 수용해 주었다.

마지막으로 우리 NAIC의 지원에 감사한다. 우리 직원들 중 일부 — 또한 몇몇 대학원생들 — 는 보이저 메시지의 가치를 지지하여, NAIC에서 맡은 주된 임무뿐 아니라 개인적인 여유 시간까지 미루고서 프로젝트를 완성하는 데 상당한 시간과 노력을 쏟아 주었다. 그들은 전체 '쇼'를 미리 살짝 엿보았을 때 최고로 흥분했으며, 자신들의 노력이 광활한 성간 통신 거리를 넘어서리란 사실을 확인받았을 때 한량없이 기뻐했다.

존 롬버그

엘리자베스 럼리(Elizabeth Lumley), 아서 풀러(Arthur Fuller), 마이클 셜먼(Michael Schulman), 팻 켈로그(Pat Kellogg), 맥스 앨런(MaxAllen), 프레드 듀랜트, 셜리 아든, 토론토 도서관 사진 컬렉션, 리처드 리, 스튜어트 에델스타인, 스티븐 소터, 톰 프렌더개스트(Tom Prendergast), 해나 브루스(Hannah Bruce), 존 슈니버거(Jon Schneeberger), 월터 쇼스털(Walter Shostal), 게리 데이비스(Gary Davis), 조앤 윈터콘(Joan Winterkorn), 릴리 롬버그(Lilly Lomberg)에게 감사한다.

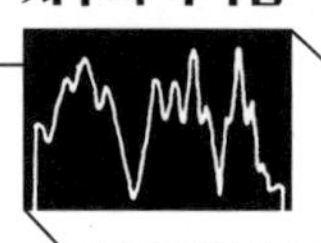

앤 드루얀

CBS의 조 아그레스티와 행크 올트먼(Hank Altman), 코넬 대학 행성 연구소의 셜리 아든, 밴티지 사운즈(Vantage Sounds)의 앨런 보토, MIT의 마거릿 불로와 박사, 《롤링 스톤》 편집자 조너선 콧, 뉴욕 대학 병원의 마티 긴디(Marty Gindi), 코넬 대학 행성 연구소의 웬디 그래디슨, CBS의 버드 그레이엄(Bud Graham), 코넬 대학 신경 생물학 및 행동학부의 로널드 호이 박사, 워너 스페셜 프로덕트의 지미 아이어빈과 미키 캡, 뉴욕 대학 병원의 줄리어스 코라인 박사, 뉴욕 대학 병원의 필리스 크론하우스(Phyllis Kronhau), 토론토 대학의 리처드 리 박사, 뉴욕 대학 병원의 루시 레비도(Lucie Levidow), MIT의 리즈 멘 박사, 록펠러 대학과 뉴욕 동물학 협회의 로저 페인 박사와 케이티 페인(Katy Payne), CBS의 러스 페인, 예일 대학의 존 로저스 박사, 예일 대학의 윌리 러프, CBS의 윌리엄 R. 쇼페 주니어, 라몬트-도허티 지질학 연구소의 데이비드 심프슨 박사, 벨 연구소의 로리 스피걸에게 감사한다.

티머시 페리스

산드로 바라텔리, 윌리엄 보즈웰(William Boswell), 로버트 브라운, 저우원종, 존 코언, 샌드라 르브런 홈스, 브루스 매킨타이어(Bruce Maclntyre), 팀 올리버(Tim Oliver), 델피나 라타치(Delfina Rattazzi), 콜린 턴불에게 감사한다.

린다 살츠먼 세이건

셜리 아든, 마이클 브론펜브레너, 코넬 대학 언어학부, 필립 프리드먼(Phillip Freedman), 수

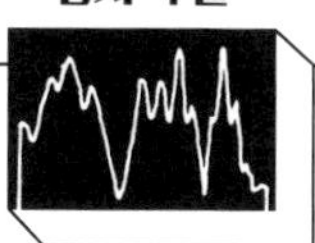

잰 프리드먼(Suzanne Freedman), 케리 프루미스(Cary Frumess,), 데이비드 글루크, 웬디 그래디슨, 비슌 카레, 조 리밍, 알렉산더 마샤, 클라라 T. 피어슨(Clara T. Pierson), 수전 A. 로빈슨(Susan A. Robinson), 데비 시들린, 머리 시들린, 랠프 솔레키 박사, 스티븐 소터 박사에게 감사한다.

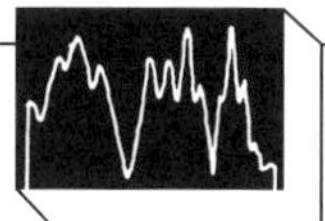

부록

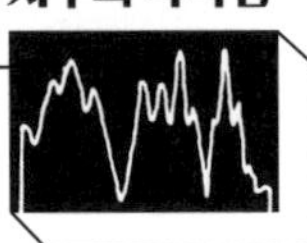

부록 A

미래로 보내는 메시지

1976년 4월 15일 NASA 언론 보도 자료 전문

(24쪽의 그림을 참고할 것)

우리가 약 1000만 년 뒤에 라지오스를 궤도에서 회수하거나 위성이 지구로 떨어져 발견될 경우에 대비하여, 우리는 위성 속에 메시지를 봉해 두었습니다.

메시지는 뉴욕 주 이타카에 위치한 코넬 대학 행성 연구소의 칼 세이건 박사가 준비했습니다. 가로 18센티미터, 세로 10센티미터의 스테인리스 스틸 판에 새긴 두 장의 메시지는 라지오스의 두 반구를 연결하는 볼트의 양 끝에 하나씩 설치되었습니다.

금속판의 맨 위 가운데에는 가장 단순한 셈 체계, 즉 0과 1만 사용하는 이진법 산술이 표현되어 있습니다. 이진수로 1에서 10까지 새겨져 있습니다. 오른쪽 위에 있는 그림은 태양을 공전하는 지구를 그린 것으로, 화살표는 운동 방향을 뜻합니다. 화살표의 촉이 오른쪽을 가리키는데, 이것은 미래를 뜻하는 관행적 표현입니다. 금속판에서 숫자에 딸린 모든 화살표들은 이처럼 '시간의 화살'입니다. 지구 궤도 아래에는 이진수로 1이 적혀 있는데, 이것이 금속판에서 사용되는 시간의 단위라는 뜻입니다. 지구가 태양을 한 번 도는 시간, 달리 말해 1년이 한 단위라는 뜻입니다.

라지오스 금속판의 나머지 그림들은 지구의 표면을 보여 주는 세 장의 지도입니다. 모두 지표면 전체를 한눈에 볼 수 있는 지도 투영법에 따라 그려졌습니다. 첫 번째 지도 밑에는 왼쪽을 가리키는 화살표, 즉 과거를 뜻하는 화살표가 있고, 이진수로 큰 숫자가 적혀 있습니다. 숫자를 십진수로 풀면 약 2억 6800만 년입니다. 이 지도는 지금으로부터

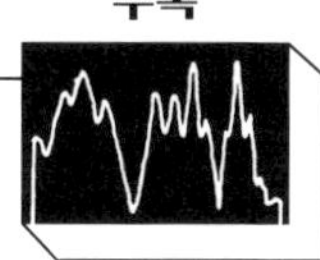

약 2억 2500만 년 전인 페름기에 대륙들이 대충 어떤 모습이었는지를 보여 줍니다. 이진 숫자를 더 정확하게 적을 수도 있었지만, 자칫하면 우리가 몹시 정확하게 알고 있다는 그릇된 인상을 줄 수도 있으므로 반올림하였습니다. 대륙 이동에 관한 지식은 아직 변변찮은 단계이기 때문에, 여기에서는 모든 대륙들이 '판게아'라고 불리는 하나의 땅덩어리로 붙어 있었던 것을 그렸습니다.

남아메리카와 서아프리카가 꼭 들어맞는다는 사실은 대륙 이동이 실제로 일어났음을 암시하는 최초의 단서들 중 하나였습니다. 오스트레일리아는 원래 남극과 서아프리카 사이에 있었던 것으로 그려져 있는데, 그렇지 않고 남극 서부와 이어져 있었다고 보는 견해도 있습니다. 이 지도들은 대륙 이동을 정확하게 묘사한 것은 아니며, 대륙 이동의 존재와 정도를 극적으로 보여 주는 수단일 뿐입니다.

가운데 지도는 현재 대륙들의 위치를 보여 줍니다. 그 밑에 0년을 뜻하는 기호가 적혀 있고, 각각 과거와 미래를 뜻하는 화살표 두 개가 그려져 있습니다. 한마디로 현재라는 뜻입니다. 이 지도는 다른 두 지도에 대한 시간의 기준점입니다. 라지오스가 캘리포니아 주 반덴버그 공군 기지의 서쪽 시험장에서 우주로 발사되는 모습이 그려져 있습니다.

마지막 지도에는 오른쪽을 가리키는 화살표와 이진 숫자가 딸려 있는데, 역시 반올림한 이 숫자는 지금으로부터 약 840만 년 뒤를 뜻합니다. 라지오스의 수명을 아주 대략적으로 추정해 본 것입니다. 위성이 지구로 돌아오는 모습도 그려져 있습니다. 지표면에 큰 변화가 많이 일어난 것이 보이는데, 예를 들면 반덴버그 공군 기지를 비롯한 캘리포니아 남부가 태평양으로 떨어져 나갔습니다. 지각의 움직임 때문에 산안드레아스 단층을 따라서 이런 분리가 벌어질 것으로 예측되는데, 라지오스가 탐구하고자 하는 것이 바로 이런 움직임입니다. 지도의 다른 변화들은 모두 추측에 지나지 않습니다. 라지오스는 이런 문제들에 대한 지식을 상당히 늘려 줄 것입니다.

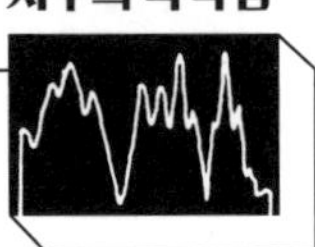

누구든지 라지오스 금속판을 습득한 사람은 자기 시대의 지구 지리를 표시한 지도를 금속판의 아래 두 지도와 비교함으로써 자기 시대와 우리 시대 사이에 흐른 시간을 계산할 수 있을 것입니다. 사실은 아래 두 지도만 비교하더라도 1년에 약 1인치(2.5센티미터)의 속도로 대륙이 이동한다는 사실을 알 수 있습니다. 그러니 라지오스의 주요 목표와 금속판에 적용된 시간 알림 기법은 같은 원리에 따른 셈입니다.

라지오스는 우리 종이 생겨난 시점부터 지금까지 흐른 시간보다 더 많은 시간이 흐른 뒤에야 지구로 돌아올 것입니다. 그때 지구는 몰라보게 바뀌었을 것이며, 대륙들의 위치만 바뀐 것도 아닐 것입니다. 머나먼 미래에 지구에 누가 살고 있든, 그는 까마득한 과거로부터 날아온 작은 인사말을 분명 기껍게 여길 것입니다.

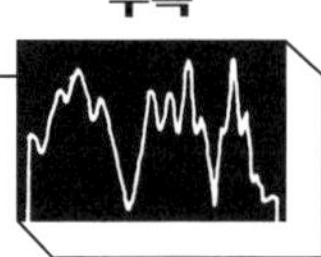

부록 B

보이저호에 실린 유엔 대사들의 메시지

이집트 대사 모하메드 엘조에비(Mohamed El-Zoeby)

“(아랍 어)인간들과 정령들이여, 그대들이 지구와 하늘의 경계를 뚫을 수 있다면, 허가하에 부디 그렇게 하십시오.”

인도네시아 대사 차이디르 안와르 사니(Chaidir Anwar Sani)

“(인도네시아 어)당신들을 위해 보이저호에 짧은 메시지를 남길까 합니다…….”

프랑스 대사 베르나데트 르포르(Bernadette Lefort)

“(프랑스 어)호수를 넘고, 골짜기를 넘고,
산을, 숲을, 구름을, 바다를 넘어,
태양도 지나고, 창공도 지나,
별 총총한 경계도 지나,

내 영혼, 이렇듯 민첩하게 움직여,
파도 속에서 황홀해하는 강인한 헤엄꾼처럼,
무한한 우주를 즐겁게 날아가는구나,
형언할 수 없는 힘찬 쾌락을 맛보며.”

(보들레르의 시집 『악의 꽃(*Les Fleurs du Mal*)』 중에서)

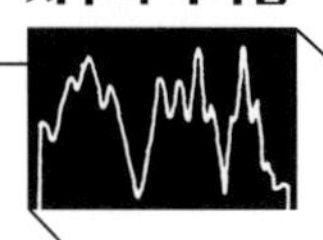

파키스탄 대사 사이드 아즈마트 하산(Syed Azmat Hassan)

“(펀자브 어)…… 우리 고국의 동포들을 대신하여, 우주의 친구들에게 우정의 인사말을 보냅니다. 온 세상에 평화가 있기를, 그리고 그 평화가 삶의 모든 측면에 존재하기를 진심으로 바랍니다.”

오스트리아 대사 페터 얀코비치(Peter Jankowitsch)

“(독일어)유엔 우주 공간 위원회의 의장이자 오스트리아의 대표로서, 기쁜 마음으로 우리의 인사를 전합니다.”

캐나다 대사 로버트 B. 에드먼즈(Robert B. Edmonds)

“(영어)우주에 거주하는 외계의 존재들에게 캐나다 정부와 국민들의 인사를 전하고자 합니다.”

나이지리아 대사 월리스 R. T. 매콜리(Wallace R. T. Macaulay)

“(에픽 어)외계의 지적 존재들에게. 우리는 이 지구에 우리만 존재한다고 여기지만, 그렇지 않을 수도 있다는 것도 압니다. 우리 아프리카 사람들은 당신들이 존재한다고 믿고 싶고, 당신들이 모든 것을 알며, 어쩌면 고도의 지능을 갖고 있고, 그래서 우리 세상의 많은 문제들을 푸는 데 도움을 줄 수 있다고 믿고 싶습니다.”

미국 대사 제임스 F. 레너드(James F. Leonard)

“(영어)보이저호를 만나 이 메시지를 받을 모든 존재들에게, 우리의 인사와 우정 어린 기원을 전합니다.”

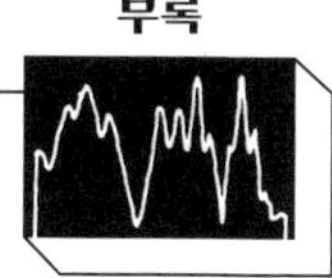

칠레 대사 후안 카를로스 발레로(Juan Carlos Valero)

"(스페인 어)우주의 모든 존재들에게, 평화와 행복을 비는 애정 어린 인사를 전합니다. 미래에 우리가 만날 기회가 있기를 바라며."

벨기에 대사 에릭 뒤헤너(Eric Duchêne)

"(플라망 어)벨기에가 보이저호에 인사말을 남기며, 우주의 존재들에게 이 메시지가 가 닿기를 바랍니다."

시에라리온 대사 새뮤얼 램지 니콜(Samuel Ramsay Nicol)

"(영어)…… 그리고 행운을 빕니다. 시에라리온은 우주 공간 위원회의 회원국이며, 우리는 이 위원회의 가치를 믿습니다."

나이지리아 대사 윌리스 R. T. 매콜리

"(영어)친애하는 우주의 친구들이여, 어쩌면 이미 알겠지만, 우리나라는 아프리카 대륙의 서해안에 위치하고 있습니다. 아프리카는 우리 행성의 정중앙에 있는 대륙으로서, 물음표를 좀 닮았습니다."

이란 대사 바흐람 모그타데리(Bahram Moghtaderi)

"(페르시아 어)우주 공간의 평화적 사용을 위한 위원회의 대표로서, 영광스럽게도 (이란) 사람들과 정부의 인사를 대신 전합니다."

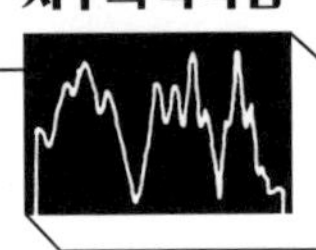

오스트레일리아 대사 랠프 해리(Ralph Harry)

“(에스페란토 어)우리는 온 세상, 온 우주의 사람들과 평화롭게 지내고자 합니다…….”

스웨덴 대사 안데르스 툰보이그(Anders Thunboig)

“(스웨덴 어)우리는 망원경으로 성운을 보았네.

황금빛 안개 무리인 것 같았지.

더 큰 망원경으로 본다면

깊디깊은 공간에서 무수한 태양들이 빛나는 것처럼 보일지도 모르지.

우리 머릿속에서 풀려나온 생각들 때문에,

그것이 높이 솟는 듯했지, 지구의 전쟁들 너머로,

시간과 공간 — 우리 보잘것없는 삶 — 을 벗어나,

다른 장엄한 차원으로.

그곳에서는 이곳의 삶을 다스리는 법칙이 통하지 않네.

그곳에서는 세상들의 세상을 다스리는 법칙이 지배하네.

그곳에서는 태양들이 물밀듯 생겨나고, 성숙하고,

모든 태양들의 근원으로 퍼져 나가네.

무수히 많은 태양들이 있지.

그곳에서는 모든 태양이 더 큰 태양들의 찬란한 빛 속에서

우주의 법칙에 따라 박동하네.

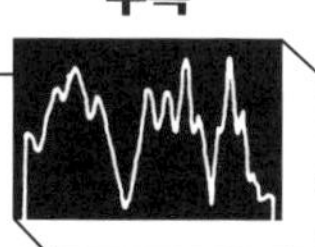

그리고 그곳에서는 모든 것이 명료하다네, 모든 날들의 날이."

(작고한 시인 하리 마르틴손의 시집 『파사드(*Passad*)』에 실린 시 「천문대를 방문하다(Visit to the Observatory」. 저작권은 하리 마르틴손(1945년). 스웨덴 스톡홀름의 알베르트 보니에르스 푀를라그 AB(Albert Bonniers Förlag AB) 출판사의 허가를 받아 게재했다. 영어 번역은 스웨덴 정보부의 공보관 마르나 펠트(Marna Feldt)가 번역가 번 모버그(Verne Moberg)의 도움을 얻어 비공식적으로 작업한 것이다.)

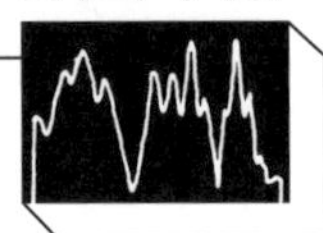

부록 C

로버트 브라운의 음악 추천

1977년 5월 9일

세이건 박사에게.

목요일에 하셨던 말씀, 보이저 레코드판에서 인류의 음악에 할당된 시간을 늘릴 수 있을지도 모른다는 소식, 반가웠습니다.

제 선곡은 총 37분쯤 되고, 자체적으로 완결되며 상업 음반으로 구할 수 있는 곡들로만 한정했습니다. 서양의 시각, 비서양의 시각, 다른 어떤 민족 중심적 시각도 구분하지 않은 채 인류의 음악 전반에 걸쳐서 논리적으로 선곡하려고 최대한 애썼습니다. 이 곡들은 사람 목소리의 다양한 용법과 음색, 주요한 악기들이 독주로 혹은 다양한 밀도의 조합으로 연주된 것, 인류의 다양성을 암시하는 다양한 음계와 선법과 조율법, 여러 종류의 박자와 리듬과 템포, 여러 종류의 화음과 대위법 사례, 단순한 것에서 복잡한 것까지 아우르는 다양한 텍스처를 담고 있습니다. 서양의 과거에서 역사적인 곡들을 골라 음악사를 재구성하려고 하진 않았습니다만, 인류의 음악 발달 과정에서 여러 단계를 보여 주는 살아 있는 예들을 모으려고 노력하긴 했습니다.

측정 가능한 이런 요소들은 모두 흥미로우며, 이런 요소들을 모르고서는 인류의 음악을 배우기 어려울 듯한 외계 지적 생명체에게 우리 음악의 여러 변수들을 알려 주는 단서가

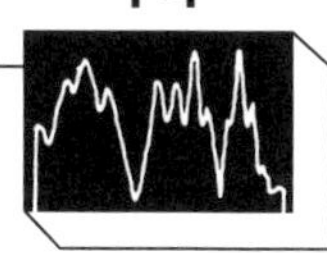

되기를 바랍니다만, 이것이 여기 지구에 사는 대부분의 청취자와 연주자에게는 부차적인 문제에 지나지 않는다는 점도 분명합니다. 음악은 무엇보다도 감정적, 정신적, 지적 상태를 소통하는 도구이므로, 저는 제가 음악적으로 의미 있다고 느끼는 곡들만 골랐습니다. 그러니 궁극적인 차원에서 이 선곡은 주관적입니다. 그리고 저는 그래야만 한다고 믿습니다. 설령 위원회를 꾸리더라도, 이런 종합적인 예술적 선택에 대한 결정을 잘 내릴 수 있을 것 같진 않습니다. 어느 두 민족 음악학자라도 똑같은 목록을 작성하진 않으리란 사실은, 애초에 우리가 후보로 삼을 엄청난 수의 곡들이 만들어진 건 인간의 본성에 다양한 특질이 있기 때문이라는 점과 직접적인 관련이 있습니다. 이 상황은 식물학자에게 세상의 꽃을 대표할 종류를 대여섯 가지만 골라 보라고 요청한 것과 마찬가지입니다. 우리가 그에게 무엇보다도 바랄 점은, 대부분의 사람들이 꽃을 시각적 아름다움과 향기의 차원에서 바라본다는 사실을 잊지 않았으면 하는 것 아니겠습니까. 만일 목록을 늘릴 수 있다면, 다음 곡들을 포함시키고 싶습니다. 인도의 활기찬 므리당감 북 독주(단언컨대 세계 최고의 북 연주자인 팔가트 마니 아이어(Palghat Mani Iyer)가 연주한 5박자의 탈라(tala)), 전자 음악을 대표하는 곡(선정하기 어렵습니다만), 발리의 가믈란 곡(저라면 '부아트 아 뮈지크 LD 096M(Boite à Musique LD 096M)' 음반에 녹음된 고대 가믈란 세룬뎅 곡을 고르겠습니다.), 대위법 기법이 넘치는 데 프레나 뒤페(Dufay)나 오케헴(Ockeghem)의 르네상스 시대 다성부 성악곡, 중국의 고금 독주, 여러 종류의 북과 노래를 곁들인 서아프리카의 춤곡, 모차르트의 아리아, 불가리아의 2성부 민요, 바흐와 샤쿠하치와 연관 지을 수 있는 멜라네시아의 팬파이프 곡, 그리고 베토벤 교향곡, 그중에서도 아마 8번입니다. 이 정도면 인간 본성에 대한 통찰을 외계 지적 생명체가 감당할 수 있는 수준보다 더 많이 제공하는 셈일 겁니다!

말씀하셨던 작곡가 차베스(Chavez)의 곡은, 오리건 주 포틀랜드의 음반 가게를 몽땅 뒤졌

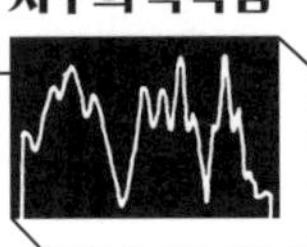

지만 찾지 못했습니다. 혹시 그게 「태양에의 찬가(Hymn to the Sun)」란 곡일까요? 멕시코 정부가 후원하여 제작된 음반들 중에 미국에선 유통되지 않는 게 많다고 들었습니다. 저도 차베스를 좋아하고 그의 피아노곡을 연주하기도 했습니다만, 만일 그 곡을 옛 아메리카 원주민의 기상을 환기하는 곡으로서 고르신 거라면, 저는 그보다는 곧장 근원으로 가서 중앙아메리카나 남아메리카의 생생한 원주민 음악 전통에서 고르는 편을 택하겠습니다 (말이 나왔으니 말인데, 이 또한 목록에 추가할 만한 훌륭한 후보입니다.). 비슷한 견지에서, 저라면 고대 그리스, 이집트, 메소포타미아 음악을 재구성하려고 노력한 음악들을 피하겠습니다. 사실 그런 곳들의 청각적 전통은 돌이킬 수 없이 사라졌으니까요. 반면에, 당신이 제게 말했듯이, 차베스의 곡이 당신에게 대단히 감동적으로 느껴지고 인간의 심오한 영혼을 특별하게 표현한 작품으로 느껴져서 골랐다고 한다면, 제 입장은 무너집니다. 우리가 열렬히 아끼는 것들을 보내지 않을 거라면, 애초에 왜 보내겠습니까?

마지막으로, 제 일에 약간의 에너지가 꼭 필요했던 시점에 그런 에너지를 불어넣어 준 것에 대해서 감사의 말씀을 드립니다. 저는 인류의 음악이 얼마나 다양한 표현과 놀라운 폭을 자랑하는지 알게 된 오늘날의 상황에 맞도록 음악에 대한 새로운 태도를 발전시키려고 노력하고 있습니다만, 가끔은 제 분야의 동료들과도 소통하기 어려운 미지의 정신적 영역으로 나아가는 게 아닌가 하는 기분이 듭니다. 일례로, 1년 전에 퀘벡의 소규모 전문가 집단 앞에서 세계의 음악적 전통에 담긴 엔트로피의 개념에 관한 논문을 발표한 적이 있었습니다. (제가 무엇보다도 걱정하는 것은 동식물 종들처럼 음악의 종들이 소멸되는 일입니다.) 논문의 요지 중 하나는 앞으로 인류의 교육이 천문학과 음악이라는 쌍둥이 주제를 중심으로 이뤄져야 하리라는 주장이었습니다. 전자는 바깥에 있는 것(인간을 넘어서는 것)을 대표하고, 후자는 내면에 있는 것(오로지 인간만의 내밀한 것)을 대표하지요. 그런데 그 자리에 모인 사람

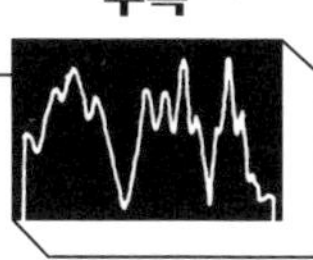

들 중에는 두 영역의 지식을 통합할 필요성을 강하게 느끼는 사람(내부와 외부? 마음과 정신? 과학과 예술?), 우리가 그렇게 한다면 더없이 다양해 보이는 인류의 지식과 경험을 이해할 수 있을 거라고 생각하는 사람이 아무도 없는 듯했습니다. 그러나 제가 느끼기에 당신은 그 필요성을 느끼는 것 같고, 더구나 저는 당신이 그동안 해 온 활동들이 우상 파괴적이라는 점과 자선적이라는 점을 둘 다 존경해 왔습니다. 당신의 요청을 처리하는 동안, 결과야 어떻게 되든, 제 머릿속에서 찌꺼기를 싹 쓸어낼 수 있었으며, 제 평생의 작업이 마주한 중요한 현실에 다시금 집중할 수 있었습니다. 또한《월드 뮤직 센터 뉴스레터(*Center for World Music Newsletter*)》에 실을 사설의 초점을 제대로 맞출 수 있었습니다. 한동안 낑낑대고 있었거든요. 한번 읽어 보시라고 뉴스레터 복사본을 동봉합니다. 무릇 강력한 아이디어는 제어 불능의 파급 현상을 낳기 마련인데, 이것도 일종의 그런 사례로서 당신에게 흥미로울지 모르겠습니다. 국제 합동 통신(United Press International)이 보이저 프로젝트에 대해 긴 기사를 냈고 어젯밤 지역 신문에는 레코드판 내용에 관한 기사도 실렸더군요. 그러니 제가 이 목록을 며칠 전에 성급히 보내지 않은 게 오히려 대단히 다행이다 싶습니다.

로버트 E. 브라운

캘리포니아 주 버클리, 월드 뮤직 및 관련 예술 센터 소장

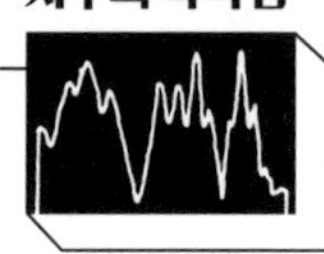

로버트 E. 브라운이 선정한 우주로 보낼 월드 뮤직

1. **인도의 성악곡**. 수르슈리 케사르 바이 케르카르. HMV EALP 1278.
   시간: 3분 25초. 솔로 가수의 목소리. 7음 선법 선율과 보조음. 14박의 주기적 박자. 미분음. 장식음. 저음. 북 반주. 즉흥 연주. 가사는 이런 뜻이다(추상적 선율과 분위기보다는 덜 중요하지만). "얘야, 어디 가니? 혼자 가지 말려무나. 내가 허락하지 않았잖니. 거리에서 사람들은 서로 사프란 가루를 뿌리며 신성한 축제를 기념하고 있지만, 너는 너무 어리단다."

2. **자바의 가믈란**. 「케타왕 푸스파와르나(Ketawang Puspawarna)」, K.R.T. 와시토디푸로(K.R.T. Wasitodipuro) 지휘, 욕야카르타의 파쿠 알라만 궁전에서 가믈란 악단 연주 및 가수들 노래. Nonesuch H-72044.
   시간: 4분 46초. 타악기 오케스트라, 솔로 가수와 다성부 합창. 슬렌드로(slendro)라는 5음계 조율. 징의 연주 패턴에서 드러나는 콜로토미 구조. 가사는 비교적 중요하지 않으나(목소리가 악기로 사용되었다.), 힌두 철학의 아홉 가지 상태(라사)와 관련된 아홉 가지 꽃들을 상징적으로 언급한다.

3. **바흐의 오르간을 위한 코랄 전주곡**. 미셸 샤피(Michel Chapuis)가 코펜하겐 구세주 교회의 오르간으로 연주. Das Alte Werk (Telefunken) 6-35083.
   시간: 3분 55초. 「우리가 가장 큰 어려움에 처할 때(Wenn wir in höchsten Nöten sind)」(또는 「이제 주님 왕좌 앞으로 나아갑니다(Vor deinen Thron tret ich hiermit)」라고도 한다.)에 사용된 코랄 선율을 사용. 바흐가 임종 자리에서 받아 적게 하여 마지막으로 작곡한 곡으로 알려져

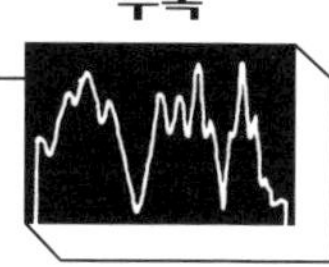

있다. 화성. 대위법. 7음의 선법 선율과 보조음. 복잡한 목관 악기로서 오르간.

4. **피그미 족의 꿀 따기 노래**. 이투리 숲에서 사는 피그미 족의 교창. Ethnic Folkways FE 4457.
시간: 2분 45초.

5. **존 콜트레인 콰르텟**. 「거대한 발자국(Giant Steps)」. 존 콜트레인(John Coltrane) 테너 색소폰 연주, 토미 플래너건(Tommy Flanagan) 피아노 연주, 폴 체임버스(Paul Chambers) 더블베이스 연주, 아트 테일러(Art Taylor) 드럼 연주. Atlantic 1311.
시간: 4분 43초. 실내악. 목관 악기와 현악기와 드럼. 빠른 템포. 화음. 솔로 즉흥 연주.

6. **일본의 샤쿠하치**. 「사슴의 먼 소리(鹿の遠音)」. 노토미 하루히코(納富治彦)와 아라키 타츠야(荒木達也) 연주. Bärenreiter BM 30 L 2014 (UNESCO Musical Anthology of the Orient, Japan, Volumn III).
시간: 7분 45초. 목관 악기 독주. 다양한 음색. 음악적 재료의 발전. 음역대. 역동적인 변주.

7. **드뷔시**: 「목신의 오후 전주곡(Prélude à l'après-midi d'un faune)」. 레너드 번스타인(Leonard Bernstein) 지휘, 뉴욕 필하모닉 오케스트라 연주. Columbia MS 6754.
시간: 10분 15초. 다양한 악기. 극적 대비. 관현악 편성. 템포 변화. 복잡한 화성. 다채로운 리듬. 형식과 주제의 발전.

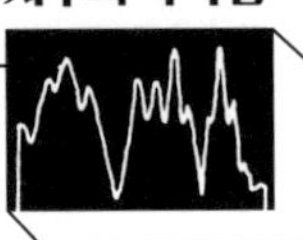

부록 D

존 롬버그가 처음에 1시간 분량의 보이저 레코드판을 위해 추천했던 곡들

노래	시간	음반
1. 수 족의 치유의 노래	1:00	'Music of the Sioux and Navaho' (Ethnic Folkways)
2. 「세야 와 마마 은달람바(Seya wa mama ndalamba)」	2:21	'Missa Luba (and Congolese Folk Songs)' (Philips)
3. 바흐의 『평균율 클라비어 곡집』 1권 중 푸가 2번 C단조	1:33	Glenn Gould, 'The Well-Tempered Clavier, Book 1' (Columbia)
4. 바흐의 「무반주 바이올린을 위한 소나타와 파르티타」의 파르티타 3번 중 '론도 풍의 가보트'	2:50	Arthur Grumiaux, '6 Sonatas and Partitas for Unaccompanied Violin' (Philips)
5. 모차르트의 「환호하라, 기뻐하라(Exsultate, Jubilate)」 중 '알렐루야(Alleluiah)'	2:40	Elisabeth Schwarzkopf, 'Mozart and Bach' (Seraphim)
6. 베토벤 교향곡 5번	6:53	Leonard Bernstein and the New York Philharmonic, 'Fifth Symphony' (Columbia)
7. 에런 코플런드의 「평범한 사람을 위한 팡파르(Fanfare for the Common Man)」	1:03	'A Lincoln Portrait' (Columbia)
8. 아르놀트 쇤베르크의 「여섯 개의 피아노 소품(Six kleine Klavierstücke)」 중 첫 번째 곡	0:48	Glenn Gould, 'Schoenberg: The Complete Music for Solo Piano' (Columbia)
9. 조지 거슈윈의 「서머타임」	2:30	Ella Fitzgerald and Louis Armstrong, 'Porgy and Bess' (Verve)
10. 비틀스의 「서전트 페퍼스 론리 하츠 클럽 밴드(Sgt. Pepper's Lonely Hearts Club Band」 (반복부)	1:25	'Sgt. Pepper's Lonely Hearts Club Band' (Capitol)

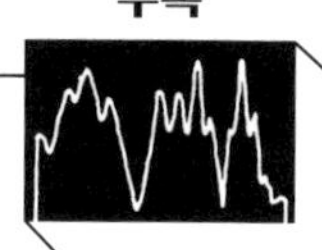

부록 E

보이저 과학 팀

영상 과학

브래드퍼드 A. 스미스(Bradford A. Smith), 애리조나 대학, 팀장

제프리 A. 브리그스(Geoffrey A. Briggs), 제트 추진 연구소

A. F. 쿡(A. F. Cook), 스미스소니언 협회

G. E. 대니얼슨 주니어(G. E. Danielson, Jr.), 제트 추진 연구소

머턴 데이비스(Merton Davies), 랜드 연구소(Rand Corp.)

G. E. 헌트(G. E. Hunt), 영국 기상청(Meteorological Office, U.K.)

토비아스 오언(Tobias Owen), 뉴욕 주립 대학

칼 세이건, 코넬 대학

로런스 소더블롬(Lawrence Soderblom), 미국 지질 조사국(U.S. Geological Survey)

V. E. 수오미(V. E. Suomi), 위스콘신 대학

해럴드 매서스키(Harold Masursky), 미국 지질 조사국

전파 과학

본 R. 에셜먼(Von R. Eshelman), 스탠퍼드 대학, 팀장

J. D. 앤더슨(J. D. Anderson), 제트 추진 연구소

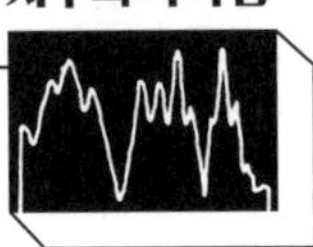

T. A. 크로프트(T. A. Croft), 스탠퍼드 연구소(Stanford Research Institute)

군나르 피엘보(Gunnar Fjeldbo), 제트 추진 연구소

G. S. 레비(G. S. Levy), 제트 추진 연구소

G. L. 타일러(G. L. Tyler), 스탠퍼드 대학

G. E. 우드(G. E. Wood), 제트 추진 연구소

플라스마파

프레더릭 L. 스카프(Frederick L. Scarf), TRW 시스템스(TRW Systems) 사, 수석 연구원

D. A. 거넷(D. A. Gurnett), 아이오와 대학

적외선 분광기와 복사 측정

루돌프 A. 하넬(Rudolf A. Hanel), 고더드 우주 비행 센터(Goddard Space Flight Center), 수석 연구원

B. J. 콘라트(B. J. Conrath), 고더드 우주 비행 센터

P. 기라슈(P. Gierasch), 코넬 대학

V. 쿤데(V. Kunde), 고더드 우주 비행 센터

P. D. 로먼(P. D. Lowman), 고더드 우주 비행 센터

W. 매과이어(W. Maguire), 고더드 우주 비행 센터

J. 펄(J. Pearl), 고더드 우주 비행 센터

J. 피랄리아(J. Pirraglia), 고더드 우주 비행 센터

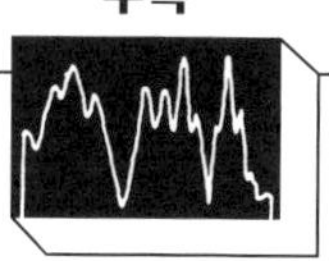

R. 새뮤얼슨(R. Samuelson), 고더드 우주 비행 센터

시릴 폰남페루마(Cyril Ponnamperuma), 메릴랜드 대학

D. 고티에(D. Gautier), 프랑스 파리 천문대(Observatoire de Paris, France)

자외선 분광기

A. 라일 브로드풋(A. Lyle Broadfoot), 키트 피크 국립 천문대(Kitt Peak National Observatory), 수석 연구원

J. B. 베르토(J. B. Bertaux), 프랑스 국립 과학 연구 센터 천문학 부서(Service d'Aéronomie du CNRS, France)

J. 블라몽(J. Blamont), 프랑스 국립 과학 연구 센터 천문학 부서

T. M. 도너휴(T. M. Donahue), 미시간 대학

R. M. 구디(R. M. Goody), 하버드 대학

A. 달가르노(A. Dalgarno), 하버드 대학 천문대(Harvard College Observatory)

마이클 B. 매켈로이(Michael B. McElroy), 하버드 대학

J. C. 매코널(J. C. McConnell), 캐나다 요크 대학

H. W. 무스(H. W. Moos), 존스 홉킨스 대학

M. J. S. 벨턴(M. J. S. Belton), 키트 피크 국립 천문대

D. F. 스트로벨(D. F. Strobel), 해군 연구소(Naval Research Laboratory)

망원 사진 편광계

찰스 F. 릴리(Charles F. Lillie), 콜로라도 대학, 수석 연구원

찰스 W. 호드(Charles W. Hord), 콜로라도 대학

D. L. 코펀(D. L. Coffeen), 고더드 우주 연구소(Goddard Institute for Space Studies)

J. E. 핸슨(J. E. Hansen), 고더드 우주 연구소

K. 팡(K. Pang), 사이언스 애플리케이션스 사(Science Applications Inc.)

행성 전파 천문학

제임스 W. 워릭(James W. Warwick), 콜로라도 대학, 수석 연구원

J. K. 알렉산더(J. K. Alexander), 고더드 우주 비행 센터

A. 부아쇼트(A. Boischot), 프랑스 파리 천문대

W. E. 브라운(W. E. Brown), 제트 추진 연구소

T. D. 카(T. D. Carr), 플로리다 대학

새뮤얼 걸키스(Samuel Gulkis), 제트 추진 연구소

F. T. 해덕(F. T. Haddock), 미시간 대학

C. C. 하비(C. C. Harvey), 프랑스 파리 천문대

Y. 르블랑(Y. LeBlanc), 프랑스 파리 천문대

R. G. 펠처(R. G. Peltzer), 콜로라도 대학

R. J. 필립스(R. J. Phillips), 제트 추진 연구소

D. H. 슈텔린(D. H. Staelin), 매사추세츠 공대

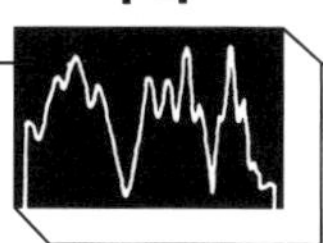

자기장

노먼 F. 네스(Norman F. Ness), 고더드 우주 비행 센터, 수석 연구원

마리오 H. 아쿠나(Mario H. Acuna), 고더드 우주 비행 센터

K. W. 베하논(K. W. Behannon), 고더드 우주 비행 센터

L. F. 벌라가(L. F. Burlaga), 고더드 우주 비행 센터

R. P. 레핑(R. P. Lepping), 고더드 우주 비행 센터

F. M. 노이바우어(F. M. Neubauer), 독일 기술 대학

플라스마 과학

허버트 S. 브리지(Herbert S. Bridge), 매사추세츠 공대, 수석 연구원

J. W. 벨처(J. W. Belcher), 매사추세츠 공대

J. H. 빈색(J. H. Binsack), 매사추세츠 공대

A. J. 래저러스(A. J. Lazarus), 매사추세츠 공대

S. 올버트(S. Olbert), 매사추세츠 공대

V. M. 바실리우나스(V. M. Vasyliunas), 독일 막스 플랑크 연구소(Max Planck Institute, F.R.G.)

L. F. 벌라가(L. F. Burlaga), 고더드 우주 비행 센터

R. E. 하틀(R. E. Hartle), 고더드 우주 비행 센터

K. W. 오길비(K. W. Ogilvie), 고더드 우주 비행 센터

G. L. 시스코(G. L. Siscoe), 캘리포니아 대학 로스앤젤레스 캠퍼스

A. J. 훈트하우젠(A. J. Hundhausen), 고고도(高高度) 천문대(High Altitude Observatory)

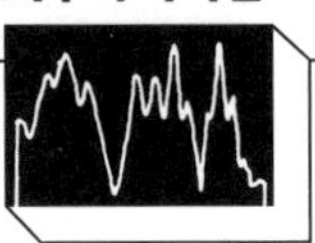

저에너지 하전 입자

S. M. 크리미기스(S. M. Krimigis), 존스 홉킨스 대학, 수석 연구원

T. P. 암스트롱(T. P. Armstrong), 캔자스 대학

W. I. 액스퍼드(W. I. Axford), 독일 막스 플랑크 연구소

C. O. 보스트롬(C. O. Bostrom), 존스 홉킨스 대학

C. Y. 판(C. Y. Fan), 애리조나 대학

G. 글뢰클러(G. Gloeckler), 메릴랜드 대학

L. J. 란체로티(L. J. Lanzerotti), 벨 전화 연구소

우주선(宇宙線, cosmic ray)

R. E. 포크트(R. E. Vogt), 캘리포니아 공대, 수석 연구원

J. R. 조키피(J. R. Jokipii), 애리조나 대학

E. C. 스톤(E. C. Stone), 캘리포니아 공대

F. B. 맥도널드(F. B. McDonald), 고더드 우주 비행 센터

B. J. 티가든(B. J. Teegarden), 고더드 우주 비행 센터

제임스 H. 트레이너(James H. Trainor), 고더드 우주 비행 센터

W. R. 웨버(W. R. Webber), 뉴햄프셔 대학

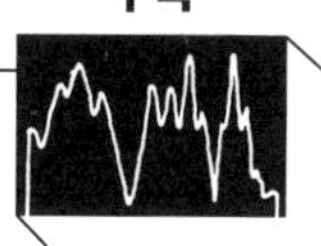

부록 F

보이저 관리 팀

NASA 우주 과학부

노엘 W. 히너스, 부장

앤서니 J. 칼리오(Anthony J. Calio), 부장 대리

S. 익티아크 라술(S. Ichtiaque Rasool), 부장 대리 – 과학 부문

A. 토머스 영, 달 및 행성 프로그램 책임자

로드니 A. 밀스(Rodney A. Mills), 프로그램 관리자

아서 리츠 주니어(Arthur Reetz, Jr.), 프로그램 부관리자

밀턴 A. 미츠(Milton A. Mitz), 프로그램 과학자

얼 W. 글란(Earl W. Glahn), 비행 지원 관리자

NASA 추적 및 데이터 수집부

제럴드 M. 트루신스키(Gerald M. Truszynski), 부장

찰스 A. 테일러(Charles A. Taylor), 네트워크 조작 및 통신 프로그램 책임자

아널드 C. 벨처(Arnold C. Belcher), DSN 조작 프로그램 관리자

프레더릭 B. 브라이언트(Frederick B. Bryant), 네트워크 시스템 개발 프로그램 책임자

모리스 E. 빙클리(Maurice E. Binkley), DSN 시스템 책임자

NASA 우주 비행부

존 F. 야들리(John F. Yardley), 부장

조지프 B. 마혼(Joseph B. Mahon), 소모용 발사체 책임자

조지프 E. 매골릭(Joseph E. McGolrick), 중소 발사체 책임자

B. C. 램(B. C. Lam), 타이탄 3호 관리자

제트 추진 연구소, 캘리포니아 주 패서디나

브루스 C. 머리(Bruce C. Murray), 소장

찰스 H. 터훈 주니어 장군(Gen. Charles H. Terhune, Jr.), 부소장

로버트 J. 파크스(Robert J. Parks), 비행 프로젝트 실험실 실장

존 R. 카사니, 프로젝트 관리자

레이먼드 L. 히콕(Raymond L. Heacock), 우주 탐사선 시스템 관리자

찰스 E. 콜하제 주니어(Charles E. Kohlhase, Jr.), 탐사 임무 분석 및 엔지니어링 관리자

제임스 E. 롱(James E. Long), 과학 부문 관리자

리처드 P. 레저(Richard P. Laeser), 탐사 임무 조작 시스템 관리자

에스커 K. 데이비스(Esker K. Davis), 추적 및 데이터 시스템 관리자

제임스 F. 스콧(James F. Scott), 탐사 임무 전산 시스템 관리자

마이클 J. 샌더(Michael J. Sander), 탐사 임무 통제 및 전산 센터 관리자

로널드 F. 드레이퍼(Ronald F. Draper), 우주 탐사선 시스템 엔지니어

윌리엄 S. 시플리(William S. Shipley), 우주 탐사선 개발 관리자

윌리엄 G. 포셋(William G. Fawcett), 과학 기기 관리자

마이클 데비리언(Michael Devirian), 탐사 임무 조작 수석

캘리포니아 공대, 캘리포니아 주 패서디나

에드워드 C. 스톤(Edward C. Stone), 프로젝트 과학자

루이스 연구 센터, 오하이오 주 클리블랜드

브루스 T. 런딘(Bruce T. Lundin), 센터장

앤드루 J. 스토판(Andrew J. Stofan), 발사체 책임자

칼 B. 웬트워스(Carl B. Wentworth), 프로그램 통합 부문 수석

게리 D. 세이저먼(Gary D. Sagerman), 보이저 사업 분석가

리처드 P. 가이에(Richard P. Geye), 보이저 사업 프로젝트 엔지니어

리처드 A. 플래그(Richard A. Flage), LV 테스트 통합 엔지니어

리처드 E. 오제호프스키(Richard E. Orzechowski), TDS 지원 엔지니어

래리 J. 로스(Larry J. Ross), 우주 탐사선 엔지니어링 부문 수석

제임스 E. 패터슨(James E. Patterson), 엔지니어링 부문 부수석

프랭크 L. 매닝(Frank L. Manning), TC-6과 TC-7 로켓 엔지니어

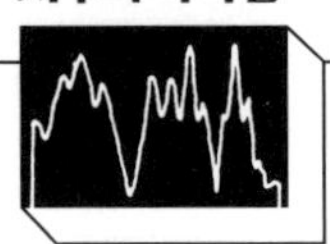

케네디 우주 비행 센터, 플로리다 주

리 R. 셰러(Lee R. Scherer), 센터장

월터 J. 캐프리언(Walter J. Kapryan), 우주 탐사선 조작 책임자

조지 F. 페이지(George F. Page), 소모용 우주 탐사선 책임자

존 D. 고셋(John D. Gossett), 센타우르 조작 부문 수석

크레이턴 A. 터훈(Creighton A. Terhune), 조작 부문 수석 엔지니어

잭 E. 발타(Jack E. Baltar), 센타우르 조작 부서원

도널드 C. 셰퍼드(Donald C. Sheppard), 우주 탐사선 및 지원 조작 부문 수석

제임스 E. 위어(James E. Weir), 우주 탐사선 조작 부서원

보이저 레코드판 1면의 라벨. 이 그림에서는 뚜렷하게 보이지 않지만,
우주에서 바라본 지구의 모습이 글자 아래에 배경으로 깔려 있다.

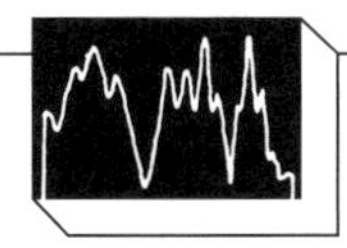

옮긴이의 말

2013년 9월, 미국 국립 항공 우주국(NASA)은 우주 탐사선 보이저 1호가 2012년 8월 25일자로 우리 태양계를 벗어났다고 공식 발표했다. 우리 태양이 내는 태양풍의 영향보다 바깥 우주로부터 오는 하전 입자의 영향이 더 커지는 지점인 태양권계면을 탐사선이 넘어섰다는 것이다. 보이저 1호는 이미 1998년에 이전까지 지구로부터 가장 먼 거리를 나아간 탐사선이었던 파이오니어 10호의 거리를 추월했다. 하지만 태양계 밖으로 나선다는 건, 가장 멀리 나아간 탐사선이 되는 것과는 차원이 또 다른 사건이다. 우리 별을 벗어나 항성 간 공간으로, 별들 사이의 우주로 발을 내딛다니.

1977년 발사된 보이저 1호와 2호의 애초 프로젝트 기간은 겨우 5년이었다. 두 탐사선에게 주어진 임무는 태양계 외행성들, 특히 목성과 토성을 가까이서 관찰하는 것이었다. 벌써 1973년과 1974년에 파이오니어 10호와 11호가 역사상 최초로 목성에 다가갔고, 소행성대를 가로질렀고, 토성에도 다다랐지만, 두 탐사선이 보내온 정보는 그다지 상세하지 않았다. 우리에게 외행성들과 그 위성들을 처음으로 자세히 알려 준 것은 두 보이저호였다. 두 보이저호는 목성의 위성인 이오에서 화산 활동을 목격했고, 유로파의 표면에 얼음이 덮여 있을지 모른다는 걸 관찰했으며, 목성에도 고리가 있다는 걸 확인했다. 토성에서는 고리를 근접 촬영하여 그 장엄하면서도 다채로운 모습을 우리에게 영상으로 전송해 주었다. 탐사선들은 많은 위성을 새로 발견했고, 자기장에 관련된 측정을 수행했다. 두 보이저호가 알려 준 바깥 태양계에 대한 새 지식은 천문학 교과서를 다시 써야 할 정도로 많았다(이 책 『지구의 속삭임』은 보이저호 발사 1년 뒤에 출간되었기 때문에 이후 탐사 사업의 성과는 담고 있지 않다. 그 성과와 여파가 궁금하다면, 가장 최근 출간된 책 중에서는 우주 생물학자 크리스 임피(Chris Impey)와 홀리 헨

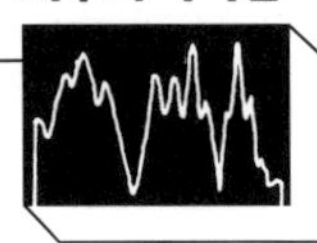

리(Holly Henry)가 쓴 『스페이스 미션(*Dreams of Other Worlds*)』에 잘 요약되어 있으니 참고하라.).

하지만 두 보이저호가 찍은 사진들 중 과학적 가치는 몰라도 문화적 가치로 따지자면 군말 없이 첫손가락에 꼽힐 것은, 카메라가 영영 작동 중단되기 전 보이저 1호가 마지막으로 찍은 사진들이다. 1990년 밸런타인데이, 막 명왕성 궤도를 넘어서던 보이저 1호는 태양 쪽으로 카메라를 돌려서 60장의 사진을 찍었다. 아쉽게도 수성, 화성, 명왕성은 안 보이지만 나머지 여섯 행성과 태양이 다 찍힌 그 연속 사진은 태양계의 첫 '가족사진'으로 불리게 되었으며, 특히 무지갯빛 반사광 띠 속에서 희미하게 드러난 지구의 모습은 '창백한 푸른 점'으로 불리게 되었다.

아득히 먼 곳에서 바라보면 지구도 한 점에 지나지 않는다는 것, 그러나 바로 그 점 위에서 인류의 모든 삶과 죽음이 펼쳐졌으며 그 점이야말로 우리에게 주어진 전부라는 것, 선명하지 않고 오래 구경할 것도 없는 그 사진은 백 마디 말보다 또렷하게 그 사실을 알려 주었다. 그것은 인류에게 겸허를 가르치는 동시에 태양계 가족사진을 찍을 줄 알게 된 스스로를 자랑스레 여기게도 만드는 사진이었다. 그리고 보이저호가 태양계를 떠나기 전에 마지막으로 꼭 그 멀리서 지구를 찍어야 한다고 NASA를 설득했던 사람, 1994년에 쓴 『창백한 푸른 점』으로 그 사진의 의미를 세계 독자들에게 알린 사람이 칼 세이건이었다. 세이건은 그런 사진이 다른 어떤 참신한 발견을 밝힌 사진보다도 우리에게 더 큰 의미가 있으리란 걸 내다보았던 것이다.

그런데 세이건이 보이저호를 이용해서 우리에게 잊지 못할 집단 서사를 만들어 준 건 그게 다가 아니었다. 두 보이저호에 실린 금제 레코드판, 일명 '골든 레코드'를 기획, 제작한 사람도 세이건이었다(물론 그는 보이저 탐사 사업 영상 팀에 정식으로 소속되어 일했으니, 그가 사업에 기여한 바는 이 두 일화보다 훨씬 더 크다.). 이 책 『지구의 속삭임』은 인류가 우주에게 보내는 인사, 인류

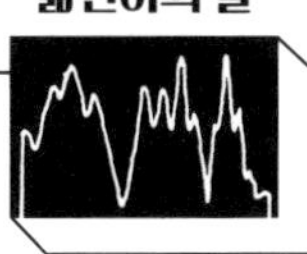

가 띄워 보낸 병 속의 메시지, 인류가 남기는 타임캡슐이자 방주인 그 레코드의 제작 과정을 기록한 자료이다.

118장의 사진과 한 시간 반 분량의 음악을 비롯한 레코드판의 내용을 어떻게 골랐고 저장했는지를 시시콜콜 기록한 글을 지금 읽으면, 무엇보다 그들이 썼던 기술이 구식인 데 놀라게 된다. $16\frac{2}{3}$ 회전의 아날로그 LP판이라니! 하지만 보이저호 자체가 8트랙 테이프에 데이터를 저장하고 오늘날 광대역 인터넷의 겨우 몇 만분의 1 속도로 데이터를 전송하는 구식 기기이니, 하지만 그런데도 기대를 넘어 오늘날까지 일부 기능이 튼튼하게 작동하고 있으니, 골든 레코드의 기술도 비웃을 일은 아니다. 음성 저장 매체로서 콤팩트디스크(CD)는 보이저호가 천왕성에 다다랐을 때에야 발명되었다.

그다음 인상은, 세이건을 비롯한 모든 참가자들이 골든 레코드 제작을 몹시 진지한 과제로 여겼던 것 같다는 것이다. 빠듯한 시간과 한정된 여건에도 불구하고 그들은 자신들만이나 미국만이 아닌 인류 전체의 초상을 그리려고 애썼다. 그들은 인류의 좋은 점만을 수록해도 양심에 걸리지 않는가, 미술이 포함되지 않아도 괜찮을까, 비틀스를 빠뜨리는 게 정말 괜찮은 일일까 등을 놓고 열심히 토론하여 하나하나 신중하게 정했다(웹사이트 goldenrecord.org에서 골든 레코드에 실린 모든 음악과 녹음 인사말을 직접 들어 볼 수 있다.).

사실 이 레코드가 정말로 우주의 누군가에게 가 닿을 확률은 전혀 없다고 해도 좋을 만큼 천문학적으로 낮다. 골든 레코드의 제작자들도 그 사실을 잘 알았다.

(여기에서 잠시 긴 여담: 태양계를 벗어날 탐사선에 외계인에게 보내는 레코드를 싣는다는 발상이 낭만적이기는 하되 허황하다고 여기는 이들도 더러 있다. 가령 입자 물리학자 리사 랜들(Lisa Randall)은 저서 『암흑 물질과 공룡(*Dark Matter and the Dinosaurs*)』에서 "지구에 있는 우리도 요즘 그런 (적절한 재생) 장치를 찾으려면 깨나 애먹을 텐데" "불과 수백 년 안에 다른 외계 문명이 이 음반을 재생할 수 있으리라고 보는 것은" 가망 없는 일이라고 꼬집었

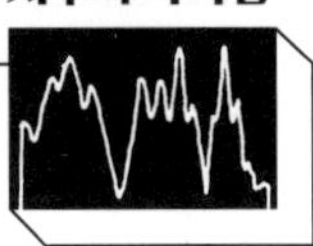

다. 그러나 랜들은 이어서 이렇게 말했다. "(하지만 골든 레코드는) 최소한 한 가지 긍정적인 결과를 낳았다. 앤 드루얀이 음반의 제작 책임을 맡아서 칼 세이건과 함께 일하게 되었던 것이다. 그 음반은 어쩌면 존재할지도 모르는 외계 생명에게는 아마 해독 불가능한 것이겠지만, 적어도 멋진 러브 스토리를 탄생시키는 데 기여했다." 그렇다, 바로 이 골든 레코드 제작 작업에서 드루얀과 세이건이 만나고 연인이 되었다. 덕분에 우리는 활자 역사를 통틀어 가장 감동적인 헌사 중 하나를 갖게 되었고(『코스모스』의 헌사는 이렇다. "앤 드루얀에게 바친다. 광막한 공간과 영겁의 시간 속에서 행성 하나와 찰나의 순간을 앤과 공유할 수 있었음은 나에게는 커다란 기쁨이었다."), 만일 드루얀이 없었다면 천문학자 닐 더그래스 타이슨을 새 진행자로 내세워 2014년 방송된 다큐멘터리 「코스모스」의 새 '리부트' 시리즈도 없었을 것이다.)

그렇지만 골든 레코드를 우주로 내보낸 행위는 무엇보다도 지구에 남은 우리에게 의미 있는 서사를 안겨 주었다. 골든 레코드는 우리가 더 넓은 세상을 알길 원하는 호기심 많은 종임을, 우주에 우리 말고도 다른 누군가 있기를 바라는 외로운 종임을, 만약 그런 존재가 있다면 반가움과 선의로 말을 걸고 싶어 하는 상냥한 종임을 보여 주는 상징이다. 우리는 자신의 행성과 종을 스스로 파괴하고 말지도 모를 만큼 어리석고 문제투성이인 존재이지만, 그 때문에 더더욱 한순간이나마 우리가 가없는 낙관과 희망의 표시를 기약 없는 미래로 쏘아 보낼 지성과 유머를 갖췄다는 사실이 스스로에게 위안이 되는 것이다.

또한 이 책에서 골든 레코드의 제작 과정을 엿보며 깨닫게 되는 바, 우리가 외계의 누군가에게 자신을 설명하려고 애쓰는 행위 자체가 한없이 철학적인 존재론적 자문자답이었다. 대체 어떤 감각과 사고를 갖고 있을지 모르는 완벽한 타자에게 우리를 어떻게 소개하면 좋을까? 어떻게 하면 레코드판 한 장에 인간을 담을 수 있을까? 인간, 문명, 지구를 정의하는 속성들은 무엇일까? 골든 레코드 제작자들이 어떻게든 답해야 했던 이런 질문들에 오늘날의 독자들은 얼마나 다르고 얼마나 비슷한 답을 내놓을까?

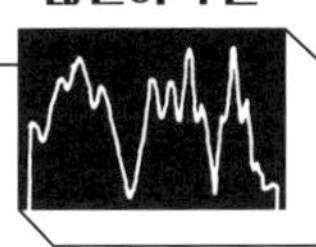

기적적으로 우주의 누군가가 골든 레코드를 수거하는 일이 벌어지더라도, 인류는 그 사실을 모를 것이다. 놀라운 내구성과 효율성으로 발사 후 40년이 되어가는 지금까지 활약을 펼쳐 온 두 보이저호도 언젠가 에너지가 바닥나서 2025년과 2030년 사이에 모든 작동을 멈출 것이다. 탐사선들은 별일 없는 한 계속 캄캄한 항성 간 공간을 나아가겠지만, 우리는 그들로부터 더 이상 연락을 받지 못할 것이다(NASA가 관리하는 보이저호 웹페이지에는 지금도 계속 정보가 업데이트되는데, 특히 다음 링크에서는 매초 수십 킬로미터씩 죽죽 멀어져 가는 두 보이저호의 이동거리를 실시간 계수기로 지켜볼 수 있다. http://voyager.jpl.nasa.gov/where/index.html).

지금으로부터 수십억 년 뒤 태양이 적색 거성으로 팽창하여 지구가 열기에 타 버릴 때, 두 보이저호와 골든 레코드는 어디 있을까? 어쩌면 그로부터 벌써 한참 전에 우리는 사라지고 없을지 모른다. 그때, 우리가 한때 존재했었음을 알리는 (전파를 제외한) 물질적 증거는 골든 레코드뿐일 것이다. 55개 언어로 된 인사말과 고래들의 노랫소리, 바흐와 척 베리의 음악, 갓 태어난 아기의 사진을 담은 골든 레코드는 우리가 남긴 유일한 물리적 기록일 것이다. 그것이 우리의 제일 멋진 자랑거리만을 골라 담은 과장 선전이란 점은 좀 겸연쩍지만, 저 멀리 어딘가의 수신자는 인류가 마지막으로 부린 욕심을 분명 귀엽게 여길 것이다.

김명남

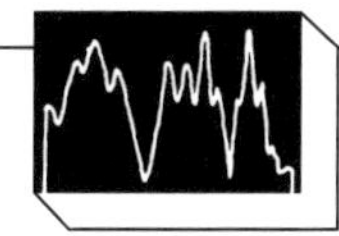

찾아보기

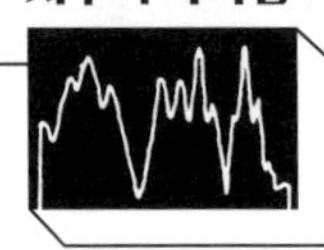

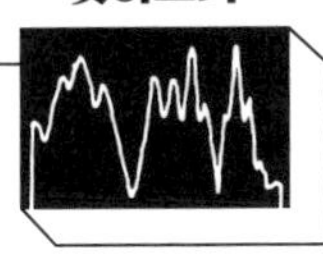

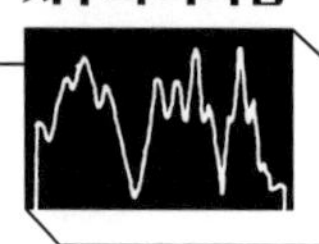

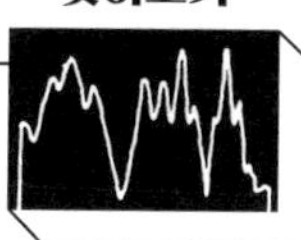

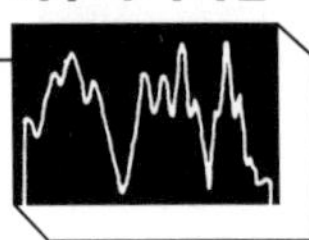

파

하

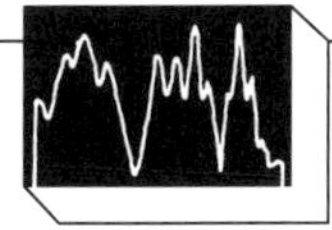

사진 및 그림 저작권

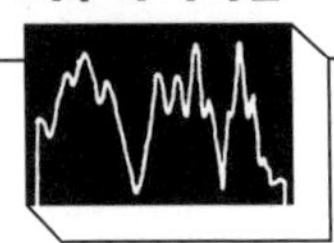

National Geographic Society 138쪽 그림 49 Photo by Josef Muench 그림 49a Robert F. Sisson, © National Geographic Society 그림 50~50a Courtesy of The Henry Francis du Pont Winterthur Museum 139쪽 그림 51 Copyright © 1975 by Stephen Dalton; *Borne on the Wind* published by Reader's Digest Press, New York 그림 52 Diagram by Jon Lomberg. Adapted from *Life: Cells, Organisms, Populations*, by E. O. Wilson et al. Sinauer Associates, Inc., Fig. 18, p. 367 그림 53 Courtesy Harry N. Abrams, Inc. Photographer: Herman Landshoff 141쪽 그림 54 Thomas Nebbia, © National Geographic Society 142쪽 그림 55 David Doubilet, © National Geographic Society 그림 56 Dave Wickstrom 143쪽 그림 57 Photographer: Peter Beard 그림 58 From the book *Donana: Spain's Wildlife Wilderness*. Copyright © 1974 by Juan Antonio Fernandez. Reprinted by permission of Editorial Olivo, Spain, Taplinger Pub. Co., New York 그림 59 Courtesy of South African Tourist Corporation 144쪽 그림 60 Vanne Morris-Goodall, © National Geographic Society 145쪽 그림 61 Diagram by Jon Lomberg 그림 62 N. R. Farbman, *Life* Magazine, copyright 1946 Time, Inc. 146쪽 그림 63 유엔 그림 64 Donna Grosvenor, © National Geographic Society 그림 65 Joseph Scherschel, © National Geographic Society 그림 66 Dean conger, © National Geographic Society 그림 67 Copyright reserved, Peter Kunstadter 147쪽 그림 68 Jonathon Blair from Woodfin Camp, Inc. 그림 69 Bruce Baumann, © National Geographic Society 148쪽 그림 70 *Escalade par Gaston Rébuffat, guide de Chamonix, du Grand Gendarme du Pic de Roc, Massif du mont Blanc* [*cliche Gaston Rébuffat*] 그림 71 © 1971 Philip Leonian, Photographed for *Sports Illustrated* 149쪽 그림 72 Picturepoint, London 150쪽 그림 73 유엔 그림 74 유엔 151쪽 그림 75 Howell Walker, © National Geographic Society 그림 76 Photograph by David Moore: *Grape Picker* 152쪽 그림 77 Photo: Herman Eckelmann, NAIC staff photographer 153쪽 그림 79 유엔 그림 80 From *The Cooking of Spain and Portugal*, a title in the Foods of the World series. Photograph by Brain Seed. Courtesy Time-Life Books, Inc. 그림 81 From *Chinese Cooking*, a title in the Foods of the World series. Photograph by Michael Rougier. Courtesy of Time-Life Books, Inc. 154쪽 그림 82 Photo: Herman Eckelmann, NAIC staff photographer 155쪽 그림 83 H. Edward Kim, © National Geographic Society 그림 84 유엔 156쪽 그림 85 William Albert Allard, © National Geographic Society 그림 86 유엔 그림 87 Robert Sisson 157쪽 그림 88 Courtesy F. D. Drake 그림 89 James L. Amos, © National Geographic Society 그림 90 Photo: David Carroll 158쪽 그림 91 Douglas R. Gilbert, from *C. S. Lewis: Images of His World*, Wm. B. Eerdmans Pub. Co. 그림 92 Ted Spiegel, © National Geographic Society 159쪽 그림 93~94 유엔 그림 95 Michael E. Long, © National Geographic Society 160쪽 그림 96 Bill St. John of the

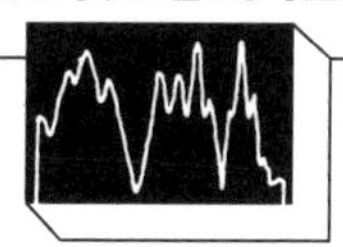

Whittier [CA] Gem and Mineral Society, operating a drill machine, designed by Sol Stern, a fellow member. Photograph courtesy of Frank Hewlett. From the book *Gem Cutting* by John Sinkankas, Fig. 72 그림 97 Photograph by Fred Ward: *Factory Interior* 그림 98 David Cupp 161쪽 그림 99 Photo: Herman Eckelmann, NAIC staff photographer 그림 100 유엔 162쪽 그림 101 유엔 163쪽 그림 102 유엔 그림 103 Photo: Herman Eckelmann, NAIC staff photographer 164쪽 그림 104 Photograph by Ansel Adams: *The Golden Gate and Bridge from Baker's Beach, San Francisco, California, c. 1953* 그림 105 Courtesy F. D. Drake 165쪽 그림 106 Courtesy F. D. Drake 그림 107 Lawson Graphics (Pacific) Ltd. 그림 108 © National Geographic Society 166쪽 그림 109 James P. Blair, © National Geographic Society 167쪽 그림 110 Photo: Herman Eckelmann, NAIC staff photographer 168쪽 그림 111 NAIC 169쪽 그림 112 NASA 그림 113 NASA 170쪽 그림 114 David Harvey from Woodfin Camp, Inc. 그림 115 Courtesy Phonogram International 171쪽 그림 116 NAIC

옮긴이 **김명남**

카이스트 화학과를 졸업하고 서울 대학교 환경 대학원에서 환경 정책을 공부했다. 인터넷 서점 알라딘 편집팀장을 지냈고 전문 번역가로 활동하고 있다. 55회 한국출판문화상 번역 부문을 수상했다. 옮긴 책으로 『암흑 물질과 공룡』, 『우리 본성의 선한 천사』, 『필립 볼의 형태학 3부작: 가지』, 『정신병을 만드는 사람들』, 『갈릴레오』, 『세상을 바꾼 독약 한 방울』, 『인체 완전판』(공역), 『현실, 그 가슴 뛰는 마법』, 『여덟 마리 새끼 돼지』, 『시크릿 하우스』, 『이보디보』, 『특이점이 온다』, 『한 권으로 읽는 브리태니커』, 『버자이너 문화사』, 『남자들은 자꾸 나를 가르치려 든다』, 『비커밍』, 『길 잃기 안내서』 등이 있다.

지구의 속삭임

1판 1쇄 펴냄 2016년 9월 2일
1판 7쇄 펴냄 2023년 3월 31일

지은이 칼 세이건, 프랭크 도널드 드레이크, 앤 드루얀, 린다 살츠먼 세이건, 존 롬버그, 티머시 페리스
옮긴이 김명남
펴낸이 박상준
펴낸곳 (주)사이언스북스

출판등록 1997. 3. 24.(제16-1444호)
(06027) 서울특별시 강남구 도산대로1길 62
대표전화 515-2000, 팩시밀리 515-2007
편집부 517-4263, 팩시밀리 514-2329
www.sciencebooks.co.kr

ISBN 978-89-8371-808-2 03440

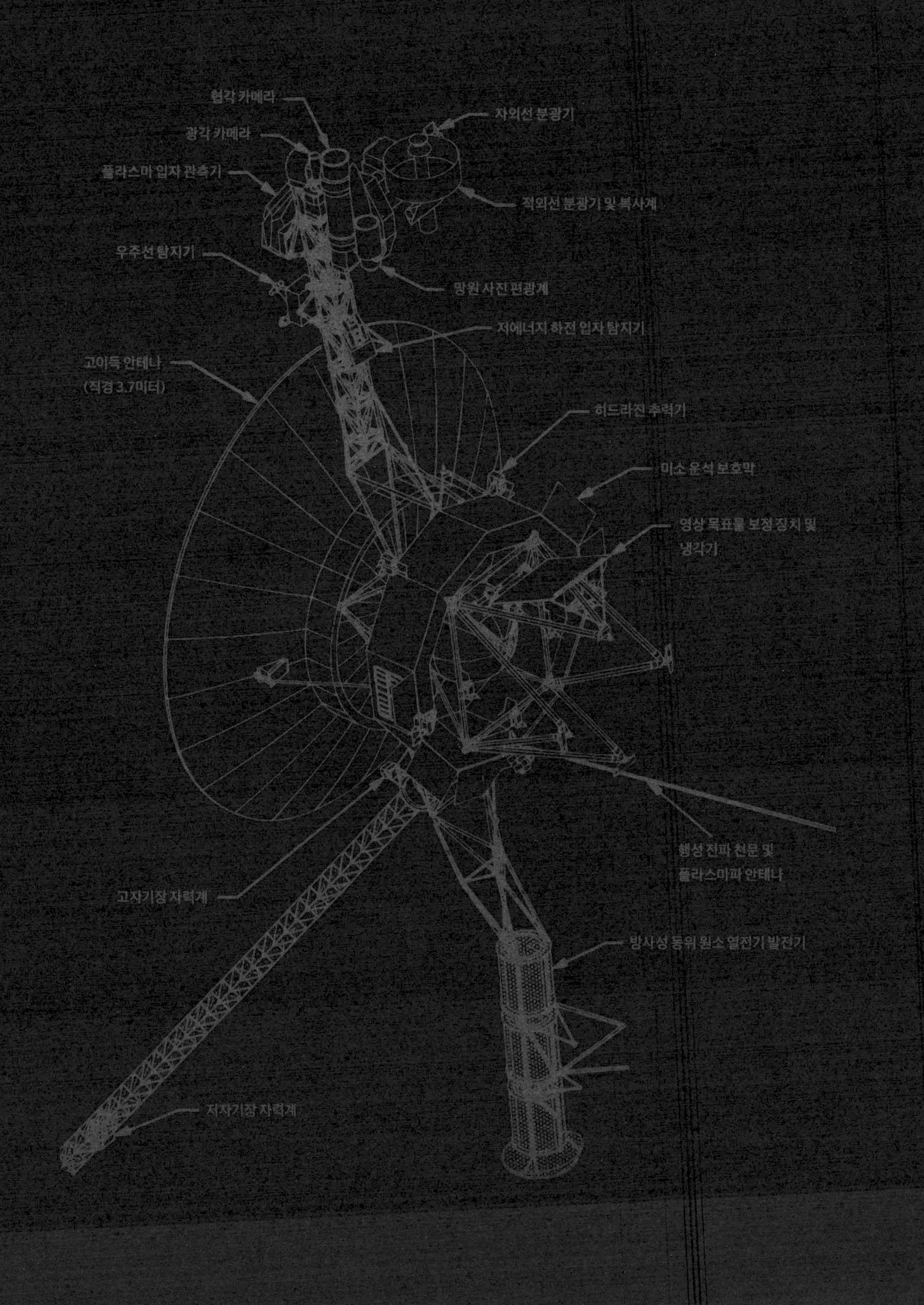
협각 카메라
자외선 분광기
광각 카메라
플라스마 입자 관측기
적외선 분광기 및 복사계
우주선 탐지기
망원 사진 편광계
저에너지 하전 입자 탐지기
고이득 안테나
(직경 3.7미터)
히드라진 추력기
미소 운석 보호막
영상 목표물 보정 장치 및
냉각기
행성 전파 천문 및
플라스마파 안테나
고자기장 자력계
방사성 동위 원소 열전기 발전기
저자기장 자력계